熔融金属物理初步

蒋国昌　吴永全　编著

U0428327

北　京
冶　金　工　业　出　版　社
2012

内 容 提 要

熔融金属物理和冶金物理化学都是信息论冶金学的基础部分，但两者是有明确区别的。冶金和材料制备技术的进一步创新，有赖于新的知识源头——熔融金属物理的知识。

本书阐述了熔融金属物理学的基本概念、方法和问题。其着眼于由微观到介观的金属液电子云结构及其影响下的离子构型，概括结构因子；然后分析静态结构因子和物性的关系，再由相关函数的理念引出各种传输参数，并用动态结构因子归纳；说明它们之间不是相互独立的，且在不同时空尺度中的分布规律有重要意义。同时介绍了熔融金属气液界面层微观结构的新近研究成果；讨论了外场在熔融金属中可能导致的变化以及熔融金属由浅过冷到深过冷时自发形核的试验方法、模拟结果和理论进展，最后讨论了应用激光 - 布里渊散射谱及相关技术研究金属液和冶金过程可行性。

本书对冶金及金属材料等领域中的读者，特别是研究人员，系统拓展熔融金属物理方面的知识有启蒙作用。

图书在版编目(CIP)数据

熔融金属物理初步/蒋国昌，吴永全编著．—北京：冶金工业出版社，2012.5

ISBN 978-7-5024-5732-7

Ⅰ.①熔…　Ⅱ.①蒋…　②吴…　Ⅲ.①熔融金属—物理学—基本知识　Ⅳ.①TF044

中国版本图书馆 CIP 数据核字(2012)第 075622 号

出 版 人　曹胜利
地　　址　北京北河沿大街嵩祝院北巷 39 号，邮编 100009
电　　话　(010)64027926　电子信箱　yjcbs@cnmip.com.cn
责任编辑　刘小峰　美术编辑　李　新　版式设计　孙跃红
责任校对　王永欣　责任印制　牛晓波
ISBN 978-7-5024-5732-7
三河市双峰印刷装订有限公司印刷；冶金工业出版社出版发行；各地新华书店经销
2012 年 5 月第 1 版，2012 年 5 月第 1 次印刷
169mm×239mm；16 印张；311 千字；232 页
50.00 元

冶金工业出版社投稿电话：(010)64027932　投稿信箱：tougao@cnmip.com.cn
冶金工业出版社发行部　电话：(010)64044283　传真：(010)64027893
冶金书店　地址：北京东四西大街 46 号(100010)　电话：(010)65289081(兼传真)

（本书如有印装质量问题，本社发行部负责退换）

序

树大根深，楼高地基厚。冶金学的发展已历史地落在我们中国的身上，要完成这项使命就需要有更进一步的基础理论。

蒋国昌和吴永全两位老师编写的新书《熔融金属物理初步》，阐述并讨论了熔融金属物理方面的基本概念、方法和很多有意义的问题。熔融金属物理的基点是微观到介观的结构。该书的第一个论题是结构因子，用它们描述电子云影响下的离子构型。书中不仅分析了静态结构因子，还给出了能量 $\hbar\omega$ 和动量 $\hbar\boldsymbol{q}$ 微观起伏导致的动态结构因子，并进一步探讨了二元系内各种偏结构因子的换算。本书的第二个论题是结构和物性的关系，利用相关函数的理念分析了各种传输参数随相空间内波矢 $\boldsymbol{q}$ 和频率 ω 改变的原因及计算，统一了不同尺度下的流体力学。这几章对从事冶金传输研究的科技人员是有启示作用的。有关扩散系数、黏度、表面张力之间关系的论述更成为开发新的试验方法和提供数据优选标准方面的有力依据。该书在磁场、电场作用方面的讨论承袭了物理教材的表述方法，它对现在从事外场应用研究的科技人员正确理解外场的效能，特别是应用外场的限度会有很大的助益。有关金属凝固过程中自发形核方面问题，该书较全面地论述了由浅过冷到深过冷的试验方法、模拟结果和理论进展。此外，有关凝固过程的场论、相/场理论方面，书中也给出了一个框架，它对引导有兴趣的读者通过自学进一步掌握这些研究方法是有帮助的。熔融金属物理和冶金物理化学的结合将是更高层次冶金学的基础。

蒋国昌教授和我有八年同窗之谊，历来热衷于探索。在上海交大期间，他倡导用大冶金的方法研究小冶金的问题。转至上海大学后，以年近60岁的高龄开始攀登熔态物理的高峰。继高温Raman谱、熔渣SIOT/CEMS模型的开拓后，现在又致力于深入探索熔融金属物理殿堂之路。希望这一新的探索，能后继有人，开花结果。

周国治

中国科学院院士

2011年2月

前　　言

从20世纪后期开始，钢铁冶金工业已不再是国民经济发展的领头羊。由于世界上市场转移的结果，发展冶金学的责任历史地落到中国人的肩上。

2005年作者曾倡议"信息论冶金学"的理念[1,2]，认为这是冶金学和材料制备学在21世纪内的发展方向。此观点和2006年5月美国国家科学基金报告"Blue Ribbon Panel on Simulation-Based Engineering Science"完全一致。事实上，除了在钢极限性能的提高方面还有待深入的研究外，世界范围内黑色冶金工业的总体现在已处在供过于求的局面。因此，黑色冶金工业的生产首先着眼于成本的降低，包括节能减排和资源综合利用方面的显著提高。相应的对策只能是生产过程自始至终的信息贯穿，以及研发转化中信息的衔接。这就是倡议"信息论冶金学"理念的思路。本书以及作者在熔融硅酸盐物理方面的著作[3,4]都是信息论冶金学所依赖的基础理论。

冶金学迄今的成就源于20世纪30年代后冶金物理化学的系统发展。我们要在21世纪谋求创新和开拓，不能没有新的知识源头。对火法冶金来说，这新的知识源头就是熔态物理，包括熔融金属物理和熔融硅酸盐物理等。熔态物理是液态物理的一部分。就水法冶金而言，水溶液物理等是其新的知识源头。事实上，熔融金属物理与水溶液物理有不少共性。这两门理论对资源综合利用的开发研究也是至关重要的。

我国已是钢铁生产大国但并非钢铁生产强国。强国的最主要标志是有没有成套技术输出，我们的技术输出应体现在熔态物理高度上对冶金过程的认识。

物理化学和液态物理的差异概括起来就是：前者为唯象的理论，

而后者的基点是微区（局域）结构。或者说，液态物理研究的是液体的结构及其变化以及结构和物性间的因果关系；物理化学研究的则是物性在化学反应中的作用。

本书介绍国际上长年来在熔融金属物理领域中累积的若干研究成果，这主要是物理界所作的贡献。

第1~3章是关于熔融金属电子云结构和离子结构的讨论。后者的特点用相空间内的结构因子来表征。能量 $\hbar\omega$ 和动量 $\hbar\boldsymbol{q}$ 的微观起伏在金属液中起着核心作用，所以除了静态结构因子 $S(\boldsymbol{q})$ 之外，还有动态结构因子 $S(\boldsymbol{q},\ \omega)$ 的问题。偏结构因子的测试现在仍需特殊方法且应用有限，但理论上二元系的各种偏结构因子可以进行计算及转换，本书介绍了这些关系式。本书还介绍了用 MD 等方法模拟结构因子的工作，指出这种模拟在研究多元系结构因子方面的意义。

第2~4章分析了结构因子和物性、传输性能的关系。熔态是流体，不同尺度下（相空间内 $\boldsymbol{q}$，ω 值不同的区域中）的流体力学是核心课题。本书重点说明了金属内传输系数会随热量和动量的微观起伏而变。许多场合下宏观条件相似，但过程模拟的研究者常发现同一传输系数不能用相同的数值。这是因为宏观相似的不同场合下 $\boldsymbol{q}$，ω 的分布并不一致。显然，此论题将对过程模拟的研究者在准确选择参数值时有所启示。扩散系数、黏度、表面张力都会随微观起伏的波长 $\boldsymbol{q}$ 及频率 ω 而变，且都系于同一结构因素。这些物性间有确定的理论关系，但通常情况下出自不同实验的同一熔体的扩散系数、黏度、表面张力往往不能匹配。作者认为，只有用一个试验同时测定它们才是最合理的途径。第4章中还介绍了熔融金属气液界面层微观结构的最新实验（同步辐射－X射线反射率测试）。

第5章讨论外场的作用。在冶金和材料制备中应用强磁场、电场等是当前的热门课题。该章试图帮助读者深入理解外场对金属的物理作用以能正确解释应用外场的效果，并能充分了解应用外场的各种可能性和限度。

第6~8章主要是金属凝固时自发形核问题的讨论。作者认为自发形核是离子⇌小簇⇌核胚⇌晶核的过程。书中建议了新的临界晶核测试方法。由于迄今临界晶核的精确测试尚是难题，第6章介绍了从浅过冷到深过冷的一些模拟研究结果。第7章集中阐明自发形核的理论进展，特别是建立在统计物理基础上的凝固过程场论。该场论能统一地说明由浅过冷到深过冷的现象。第8章介绍相场方法和渐变界面模型在描述树枝晶形貌方面的应用。

第9章是讨论应用激光-BS谱研究金属液的可行性。

现在，大学强调的是通才教育。有人把其叫做通识教育，而且认为应归于素质教育之中。什么是素质教育？这当然指的是做人的最基本道德和知识。在义务教育阶段人人都应得到充分完善的素质教育。顾名思义，高校从事的是高等教育，涉及的是高层次的修养、知识和能力。作者认为本书应是高校冶金专业的一份教材，尤其是硕士生以上应从本书得到初步的熔态物理知识。

不少工科专业人士视熔融金属物理领域的探索为畏途。所以本书中尽量简化数学问题，并引入“符号、算子、算符集”，以求能对读者，特别是只有工科专业基础的读者，在攀登到熔融金属物理殿堂的门口，得以看到殿内宝藏的模样时有点帮助。登堂入室只能有待读者自己的持续努力了。

本书的编著基于多个国家自然科学基金项目（面上项目：50504010、50774112、50974083、51174131；重点项目：50334040、50334050）以及上海市科委、教委多个项目的支持。本书编著过程中曾和周国治院士以及翟启杰、任忠鸣、张捷宇、翟玉春、李福燊、鲁雄刚、高玉来、钟云波等教授进行有意义的讨论，得到他们珍藏的文献。作者向他们表示深深的谢意。

由于作者水平所限，本书中不妥之处恭请指正。

蒋国昌　吴永全

2011年5月

参考文献

[1] 蒋国昌. 21 世纪冶金和材料制备学的发展及对策［J］. 世界科技研究与发展, 2005, 27(2): 29～33.

[2] 徐匡迪, 蒋国昌.《信息论冶金学》及其基层平台研究的初步成果［C］. 中国工程院化工、冶金与材料学部第五届学术会议论文集, 2005: 893～897.

[3] 蒋国昌, 吴永全, 尤静林, 郑少波. 冶金/陶瓷/地质熔体离子簇理论研究［M］. 北京: 科学出版社, 2007.

[4] Jiang Guochang, Wu Yongquan, You Jinglin, Zheng Shaobo. A study of ion cluster theory of molten silicates and some inoganic substances［J］. Trans. Tech. Publications, Materials Science Foundations ISSN, 2009, 52～53: 1422～3597.

符号、算子、算符集

1. 若干符号

$a=\frac{\Lambda}{\rho c_p}$——热扩散率或导温系数

$a_0=\frac{4\pi\epsilon_0\hbar^2}{me^2}=0.0529\text{nm}$——Bohr 半径

A——面积，A_F——Fermi 面的面积，$A^{e}_{i,s}$——离子 i 和电子间的有效散射截面

$\breve{A}$——振幅

$\boldsymbol{A}$——磁矢量势

$A(t)$——某动力学性质，$\bar{A}(t)$——$A(t)$ 的共轭，$A'(t)$——$A(t)$ 的一阶导数

$\hat{A}(t)$——归一化的某动力学性质，$\hat{A}''(t)$——$\hat{A}(t)$ 的二阶导数

$\langle A(0)\cdot A(t)\rangle$——自相关函数

B——磁感应强度

BS——Brillouin scattering

$c_i=\frac{n_i}{n}$——合金组元 i 的粒子数浓度或摩尔分数

$c(r)$——直接相关函数，$c(r)\xrightarrow{\text{FT}}c(q)$

C_p，C_V——热容

$\mathbb{C}$——常数，系数

d——维数，$d=3$ 表示一个立体空间

$\tilde{d}$——微扰，起伏

D——扩散系数，D_s——自扩散系数

e——电子电荷，$1\text{eV}=1.60\times10^{-12}\text{erg}$

E——能量，E_F——Fermi 能

$f_e(E)$——电子在平衡态下的 Fermi-Dirac 分布函数

$f_e(\boldsymbol{r},\boldsymbol{k},t)$——电子在非平衡态下的分布函数

$\breve{f}_s$——凝固过程中的固相率
F——自由能
$F(r,t)$——力，$F_{ran}(t)$——随机力
FT——Fourier 变换，$f(\boldsymbol{r},t) \xrightarrow{\text{FT + FT}} f(\boldsymbol{q},\omega)$，$f(\boldsymbol{q},\omega) = \frac{1}{2\pi}\int_{-\infty}^{\infty}\int_{-\infty}^{\infty} f(\boldsymbol{r},t)\,\mathrm{d}r\mathrm{d}t$
$g(r)$——偶相关函数
$g(E)$——能态密度或状态密度
G——自由能
$G(r,t)$——粒子群数密度自相关函数，$G_s(r,t)$——单粒子数密度自相关函数
h——焓
$h(r)$——总相关函数
$\hat{H}$——Hamiltonian，即 $\hat{H} = \breve{T} + V$
H——磁场强度，外磁场
$\boldsymbol{I}$——单位张量或单位矩阵
I——形核速率
$\breve{I}$——射线强度，谱峰强度
INS——非弹性中子衍射
j——扩散流，粒子流，j_e——电流密度
J——原子中电子支壳层的总角动量，$\boldsymbol{J} = \boldsymbol{L} + \boldsymbol{S}$
$J_l(\boldsymbol{q},\omega)$——纵向粒子流自相关函数，$J_t(\boldsymbol{q},\omega)$——横向粒子流自相关函数
$J_1(x) = \frac{\sin x - x\cos x}{x^2}$——一阶球形 Bessel 函数
J_{ij}——两自旋间的相互作用
$\boldsymbol{k}$——电子能级中的某态，倒格矢，Bloch 波矢，Bravais 格子中的第 $\boldsymbol{k}$ 个格点
k_F——Fermi 波矢，或 Fermi 球半径
l——电子的轨道量子数
l_{TF}——Thomas-Fermi 屏蔽长度，$l_{TF} = \nu_F \frac{2\pi}{\omega_p} = \sqrt{\frac{\pi a_0}{4k_F}} = \sqrt{\frac{1}{4\pi e^2 g(E_F)}}$
l_{TF}^{-1}——屏蔽常数
l_{free}——粒子平均自由程
LT——Laplace 变换，$f(r) \to f(q)$，$f(q) = \int_0^{\infty} f(r)\exp(-zr)\,\mathrm{d}r$，$z > 0$
$\boldsymbol{L}$——原子中电子支壳层的总轨道角动量
L_m——熔化潜热

m——质量，m_{mol}——原子量，m_e——电子质量，$\boldsymbol{m}_e^*$——电子的有效质量张量
$m(q,t)$——记忆函数，$\widehat{m}(q,t)$——归一化的记忆函数
$m_l(q,\omega)$——纵向流记忆函数，$m_t(q,\omega)$——横向流记忆函数
m_l——电子的磁量子数，m_s(或 s)——电子的自旋量子数
$m_*(t)$，$m_*(\omega)$——活性
M——磁化强度
MC——Monte Carlo 模拟
MD——分子动力学模拟
$n=\sum_i n_i$——粒子数或摩尔数，或自然数
$\breve{n}$——电子的主量子数，或核外电子主壳层
"$_n$"——n 用作下标时表示电子能带编号，或自然数
n_r——折射率
$N_A=6.022\times10^{23}$——Avogadro 常数
NMR——核磁共振
p——压力
$\boldsymbol{P}$——动量（矢量），$\boldsymbol{P}_l$——电子的轨道角动量，$\boldsymbol{P}_s$——电子的自旋本征角动量
$\tilde{P}$——概率
$\boldsymbol{q}$——相空间中的波矢（矢量），q——相空间中的位置
$\breve{q}$——序参量
Q_6——BOP 方法中的二次旋转不变量，$\breve{Q}_6$——局域中的二次旋转不变量
r——距离
$\boldsymbol{r}$，$\boldsymbol{R}$——粒子位置（矢量）
r_a——原子半径
r_c——临界晶核半径
$\boldsymbol{R}_l$——正格矢
R^*——电阻率，R_r^*——剩余电阻率，R_{ea}^*——本征电阻率
$R(r)$——波函数径向方程
s(或 m_s)——电子的自旋量子数
s_i——电子的某个自旋，$s_\uparrow$，$s_\downarrow$——两个方向相反的自旋
$\boldsymbol{S}$——原子中电子支壳层的总自旋角动量（矢量）
S——熵
ΔS_m——熔化时的熵增量
$S(q)$——静态结构因子，$S_s(q)$——单粒子静态结构因子
$S(q,\omega)$——动态结构因子，$S_s(q,\omega)$——单粒子动态结构因子

t——时间

$\breve{T}$——体系的动能，$\breve{\boldsymbol{T}}$——动能张量

T——温度，T_m——熔点，T_g——玻璃体形成温度，T_c——临界温度

T_D——Debye 温度

$\widehat{T}$——无因次温度

$\tilde{T}=\frac{1}{\beta}\left(\frac{T-T_c}{T}\right)$——无因次温差

U——体系的内能

$\boldsymbol{v}$——速度矢量，$\boldsymbol{v}'$——加速度矢量

$\boldsymbol{v}_d$——电子的漂移速度矢量

$v_e(\boldsymbol{k})$——$\boldsymbol{k}$ 态下电子的平均速度，或波包的群速度，v_e'——$v_e(\boldsymbol{k})$ 的导数

v_F——Fermi 速度

v_s——声速，$v_s^{adi}=\left(\frac{\gamma}{m\rho\chi_T}\right)^{3/2}=\frac{\gamma}{m}\left(\frac{\partial p}{\partial\rho}\right)_T$——绝热声速，$v_s(\boldsymbol{q})$——用波矢示出的声速

v_{pn}——声子速度

$\underline{V}$——体积，$\underline{V}_{mol}$——摩尔体积

V——体系的势能，$v(r)$——粒子间势能，在 q 空间中 $v(r)$ 变为 $v(q)$

V_*^2——$T=T_c$ 时各粗晶粒间相互作用的一维积分，见式（7. 2. 19）

W——赝势

$x(y,z)$——空间坐标轴

$x_i=\frac{n_i m_i}{nm}$——组元 i 的质量浓度

XRD——X - ray diffraction

Z——原子价

$\breve{Z}$——配位数

$\mathbb{Z}$——配分函数

α_p——等压热膨胀系数

α_T——热膨胀系数

α——声波的衰减

$\beta=\frac{1}{k_B T}$，$k_B=1.38\times10^{-16}$erg/K——Boltzmann 常数

$\gamma=\frac{C_p}{C_V}$

γ_l——电子的轨道旋磁比，γ_s——电子的自旋旋磁比

γ_e——电子的旋磁比，γ_i——离子核的旋磁比

$\delta(\boldsymbol{r}-\boldsymbol{r}')$——$\delta$ 函数，Kronecker 符号

δ_{sl}，δ_{lg}——表层厚度

ε_{aa}，ε_{ab}——两原子间的相互作用能

ε——能量，ε_v——空穴形成自由能

ϵ——屏蔽系数或介电常数，ϵ_0——真空介电常数，ϵ_r——相对介电常数

$\breve{\zeta}$——相关长度

λ——波长，λ_{pn}——声子波长

Λ——导热系数

μ——化学位或绝对磁导率，μ_r——相对磁导率，μ_0——真空磁导率

$\breve{\boldsymbol{\mu}}_s$——电子自旋本征磁矩矢量，$\breve{\boldsymbol{\mu}}_S$——原子内总的电子自旋磁矩矢量

$\breve{\boldsymbol{\mu}}_l$——电子轨道磁矩，$\breve{\boldsymbol{\mu}}_L$——原子内总的电子轨道磁矩

$\breve{\boldsymbol{\mu}}_B$——Bohr 磁子，$\breve{\boldsymbol{\mu}}_J$——有效 Bohr 磁矩

η_s——剪切黏度，$\eta_s^k=\dfrac{\eta_s}{\rho m}$——动力学剪切黏度，$\eta(\boldsymbol{q})$——用波矢示出的黏度

η_b——体黏度

$\eta_{sb}=\dfrac{4}{3}\eta_s+\eta_b$——纵向黏度，$\eta_{sb}^k=\dfrac{\eta_{sb}}{\rho m}$——动力学纵向黏度

ξ——耗散系数，ξ_f——摩擦系数

$\rho_i=\dfrac{n_i}{\underline{V}}$——组元 i 的数密度

σ_e——电导率，$\overleftrightarrow{\sigma}_e(\omega)$——交流电导率

σ——表面张力或单位面积上的表面自由能

τ_c——粒子碰撞周期

τ_e——电子碰撞周期

τ——弛豫时间或相关时间

$\varphi(r)$——相互作用能，偶势

χ——磁化率

χ_T——恒温压缩率，$\chi_T=-\dfrac{1}{\underline{V}}\left(\dfrac{\partial \underline{V}}{\partial p}\right)_T$

$\chi(\boldsymbol{q},\omega)$——响应函数或广义极化率，$\chi^{Im}(\boldsymbol{q},\omega)$——$\chi(\boldsymbol{q},\omega)$ 的虚部

$\boldsymbol{\psi}(\boldsymbol{r})$——波函数，$\psi_k(r)$——Bloch 波函数

ω——频率，ω_p——等离子频率，ω_{pn}——声子频率

ω_c——电子在磁场中的回旋角频率

2. 熔态物理学中常见的算子和算符

这里介绍的算子并不都在本书中出现，但读者在阅览有关熔态物理学的文献和书籍时往往会遇到它们。作者写此小节意在为读者提供一个小辞典。

2.1 Dirac 刁刃符号

$$|\boldsymbol{q}\rangle=\frac{1}{\sqrt{V}}\exp(\mathrm{i}\boldsymbol{q}\cdot\boldsymbol{r})=\hat{\psi}_q,\ \hat{\psi}_q\text{——归一化波函数} \tag{A. 1a}$$

$$\langle\bar{j}\,|=\int\bar{\psi}_j(r)\,\mathrm{d}^3r \tag{A. 1b}$$

$$\langle\bar{j}\,|j\rangle=\int\bar{\psi}_j(r)\psi_j(r)\,\mathrm{d}^3r=\delta_{\bar{j},j}\text{—— 归一且正交的波函数} \tag{A. 1c}$$

$$\langle\boldsymbol{q}+\boldsymbol{q}'\,|w|\boldsymbol{q}\rangle=\int\psi_{\boldsymbol{q}+\boldsymbol{q}'}(r)w(r)\psi_{\boldsymbol{q}}(r)\,\mathrm{d}^3r \tag{A. 1d}$$

$$|m\rangle\equiv|\psi_m\rangle\text{——系综内的态矢} \tag{A. 1e}$$

$$|\psi\rangle=\sum_j|j\rangle\langle j\,|\psi\rangle=\sum_j P_j\,|\psi\rangle \tag{A. 1f}$$

$$\hat{P}=\sum_j|\phi_{jk}\rangle\langle\phi_{jk}|\text{—— 投影算符，}|\phi\rangle\text{ 在特定状态}(j,k)\text{ 上的投影} \tag{A. 1g}$$

$$\langle j\,|\psi\rangle\text{——求内积，所得为一复数} \tag{A. 1h}$$

2.2 Hamilton 算子和 Laplace 算子

$$\begin{aligned}&\nabla\text{——Hamilton 算子}\\&\nabla^2=\nabla\cdot\nabla\text{——Laplace 算子}\end{aligned} \tag{A. 2a}$$

$$\nabla A=\frac{\partial A}{\partial x}\boldsymbol{I}_x+\frac{\partial A}{\partial y}\boldsymbol{I}_y+\frac{\partial A}{\partial z}\boldsymbol{I}_z\text{——标量 }A\text{ 的梯度（矢量场）}$$

$$\nabla\boldsymbol{A}=\frac{\partial A_x}{\partial x}+\frac{\partial A_y}{\partial y}+\frac{\partial A_z}{\partial z}\text{——矢量 }\boldsymbol{A}\text{ 的散度（标量场）}$$

$$\nabla^2A=\nabla\cdot(\nabla A)=\frac{\partial^2A}{\partial x^2}+\frac{\partial^2A}{\partial y^2}+\frac{\partial^2A}{\partial z^2}\text{——标量 }A\text{ 梯度的散度（标量场）}$$

$$\begin{aligned}\nabla^2\boldsymbol{A}&=\nabla\cdot\nabla\cdot\boldsymbol{A}\\&=\frac{\partial^2A_x}{\partial x^2}+\frac{\partial^2A_y}{\partial y^2}+\frac{\partial^2A_z}{\partial z^2}\text{——矢量 }\boldsymbol{A}\text{ 散度的散度（标量场）}\end{aligned} \tag{A. 2b}$$

$$\nabla(\nabla\cdot\boldsymbol{A})=\frac{\partial\,\nabla\cdot\boldsymbol{A}_x}{\partial x}+\frac{\partial\,\nabla\cdot\boldsymbol{A}_y}{\partial y}+\frac{\partial\,\nabla\cdot\boldsymbol{A}_z}{\partial z}\text{——矢量 }\boldsymbol{A}\text{ 散度的梯度（矢量场）}$$

$$\nabla\times\boldsymbol{A}=\begin{vmatrix}\boldsymbol{I}_x&\boldsymbol{I}_y&\boldsymbol{I}_z\\\dfrac{\partial}{\partial x}&\dfrac{\partial}{\partial y}&\dfrac{\partial}{\partial z}\\A_x&A_y&A_z\end{vmatrix}\text{——矢量 }\boldsymbol{A}\text{ 的旋度（矢量场）}$$

2.3 其他算符

$$\hat{H} = i\hbar \frac{\partial}{\partial t}$$——不含时 Hamilton 算符 (A. 3a)

$$\hat{H} = \frac{1}{2m}\boldsymbol{P}^2 + V(\boldsymbol{r})$$——Hamilton 算符 (A. 3b)

$$\mathrm{i}\hat{L} = \frac{1}{m}\sum_i \left(\boldsymbol{P}_i \frac{\partial}{\partial \boldsymbol{r}_i} - \frac{\partial \phi(\boldsymbol{r}_{ij})}{\partial \boldsymbol{r}_i}\frac{\partial}{\partial \boldsymbol{P}_i}\right),\ \hat{L}\text{——Liouville 算符}$$

$$= \sum_{i=1}\left(\frac{\partial \hat{H}}{\partial P_i}\frac{\partial}{\partial q_i} - \frac{\partial \hat{H}}{\partial q_i}\frac{\partial}{\partial P_i}\right)$$ (A. 3c)

$$\mathrm{i}\hat{L}A = \frac{\mathrm{d}A}{\mathrm{d}t},\ A(t) = \exp(\mathrm{i}\hat{L}t)A(0)$$ (A. 3d)

$$\hat{\boldsymbol{\rho}} = \sum_j \tilde{p}_j \,|\varphi(t)\rangle\langle\varphi(t)|$$——统计算符或密度矩阵 (A. 3e)

$$\{A(0), B(t)\} \equiv \sum_{i=1}^{N}\left(\frac{\partial A}{\partial \boldsymbol{q}_i}\frac{\partial B}{\partial \boldsymbol{P}_i} - \frac{\partial A}{\partial \boldsymbol{p}_i}\frac{\partial B}{\partial \boldsymbol{P}_i}\right)$$——Poisson 括号 (A. 3f)

$$\mathrm{e}^{-\mathrm{i}\hat{L}t}\rho = \mathrm{e}^{\mathrm{i}\hat{H}t/\hbar}\rho(0)\mathrm{e}^{-\mathrm{i}\hat{H}t/\hbar}$$——Heisenberg 算符 (A. 3g)

$Tr[\cdots]$——矩阵求迹，即取相应矩阵所有对角元之和；或相空间中的一个积分 $\int \cdots \mathrm{d}P \cdots \mathrm{d}q$ (A. 3h)

$$\langle B\rangle = Tr[\mathrm{e}^{-\mathrm{i}\hat{H}t/\hbar}\rho(0)\mathrm{e}^{-\mathrm{i}\hat{H}t/\hbar}B(t)]$$

$$= Tr[\mathrm{e}^{-\mathrm{i}\hat{H}t/\hbar}B(0)\mathrm{e}^{-\mathrm{i}\hat{H}t/\hbar}\rho(t)]$$——某物理量的系综均值 (A. 3i)

目　　录

1 金属的电子云结构

1.1 Brillouin 区和 Fermi 面的概念[1~4]

固态金属中的晶格用 Bravais 格子描述，该格子空间中的格矢为正格矢 $\boldsymbol{R}_l$。倒格子空间（$\boldsymbol{k}$ 空间）中的格矢为倒格矢 $\boldsymbol{k}_h$。它和 $\boldsymbol{R}_l$ 有如下关系：

$$\boldsymbol{R}_l \cdot \boldsymbol{k}_h = 0, \pm 2\pi, \pm 4\pi, \cdots \tag{1.1.1}$$

对某一晶体，在其所有倒格子矢量 $\boldsymbol{k}_h$ 的中点都作一垂直平面，这些垂直平面围成的最小区域就是倒格子空间中的 WS（Wigner - Seitz）原胞，或第一 Brillouin 区，如图 1.1 所示。

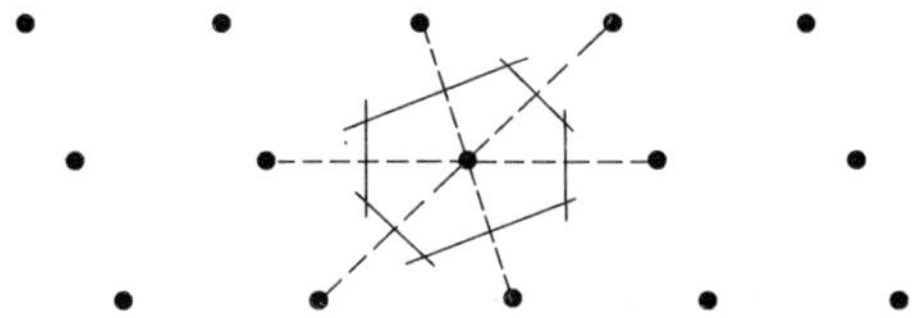

图 1.1 WS（Wigner - Seitz）原胞

按照量子力学，金属中电子是依能级 E 的高低排列的。E 和 $\boldsymbol{k}$ 空间中的 $\boldsymbol{k}$ 态对应。每个能级或每个 $\boldsymbol{k}$ 态（$\boldsymbol{k}$ 空间中的第 $\boldsymbol{k}$ 个格点）可容纳 2 个电子，n 个电子只能布居在$(1/2)n$ 个能级上。$T = 0\text{K}$ 时，处于基态的电子从最低能级 $\boldsymbol{k} = 0$ 开始逐级充填能态。有电子布居的最高能级称为 Fermi 能级。有布居能级的总体为一球，这就是 Fermi 球。该球的半径为 Fermi 矢 k_{F}：

$$k_{\mathrm{F}} = (3\pi^2\rho)^{\frac{1}{3}} \approx 10^8 \mathrm{cm}^{-1} \tag{1.1.2a}$$

其表面称为自由电子的 Fermi 面，面外是无布居能态。但在真实的金属中，k_{F} 是个模糊的值。以 $\tilde{d}\, k_{\mathrm{F}}$ 表示它的起伏，Heisenberg 不确定准则指出：

$$l_{\text{free}}\, \tilde{d}\, k_{\mathrm{F}} \sim 1 \tag{1.1.2b}$$

Fermi 面上单电子的能量为 Fermi 能 E_{F}：

$$E_{\mathrm{F}} = \frac{\hbar^2 k_{\mathrm{F}}^2}{2m_{\mathrm{e}}} = E_{\mathrm{F}}^{0\mathrm{K}}\left[1 - \frac{\pi^2}{12}\left(\frac{1}{\beta E_{\mathrm{F}}^{0\mathrm{K}}}\right)^2\right] \approx 2 \sim 10\mathrm{eV} \tag{1.1.3}$$

单位体积内自由电子基态能量 E_0 为 Fermi 球内所有电子能级的能量之和：

$$E_0 = \int_0^{E_F} E\mathrm{d}n = \frac{1}{\pi^2}\frac{\hbar^2 k_F^5}{10m_e} \tag{1.1.4}$$

每个自由电子的平均（动）能量 $E_0^{adv} = \frac{3}{5}E_F$。Fermi 动量、速度和温度之值为：

$$\boldsymbol{P}_F = \hbar k_F$$

$$v_F = \frac{\hbar k_F}{m_e} \approx 10^8 \mathrm{cm/s} \tag{1.1.5}$$

$$T_F = E_F T\beta \approx 10^4 \sim 10^5 \mathrm{K}$$

热平衡条件下电子处于某一能级 E 的概率服从 Fermi – Dirac 分布函数：

$$f_e(E) = \frac{1}{\exp\beta(E-\mu)+1}$$

$$\lim_{T\to 0} f_e(E) = \begin{cases} 1, 当 E \leqslant \mu 时 \\ 0, 当 E > \mu 时 \end{cases} \tag{1.1.6}$$

式中　μ——化学势，体积不变时每增加一个电子所需的自由能：

$$\mu = E_F\left\{1 - \frac{\pi^2}{12}\left(\frac{T}{T_F}\right)^2\right\} \tag{1.1.7}$$

实际上由于 $T_F \gg T$，$\mu \approx E_F$。

图 1.2 表明，$T > 0\mathrm{K}$ 时的 Fermi 球略小于 $T = 0\mathrm{K}$ 时的 Fermi 球。此条件下，原 Fermi 球外的 β^{-1} 范围里的能级可能被占，而球内的 β^{-1} 范围里的能级可能是空的。

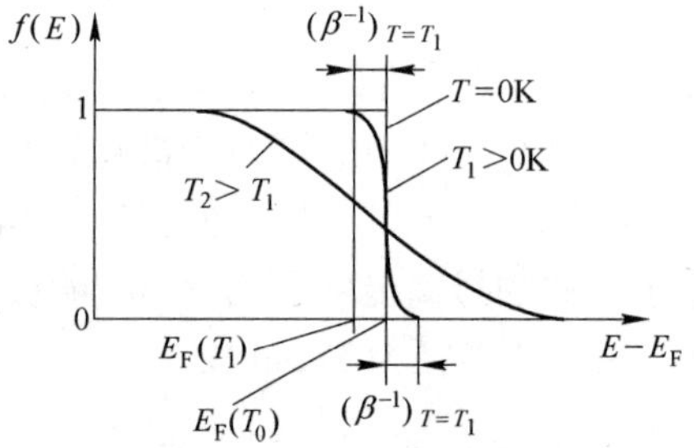

图 1.2　不同温度下的 Fermi 球

1.2　自由电子模型和准自由电子模型[1~4]

自由电子模型（jellium model）也称凝胶模型，准自由电子模型即 NFE model。

1.2.1　Drude – Lorentz 经典理论

长时间以来，金属内的电子云分布及其集约运动的规律还没有实测的办法。

所以人们认识电子云的思路只能是假设它呈某一结构，提出模型，计算物性，再和实测的物性比较以为判据。

DL 模型的三个基本假设：

（1）自由电子近似——均匀分布的离子施于电子上的电场为零，所以可忽略电子和离子间的相互作用。

（2）独立电子近似——忽略电子和电子间的相互作用。

（3）弛豫时间（τ）近似——在受微扰作用后电子恢复平衡的过程取决于平均碰撞概率：

$$\tilde{P}^{\text{adv}}_{\rightleftarrows} = \frac{1}{\tau} \tag{1.2.1}$$

DL 模型中唯一的参量是电子数密度 ρ_e：

$$\rho_e = N_A \frac{Z\rho_m}{m_{\text{mol}}} \tag{1.2.2a}$$

ρ_m——金属元素的质量密度。一个电子平均所占球体的半径为：

$$r_{\text{e-oc}}^{\text{adv}} = \sqrt[3]{\frac{3}{4\pi\rho_e}} = (2 \sim 3)a_0 \tag{1.2.2b}$$

1.2.2 Sommerfeld 模型

基本思想：单电子近似——每个电子都独立地在恒定势场 $V(r)$ 中运动，该势场的势能为电子云的平均势能。Sommerfeld 认为：离子的作用仅在于维持金属呈电中性，电子系统的背景是均匀分布的正电荷。

单一自由电子的 Schrödinger 方程：

$$-\frac{\hbar^2}{2m_e}\nabla^2\boldsymbol{\psi}(\boldsymbol{r}) = E\boldsymbol{\psi}(\boldsymbol{r}) \tag{1.2.3}$$

在所讨论的体积 $\underline{V}$ 中该电子出现的概率是 1，即归一化条件：

$$\int |\psi(r)|^2 \mathrm{d}r = 1$$

此积分遍历 $\underline{V}$ 中各点。设 $\underline{V} = 1$，并考虑到其边界的周期性，从而得知式（1.2.3）的解为一平面行波：

$$\boldsymbol{\psi}_k(\boldsymbol{r}) = \exp(\mathrm{i}\boldsymbol{k}\cdot\boldsymbol{r}) = |\boldsymbol{k}\rangle \tag{1.2.4}$$

$\boldsymbol{k}$ 是它的波矢。固态金属中，处于 $\boldsymbol{\psi}(\boldsymbol{r})$ 态的电子有确定的动量、速度和本征能量：

$$\boldsymbol{P} = \hbar\boldsymbol{k}$$

$$\boldsymbol{v} = \frac{\hbar\boldsymbol{k}}{m_e}$$

$$E = \frac{\hbar^2 \boldsymbol{k}^2}{2m_e} \tag{1.2.5}$$

显然它们和 $\boldsymbol{P}_F$、$\boldsymbol{v}_F$、E_F 是一致的。

在单位体积 $\boldsymbol{k}$ 空间中 $d\boldsymbol{k}$ 微元内的状态数为 $0.125\pi^{-3}d\boldsymbol{k}$，所以 $d\boldsymbol{k}$ 体积元中的电子数是 $dn = 0.25\pi^{-3}dk$。在 E 到 $E + dE$ 间的能态密度为：

$$g(E) = \frac{1}{2\pi^2}\left(\frac{2m_e}{\hbar^2}\right)^{3/2} E^{1/2} \tag{1.2.6}$$

引入式（1.1.3），金属单位体积中包含自旋在内自由电子的状态密度：

$$g_{FE}(E_F) = \frac{m_e k_F}{\pi^2 \hbar^2} \tag{1.2.7}$$

它可用光电发射效应测试。由式（1.1.6）和式（1.2.7），得布居态密度：

$$\rho_e(E) = f_e(E)g(E) \tag{1.2.8}$$

图 1.3 显示的是这三个概念的变化。金属中的电子密度：

$$\rho_e = \int_0^\infty \rho_e(E)\,dE = \frac{2}{3}\left[\frac{1}{2\pi^2}\left(\frac{2m_e}{\hbar^2}\right)^{3/2}\right]\mu^{3/2}\left[1 + \frac{\pi^2}{8}\left(\frac{1}{\beta\mu}\right)^2\right] \tag{1.2.9}$$

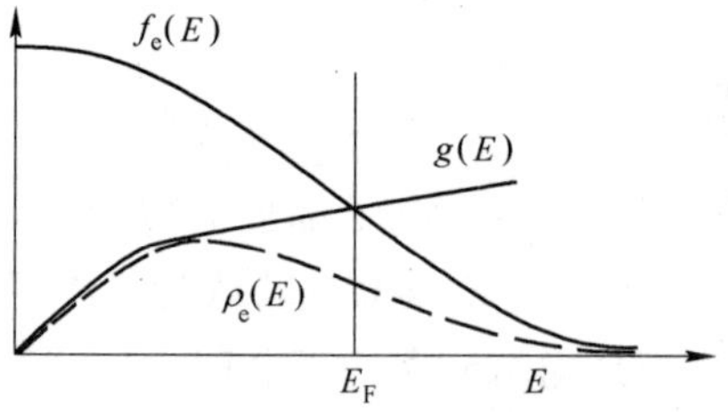

图 1.3　电子的布居态密度、状态密度、
F－D 分布函数随电子能量的变化

Sommerfeld 模型的局限性示于表 1.1。

表 1.1　Sommerfeld 模型的局限性

能描述的物性	不能描述的物性
1. 导电、导热的由来	1. Be、Zn、Al、In 等的电子密度比一价金属的大而导电差
2. Wiedeman－Franz 定律——恒温下热导率和电导率的比值（Lorenz 数）守恒	2. 高频下的电导率
3. 碱金属中 Holl 系数为电子数密度的函数	3. 某些金属中电导率的各向异性
4. 光反射率高	4. 电导率、热导率温度系数的变化
5. 外场作用下的 Boltzmann 方程	

1.2.3 NFE 模型概要

实际上，电子 - 电子的相互作用是不可忽略的。但由于体系的势能 V 远小于动能（电子动能），电子的状态只因电子间相互作用的微扰而变。二阶微扰理论指出，准自由电子的能量为：

$$E(k) = \frac{\hbar^2 k^2}{2m_e} + \langle \boldsymbol{k} | V | \boldsymbol{k} \rangle + \sum_{k \neq 0} \frac{|\langle \boldsymbol{k} + \boldsymbol{k}' | V | \boldsymbol{k} \rangle|^2}{\frac{\hbar^2}{2m_e}(k^2 - |\boldsymbol{k} + \boldsymbol{k}'|^2)} \tag{1.2.10}$$

$\langle \boldsymbol{k} + \boldsymbol{k}' | V | \boldsymbol{k} \rangle$ ——原子的形状因子。在单位体积中，

$$\langle \boldsymbol{k} + \boldsymbol{k}' | V | \boldsymbol{k} \rangle = \int \exp[\mathrm{i}(\boldsymbol{k} + \boldsymbol{k}') \cdot \boldsymbol{r}] V(\boldsymbol{r}) \exp(\mathrm{i}\boldsymbol{k} \cdot \boldsymbol{r}) \mathrm{d}^3 \boldsymbol{r} \tag{1.2.11}$$

1.3 固态金属中电子的能带理论[1~4]

固态金属中的离子分布在晶格格点上，构成一个作用于电子云上的周期性势场。说明此状况下电子的能量特点的就是能带理论，或者说金属中的分子轨道理论。

1.3.1 三个基本假设

1.3.1.1 绝热近似（Born - Oppenheimer 近似）

离子的动能及它们之间的相互作用为零，电子在固定不变的离子所致势场中运动，使多体问题简化为多电子问题。Schrödinger 方程中只包含电子动能、电子 - 电子相互作用和电子 - 离子相互作用 $\sum_{i,a} V(\boldsymbol{r}_i, \boldsymbol{R}_a)$，即：

$$\left[-\sum \frac{\hbar^2}{2m_e} \nabla_i^2 + \frac{1}{2} \sum_{i \neq j} \sum \frac{e^2}{4\pi\epsilon_0\epsilon_r \boldsymbol{r}_{ij}} + \sum_{i,a} V(\boldsymbol{r}_i, \boldsymbol{R}_a) \right] \psi(\boldsymbol{r}_i, \boldsymbol{R}_a) = E\psi(\boldsymbol{r}_i, \boldsymbol{R}_a) \tag{1.3.1}$$

1.3.1.2 平均场近似或单电子近似

用一个平均场代替电子 - 电子相互作用时：

$$\sum_i U_i(\boldsymbol{r}_i) = \frac{1}{2} \sum_{i \neq j} \sum \frac{e^2}{4\pi\epsilon_0\epsilon_r \boldsymbol{r}_{ij}} \tag{1.3.2}$$

$U_i(\boldsymbol{r}_i)$ 表明作用在电子 i 上的势能只与该电子的位置有关，它包含了其他电子和电子 i 之间的相互作用。与此类似，以 $u_{ia}(\boldsymbol{r}_i, \boldsymbol{R}_a)$ 表示电子 i 与某离子 a 间的相互作用，$u_i(\boldsymbol{r}_i) = \sum_a u_{ia}(\boldsymbol{r}_i, \boldsymbol{R}_a)$ 表示电子 i 与离子构型整体间的相互作用：

$$\sum_i u_i(\boldsymbol{r}_i) = \sum_i \sum_a u_{ia}(\boldsymbol{r}_i, \boldsymbol{R}_a) \tag{1.3.3}$$

因此，单电子 i 的 $\hat{H}_i$：

$$\hat{H}_i = -\sum_i \frac{\hbar^2}{2m_e}\nabla_i^2 + U_i(\boldsymbol{r}_i) + u_i(\boldsymbol{r}_i) = -\sum_i \frac{\hbar^2}{2m_e}\nabla_i^2 + V(\boldsymbol{r}_i) \tag{1.3.4}$$

1.3.1.3　周期场近似下的单电子势能

周期场近似下的单电子势能为：

$$V(\boldsymbol{r}) = V(\boldsymbol{r} + \boldsymbol{R}_a) \tag{1.3.5}$$

单电子 Schrödinger 方程：

$$\left[-\frac{\hbar^2}{2m_e}\nabla^2 + V(\boldsymbol{r})\right]\psi(\boldsymbol{r}) = E\psi(\boldsymbol{r}) \tag{1.3.6}$$

能带理论是周期场中的单电子近似，而 NFE 模型正是弱周期场近似。

1.3.2　Bloch 定理

由于式（1.3.5），沿 Bravais 格矢 $\boldsymbol{R}$ 平移单电子时势能 $V(\boldsymbol{r})$ 是不变的。因此，单电子 Schrödinger 方程本征解的模也有平移不变性，即：

$$|\psi_n(\boldsymbol{k}, \boldsymbol{r} + \boldsymbol{R}_n)| = |\psi_n(\boldsymbol{k}, \boldsymbol{r})| \tag{1.3.7}$$

下标 n 是能带编号。该解可写成：

$$\psi_n(\boldsymbol{k}, \boldsymbol{r} + \boldsymbol{R}) = \psi_n(\boldsymbol{k}, \boldsymbol{r})\exp(\mathrm{i}\boldsymbol{k} \cdot \boldsymbol{R}) \tag{1.3.8}$$

此式中的 $\boldsymbol{k}$ 称为 Bloch 波矢。Bloch 定理把周期场近似下单电子 Schrödinger 方程的本征解：

$$\psi_n(\boldsymbol{k}, \boldsymbol{r}) = \Delta_n(\boldsymbol{k}, \boldsymbol{r})\exp(\mathrm{i}\boldsymbol{k} \cdot \boldsymbol{r}) \tag{1.3.9}$$

表示为由平面波因子 $\exp(\mathrm{i}\boldsymbol{k} \cdot \boldsymbol{r})$ 和振幅 $\Delta_k(\boldsymbol{r})$ 组成的 Bloch 波函数。其中，$\exp(\mathrm{i}\boldsymbol{k} \cdot \boldsymbol{r})$ 反映电子在金属中自由的非局域运动，$\Delta_k(\boldsymbol{r})$ 反映电子在原胞中的运动，它是呈现晶格周期性的函数。当 $\boldsymbol{r} \to \boldsymbol{r} + \boldsymbol{R}$ 时：

$$\Delta_k(\boldsymbol{r}) = \Delta_k(\boldsymbol{r} + \boldsymbol{R}_n) \tag{1.3.10}$$

所以，Bloch 波是一个被周期函数调制的平面波。或者说，它可展开成一系列平面波的叠加。Bloch 定理还指出，电子在各原胞对应点上的出现几率相等。

$$|\psi_k(\boldsymbol{r} + \boldsymbol{R}_n)|^2 = |\psi_k(\boldsymbol{r})|^2 = |\Delta_k(\boldsymbol{r})|^2 \tag{1.3.11}$$

Bloch 波矢 $\boldsymbol{k}$ 属于倒格矢，在倒易空间中均匀分布，它标志不同原胞电子波函数的相位差。它与自由电子的波矢 $\boldsymbol{k}$ 有所不同，见表 1.2。

表 1.2 Bloch 波矢与自由电子波矢的差异

Bloch 波矢	自由电子波矢
$\hbar\boldsymbol{k}$——电子的准动量或晶格动量	$\hbar\boldsymbol{k}$——自由电子的动量

Bloch 波的波形示意如图 1.4 所示。

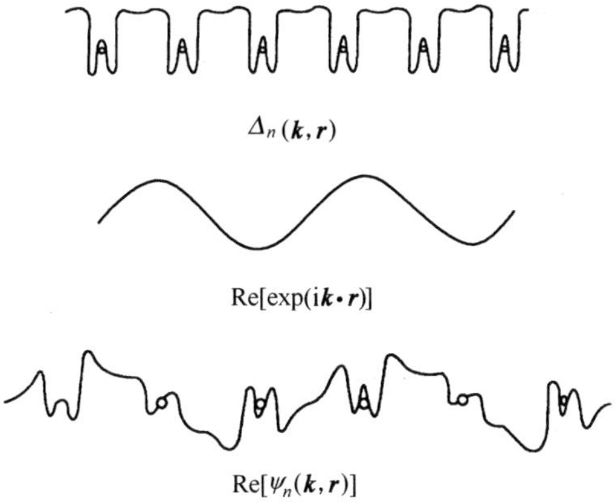

图 1.4 Bloch 波的波形示意图

1.3.3 能带结构概念

Bloch 波函数的本征值为 $E_n(\boldsymbol{k})$。给定一个 $\boldsymbol{k}$ 值，电子下标 n 有无穷多个值，不同的 n 值对应不同的能带。一个给定的 n 值，或一个给定的能带中含有许多能级。同一能带中相邻能级（相邻 $\boldsymbol{k}$ 值）的能量差异很小，不同的能带间是能隙。Bloch 电子的能态由 n 和 $\boldsymbol{k}$ 两个量子数决定。

由于晶格周期场的作用，若两波矢 $\boldsymbol{k}$ 和 $\boldsymbol{k}'$ 相差任意个倒本格矢则它们描述同一状态。能带及 Bloch 函数的周期性特点和对称性特点如下：

$$\begin{gathered}E_n(\boldsymbol{k}')=E_n(\boldsymbol{k})\\ \psi_{n,\boldsymbol{k}'}(\boldsymbol{r})=\psi_{n,\boldsymbol{k}}(\boldsymbol{r})\\ E_n(\boldsymbol{k})=E_n(-\boldsymbol{k})\\ \psi_{n,\boldsymbol{k}}(\boldsymbol{r})=\psi_{n,-\boldsymbol{k}}(\boldsymbol{r})\end{gathered}\tag{1.3.12}$$

第一 Brillouin 区的全部波矢 $\boldsymbol{k}$ 标志着第 n 个能带（电子下标为 n）中所有波矢为实数的单电子之能态（电子态）。另一方面，每个能带都可呈现在第一 Brillouin 区内。或者说，用第一 Brillouin 区内及其边界上的 $\boldsymbol{k}$ 来表征周期势场中全部电子态。实际上，这是将区外的波矢平移至区内一个等价状态点上的结果。如此将全部波矢 $\boldsymbol{k}$ 限于第一 Brillouin 区内称做简约的 Brillouin 区。

若第一 Brillouin 区内共有 N 个不同的 $\boldsymbol{k}$ 值，表明晶体中共有 N 个 WS 原胞，则每个能带中共有 N 个电子态，若虑及电子的自旋，共有 $2N$ 个电子态。$\boldsymbol{k}$ 对应着不同原胞间单电子波函数的位相差。

若用第一 Brillouin 区表示最低能带，次者用第二 Brillouin 区表示，即每个 Brillouin 区相应于一个能带，则是扩展的 Brillouin 区。

图 1.5 中的（a）是简约 Brillouin 区示意，（b）是扩展 Brillouin 区示意，周期 Brillouin 区的示意见（c）。

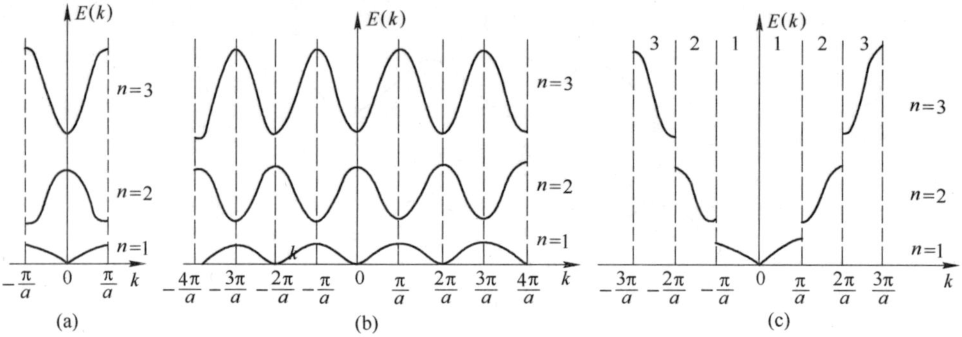

图 1.5　三种 Brillouin 区的示意

能带有空带、导带、满带和禁带之分，晶体中的 Fermi 能级相应于电子的价带，高于 Fermi 能级的是空带，如果电子没有充满该价带则它就是导带，一般说来金属价电子即布居于导带内。一能带若被电子充满则为满带，内层电子常布居于满带中。能带之间是能隙，即禁带。

1.3.4　能带特点的分析——微扰法

1.3.4.1　用弱周期势近似（准自由电子近似，NFE）导出能隙

Na、K、Al 等简单金属晶格的周期性势场 $V(\boldsymbol{r})$ 起伏很小，弱周期势近似（用周期性势场的均值 V_0 进行计算）是零级近似。但不可能用 NFE 描述稀土金属、过渡元素和重碱金属，这就是应用 NFE 的限度。

更好的是用微扰法处理。以其线度为 nx 的一维晶体为例（$n=1,\ 2,\ \cdots$），其周期性势场是：

$$V(x) = V_0 + \sum_{n\neq 0} V_n \exp\left(\mathrm{i}\frac{2\pi}{a_0}nx\right) \tag{1.3.13}$$

因此，单电子的 Hamilton 算子可分成平面行波均值 $\hat{H}_0$ 及相应于该平面波被周期场散射而出现偏离值两部分，后者与周期场特点有关：

$$\hat{H} = -\frac{\hbar^2}{2m}\frac{d^2}{dx^2} + V_0 + \sum_{n\neq 0} V_n \exp\left(i\frac{2\pi}{a_0}nx\right)$$

$$V_n = V_{-n} = \frac{1}{nx}\int_o^{nx} V(x)\exp\left(-i\frac{2\pi}{a_0}nx\right)dx \tag{1.3.14}$$

由二次微扰项推出电子的能量和波函数为：

$$E_k = \frac{\hbar^2 k^2}{2m} + \sum \frac{2m|V_n|^2}{\hbar^2k^2 - \hbar^2\left(k - \frac{2n\pi}{a_0}\right)^2}$$

$$\psi_k(x) = \frac{1}{\sqrt{nx}}\exp(ikx)\left[1 + \sum_{n\neq 0}\frac{2mV_n\exp\left(-i\frac{2n\pi}{a_0}x\right)}{\hbar^2k^2 - \hbar^2\left(k - \frac{2n\pi}{a_0}\right)^2}\right] \tag{1.3.15}$$

事实上，这里的 E_k 表达式和式（1.2.10）是一致的。该平面波的波长和该散射波的振幅是：

$$\lambda = \frac{2a_0}{n}$$

$$\breve{A}_a^S = \sum_{n\neq 0}\frac{2mV_{-n}}{\hbar^2k^2 - \hbar^2\left(k - \frac{2n\pi}{a_0}\right)^2} \tag{1.3.16}$$

在波矢接近 Bragg 反射条件 $2a_0\sin\theta = n\lambda$ 时有：

$$k = \frac{n\pi}{a_0}(1+\delta)$$

$$k' = \frac{n\pi}{a_0}(1-\delta) \tag{1.3.17}$$

这两个状态能量相近，用简并微扰法处理得：

$$E = \breve{T}_n(1+\delta) \pm \sqrt{|V_n|^2 + (2\breve{T}_n\delta)^2} \tag{1.3.18a}$$

自由电子在 $k = \frac{n\pi}{a_0}$ 状态下的动能是：

$$\breve{T}_n = \frac{\hbar^2}{2m}\left(\frac{n\pi}{a_0}\right)^2 \tag{1.3.18b}$$

$\delta = 0$ 时，$E = \breve{T}_n \pm |V_n|$。可见，在

$$k = \frac{\pi}{a_0}$$

$$k' = -\frac{n\pi}{a_0} \tag{1.3.18c}$$

处会出现两个间断的能态，图 1.6 表明它们的能量差即是禁带的宽度：

$$E_{gap} = 2|V_n| \tag{1.3.18d}$$

总之，正是周期场在 Brillouin 区边上引起能量跃迁，将自由电子的连续能级改变为 NFE 的能带。能隙是晶体中平面波被全反射后干涉入射波变为驻波的结果。此时，电子的均速为零。电子云分布呈现主要向离子之间聚集或分散在离子周围的特点。

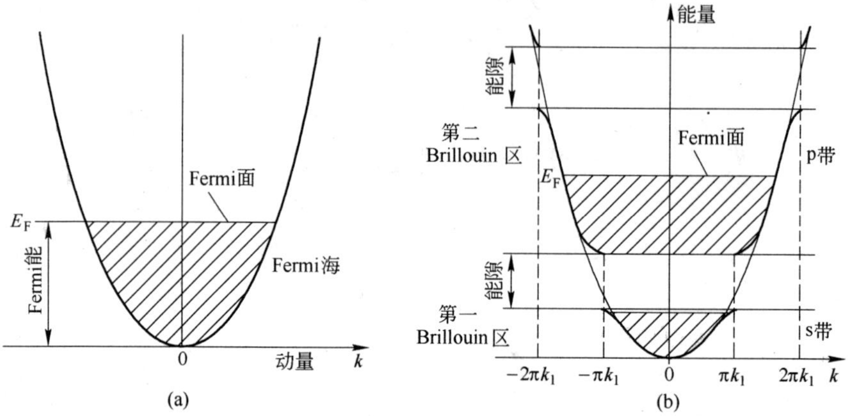

图 1.6　自由电子能级和周期场导致的能带结构
（a）自由电子能级示意；（b）周期场导致的能带结构

三维的情况下，当第一 Brillouin 区能量最高点大于第二 Brillouin 区能量最低点时就会出现能带的交叠，能隙因而消失。如金属 Be，其 2s 带和 2p 带都被电子充满，但它们有一能量交叠区，2s 电子可进入 2p 带，反之亦然，所以其组合的 2s/2p 带是导带。

1.3.4.2　用紧束缚近似（TBA）说明能级和能带的关系、导出能带宽度

紧束缚近似——电子被紧束缚在原子上，主要的作用只来自该原子。同时电子波函数的交叠很小，其他原子对该电子的作用可认为是一种微扰。原子间的相互作用较弱，周期势在空间的起伏也因此比弱周期势近似时的大一些。

紧束缚近似的基点在于：以自由原子为基础来研究晶体中的电子状态，将晶体中的单电子波函数看成是 n 个孤立原子轨道 $\phi_i(\boldsymbol{r}-\boldsymbol{R}_m)$ 的线性组合：

$$\psi_k(\boldsymbol{r}) = \sum_{\boldsymbol{R}_m} \frac{1}{\sqrt{n}} \exp(\mathrm{i}\boldsymbol{k}\cdot\boldsymbol{R}_m)\phi_i(\boldsymbol{r}-\boldsymbol{R}_m) \tag{1.3.19}$$

只在任一格点的最近邻求和，这就是 LCAO（linear combination of atomic orbitals）法。$\phi_i(\boldsymbol{r})$ 取决于：

$$\hat{H}_{\text{atom}}\phi_i(\boldsymbol{r}) = \left[-\frac{\hbar^2}{2m}\nabla^2 + V_{\text{atom}}(\boldsymbol{r})\right]\phi_i(\boldsymbol{r}) = E_i\phi_i(\boldsymbol{r}) \tag{1.3.20}$$

同一格点上的 $\phi_i(\boldsymbol{r})$ 已归一化，不同格点上的 $\phi_i(\boldsymbol{r})$ 因交叠小可以近似地认为是正交的。

式（1.3.19）所示的 $\psi_k(\boldsymbol{r})$ 为 Bloch 波函数。因此：

$$\psi_k(\boldsymbol{r} + \boldsymbol{R}_m) = \exp(\mathrm{i}\boldsymbol{k}\cdot\boldsymbol{R}_m)\psi_k(\boldsymbol{r}) \tag{1.3.21}$$

再由晶体的 Schrödinger 方程得到晶体中单电子的能量本征值：

$$\begin{aligned} E(\boldsymbol{k}) &= E_i - J_0 - \sum J(\boldsymbol{R}_m)\exp(\mathrm{i}\boldsymbol{k}\cdot\boldsymbol{R}_m) \\ -J_0 &= \int \Delta V(\boldsymbol{r},0)\,|\phi_i(\boldsymbol{r})|^2\mathrm{d}\boldsymbol{r} \\ -J(\boldsymbol{R}_m) &= \int \overline{\phi_i}(\boldsymbol{r})\Delta V(\boldsymbol{r},\boldsymbol{R}_m)\phi_i(\boldsymbol{r}-\boldsymbol{R}_m)\mathrm{d}\boldsymbol{r} \\ \Delta V(\boldsymbol{r},\boldsymbol{R}_m) &= V(\boldsymbol{r}) - V_{\text{at}}(\boldsymbol{r}-\boldsymbol{R}_m) \end{aligned} \tag{1.3.22}$$

$\Delta V(\boldsymbol{r},\boldsymbol{R}_m)$ 表示晶格周期势和格点 $\boldsymbol{R}_m$ 处原子势之差。$(E_i - J_0)$ 是能带的平均能量，J_0 称作晶体场积分。$J(\boldsymbol{R}_m)$ 是相互作用积分或交叠积分，在最近邻原子波函数无交叠时它等于零。能带宽度取决于配位数 $\breve{Z}$ 和相互作用积分或交叠积分之积：

$$E_{\text{gap}} = 2J(a_0)\breve{Z} \tag{1.3.23}$$

式（1.3.22）说明：每个 $\boldsymbol{k}$ 都表示一个能级，对应一个能量本征值 $E(\boldsymbol{k})$。总共 n 个不同的 $\boldsymbol{k}$ 值相应于 n 个非常接近的能级，它们组成一个准连续的能带。或者说，原子的一个能级对应于晶体中的一个能带，见图 1.7。$J(a_0)$ 与 a_0^{-2} 成正比，所以，原子间距越小则能带越宽。

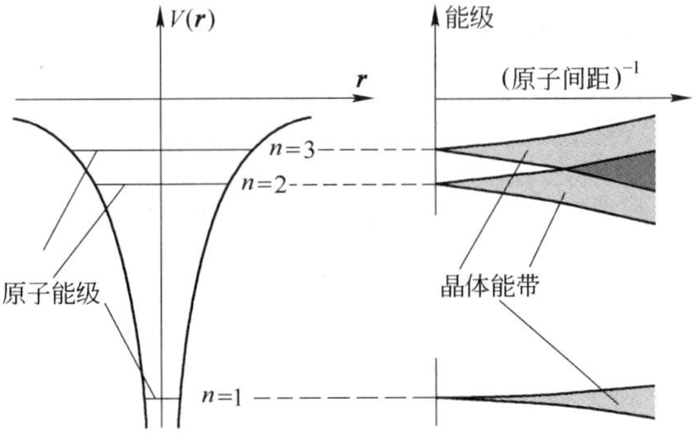

图 1.7　原子的一个能级对应于晶体中的一个能带

晶体中的 s 带、p 带、d 带等都是由原子中不同能级转变而成的。用紧束缚近似法可给出简单立方晶体的 s 带中：

$$E(\boldsymbol{k}) = E_i - J_0 - 2J_s[\cos(k_x a_0) + \cos(k_y a_0) + \cos(k_z a_0)] \quad (1.3.24)$$

所以，在 $k_x = k_y = k_z = 0$（第一 Brillouin 区）处出现该能带的极小值：

$$E_{\min} = E_i - J_0 - 6J_s$$

J_s 是 s 带中的交叠积分。在 $k_x = k_y = k_z = \pm a_0$ 时出现最大值：

$$E_{\max} = E_i - J_0 + 6J_s$$

简单立方晶体中的能带宽度为：

$$\Delta E_{sc} = 2\breve{Z}_{sc} J_s = 12J_s$$

类似地可得，体心立方晶体和面心立方晶体中 s 带的能带宽度：

$$\Delta E_{bcc} = 2\breve{Z}_{bcc} J_s = 16J_s$$

$$\Delta E_{fcc} = 2\breve{Z}_{fcc} J_s = 24J_s$$

p 带由三个能带交叠而成，因为 p 轨函是三重简并的。d 轨函是五重简并的，所以 d 带也有能带交叠的问题。此种条件下，紧束缚近似所得波函数中要计入简并轨函的线性组合：

$$\psi_k(\boldsymbol{r}) = \frac{1}{\sqrt{N}} \sum_{\boldsymbol{R}_m} \sum_{l} \exp(\mathrm{i}\boldsymbol{k} \cdot \boldsymbol{R}_m) \mathbb{C}_l \phi_{il}(\boldsymbol{r} - \boldsymbol{R}_m) \quad (1.3.25)$$

不同的 ϕ_{il} 对应于单原子的同一本征能级 E_i, $\mathbb{C}_l$ 是一系数。

事实上，只在不同原子态之间的相互作用不大且晶格简单时才有原子能级和晶体中能带一一对应的规律。若相互作用不可忽略，则不存在此对应规律。

1.3.5　有效势场

求解晶体中的单电子 Schrödinger 方程：

$$\left[-\frac{\hbar^2}{2m} \nabla^2 + V(\boldsymbol{r}) \right] \phi_k(\boldsymbol{r}) = E(\boldsymbol{k}) \phi_k(\boldsymbol{r}) \quad (1.3.26)$$

的关键在于需要已知周期场 $V(\boldsymbol{r}) = V(\boldsymbol{r} + \boldsymbol{R}_m)$。在 DFT（density functional theory）问世之前，一些近似计算方法已得到应用。把 DFT 引入这些近似计算的框架也是有意义的。

1.3.5.1　原胞法

这是 Wigner - Seitz 用于研究 Na 的方法。

原胞法的思路：由于晶格的周期性，所以只要已知一个 WS 原胞内的有效势场。再假设该势场为球对称，就可给出一组正交归一化的波函数：

$$\psi_k(\boldsymbol{r}) = \sum_{l=0}^{m} \sum_{m=-1}^{l} b_{lm}(\boldsymbol{k}) \boldsymbol{Y}_{lm}(\theta, \vartheta) \boldsymbol{R}_l(E, \boldsymbol{r}) \quad (1.3.27a)$$

$\boldsymbol{Y}_{lm}(\theta, \vartheta)$——球谐函数，$\boldsymbol{R}_l(E, \boldsymbol{r})$——矢径函数。

在原胞边界上，$\psi_k(\boldsymbol{r})$及其法向导数必须满足边界条件。利用球谐函数的特点将$\psi_k(\boldsymbol{r})$分成奇函数$\psi_k^{\mathrm{u}}(\boldsymbol{r})$和偶函数$\psi_k^{\mathrm{g}}(\boldsymbol{r})$。以$A$、$B$两点表示相邻原胞同向侧边上相应的两点。可写出如下的边界条件：

$$\begin{aligned}&\psi_k^{\mathrm{g}}(\boldsymbol{r}_A)\tan\left(\frac{\boldsymbol{k}\cdot\boldsymbol{r}_{AB}}{2}\right)-\psi_k^{\mathrm{u}}(\boldsymbol{r}_A)=0\\&\frac{\mathrm{d}\psi_k^{\mathrm{g}}(\boldsymbol{r}_A)}{\mathrm{d}\boldsymbol{r}}+\frac{\mathrm{d}\psi_k^{\mathrm{u}}(\boldsymbol{r}_A)}{\mathrm{d}\boldsymbol{r}}\tan\left(\frac{\boldsymbol{k}\cdot\boldsymbol{r}_{AB}}{2}\right)=0\end{aligned}\tag{1.3.27b}$$

因此又给出一个以b_{lm}为未知数的齐次线性方程。解此方程可得非零的b_{lm}，因而就能求出能量$E(\boldsymbol{k})$。

1.3.5.2　APW——缀加平面波

实际上，原胞芯部有一呈奇异性（$-Ze/r$）的局域势，原胞边界附近势场的变化很平缓。因此允许将原胞分成两部分，各取不同的势场。原胞芯部的球区，其半径可调，一般小于最近邻间距的一半使各球不致重叠。球区内沿用原胞法中的球对称势场，球外区为恒势场，合称为糕模势（muffin－tin potential）。如此就构成图1.8所示的缀加平面波。

原胞芯部的波函数也是球谐函数和矢径函数的乘积的叠加：

$$\begin{aligned}\psi(\boldsymbol{k},\boldsymbol{r})=&\sum_{l=0}^{\infty}\sum_{m=-1}^{l}a_{lm}(\boldsymbol{r})Y_{lm}(\theta,\varphi)R_l(E,\boldsymbol{r})\eta(\boldsymbol{r}_0-\boldsymbol{r})+\\&\exp(\mathrm{i}\boldsymbol{k}\cdot\boldsymbol{r})\eta(\boldsymbol{r}_0-\boldsymbol{r})\end{aligned}\tag{1.3.28}$$

$$\eta(\boldsymbol{r}_0-\boldsymbol{r})=\begin{cases}0,当\ \boldsymbol{r}_0-\boldsymbol{r}<0\ 时\\1,当\ \boldsymbol{r}_0-\boldsymbol{r}>0\ 时\end{cases}$$

a_{lm}按波函数在$\boldsymbol{r}=\boldsymbol{r}_0$处连续来确定。Slater等将此法用于很多金属的计算。

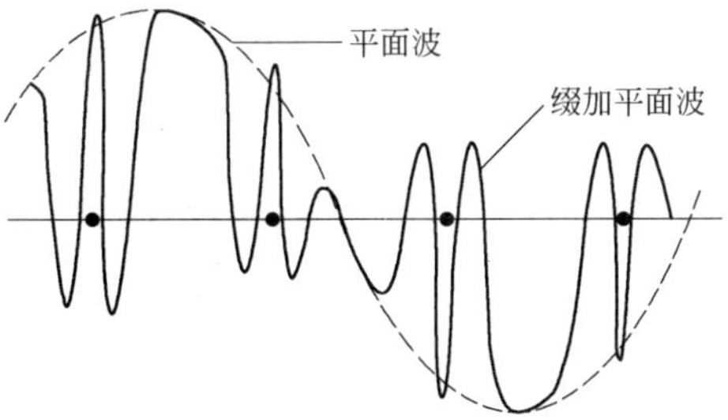

图1.8　缀加平面波

1.3.5.3　KKR——糕模势＋Green函数

周期势场$V(\boldsymbol{r})$中的Schrödinger方程是：

$$(\nabla^2 + \boldsymbol{k}^2)\psi_k(\boldsymbol{r}) = U(\boldsymbol{r})\psi_k(\boldsymbol{r})$$

$$\boldsymbol{k}^2 = \begin{cases} \dfrac{2m}{\hbar^2}, \text{当} E > 0 \text{时} \\ \dfrac{-2m}{\hbar^2}, \text{当} E < 0 \text{时} \end{cases} \tag{1.3.29}$$

$$\frac{2m}{\hbar^2}V(\boldsymbol{r}) = U(\boldsymbol{r})$$

Korringa/Kohn/Rostoker 用 Green 函数解之得：

$$\psi_k(\boldsymbol{r}-\boldsymbol{r}') = -\frac{1}{4\pi}\int_{\Omega} G_k(\boldsymbol{r}-\boldsymbol{r}')U(\boldsymbol{r}')\psi_k(\boldsymbol{r}')\mathrm{d}\boldsymbol{r}' \tag{1.3.30}$$

Green 函数的基本概念见本章附录 1.1，式（1.3.30）中的 $G_k(\boldsymbol{r}-\boldsymbol{r}')$称为结构 Green 函数。KKR 所用的糕模势是：

$$U(\boldsymbol{r}) = \sum_n U_{\text{atom}}(\boldsymbol{r}-\boldsymbol{R}_n) \tag{1.3.31}$$

在此势场中：

$$G_k(\boldsymbol{r}-\boldsymbol{r}') = \sum_n \frac{\exp(\mathrm{i}k\,|\boldsymbol{r}-\boldsymbol{r}'-\boldsymbol{R}_n|)}{|\boldsymbol{r}-\boldsymbol{r}'-\boldsymbol{R}_n|}\exp(\mathrm{i}\boldsymbol{k}\cdot\boldsymbol{R}_n) \tag{1.3.32}$$

它表示晶体中源于等价点 $\boldsymbol{r}'$的所有球面子波在观察点的叠加，包含了晶体结构对晶体中电子波函数的影响。

1.3.5.4　正交平面波法——OPW

和弱周期场近似下的一般平面波不同，Herring/Hill 用和内层电子态正交的平面波描述价电子，该正交平面波 $\psi_i^{\text{opw}}(\boldsymbol{k},\boldsymbol{r})$是一般平面波与紧束缚近似下的内层电子波函数线性和的叠加。OPW 的特点见图 1.9。令 $\boldsymbol{k}$ 和 $\boldsymbol{k}_i$ 为相差 i 个倒格矢的两波矢，在单位体积中：

$$\begin{aligned} \psi_i^{\text{opw}}(\boldsymbol{k},\boldsymbol{r}) &= \frac{1}{\sqrt{n}}\exp(-\mathrm{i}\boldsymbol{k}_i\cdot\boldsymbol{r}) - \sum_{j=1}\mu_{ij}\phi_{j,\boldsymbol{k}_i}(\boldsymbol{r}) \\ \mu_{ij} &= \delta_{\boldsymbol{k}',\boldsymbol{k}_i}\int\overline{\varphi}_j^{\text{at}}(\boldsymbol{r}-\boldsymbol{R}_l)\exp(\mathrm{i}\boldsymbol{k}_i\cdot\boldsymbol{r})\mathrm{d}\boldsymbol{r} \\ |\phi_{jk}(\boldsymbol{r})\rangle &= \frac{1}{\sqrt{n}}\sum_l \exp(\mathrm{i}\boldsymbol{k}\cdot\boldsymbol{R}_l)\varphi_j^{\text{at}}(\boldsymbol{r}-\boldsymbol{R}_l) \end{aligned} \tag{1.3.33}$$

$\delta_{\boldsymbol{k}',\boldsymbol{k}_i}$——Kronecker 的 δ 函数，$\varphi_j^{\text{at}}(\boldsymbol{r}-\boldsymbol{R}_l)$——位于格点 $\boldsymbol{R}_l$ 处原子的 j 状态，ϕ——紧束缚近似下的内层电子波函数。

电子 Schrödinger 方程：

$$
\begin{aligned}
(\hat{H} - E)\psi_k(\boldsymbol{r}) &= \left[-\frac{\hbar^2}{2m}\nabla^2 + V(\boldsymbol{r}) - E \right]\psi_k(\boldsymbol{r}) \\
\psi_k(\boldsymbol{r}) &= \sum_{i=1} \zeta_i \psi_i^{\text{opw}}(\boldsymbol{k},\boldsymbol{r})
\end{aligned}
\tag{1.3.34}
$$

$\psi_i^{\text{opw}}(\boldsymbol{k},\boldsymbol{r})$相当于一个响应函数（见第3章）；$\zeta_i$——变分参量，由其非零解可求得 E。

OPW 法在芯区引入了振荡成分，恰好描述了价电子的特征。用这种方法计算 Be、Li、Al、Si 等金属的能带都有较好的结果。

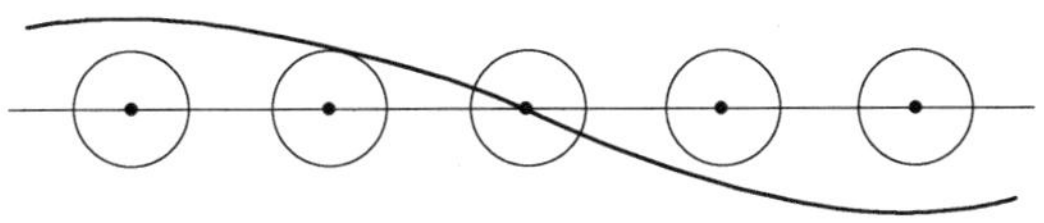

(a) 平面波

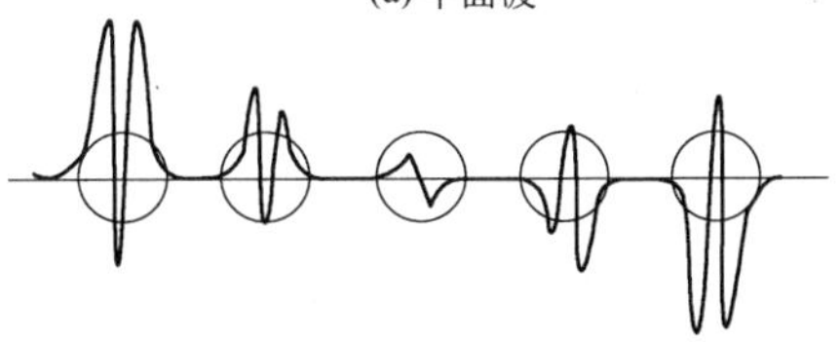

(b)内层电子波

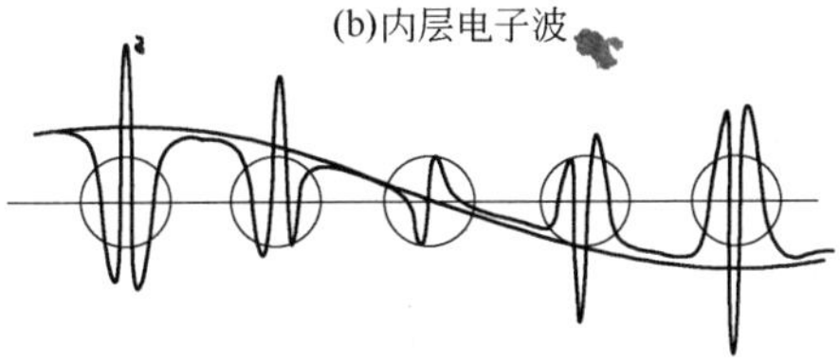

(c) 正交平面波

图 1.9 OPW 的特点

1.3.5.5 源于 OPW 的赝势法——PP

OPW 要求价电子波函数与正交平面波的叠加，这个要求也可用赝势模拟。即用一个适当的赝势使价电子所处的势场和 OPW 的相当。有关赝势的简要说明见本章附录 1.2。赝势定义如下：

$$
W = V(\boldsymbol{r}) + \sum_j (E - E_j) \mid \phi_{jk} \rangle \langle \phi_{jk} \mid \tag{1.3.35}
$$

赝波函数是一个在芯区不再振荡的平滑函数。令 $\boldsymbol{k}$ 和 $\boldsymbol{k}_i$ 为相差 i 个倒格矢的两波矢，则：

$$
\phi = \sum_i C_i(\boldsymbol{k}) \exp(\mathrm{i}\boldsymbol{k}_i \cdot \boldsymbol{r}) \tag{1.3.36}
$$

$C_i(\boldsymbol{k})$——待定系数。PP 的特点见图 1.10。

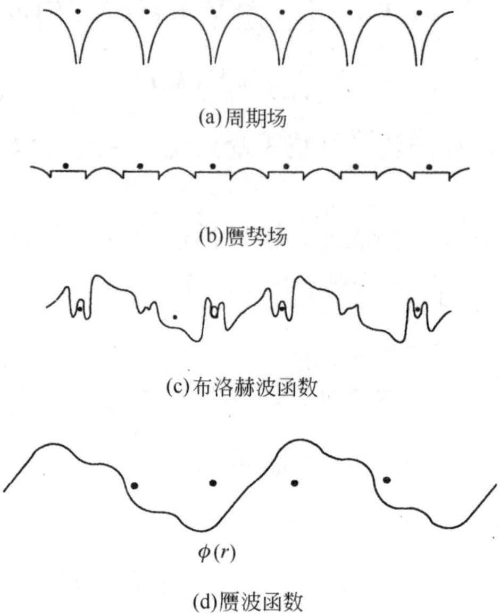

图 1.10　PP 的特点

赝势的 Schrödinger 方程为：

$$\frac{\hbar^2}{2m}\nabla^2\phi + W\phi = E\phi \tag{1.3.37}$$

赝势作用下价电子为 Bloch 波，其波函数是：

$$\psi_k(\boldsymbol{r}) = (1 - \hat{P})\phi \tag{1.3.38}$$

$\hat{P}$ 表示投影算符，见本书“符号、算子、算符集”。

利用赝势所得的能量本征值和原胞边界近傍的波函数与真实势场下的相近，但赝势模型中还要考虑到介电屏蔽的作用。

1.3.6　密度泛函理论（DFT）基础上的能带计算

在密度泛函理论中 $\rho(\boldsymbol{r})$ 决定了基态的所有性质。计算出发点：按 Hartree 近似，将多电子体系的基态函数取为正交归一化的单电子波函数之乘积：

$$\psi(r_1,\cdots,r_n) = \phi(r_1)\cdots\phi(r_n) \tag{1.3.39}$$

多电子体系中的势能 $V(\boldsymbol{r})$ 是各种作用之和：

$$V(\boldsymbol{r}) = V_{\text{ei}} + V_{\text{ee}} + V_{\text{ex}} + V_{\text{corr}} \tag{1.3.40a}$$

$$V_{ei} = \frac{1}{4\pi\epsilon_0}\sum_{\boldsymbol{R}_n}\frac{Ze^2}{|\boldsymbol{r}-\boldsymbol{R}_n|} \tag{1.3.40b}$$

$$V_{ee} = \frac{1}{4\pi\epsilon_0}\int\frac{e^2}{|\boldsymbol{r}-\boldsymbol{r}'|}\rho(\boldsymbol{r}')\mathrm{d}\boldsymbol{r}' \tag{1.3.40c}$$

$$V_{ex}(\boldsymbol{r}) = -\frac{e^2}{4\pi^2\epsilon_0}[3\pi^2\rho(\boldsymbol{r})]^{\frac{1}{3}} \tag{1.3.40d}$$

$$\rho(\boldsymbol{r}) = \sum_{occ}|\phi_{nk}(\boldsymbol{r})|^2 \tag{1.3.40e}$$

V_{ei}、V_{ee}、V_{ex}、V_{corr} 都是$\rho(\boldsymbol{r})$的函数，$V(\boldsymbol{r})$与$\rho(\boldsymbol{r})$一一对应。式（1.3.40e）中的 occ 表示就所有被电子占据的状态求和。V_{ei}——离子/电子相互作用所致的势场。V_{ee}——其他电子对每个 $\boldsymbol{k}$ 态电子的平均静电势场。V_{ex}称作交换势，用以保证每个轨函中仅含两个电子自旋相反所须的能量，或用以保证“交换反对称性”：

$$\psi(\boldsymbol{r}_1,\boldsymbol{r}_2) = -\psi(\boldsymbol{r}_2,\boldsymbol{r}_1)$$

所须的能量。V_{corr}是相关势——反映电子－电子瞬间相关的能量。

式（1.3.40）和式（1.3.6）的联立构成密度泛函理论中的 Kohn－Sham 方程。能带计算就是此方程自洽的数值计算。计算过程如图 1.11 所示。

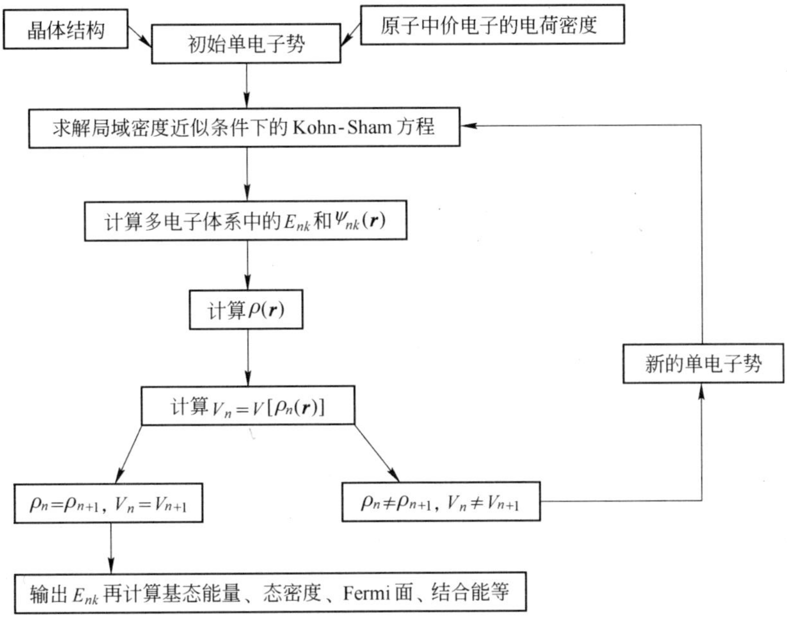

图 1.11　能带计算过程

1.4　金属熔体中电子态密度计算[5~8]

1.4.1　Green 函数法

金属熔体中不存在周期性的离子构型，Bloch 波函数等不再适用于计算其电子态。合理的计算方法之一是 Green 函数法。用此法则无需计算特定离子构型的本征态，却能够给出熔融金属的性质。

1.4.1.1　s/p 金属液中的电子态

Green 函数算子：

$$G(E) = (E - \hat{H})^{-1} = G_0 + G_0VG_0 + G_0VG_0VG_0 + \cdots \tag{1.4.1}$$

$\hat{H} = \breve{T} + V$——单电子 Hamiltonian，$G_0 = (E - \breve{T})^{-1}$——自由电子的 Green 函数。设本征值（见本章附录 1.3）为 ψ_n 则：

$$\hat{H}\psi_n = E\psi_n \tag{1.4.2}$$

$$G(E) = \sum_n \frac{|\psi_n\rangle\langle\psi_n|}{E - E_n} \tag{1.4.3}$$

另一方面，$G(E)$ 又是动量的函数。

$$G(\boldsymbol{k},E) = \langle\boldsymbol{k}|G(E)|\boldsymbol{k}\rangle = \sum_n \frac{\langle\boldsymbol{k}|n\rangle\langle n|\boldsymbol{k}\rangle}{E - E_n} \tag{1.4.4}$$

此 $G(\boldsymbol{k},E)$ 也正是 jellium 模型归一化波函数 $\psi_k^{(0)} = |\boldsymbol{k}\rangle$ 的矩阵对角线元。它在系综内的均值为：

$$\langle G(\boldsymbol{k},E)\rangle = \frac{1}{E - k^2 - \varepsilon(\boldsymbol{k},E)} \tag{1.4.5a}$$

$$\varepsilon(\boldsymbol{k},E) = \frac{\rho_{\text{ion}}}{8\pi^3}\int \frac{|u(\boldsymbol{k})|^2 S(\boldsymbol{k})}{E - (k')^2}\mathrm{d}\boldsymbol{k}' = \frac{\rho_{\text{ion}}}{8\pi^3}\int \frac{|u(\boldsymbol{k}' - \boldsymbol{k})|^2 S(\boldsymbol{k}' - \boldsymbol{k})}{G(\boldsymbol{k}',E)}\mathrm{d}\boldsymbol{k}' \tag{1.4.5b}$$

$$u(\boldsymbol{k}) = \int v(\boldsymbol{r})\exp[\mathrm{i}(\boldsymbol{k} - \boldsymbol{k}')\cdot\boldsymbol{r}]\mathrm{d}\boldsymbol{r} \tag{1.4.5c}$$

$$V(\boldsymbol{r}) = \sum_j v(\boldsymbol{r} - \boldsymbol{R}_j) \tag{1.4.5d}$$

$\varepsilon(\boldsymbol{k},E)$——本征能，$S(\boldsymbol{k})$ 是静态结构因子。

$\langle G(\boldsymbol{k},E)\rangle$ 绕矩形环线的积分是 $E \to E + \Delta E$ 区间内本征值的平均数 $\breve{\varphi}$。而光谱函数 $\Theta(\boldsymbol{k},E)$：

$$\Theta(\boldsymbol{k},E) = -\frac{\breve{\varphi}}{2\pi\mathrm{i}\cdot\Delta E} = \sum_n |\langle k|\psi_n\rangle|^2\delta(E - E_n) \tag{1.4.6}$$

$$\int_{-\infty}^{\infty}\Theta(\boldsymbol{k},E)\mathrm{d}E = 1$$

光谱函数的物理意义在于它是电子具有能量 E 和动量 $\hbar\boldsymbol{k}$ 的概率，它也说明了电子态密度和 jellium 模型中电子状态间的差异。这样，在忽略自旋条件下，单位体积中每单位能量范围内平均的态密度是：

$$g(E) = \sum_{\boldsymbol{k}} \Theta(\boldsymbol{k},E) = \frac{1}{8\pi^3}\int \Theta(\boldsymbol{k},E)\,\mathrm{d}\boldsymbol{k} \tag{1.4.7}$$

若考虑到液态金属为各向同性，其中的 E 和 $\boldsymbol{k}$ 呈球对称关系，所以电子的状态密度近似于：

$$g(E) = \frac{k^2}{\pi^2}\left(\frac{\partial E}{\partial k}\right)^{-1} \tag{1.4.8}$$

E 可用式（1.2.10）计算。电子按动量为 $|\boldsymbol{k}\rangle$ 分布的概率称作动量分布函数：

$$g(\boldsymbol{k}) = \int_{-\infty}^{E_{\mathrm{F}}} \Theta(\boldsymbol{k},E)\,\mathrm{d}E \tag{1.4.9}$$

它可用正电子湮灭法测试。

本节所介绍的方法已用于 Al、Zn、Bi 中电子态的计算。

1.4.1.2 s－单键的紧束缚近似

以离子 i 的位置 $\boldsymbol{R}_i$ 为中心的 s－轨道上的单电子波函数和相应的 Green 函数为：

$$\psi_i(\boldsymbol{r}) = \psi(|\boldsymbol{r} - \boldsymbol{R}_i|) \tag{1.4.10}$$

$$G(\boldsymbol{r},\boldsymbol{r}') = \sum_{i,j} \psi_i(\boldsymbol{r}) G_{ij} \overline{\psi_j}(\boldsymbol{r}') \tag{1.4.11}$$

令 $\tilde{s}_{il}$表示重叠积分，H_{il}表示单电子 Hamiltonian 的矩阵元：

$$\tilde{s}_{il} = \tilde{s}(\boldsymbol{R}_{il}) = \int \overline{\psi_i}(\boldsymbol{r}) \psi_l(\boldsymbol{r})\,\mathrm{d}\boldsymbol{r} \tag{1.4.12}$$

$$H_{il} = \int \overline{\psi_i}(\boldsymbol{r}) H \psi_l(\boldsymbol{r})\,\mathrm{d}\boldsymbol{r} = H(\boldsymbol{R}_{il}) \tag{1.4.13}$$

由于 H_{ii}为一恒值，又有：

$$(E - H_{ii}) G_{ij} - \sum_{i \neq l} [H(\boldsymbol{R}_{il}) - E\tilde{s}(\boldsymbol{R}_{il})] G_{lj} = \delta_{ij} \tag{1.4.14}$$

因此，按离子平均的系综态密度是：

$$g(E) = -\frac{1}{\pi}\mathrm{Im}\left[\left\langle \sum_i G_{ii} \right\rangle + \left\langle \sum_{i \neq j} \tilde{s}_{ij} G_{ij} \right\rangle\right] \tag{1.4.15}$$

1.4.2 由散射势计算电子态密度

按照 Thomas－Fermi 近似：

$$g(E) = \frac{8\pi}{3\hbar^3}\left\{2m_e\left[E - \sum_i v(\boldsymbol{r} - \boldsymbol{R}_i)\right]\right\}^{3/2} \tag{1.4.16}$$

$v(\boldsymbol{r}-\boldsymbol{R}_i)$——某电子被 $\boldsymbol{R}_i$ 处的离子散射时的单中心有效势。$V(\boldsymbol{r}) = \sum_i v(\boldsymbol{r}-\boldsymbol{R}_i)$—— 离子构型为 $\{\boldsymbol{R}_i\}$ 时某电子的有效总散射势。

另一方面，熔融金属中的配分函数 $\mathbb{Z}(\beta)$ 可表示为 $v(\boldsymbol{r}-\boldsymbol{R}_i)$ 的函数：

$$\mathbb{Z}(\beta) = \int \mathbb{Z}_{loc}(\boldsymbol{r},\beta)\,d\boldsymbol{r}$$

$$\mathbb{Z}_{loc}(\boldsymbol{r},\beta) = (2\pi\beta)^{-3/2}\prod_i \exp[-\beta v_{eff}(\boldsymbol{r}-\boldsymbol{R}_i)] \tag{1.4.17}$$

$\mathbb{Z}_{loc}(\boldsymbol{r},\beta)$——局域配分函数，$\prod_i \exp[-\beta v_{eff}(\boldsymbol{r}-\boldsymbol{R}_i)]$ 中含有 $g(r)$ 乃至多体相关的信息。而 $\mathbb{Z}(\beta)$ 的逆 LT 即为 $g(E)$。

1.4.3　电子态密度的一些计算结果

Na 液（373K）的 $g(E)$ 曲线示于图 1.12。曲线 A 是用 Green 函数法计算的，相应的 Fermi 面也在图中指明。B 是用 NFE 模型计算的。

图 1.13 是用多次散射理论计算所得 Cu 液的 $g(E)$ 曲线，由于 s－d 的轨道杂化作用而导致峰的分裂。Fe 液的 $g(E)$ 曲线也有峰值。

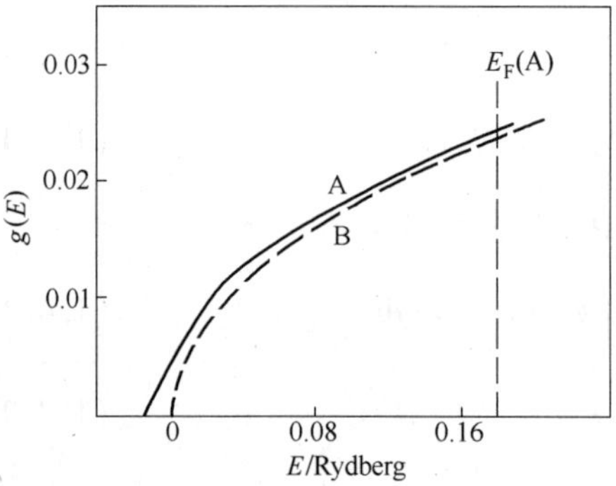

图 1.12　Na 液（373K）的 $g(E)$ 曲线

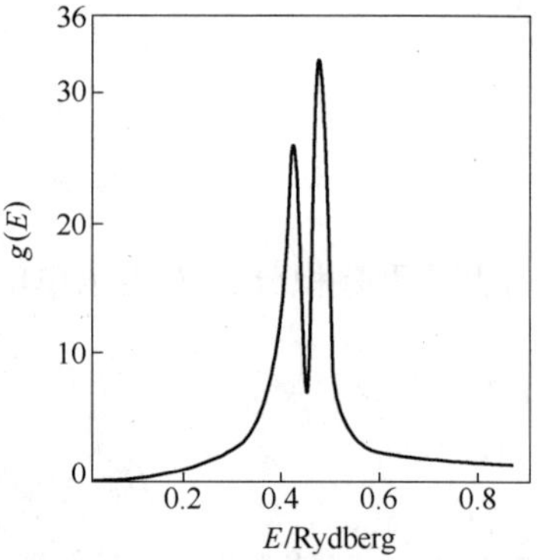

图 1.13　Cu 液的 $g(E)$ 曲线

301K 下 Hg 和 0.8Hg－0.2In 的 $g(E)$ 及 $g(\boldsymbol{k})$ 曲线分别用图 1.14（a）、（b）给出。图中曲线 A 属于合金，曲线 B 属于纯汞。此图是用一种模型势（见本章附录 1.2）计算的。

1.5　静态屏蔽效应和介电函数[5~8]

金属中电子能有效地屏蔽外电荷，每个溶质离子周围也被异号的电荷所包围，后者屏蔽了外来的干扰。本节只讨论不受频率影响的介电函数和屏蔽效应。

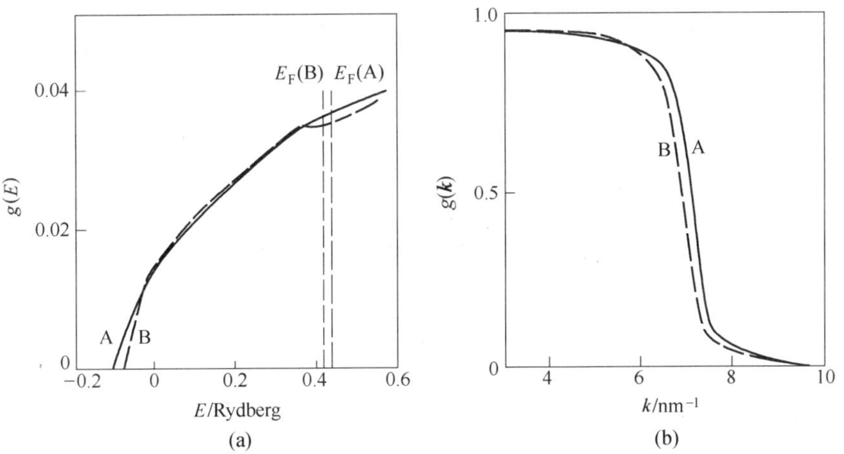

图 1.14 301K 下 Hg 和 0.8Hg－0.2In 的 $g(E)$ 及 $g(\boldsymbol{k})$

1.5.1 Hartree 近似

价电子或导电电子间的相互作用，可按 Hartree 近似处理。

按 Hartree 近似，每个电子都在一个自洽势场中运动，总有效势或总屏蔽势是由裸离子赝势之总和 $W_b(r)$ 及其他所有的电子的平均 Hartree 静电势 $V_H(r)$ 组成的：

$$V(r) = W_b(r) + V_H(r) \tag{1.5.1}$$

按一级微扰理论，单位体积中电子的波函数为：

$$\psi_k = \exp(\mathrm{i}\boldsymbol{k}\cdot\boldsymbol{r}) + \sum_{k'>0}\frac{2m\langle\boldsymbol{k}+\boldsymbol{k}'|V|\boldsymbol{k}\rangle}{\hbar^2(\boldsymbol{k}^2 - |\boldsymbol{k}+\boldsymbol{k}'|^2)}\exp[\mathrm{i}(\boldsymbol{k}+\boldsymbol{k}')\cdot\boldsymbol{r}] \tag{1.5.2}$$

$$\langle\boldsymbol{k}+\boldsymbol{k}'|V|\boldsymbol{k}\rangle = \int\exp[\mathrm{i}(\boldsymbol{k}+\boldsymbol{k}')\cdot\boldsymbol{r}]V(r)\exp(\mathrm{i}\boldsymbol{k}\cdot\boldsymbol{r})\mathrm{d}^3\boldsymbol{r}$$

$\overline{\psi}_k\psi_k$ 中的起伏正就是屏蔽电子密度：

$$\rho_{sc}(\boldsymbol{r}) = \sum_{k'>0}\rho_{sc}(k')\exp(\mathrm{i}\boldsymbol{k}'\cdot\boldsymbol{r})$$

$$\rho_{sc}(k') = \frac{1}{2\pi^3}\int\frac{2m\langle\boldsymbol{k}+\boldsymbol{k}'|V|\boldsymbol{k}\rangle}{\hbar^2(\boldsymbol{k}^2 - |\boldsymbol{k}+\boldsymbol{k}'|^2)}\mathrm{d}^3\boldsymbol{k} \tag{1.5.3}$$

Poisson 方程说明，Hartree 静电势 $V_H(r)$ 是屏蔽电子密度 $\rho_{sc}(r)$ 造成的。

$$\nabla^2 V_H(r) = -4\pi|e|^2\rho_{sc}(r) \tag{1.5.4a}$$

$$V_H(k') = \frac{4\pi|e|^2\rho_{sc}(k')}{(k')^2} \tag{1.5.4b}$$

因 $V(r)$ 为定域势，则 $\langle\boldsymbol{k}+\boldsymbol{k}'|V|\boldsymbol{k}\rangle = V(k')$，而与 $\boldsymbol{k}$ 无关。此条件下：

$$\rho_{sc}(k') = V(k')\chi(k')$$

$$\chi(k') = -\frac{mk_F}{\pi^2\hbar^2}\left[\frac{1}{2} + \frac{4k_F^2 - (k')^2}{8k_F k'}\ln\left|\frac{2k_F + k'}{2k_F - k'}\right|\right] \tag{1.5.5}$$

$\chi(k')$是一种响应函数，响应函数的概述见第 3 章。由$\chi(k')$可引出静态的 Hartree 介电函数：

$$\epsilon_H(k') = 1 - \frac{4\pi|e|^2}{k'}\chi(k') \tag{1.5.6}$$

每个离子周围起屏蔽作用的电子云都是导电电子非定域态产生的电荷密度局部积累。$k'\to 0$ 时：

$$\lim_{k'\to 0} V(k') = -\frac{2}{3}E_F \tag{1.5.7}$$

1.5.2　Thomas – Fermi 近似

在不计屏蔽效应时的电子密度为：

$$\rho_0(E) = e\int_0^E g(E)\mathrm{d}E \tag{1.5.8}$$

按 Thomas – Fermi 近似，局域屏蔽势 $V_\epsilon(r)$ 导致电子密度变为：

$$\rho(E) = \rho_0[E - V_\epsilon(r)] \tag{1.5.9}$$

在平衡态下，屏蔽势和电子密度增量服从 Poisson 公式：

$$\begin{aligned}\nabla^2 V(r) &= -4\pi e\{\rho_0[E_F - V_\epsilon(r)] - \rho_0(E_F)\}\\ &\approx -4\pi e\left.\frac{\mathrm{d}\rho}{\mathrm{d}E}\right|_{E_F} V_\epsilon(r)\end{aligned} \tag{1.5.10}$$

此式满足边界条件：

$$r\to 0,\qquad V_\epsilon(r) = -\frac{Ze^2}{r}$$

$$r\to\infty,\qquad V_\epsilon(r) = 0$$

的解为：

$$V(r) = -\frac{Ze^2}{r}\exp\left(-\frac{r}{l_{TF}}\right) \tag{1.5.11}$$

因此，屏蔽导致的局域内电子密度变化是：

$$\rho(r,E_F) - \rho_0(r,E_F) = -\frac{1}{4\pi e}\nabla^2 V(r) = -\frac{Ze}{4\pi r l_{TF}^2}\exp\left(-\frac{r}{l_{TF}}\right) \tag{1.5.12}$$

在 Bohr 半径 a_0 之外的屏蔽电子密度是上式的积分：

$$\begin{aligned}\rho_{sc} &= \int_{a_0}^{\infty} 4\pi a_0^2\frac{Ze}{4\pi l_{TF}^2}\exp\left(-\frac{r}{l_{TF}}\right)\frac{\mathrm{d}r}{r}\\ &= Ze\left(1 + \frac{a_0}{l_{TF}}\right)\exp\left(-\frac{a_0}{l_{TF}}\right)\end{aligned} \tag{1.5.13}$$

过渡金属的 $g(E_F)$很大，l_{TF}很小，ρ_{sc}也小。这说明屏蔽电荷主要集中在 Bohr 半径之内，相邻原子间的交互作用很弱。但若 $\rho_{sc}=n\times10^{-1}Z$，相邻原子间就会出现交互作用。0.5Cu－0.5Zn 合金即是一例，由于屏蔽不完全而使 Zn 原子带正电，Cu 原子带负电。

屏蔽电子密度更精确的公式如下：

$$\rho_{sc}(r) = \frac{mk_F^2}{2\pi^3\hbar^2}\int\frac{J_1(2k_F|\boldsymbol{r}-\boldsymbol{r}'|)}{|\boldsymbol{r}-\boldsymbol{r}'|^2}V(\boldsymbol{r}')\mathrm{d}\boldsymbol{r}' \tag{1.5.14a}$$

$$\rho_{sc}(r\to\infty) \sim \frac{\cos 2k_F r}{r^3} \tag{1.5.14b}$$

这反映在 Fermi 面上 de Broglie 波被散射离开试验电子，从而引起 Friedel 振荡（见图 1.15）。

此振荡起源于 Fermi 能级里电子布居态的不连续变化，借助声子色散关系中的 Kohn 异常现象可以观察这种振荡。

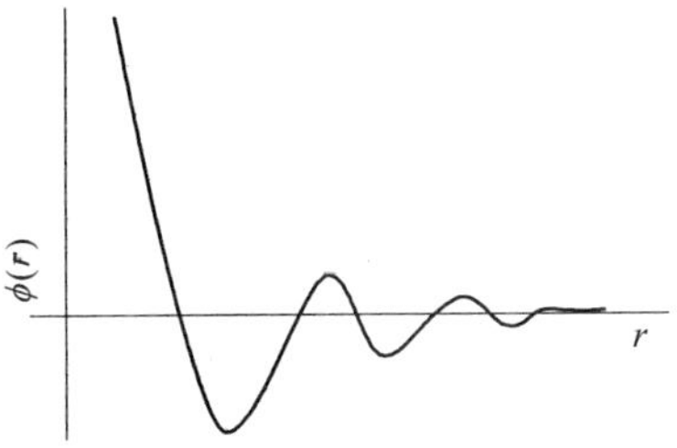

图 1.15 Friedel 振荡

若相距较远的两个离子互为屏蔽，它们间的有效屏蔽势是：

$$\phi(r) = -\frac{Z_1Z_2e^2}{r}\exp\left(-\frac{r}{l_{TF}}\right) \tag{1.5.15a}$$

$\phi(r)$ 描述了图 1.15 示出的 Friedel 振荡。它的 FT 是：

$$\phi(k) = -\frac{4\pi Z_1Z_2e^2}{k^2\epsilon_L(k)} \tag{1.5.15b}$$

$\epsilon_L(k)$——Lindhard 介电函数。

$$\epsilon_L(k) = 1+\frac{2mk_Fe^2}{\pi\hbar^2k^2}\left[1+\frac{k_F}{k}\left(\frac{k^2}{4k_F^2}-1\right)\ln\left|\frac{k-2k_F}{k+2k_F}\right|\right] \tag{1.5.16}$$

与 $\phi(r)$相应，式（1.5.11）所示的单体势 $V(r)$经 FT 而成：

$$V(k) = -\frac{4\pi Ze^2}{k^2\epsilon_L(k)} \tag{1.5.17}$$

在 $\boldsymbol{k}$ 空间中，$k=2k_F$ 处 $\epsilon_L(k)$的转折相应于 $\boldsymbol{r}$ 空间内 $\rho_{sc}(r)$的长距离振荡。

$$\rho_{sc}(r) \approx \frac{1}{2\pi r^3}\sum_l(2l+1)(-1)^l\sin\eta_l\cos(2k_Fr+\eta_l) \tag{1.5.18}$$

η_l——相移，见本章附录 1.4。利用 Friedel 求和定则知：

$$\eta_l = \frac{\pi(Z_2-Z_1)}{2\sum_l(2l+1)} \tag{1.5.19}$$

1.5.3　引入交换能与相关能后 Thomas – Fermi 近似的修正

再将交换和相关作用 $E_{xc}(r)$引入单体势 $V(r)$：

$$V(r) = -\frac{Z_1e^2}{r} + \iint\left[\frac{e^2}{|\boldsymbol{r}-\boldsymbol{r}'|} + E_{xc}(|\boldsymbol{r}-\boldsymbol{r}'|)\right]\rho_{sc}(\boldsymbol{r}')\mathrm{d}\boldsymbol{r}' \quad (1.5.20)$$

离子 – 电子间的有效相互作用是：

$$\begin{aligned} V_{eff}(k) &= -\frac{4\pi Z_1e^2}{k^2\epsilon_1(k)} \\ \epsilon_1(k) &= 1 - \left\{\frac{4\pi e^2}{k^2} + E_{xc}(k)\right\}\chi_{\hat{e}\hat{e}}(k) \end{aligned} \quad (1.5.21)$$

$\chi_{\hat{e}\hat{e}}(k)$——电荷响应函数或广义极化率（其说明见第 3 章）。离子 – 离子间的有效相互作用是：

$$\phi_{eff}(k) = \frac{4\pi Z_1Z_2e^2}{k^2\epsilon_2(k)} \quad (1.5.22a)$$

$$\epsilon_2(k) = 1 - \frac{\dfrac{4\pi e^2}{k^2}\chi_{\hat{e}\hat{e}}(k)}{1 - E_{xc}(k)\chi_{\hat{e}\hat{e}}(k)} \quad (1.5.22b)$$

交换和关联效应削弱了 Hartree 屏蔽势。

图 1.16 是一些金属中相应于屏蔽势的原子形状因子曲线，该屏蔽势中含有交换和关联效应的作用。

1.5.4　Singwi/Tosi/Ichimaru 的方法

介电函数 $\epsilon(k)$ 和$\chi_{\hat{e}\hat{e}}(k)$有关系如下：

$$\frac{1}{\epsilon(k)} = 1 + \frac{4\pi e^2}{k^2}\chi_{\hat{e}\hat{e}}(k) \quad (1.5.23)$$

在长波极限下：

$$\begin{aligned} \lim_{k\to0}\epsilon(k) &= \frac{k^2}{k_e^2} \\ k_e^2 = \frac{\chi_{Te}}{\chi_{Te}^0}\frac{1}{l_{TF}^2} &= \frac{2\chi_{Te}}{3\rho_e E_F}\frac{1}{l_{TF}^2} = \frac{4\pi\rho_{ion}Z^2e^2}{v_s} \end{aligned} \quad (1.5.24)$$

k_e^2——电子的屏蔽波数，χ_{Te}和χ_{Te}^0分别相应于有相互作用与无相互作用电子云的恒温压缩率。而完全屏蔽条件是：

$$\lim_{k\to0}\epsilon(k) = \infty \quad (1.5.25)$$

1.6　交换势与相关势[5~8]

由 Hartree 方程和 Hartree/Fock 方程之差给出交换势：

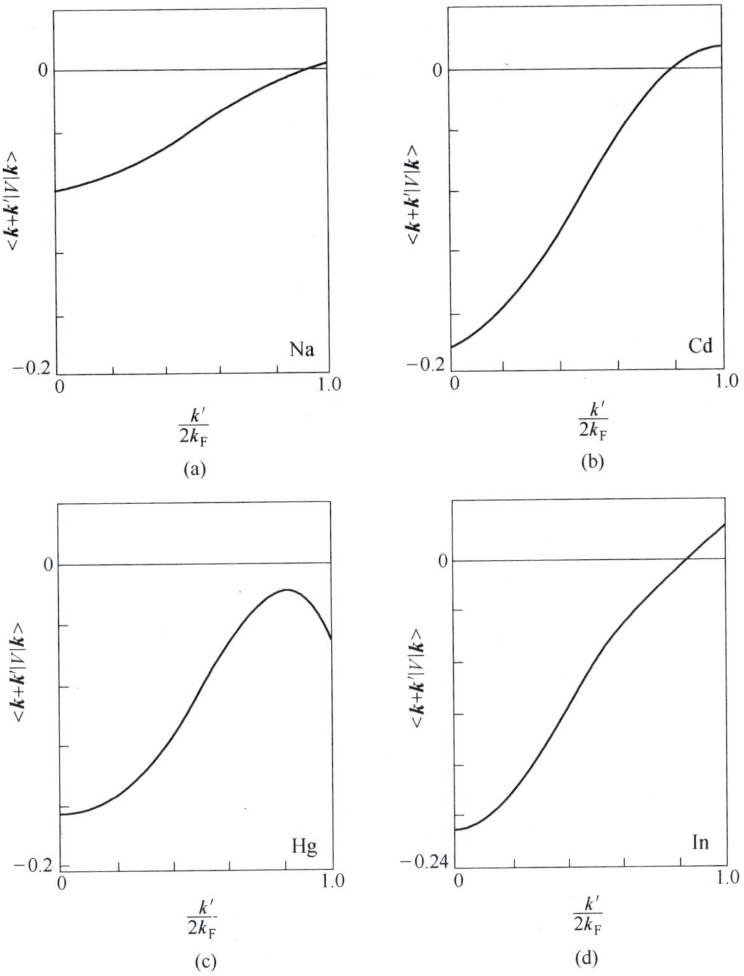

图 1.16 一些金属中相应于屏蔽势的原子形状因子曲线

$$V_{ex}(\boldsymbol{k}) = -\frac{|e|^2 k_F}{2\pi}\left(2 + \frac{k_F^2 - k^2}{kk_F}\ln\left|\frac{k_F + k}{k_F - k}\right|\right) \tag{1.5.26}$$

基态下，电子云的平均交换势为：

$$V_{ex}^{adv} = -\frac{3}{8\pi^2\epsilon_0}|e|^2 k_F = -\frac{3}{8\pi^2\epsilon_0}|e|^2[3\pi^2\rho(r)]^{1/3} \tag{1.5.27}$$

交换势起因于两个自旋相同的电子互相排斥，所以它是 Pauli 不相容原理的必然结果。由于交换效应，每个电子周围自旋相同的电子减少了，而自旋相反的电子仍均匀分布。这样在每个电子周围都有交换空穴存在，从而降低了 Coulomb 效应的影响。

自由电子气模型忽略了电子之间的长程 Coulomb 相互作用。实际上，局域中的电子密度是有起伏的，长程 Coulomb 相互作用和此种起伏会导致电子云整体相对于正电荷背景的运动。这就是等离子振荡。在等离子振荡未被激发的条件下静电关联作用使每一电子周围出现带正电荷的空穴，称为相关空穴。

由于交换和关联效应，事实上并不存在单电子，而是（裸电子 + 空穴）→ 屏蔽电子或准电子。自由电子模型实际上是准电子的模型。

附录 1.1　Green 函数概论

一个数理方程表示某种场和其源的关系。Green 函数描述的是一个点源所产生的场，进一步用叠加法可算出任意源的场。

一个位于 $\boldsymbol{r}'$ 的正电荷在无界空间内所产生的电势是：

$$G(\boldsymbol{r},\boldsymbol{r}') = \frac{1}{|\boldsymbol{r}-\boldsymbol{r}'|} \tag{A1.1.1}$$

若 $\boldsymbol{r}'$处的微体积中有一个电荷分布 $\delta(\boldsymbol{r}-\boldsymbol{r}')$，在无界空间内它所产生的电势是：

$$V(\boldsymbol{r}) = \int\frac{\delta(\boldsymbol{r}-\boldsymbol{r}')}{|\boldsymbol{r}-\boldsymbol{r}'|}\mathrm{d}\boldsymbol{r}' = \int G(\boldsymbol{r},\boldsymbol{r}')\delta(\boldsymbol{r}-\boldsymbol{r}')\mathrm{d}(x',y',z') \tag{A1.1.2}$$

$G(\boldsymbol{r},\boldsymbol{r}')$是如下 Poisson 方程在无界空间内的解：

$$\nabla^2 G = -4\pi\delta(\boldsymbol{r}-\boldsymbol{r}') \tag{A1.1.3}$$

在有界（Σ）空间内，第一类边值问题：

$$G|_{\Sigma} = 0 \tag{A1.1.4}$$

第二类边值问题，沿法线 n 向外求导时：

$$\left.\frac{\partial G}{\partial n}\right|_{\Sigma} = 0 \tag{A1.1.5a}$$

$$V(\boldsymbol{r}) = \int_{\Omega}G(\boldsymbol{r},\boldsymbol{r}')\delta(\boldsymbol{r}-\boldsymbol{r}')\mathrm{d}\boldsymbol{r}' + \frac{1}{4\pi}\iint_{\Sigma}\left[G(\boldsymbol{r},\boldsymbol{r}')\frac{\partial V(\boldsymbol{r}')}{\partial \boldsymbol{n}} - V(\boldsymbol{r}')\frac{\partial G(\boldsymbol{r},\boldsymbol{r}')}{\partial \boldsymbol{n}}\right]\mathrm{d}\Sigma \tag{A1.1.5b}$$

第三类边值问题：

$$\left.a\frac{\partial G}{\partial n} + bG\right|_{\Sigma} = 0, a \neq 0, b \neq 0 \tag{A1.1.6a}$$

$$V(\boldsymbol{r}) = \int_{\Omega}G(\boldsymbol{r},\boldsymbol{r}')\delta(\boldsymbol{r}-\boldsymbol{r}')\mathrm{d}\boldsymbol{r}' + \frac{1}{4\pi}\int_{\Sigma}G(\boldsymbol{r},\boldsymbol{r}')\left[\frac{\partial V(\boldsymbol{r})}{\partial n}\right]_{\Sigma}\mathrm{d}\Sigma \tag{A1.1.6b}$$

附录 1.2　赝势

Li、Na、K、Cd、Al、In 在熔点左右的结构因子、其温度系数和χ_{T}、α_{P} 以及简并度可用空核心势等进行计算。但用赝势法计算二元合金过剩自由能的成功可能性不大，因为过剩自由能至多只是内聚能的 1%。

A1.2.1 概念

在弱散射条件下，若和真实势相应的 Hamiltonian 是 $\hat{H}$，其本征值和带赝势 W 的 Schrödinger 方程：

$$(\hat{H}+W)\psi = E\psi \tag{A1.2.1}$$

的本征值相同。由于赝势很简单，其求解方便很多，这就是在离子 - 电子间相互作用的讨论中要引入赝势的原因。

赝势一般是非定域势，并不仅仅和粒子的位置有关。而且，将一个已知的赝波函数与核的波函数构成任何的线性组合，就变为具有相同能量的另一赝波函数。应用变分法，通过求：

$$\frac{\int |\nabla\Psi|^2 \mathrm{d}^3 r}{\int |\Psi|^2 \mathrm{d}^3 r} \to \min \tag{A1.2.2}$$

进行最优化选择，可得到最光滑的赝波函数。

A1.2.2 中心势

在赝势法中常利用中心势，其特点是它仅与电子与力中心的距离有关而和方向无关。在极坐标(r,θ,ϑ)下，此条件下的 Schrödinger 方程的解：

$$\psi(r) = R(r)\Theta(\theta)\gamma(\vartheta) \tag{A1.2.3}$$

可分为三个独立的方程：

(1) $\gamma(\vartheta)$方程：

$$\frac{\mathrm{d}^2\gamma}{\mathrm{d}\vartheta^2} = m_l^2\gamma = 0 \tag{A1.2.4a}$$

其解是：

$$\gamma(\vartheta) = A\exp(lm_l\vartheta) \tag{A1.2.4b}$$

$m_l = +1 \sim -1$——磁量子数。

(2) $\Theta(\theta)$方程：

$$\frac{1}{\sin\theta}\frac{\mathrm{d}}{\mathrm{d}\theta}\left(\sin\theta\frac{\mathrm{d}\Theta}{\mathrm{d}\theta}\right)+\left[l(l+1)-\frac{m_l^2}{\sin^2\theta}\right]\Theta = 0 \tag{A1.2.5}$$

若是 $l \geqslant |m_l|$，则有物理意义的解是 Legendre 函数 $P_l^{|m_l|}\cos\theta$。l——方位角角动量量子数，或轨道角动量量子数。$l=0$ 的电子波函数相应于 s 轨道，$l=1$ 的电子波函数相应于 3 重简并的 p 轨道，$l=2$ 的电子波函数相应于→ 4 重简并的 d 轨道，$l=3$ 的电子波函数相应于 5 重简并的 f 轨道。

（3）$R(r)$方程：

$$\frac{\mathrm{d}}{r^2\mathrm{d}r}\left[r^2\frac{\mathrm{d}R(r)}{\mathrm{d}r}\right]+\left\{\frac{2m}{\hbar^2}[E-w(r)]-\frac{l(l+1)}{r^2}\right\}R(r)=0 \quad \text{(A1.2.6a)}$$

若 $w(r)=-\frac{Z|e^2|}{r}$，则 $R(r)$ 方程有物理意义的解是 Laguerre 多项式。其能量是：

$$E=-\frac{Z}{n^2}\cdot\frac{|e^2|}{2a_0} \quad \text{(A1.2.6b)}$$

n——主量子数。

A1.2.3　模型赝势

可经验性地采用模型解析赝势的参数。例如 Heine/Abarenkov 给出的矩形势阱，见图 A1.1。

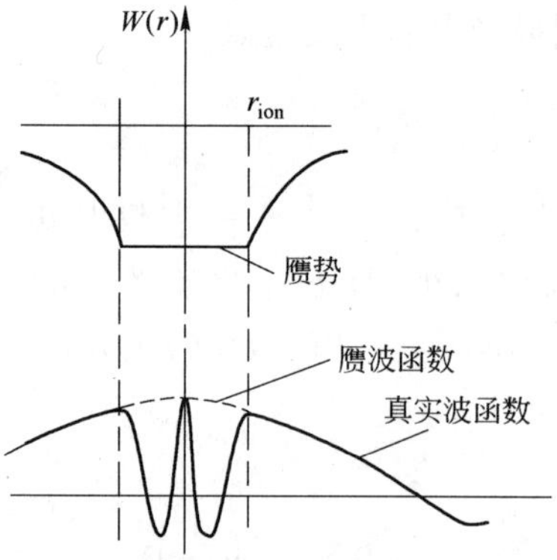

图 A1.1　Heine/Abarenkov 模型解析

$$W(r)=\begin{cases}\dfrac{-Ze^2}{r}, & 当 r \geqslant r_{\mathrm{ion}} 时\\ \sum\limits_l w_l\hat{P}_l, & 当 r < r_{\mathrm{ion}} 时\end{cases} \quad \text{(A1.2.7)}$$

w_l——势阱深度，此值需调整使能反映价电子在离子势场中的光谱项能级。

$\hat{P}_l$——投影算符，应使任一与赝势有关的波函数投影出适当的角动量分量。

$r_{\mathrm{ion}}=r_{m_l}$——势阱宽度。Shaw 得到：

$$r_{\mathrm{ion}}=r_{m_l}=\frac{Z|e^2|}{w_l(E)} \quad \text{(A1.2.8)}$$

A1.2.4　d 壳层的赝势

液态过渡金属中未充满的 d 壳层对其热力学性质有重大影响。一种可用于分析 d 壳层的模型势：

$$W = \begin{cases} \text{核斥(nucleu repulsion)}, & 0 < r < a_{nu} \\ -s/d \ \ \text{混合吸引(hybrid attraction)}, & a_{nu} < r < R_{ion} \\ -Z|e|^2/r, & R_{ion} < r \end{cases} \tag{A1.2.9}$$

A1.2.5　核心区内的空穴

用赝势法计算所得的电子密度不同于真实的电子密度。事实上，赝波函数 $\phi_k(r)$ 在整个核心区内相当平滑，而真实波函数 $\psi_k(r)$ 是有起伏的。实际上在核心区内有空穴存在，称为正交空穴或枯竭空穴。它的数量相当于从离子核内逐出的电荷量：

$$n_v = \sum_{k<k_F}\int[\,|\psi_k(r)|^2 - |\phi_k(r)|^2]\mathrm{d}^3r \tag{A1.2.10}$$

该积分遍及整个核区。利用有效化合价：

$$Z^* = Z - n_v \tag{A1.2.11}$$

或有效质量概念可以反映能量对赝势的影响。

附录1.3　本征值和本征矢量

A1.3.1　矩阵的本征值和本征矢量

令 $\boldsymbol{A}$ 为一个 $n\times n$ 阶的矩阵，$\boldsymbol{X}$ 是一个非零矢量，若：

$$\boldsymbol{AX} = l^*\boldsymbol{X} \tag{A1.3.1}$$

则 l^* 称做 $\boldsymbol{A}$ 的一个本征值，$\boldsymbol{X}$ 是 $\boldsymbol{A}$ 的一个本征矢量。

此时，n 阶行列式：

$$\det(\boldsymbol{A} - l^*\boldsymbol{I}) = 0 \tag{A1.3.2}$$

$\boldsymbol{I}$ 表示单位矩阵。将此式化为 l^* 的 n 次代数方程，解出的 l^* 为唯一解，再由式（A1.3.1）可得 $\boldsymbol{X}$。

A1.3.2　力学量的本征方程、本征值、本征矢和本征函数

令 $\hat{\boldsymbol{A}}$ 为某一力学量算符，它的本征方程为：

$$\hat{\boldsymbol{A}}\psi_\zeta(x) = \zeta\psi_\zeta(x) \tag{A1.3.3}$$

ζ 为 $\hat{\boldsymbol{A}}$ 的本征值即唯一正确的解，$\psi_\zeta(x)$ 为 $\hat{\boldsymbol{A}}$ 的且对应于 ζ 的本征函数。

$|\zeta\rangle$ 又是 $\hat{A}$ 的一个本征矢，此时 $\psi_\zeta(x)$ 是相应的波函数。因此式（A1.3.3）可改写成：

$$\hat{A}|\zeta\rangle = \zeta|\zeta\rangle \tag{A1.3.4}$$

若 $\hat{A}$ 有 n 个本征矢 ζ_n，则：

$$|\psi\rangle = \int\psi(x)x\mathrm{d}^3x = \sum_n \langle\zeta_n|\psi\rangle|\zeta_n\rangle \tag{A1.3.5}$$

若 $\langle\zeta|\zeta\rangle=1$，则 $\zeta=\langle\zeta|\hat{A}|\zeta\rangle$。$|\psi\rangle$ 在 $|\zeta_n\rangle$ 上的投影算符：

$$\begin{aligned}\hat{P} &= |\zeta_n\rangle\langle\zeta_n| \\ \hat{P}|\psi\rangle &= (|\zeta_n\rangle\langle\zeta_n|)|\psi\rangle = |\zeta_n\rangle\langle\zeta_n|\psi\rangle \\ \langle\psi|(|\zeta_n\rangle\langle\zeta_n|) &= \langle\psi|\zeta_n\rangle\langle\zeta_n|\end{aligned} \tag{A1.3.6}$$

附录 1.4　电子束被散射的行为

液体金属中离子可使电子束发生散射。若离子所致的是方向无关的球形对称势，电子束沿 z 轴以平面波形式入射，散射后绕 z 轴对称分布，球坐标下的波函数为：

$$\psi(r,\theta,\vartheta) \approx \exp(\mathrm{i}k_Z) + \frac{\breve{A}_\mathrm{a}^\mathrm{S}(\theta)}{r}\exp(\mathrm{i}\boldsymbol{k}\cdot\boldsymbol{r}) \tag{A1.4.1}$$

$\breve{A}_\mathrm{a}^\mathrm{S}(\theta)$——散射振幅，$|\breve{A}_\mathrm{a}^\mathrm{S}(\theta)|^2$——微分散射截面或散射电子的角分布。入射的平面波：

$$\exp(\mathrm{i}k_Z) = \sum_l (2l+1)(-1)^l J_1(kr)P_l(\cos\theta) \tag{A1.4.2}$$

$J_1(kr)$—— 一阶球面 Bessel 函数，$P_l(\cos\theta)$——Legendre 多项式。

$$\psi(r,\theta,\vartheta) - \exp(\mathrm{i}k_Z) = \sum_l (2l+1)(-1)^l P_l\cos\theta[R_l(r) - J_1(kr)] \tag{A1.4.3}$$

$R_l(r)$是径向波动方程的一个解。当 $r\rightarrow\infty$ 时：

$$[R_l(r) - J_1(kr)] \rightarrow [\exp(2\mathrm{i}\eta_l) - 1]\frac{\exp\left[\mathrm{i}\left(kr - \frac{l\pi}{2}\right)\right]}{2\mathrm{i}kr} \tag{A1.4.4}$$

$$\begin{aligned}\breve{A}_\mathrm{a}^\mathrm{S}(\theta) &= \frac{1}{2\mathrm{i}k}\sum_l (2l+1)P_l\cos\theta[\exp(2\mathrm{i}\eta_l) - 1] \\ &= -\frac{m}{2\pi\hbar^2}\langle\boldsymbol{k}+\boldsymbol{k}'|V|\boldsymbol{k}\rangle\end{aligned} \tag{A1.4.5}$$

η_l——第 l 个散射波的相移。事实上，它正是散射强弱的反映。在一个球区内散射所致的屏蔽电子总数可用 Friedel 求和定则给出：

$$\rho_\mathrm{sc} = \frac{2}{\pi}\sum_l (2l+1)\eta_l \tag{A1.4.6}$$

因而 Friedel 振荡也可认为是相移所引起的定域电子密度涨落。

在过渡金属中，由于 d－s 或 d－p 杂化除 $\eta_{l=2}$ 之外其余的 $\eta_l=0$。此时，散射波与入射波发生共振。

$$\tan\eta_{l=2} = \frac{\Gamma}{E_d - E} \tag{A1.4.7}$$

Γ——共振宽度，E_d——共振能。用这两个常数可描述过渡金属。

事实上，部分价电子要在此共振态下滞留一段时间，所以并非全部价电子都能进入导带。

参 考 文 献

[1] 房晓勇，刘竞业，杨会静．固体物理学［M］．哈尔滨：哈尔滨工业大学出版社，2004.

[2] 阎守胜．固体物理基础［M］．北京：北京大学出版社，2000.

[3] 黄昆，韩汝琦．固体物理学［M］．北京：高等教育出版社，1988.

[4] 冯端，王业宁，丘第荣．金属物理［M］．北京：科学出版社，1964.

[5] March N H. Liquid Metals Concepts and Theory［M］. NY：Cambridge Univ. Press，1990.

[6] Shimaji M. Liquid Metals：An Introduction to the Physics and Chemistry of Metals in the Liquid State［M］. NY：Academic Press，1977.

[7] Hansen J P，McDonald I R. Theory of Simple Liquids［M］. London：Academic Press，1986.

[8] Moruzzi V L，Janak J F，Williams A R. Calculated Electronic Properties of Metals［M］. NY：Pergamon，1988.

2　金属的离子构型

2.1　金属键[1]

必须注意离子键、共价键和金属键的差异。金属键是离子实（核及内层电子）和电子云间的离域键。这是一种长程的静电相互作用（Coulumb 力）和离子实间的短程斥力的平衡。所以它没有方向性和饱和性，“键角”没有明确的物理意义，其键能又低大约一个量级。它是决定金属熔体内短程有序尺度的一个因素。另一个因素是熔化过程中体积是收缩抑或膨胀？碱金属的原子半径比离子半径大得多，所以该金属熔体中的短程有序区比固态下的还小一些。通常，金属熔融后失去了长程有序度，配位数减小了，但熔融前后最近邻离子的间距没有多大改变。

在金属键的作用下金属晶体往往呈紧密排列（hcp，fcc，bcc），以求整体势能最低。常温下，Fe 呈 bcc，而 Ni 呈 fcc，可能和 Fe 的原子半径较小有关。决定离子结构是 bcc 还是 fcc 的另一因素是价电子密度，见图 2.1。

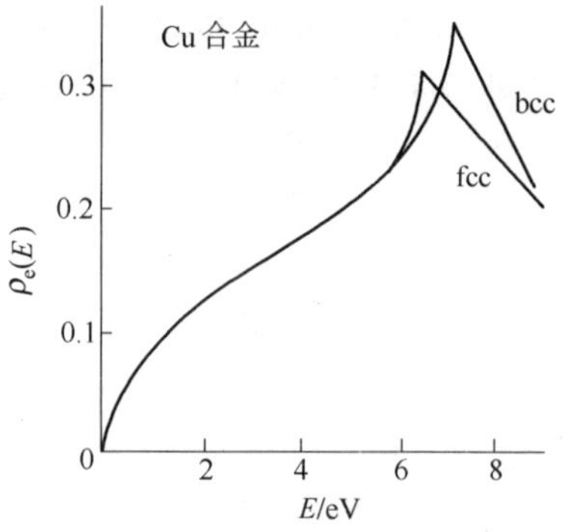

图 2.1　价电子密度对离子结构的影响

$$\rho_e = \int_0^{E_F} \rho_e(E)\,\mathrm{d}E \qquad (2.1.1)$$

在合金中会有电子迁移效应，但由于屏蔽作用而不致过度趋向均匀分布。在如此情况下合金的过剩自由能不会太负。当电子迁移效应足够弱时，按两离子实之间的平均偶势可描述离子构型。若电子迁移效应很强则合金的离子结构近似于熔盐。

温度改变时，许多金属会发生同素异构的晶型转变。另一方面，这些晶型可以有相当大的畸变而不致破坏，即在中程尺度上的离子实之间会有可观的相对滑动而呈现延展性。

2.2　离子构型的表征——静态结构因子 $S(q)$[2,3]

2.2.1　静态结构因子和偶相关系数

借助 XRD 和 INS 可以测得图 2.2 所示的静态结构因子曲线：

$$S(q) = 1 + \rho\int[g(r) - 1]\exp(\mathrm{i}\boldsymbol{q}\cdot\boldsymbol{r})\mathrm{d}^3r \qquad (2.2.1)$$

由 FT 得偶相关函数：

$$g(r) = 1 + \frac{1}{8\rho\pi^3}\int[S(q) - 1]\exp(-\mathrm{i}\boldsymbol{q}\cdot\boldsymbol{r})\mathrm{d}\boldsymbol{q} \qquad (2.2.2)$$

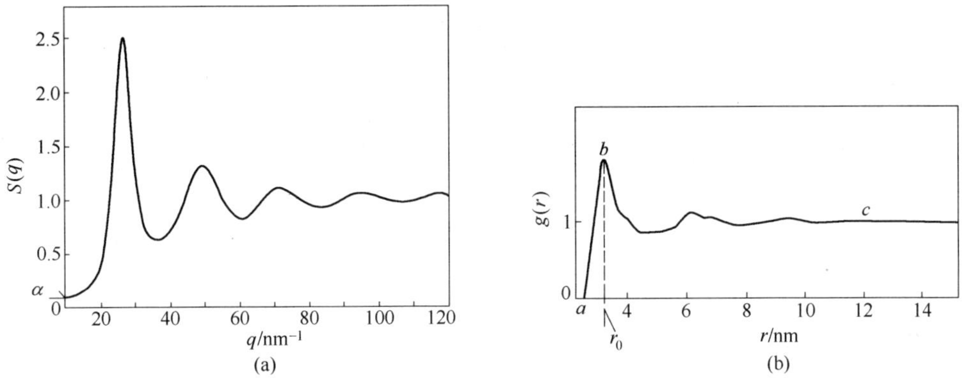

图 2.2 静态结构因子和偶相关函数

March 从图形上解说了 $S(q)$ 曲线和 $g(r)$ 曲线是对应的：

(1) $g(r)$ 曲线上的 r_0 是第一配位圈半径，$0-a$ 线是离子核的平径。$S(q)$ 曲线上 $q>60\sim70$ 以后的波动相当于 $0-a$ 线。

(2) $g(r)$ 曲线的首峰和 $S(q)$ 曲线的首峰是对应的。

(3) $g(r)$ 曲线首峰的上升沿 $a-b$ 线段相应于 $S(q)$ 曲线上首峰以远，$q<60\sim70\text{nm}^{-1}$ 以内的波动。

(4) $S(q)$ 曲线首峰的上升沿相当于 $g(r)$ 曲线上 $b-c$ 段的波峰。$S(q)$ 曲线上的 α 点表示 $S(q)$ 的长波长极限，记为：

$$S(0) = \frac{\rho\chi_T}{\beta}$$

液态 K 的 $S(0)=0.02$，近三相点处液态 Ar 的 $S(0)=0.06$，气体的 $S(0)=1$。

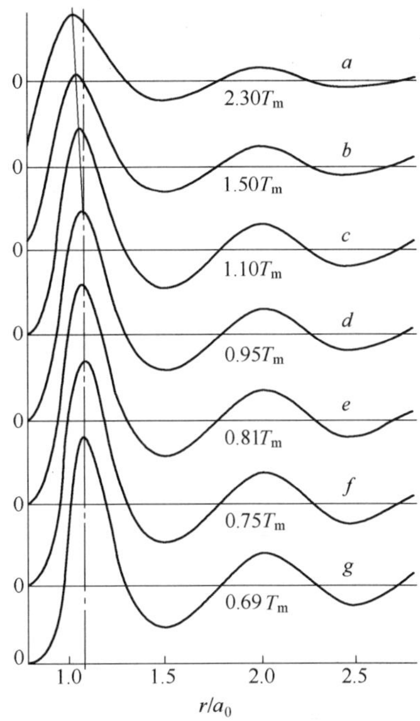

图 2.3 不同温度下 Rb 的 $g(r)$ 曲线

不同温度下 Rb 的 $g(r)$ 曲线示于图 2.3。

图 2.3 中：

(1) 由曲线 a 至 g 是一个降温过程，曲线 e 相应于归一化温度 $0.81T_m$。由 e 到 g，曲线的首峰位置不变，但温度越低则首峰越高、越尖锐。由 e 到 a，曲线的首峰移向较小的 r 处，并显著变宽。这是 Rb 的特点，因为它在熔化时体积是缩小的！一般来说，熔体的 $g(r)$ 首峰应出现在较大的 r 处。另一些学者的试验得到峰位不变的结果。由 e 到 d 首峰的变化是晶核萌发和长大的特征。

(2) 次峰位于 $(r/r_\nu)>1.5$ 的区域内，r_ν 表示离子间相互作用势 $V(\boldsymbol{r})$ 为零时的距离。高温下，次峰很弱，说明温度升高导致次近邻的作用迅速削弱。

Al 液的 $g(r)$ 曲线随温度的变化示于图 2.4，可见温度升高时该首峰也减弱。液态 Fe 等的首峰减弱规律相似。

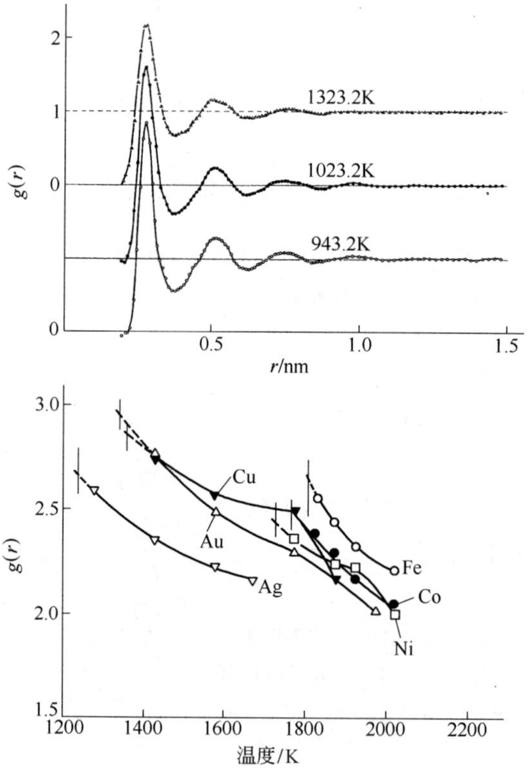

图 2.4　几种金属中 $g(r)$ 曲线随温度的变化

应该注意到，一般情况下低 q 区中用 XRD 测得的 $S(q)$ 曲线，其精度是不能令人满意的。激光 - Brillouin 散射和 XRD 同样是相干散射，用激光 - Brillouin 散射能更准确地测定低 q 区的 $S(q)$ 曲线，有助于得到接近长波极限处更可靠的偶相关函数和偶势的信息。

2.2.2 $S(q)$的另一种解释

以 δ 函数表示数密度：

$$\rho(\boldsymbol{r}) = \sum_j \delta(\boldsymbol{r} - \boldsymbol{r}_j) r \tag{2.2.3}$$

通过 FT 改写为：

$$\rho(\boldsymbol{q}) = \sum_l \exp[\mathrm{i}\boldsymbol{q} \cdot \boldsymbol{r}] \tag{2.2.4}$$

Shimaji 把 $S(q)$归结为数密度涨落：

$$S(q) = n^{-1}\langle |\rho(q)|^2 \rangle \tag{2.2.5a}$$

$$S(0) = n^{-1}\langle (\Delta n)^2 \rangle = n^{-1}\langle (n - \langle n \rangle)^2 \rangle = n^{-1}\langle \langle n^2 \rangle - \langle n \rangle^2 \rangle \tag{2.2.5b}$$

2.2.3 总相关函数和直接相关函数

OZ(Ornsteib/Zermke) 定义：

$$h(r) = g(r) - 1 \tag{2.2.6}$$

为总相关函数。它由两部分组成，一是直接的，另一是间接的：

$$h(r_{12}) = c(r_{12}) + \rho\int c(r_{13}) h(r_{23}) \mathrm{d}^3 r_3 \tag{2.2.7a}$$

$$\beta\left(\frac{\partial p}{\partial \rho}\right) = 1 - \rho\int c(r) \mathrm{d}^3 r \tag{2.2.7b}$$

$c(r)$——直接相关函数，其作用范围远小于 $h(r)$。经 FT，$c(r)$变为 $c(q)$：

$$c(q) = \frac{S(q) - 1}{S(q)} \tag{2.2.8}$$

2.2.4 $S(q)$的模型计算

2.2.4.1 金属 Na、K 结构因子的等离子模型

所谓单组元等离子（OCP）模型假设离子以微粒状处于非敏感的均匀电子云之中，两者达成电中性。OCP 模型中的结构因子是：

$$\lim_{q \to 0} S_{\mathrm{OCP}}(q) = \frac{q^2 l_{\mathrm{D}}^2}{1 + \dfrac{q^2}{q_{\mathrm{s}}^2}} \tag{2.2.9}$$

$$q_{\mathrm{s}}^2 = \frac{4\pi e^2}{\left(\dfrac{\partial \mu}{\partial \rho}\right)_T} \tag{2.2.10}$$

l_D——Debye 长度。$S_{OCP}(q)$和通常定义的结构因子有如下关系：

$$S(q) = \frac{S_{OCP}(q)}{1 + \rho_i \beta \breve{v}(q) S_{OCP}(q)}$$
$$\breve{v}(q) = \frac{v_{ie}(q) q^2}{4\pi e^2}\left(\frac{1}{\epsilon(q)} - 1\right) \tag{2.2.11}$$

$v_{ie}(q)$是不考虑屏蔽效应时离子－电子间的相互作用。因而：

$$\lim_{q \to 0} S(q) = \frac{\rho_i \chi_T}{\beta} = \left(\frac{q_D^2}{q_e^2} + \frac{q_D^2}{q_{ion}^2} + q_D^2 r_a^2\right)^{-1}$$
$$q_D^2 = 4\pi\rho_{ion}\beta Z^2 e^2 \tag{2.2.12}$$

q_D——Debye 波数，q_e——电子屏蔽波数，q_{ion}——离子屏蔽波数。Bohm/Staver 认为，若 q_e^2 表示电子云的属性，则：

$$\frac{q_D^2}{q_e^2} = v_s \tag{2.2.13}$$

2.2.4.2　PY 模型

硬球（Percus－Yevick）模型：设 d 为硬球直径，由于堆垛分数为：

$$\zeta^\circ = \frac{\pi}{6}\rho d^3 \tag{2.2.14}$$

而得：

$$S(0) = \frac{(1 - \zeta^\circ)^4}{(1 + 2\zeta^\circ)^2} \tag{2.2.15}$$

$$c_{PY}(r) = g(r)\{1 - \exp[\beta v(r)]\} \tag{2.2.16}$$

$$\beta\varphi_{PY}(r) = -\ln g(r) + \ln[1 + h(r) - c(r)] \tag{2.2.17}$$

2.3　金属的状态方程及离子间势能[1~3]

2.3.1　单原子熔体的状态方程

单原子熔体的 Hamiltonian 是：

$$\hat{H} = \breve{T} + \frac{1}{2}\sum v(|\boldsymbol{r}_i - \boldsymbol{r}_j|) \tag{2.3.1}$$

在 q 空间中的原子间势能为：

$$v(q) = \int v(r)\exp(\mathrm{i}\boldsymbol{q} \cdot \boldsymbol{r})\mathrm{d}\boldsymbol{r} \tag{2.3.2}$$

每个原子的内能为：

$$U = \frac{3}{2\beta} + \frac{\rho}{2}\int v(r)g(r)\mathrm{d}\boldsymbol{r}$$

$$= \frac{3}{2\beta} + \frac{\rho}{2}v(q=0) + \frac{1}{2\times(2\pi)^3}\int v(q)[S(q)-1]\mathrm{d}\boldsymbol{q} \tag{2.3.3}$$

状态（virial）方程是：

$$p = \frac{\rho}{\beta} - \frac{\rho^2}{6}\int r\frac{\mathrm{d}}{\mathrm{d}r}v(r)g(r)\mathrm{d}\boldsymbol{r}$$

$$= \frac{\rho}{\beta} + \frac{\rho^2}{2}v(q=0) + \frac{\rho}{2\times(2\pi)^3}\int\left[v(q) + \frac{q}{3}\frac{\partial v(q)}{\partial q}\right][S(q)-1]\mathrm{d}\boldsymbol{q} \tag{2.3.4}$$

2.3.2 离子间势能

简略地说，金属中离子间的偶势应有两个部分，即有效偶势和背景势。有效偶势或离子间的近程相互排斥作用为：

$$V_{ij}(r) = \frac{1}{2}\sum v(r_{ij}) = \frac{1}{2}\sum v\,|\boldsymbol{r}_i - \boldsymbol{r}_j| \tag{2.3.5}$$

与该离子的构型有关；而取决于离子密度 ρ 并和离子构型无关的背景势或离子－电子云的长程相互引力作用 V_b 与电子云在离子间的分布有关，该分布特征又取决于离子电负性的差异。或者说 V_b 包括两部分作用：自由电子的动能及电子云整体对该离子的作用。

$$V_b = \rho_i v_b(\rho_e) = Z\left(\frac{3}{5}E_F - \frac{\mathbb{C}}{\underline{V}_{ion}^{1/3}}\right) \tag{2.3.6}$$

$\mathbb{C}$——常数，$\underline{V}_{ion}$——离子体积。金属的总势能是两种相互作用平衡的结果：

$$V(r_1\cdots r_n) = \rho v_b + \frac{1}{2}\sum_{i\neq j}v(r_{ij}) \tag{2.3.7}$$

以最简单的碱金属为例，其中的势为球对称分布。取半径为 r_{ii} 的微球体，电子云在该微球体内均匀分布，因此电荷密度是：

$$\rho_e = \frac{3}{4\pi r_{ii}^3}$$

r_{ii} 表示离子间距的均值。实际上，电子是在离子实构成的电场中运动，这样导致的引力势能是：

$$V_{\Rightarrow\Leftarrow} = e\int_0^{r_{ii}}\frac{\rho_e 4\pi r^2\mathrm{d}r}{r} = -\frac{3}{2}\frac{e^2}{r_{ii}} \tag{2.3.8}$$

若只考虑由电子云平均动能构成的斥力势能：

$$V_{\Leftarrow\Rightarrow} = \frac{3}{5}E_F = \frac{3}{5}\frac{\hbar^2}{2m_e}(3\pi^2 Ze\rho_e)^{\frac{2}{3}} = \frac{3}{10}\frac{\hbar^2}{m_e}\left(\frac{9\pi Ze}{4}\right)^{\frac{2}{3}}\frac{1}{r_{ii}^2} \tag{2.3.9}$$

如图2.5所示，$r = r_a$（原子半径）时总作用力$f(r) = \frac{\partial(V_{\Rightarrow\Leftarrow} + V_{\Leftarrow\Rightarrow})}{\partial r} = 0$，所以$(V_{\Rightarrow\Leftarrow} + V_{\Leftarrow\Rightarrow}) = \max$。当$r = r_v$时$V = (V_{\Rightarrow\Leftarrow} + V_{\Leftarrow\Rightarrow}) = 0$。$r = r_f > r_a$时$f(r) = f_{max}$，此即晶体所能承受的最大张力。

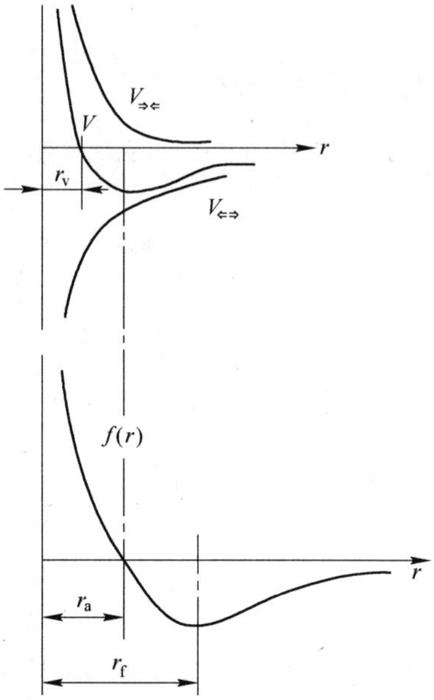

图2.5　r_a、r_v、r_f的意义

2.3.3　纯金属中背景势与有效偶势的分离

按 Born/Oppenheimer 近似，把体系的势能分为背景势和离子间有效偶势时体系的 Hamiltonian 应写作：

$$\hat{H} = \breve{T} + V_b + \frac{1}{2}\sum v(|\boldsymbol{r}_i - \boldsymbol{r}_j|, \rho_e) \tag{2.3.10}$$

状态方程：

$$U = \frac{3}{2\beta} + V_b + \frac{\rho_{ion}}{2}\int v_{ij}(r, \rho_e) g(r) \mathrm{d}\boldsymbol{r} \tag{2.3.11}$$

$$p = \frac{\rho_{ion}}{\beta} + \rho_e \frac{\partial V_b}{\partial \rho_e} + \frac{\rho_{ion}^2}{6}\int\left(r\frac{\partial v_{ij}}{\partial r} + 3\rho_e\frac{\partial v_{ij}}{\partial \rho_e}\right) g(r)\mathrm{d}\boldsymbol{r} \tag{2.3.12}$$

Shimaji 给出：

$$V_b(r_a) = \frac{2.21Z^{5/3}}{r_a^2} - \frac{0.916Z^{4/3} - 1.8Z^2}{r_a} + ZE_{corr} + \frac{3Z^2}{r_a}\left(\frac{r_m}{r_a}\right)^2 - W_0 Z\left(\frac{r_m}{r_a}\right)^3 \tag{2.3.13}$$

r_a——原子半径（a. u.），由体系自由能最小决定，r_m——离子核半径或势阱宽度（a. u.），W_0——$r < r_m$时的裸离子赝势，E_{corr}——电子的相关能。金属的内能或聚合能的主要部分就是此背景势。离子间的有效偶势是：

$$V_{eff}(\boldsymbol{q}) = V_{is}(\boldsymbol{q}) + V_{ie}(\boldsymbol{q})$$

$$V_{is}(\boldsymbol{q}) = \frac{1}{2}\sum_q \frac{4\pi Z^2 e^2}{q^2}[S(\boldsymbol{q}) - 1]$$

$$V_{ie}(\boldsymbol{q}) = \frac{1}{\rho}\sum_q \frac{q^3 |W_0(\boldsymbol{q})|^2}{8\pi e^2}\left[\frac{1}{\epsilon(\boldsymbol{q})} - 1\right]S(\boldsymbol{q}) \tag{2.3.14}$$

$V_{is}(\boldsymbol{q})$——离子间的静电相互作用，$V_{ie}(\boldsymbol{q})$——离子 - 电子相互作用，$W_0(\boldsymbol{q})$——裸离子赝势。

2.3.4 沟通微结构和热力学的桥——配分函数

质量为 m 含 n 个粒子的正则系综内配分函数为：

$$\mathbb{Z}_n = \frac{\mathbb{Z}_{1D}^{3n}\mathbb{Z}_{conf,n}}{n!} \tag{2.3.15}$$

$\mathbb{Z}_{conf,n}$——构型配分函数，$\mathbb{Z}_{1D}$——一维运动中的动能配分函数：

$$\mathbb{Z}_{1D} = \left(\frac{m}{2\pi\beta\hbar^2}\right)^{\frac{1}{2}} \tag{2.3.16}$$

$$\mathbb{Z}_{conf,n} = \int\cdots\int\exp\left[-\frac{V(r_1\cdots r_n)}{\beta}\right]d^3r_1\cdots d^3r_n \tag{2.3.17}$$

将式（2.3.7）、式（2.3.13）和式（2.3.14）代入可知，$\mathbb{Z}_{conf,n}$也是结构因子的函数，并随温度而变。设相应于 $V(r)=\sum v(\boldsymbol{r}-\boldsymbol{R}_i)$ 的本征能是 ε_i 且本征函数是 ψ_i，$v(\boldsymbol{r}-\boldsymbol{R}_i)$ 是处于 $\boldsymbol{r}$ 的电子遭受 $\boldsymbol{R}_i$ 处离子 i 散射的局域有效势，March 指出：

$$\mathbb{Z}_n(\beta) = \sum\exp(-\beta\varepsilon_i)\overline{\psi}_i(r)\psi_i(r) \tag{2.3.18}$$

其一般形式如下：

$$\mathbb{Z}_n(\beta) = (2\beta\pi)^{-3/2}\prod_i\exp[-\beta V(\boldsymbol{r}-\boldsymbol{R}_i)]dr \tag{2.3.19}$$

2.4 静态结构和物性的关系[2,3]

2.4.1 热容

$$\begin{aligned} C_p - C_V &= \frac{\beta^2 S(0)}{\rho T}\left[p + \left(\frac{\partial E}{\partial \underline{V}}\right)_T\right]^2 \\ \left(\frac{\partial E}{\partial \underline{V}}\right)_T &= -\frac{\rho^2}{2S(0)}\left\{\int g(r)\varphi(r)dr + \rho\int\left[g(\boldsymbol{r},\boldsymbol{r}') - g(r)g(r')\right]\varphi(r)d\boldsymbol{r}d\boldsymbol{r}'\right\} \end{aligned} \tag{2.4.1}$$

2.4.2 恒温压缩率及声速

$$\begin{aligned} \chi_T &= \frac{\underline{V}}{mv_s^2} + \frac{\alpha_p^2\underline{V}T}{C_p} \\ v_s^2 &= \frac{2}{m_{ion}}\left[\frac{2\pi N_A^2}{\underline{V}_{ion}}\int_0^\infty g(r)\varphi(r)r^2dr\right] \end{aligned} \tag{2.4.2}$$

2.4.3　金属的内聚能和晶格自由能

金属中离子通过它们和电子云间的静电 Coulomb 力而有相互作用，这也就是导致金属内聚能很强的主要因素。内聚能又可定义为将所有离子拆散成自由原子所需的能量，所以内聚能和内能是同一概念。

$$U = \frac{1}{2}\sum_{i=1}^{n}\sum_{j=1}^{n-1}\varphi(r_{ij}) \tag{2.4.3}$$

$\varphi(r_{ij})$ 中包括了式（2.3.6）中 V_b 的贡献。

在 $r > r_{cr} > r_a$ 的域内，离子势场中自由电子的能量是：

$$E_e = -\frac{0.3Z^2e^2}{r_{cr}} + \frac{1.5Z^2e^2r_a^2}{r_{cr}^3} - \frac{WZr_a^3}{r_{cr}^3} + \frac{3}{5}ZE_F + E_{ex} + E_{corr} \tag{2.4.4}$$

W——为常值的一个赝势，E_{ex}——交换能，E_{corr}——相关能。r_{cr} 按 E_e 取最小值确定，则计算值与测定值相差 10% 以内。这能量正是内聚能中的主体。

晶格自由能 F 包括两部分，其一是和晶格体积或粒子密度有关的内能，其二是晶格的振动能。设其振动频率为 ω_i，则：

$$F = U(\rho) + \sum_i\left\{\frac{\hbar\omega_i}{8\pi^2} + \frac{1}{\beta}\ln[1 - \exp(-\beta\hbar\omega_i)]\right\} \tag{2.4.5}$$

若振动是非线性的，ω_i 也会因粒子密度而变。同时又得频率为 ω_i 的格波的振动能量：

$$(E_v)_i = -\frac{\hbar\omega_i}{8\pi^2}[1 + \exp(-\beta\hbar\omega_i)] \tag{2.4.6}$$

由式（2.3.24）自然可算出金属的压力、熵变和热容等物性。

2.5　二元合金中的偏结构因子[2~5]

2.5.1　原子-原子偏结构因子

2.5.1.1　基本概念

合金的内能和压强为：

$$\begin{aligned} U &= \frac{3}{2\beta} + \frac{1}{2}\rho\sum c_ic_j\int\varphi_{ij}(r)g_{ij}(r)\mathrm{d}\boldsymbol{r} \\ p &= \frac{\rho}{\beta} - \frac{1}{6}\rho\sum c_ic_j\int r\frac{\partial\varphi_{ij}(r)}{\partial r}g_{ij}(r)\mathrm{d}\boldsymbol{r} \end{aligned} \tag{2.5.1}$$

$\rho_jg_{ij}(r)\mathrm{d}\boldsymbol{r}$——原子 j 在（$\boldsymbol{r}+\mathrm{d}\boldsymbol{r}$）处出现的几率。因此，偏结构因子和偶相关函数为：

$$S_{ij}(q) = \delta_{ij} + \sqrt{\rho_i\rho_j}\int[g_{ij}(R) - 1]\exp(\mathrm{i}\boldsymbol{q}\cdot\boldsymbol{r})\mathrm{d}\boldsymbol{r}$$

$$g_{ij}(r) = 1 + \frac{1}{2\pi^3\sqrt{\rho_i\rho_j}}\int[S_{ij}(q) - \delta_{ij}]\exp(-\mathrm{i}\boldsymbol{q}\cdot\boldsymbol{r})\mathrm{d}\boldsymbol{q} \tag{2.5.2}$$

在低 q 区：

$$\frac{\rho}{\beta}\chi_T = \frac{S_{11}(0)S_{22}(0) - S_{12}^2(0)}{c_2S_{11}(0) + c_1S_{22}(0) - 2\sqrt{c_1c_2}S_{12}(0)} \tag{2.5.3}$$

相应地，总相关函数 $h_{ij}(r)$ 和直接相关函数 $c_{ij}(r)$ 又构成如下方程：

$$h_{ij}(r) = g_{ij}(r) - 1 = c_{ij}(r) + \sum_k \rho_k\int h_{ij}(|\boldsymbol{r} - \boldsymbol{r}'|)c_{ij}(\boldsymbol{r}')\mathrm{d}\boldsymbol{r}' \tag{2.5.4}$$

再由 LT，$c_{ij}(r)\rightarrow c_{ij}(q)$，得：

$$S_{ij}(q) - \delta_{ij} = \sqrt{\rho_i\rho_j}c_{ij}(q) + \sum\sqrt{\rho_i\rho_j}[S_{ik}(q) - \delta_{ik}]c_{kj}(q) \tag{2.5.5}$$

最后：

$$S_{11}(q) = \frac{1 - \rho_2c_{22}(q)}{[1 - \rho_1c_{11}(q)][1 - \rho_2c_{22}(q)] - \rho_1\rho_2c_{12}^2(q)} \tag{2.5.6a}$$

$$S_{12}(q) = \frac{\sqrt{\rho_1\rho_2}c_{12}(q)}{[1 - \rho_1c_{11}(q)][1 - \rho_2c_{22}(q)] - \rho_1\rho_2c_{12}^2(q)} \tag{2.5.6b}$$

$$S_{22}(q) = \frac{1 - \rho_1c_{11}(q)}{[1 - \rho_1c_{11}(q)][1 - \rho_2c_{22}(q)] - \rho_1\rho_2c_{12}^2(q)} \tag{2.5.6c}$$

2.5.1.2 测试方法

用 X 光束照射试样时它会被电子、原子、分子等散射。有两种散射：Thomson 散射和 Compton 散射。Thomson 散射是由原子的内层电子引起的，它改变光子的行进方向而不改变其能量和波长。当这种散射吻合于 Bragg 条件：

$$2d\cdot\sin\theta = \lambda \tag{2.5.7}$$

时就会因相干而发生衍射现象。Bragg 条件中的 d 是两电子的间距；2θ 称作散射角，也即入射线与散射线的夹角；λ 是波长。Compton 散射则是外层电子引起的不相干散射，其波长与入射线不同，构成谱的连续背底。X 射线衍射所能提供的结构信息均来自 Thomson 散射，下文未注明的散射均指其而言。

电子的散射强度 $\boldsymbol{I}_\mathrm{e}$ 可用电子的散射振幅（$\breve{A}_\mathrm{e}$）表示：

$$\boldsymbol{I}_\mathrm{e} = \breve{A}_\mathrm{e}\cdot\overline{\breve{A}}_\mathrm{e} \tag{2.5.8}$$

某一个原子的散射振幅 $\breve{A}_a(\boldsymbol{h})$ 并非其所含电子散射振幅的简单叠加，因为各电子的散射波有位相差 $\exp(-\mathrm{i}\boldsymbol{hr})$。$\boldsymbol{h}$ 为散射矢量，$\boldsymbol{r}$ 是位置矢量。

$$\breve{A}_a(\boldsymbol{h}) = \breve{A}_\mathrm{e}f_a\exp(-\mathrm{i}\boldsymbol{hr})$$

$$\boldsymbol{I}_a = \breve{A}_a(\boldsymbol{h})\cdot\overline{\breve{A}}_a(\boldsymbol{h}) \tag{2.5.9}$$

f_a 是原子的散射因子。由此类推，若以 $F^2(\boldsymbol{h})$ 表示相应分子 a（粒子）的散射因子，设该粒子半径为 r_a，含 n_a 个电子，则可给出其散射振幅 $\breve{A}_{a+}(\boldsymbol{h})$：

$$\begin{aligned}\breve{A}_{a+}(\boldsymbol{h}) &= A_e\sum_{a=1}^{n_a} f_a\exp(\mathrm{i}\boldsymbol{h}\boldsymbol{r}_a)\\ \boldsymbol{I}_{a+} &= \breve{A}_{a+}(\boldsymbol{h})\cdot\overline{\breve{A}}_{a+}(\boldsymbol{h})\\ &= \breve{A}_e^2\left|\sum_{a=1}^{n_a} f_a\exp(\mathrm{i}\boldsymbol{h}\boldsymbol{r}_a)\right|^2 \\ &= \boldsymbol{I}_e\cdot F^2(\boldsymbol{h})\end{aligned} \tag{2.5.10}$$

$F(\boldsymbol{h})$是试样内电子密度分布 $\rho(\boldsymbol{r})$的 Fourier 变换。

$$F(\boldsymbol{h}) = \iiint\rho(\boldsymbol{r})\exp(-\mathrm{i}\boldsymbol{h}\boldsymbol{r})\mathrm{d}\underline{V} \tag{2.5.11}$$

$\mathrm{d}\underline{V}$ 是 $\boldsymbol{r}$ 处的体积元。在这一点上，非晶态和晶体有类似的行为。一个含 n_a 个电子的晶胞在衍射方向（hkl）上的散射强度 $\boldsymbol{I}_{hkl}$是：

$$\begin{aligned}\boldsymbol{I}_{hkl} &= \boldsymbol{I}_e\cdot\left|F_{(hkl)}\right|^2\\ F_{(hkl)} &= \left|\sum_{a=1}^{n_a} f_a\exp[\mathrm{i}(hx_a+ky_a+lz_a)]\right|^2\end{aligned} \tag{2.5.12}$$

$F_{(hkl)}$ 是晶体的结构因子。$|F_{(hkl)}|$ 为结构振幅，它相当于该（hkl）方向上参与散射的有效电子数。

现有一非晶体含 i 种不同的原子，每一种原子的数量是 n_i，其总数是 n。当其为 X 射线照射时相对于 $\breve{A}_e$ 的散射振幅为：

$$\breve{A}_n(\boldsymbol{h}) = \sum_{i=1}^{n_i}\sum_{a=1}^{n_a} f_a\exp(-\mathrm{i}\boldsymbol{h}\boldsymbol{r}_a) \tag{2.5.13}$$

进一步，由 $\breve{A}_n(\boldsymbol{h})$ 与其共轭相乘，得相对的散射强度：

$$I_n(\boldsymbol{h}) = \sum_{i=1}^{n_i}\sum_{j=1}^{n_j} f_i f_j\sum_{a=1}^{n_a}\sum_{b=1}^{n_b}\exp(-\mathrm{i}\boldsymbol{h}\boldsymbol{r}_{ab}) \tag{2.5.14}$$

以 i 原子为坐标原点，对各种原子取平均后的相对散射强度为：

$$\begin{aligned}I_n^{\mathrm{adv}}(\boldsymbol{h}) &= n(\langle f\rangle^2-\langle f^2\rangle)+n\langle f\rangle^2\boldsymbol{S}(\boldsymbol{h})\\ f &= \sum_{i=1}^{n_i} c_i f_i\end{aligned} \tag{2.5.15}$$

上述的 $\langle f\rangle^2$ 及 $\langle f^2\rangle$ 取决于原子散射因子 f_i，有图表可查。$\boldsymbol{S}(\boldsymbol{h})$称为全干涉函数，它有很多种不同的形式。Faber – Ziman 提出：

$$\boldsymbol{S}_{\mathrm{FZ}}(\boldsymbol{h}) = \frac{1}{\langle f\rangle^2}\left[\frac{I_n^{\mathrm{adv}}(\boldsymbol{h})}{n}-\langle f^2\rangle\right]+1 \tag{2.5.16}$$

不难发现，$\boldsymbol{S}(\boldsymbol{h})$相应于 $F^2(\boldsymbol{h})$的一部分，因此它也被称作结构因子。通过 FT，

它就是人们熟悉的概念“径向分布函数”。

从结构分析来说，人们往往要求了解某一种原子相对于另一种原子的分布。因此，首先要由 $\boldsymbol{S}(\boldsymbol{h})$ 分离出“偏结构因子” $\boldsymbol{S}_{ij}(\boldsymbol{h})$ 来：

$$
\begin{aligned}
\boldsymbol{S}_{\mathrm{FZ}}(\boldsymbol{h}) &= \sum_{i=1}^{n_i}\sum_{j=1}^{n_j} W_{ij}(\boldsymbol{h})\boldsymbol{S}_{ij}(\boldsymbol{h}) \\
W_{ij}(\boldsymbol{h}) &= \frac{1}{\langle f\rangle^2} c_i c_j f_i f_j \\
\sum_{i=1}^{n_i}\sum_{j=1}^{n_j} W_{ij}(\boldsymbol{h}) &= 1
\end{aligned}
\tag{2.5.17}
$$

显而易见，$W_{ij}(\boldsymbol{h})$ 起了权重的作用，称为权重因子。并且 $\boldsymbol{S}_{ij}(\boldsymbol{h})$ 是按 h 平均的，在测试条件下它仅是试样本身结构的表征。

由 $\boldsymbol{S}(\boldsymbol{h})$ 分离 $\boldsymbol{S}_{ij}(\boldsymbol{h})$ 是个难题。若一非晶试样含 n 种原子，则必须用波长不同的入射 X 光束完成 $\frac{n(n+1)}{2}$ 次独立的测定，且每次测定中若干个 f_i 要有所改变，才能得到 $\frac{n(n+1)}{2}$ 个不同的 $\boldsymbol{S}_{\mathrm{FZ}}(\boldsymbol{h})$ 和 W_{ij}。所以目前原则上还只能用于二元系。

实际上，即使是二元系也只有依赖“异常散射”现象才构成有效的方法。图 2.6 是其一例。用 X 射线束照射试样时，若其能量超过某一门阈值，它就会使后者的 K 层及 L 层电子被激发。此即试样吸收 X 射线的现象。每一种原子的 K 层及 L 层电子都有其特定的门阈值，称为吸收限。通常的 X 射线散射实验是在入射线能量 E 远离吸收限的条件下进行的。当入射线的 E 接近吸收限时，异常散射现象就发生了。此时，原子散射因子 $f(\boldsymbol{h})$ 成了一个复数。

$$f(\boldsymbol{h},E) = f^0(\boldsymbol{h}) + f'(E) + \mathrm{i}f''(E) \tag{2.5.18}$$

$f^0(\boldsymbol{h})$ 就是正常散射时的 f；$f'(E)$ 取负值，是实数；而 $f''(E)$ 取正值，是虚数。因此：

$$\langle f\rangle^2 = \langle f^0 + f'\rangle^2 + \langle f''\rangle^2 \tag{2.5.19a}$$

$$W_{ii} = \frac{1}{\langle f\rangle^2} c_i^2 [(f_i^0 + f_i')^2 + (f_i'')^2] \tag{2.5.19b}$$

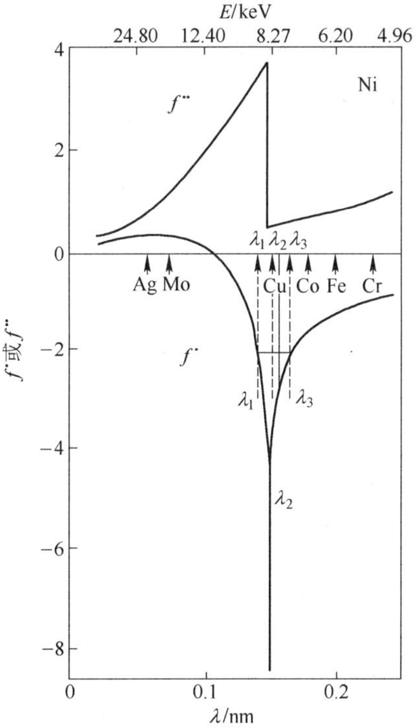

图 2.6 异常散射现象应用一例

$$W_{ij} = \frac{1}{\langle f \rangle^2} c_i c_j [(f_i^0 + f_i^{\cdot})(f_j^0 + f_j^{\cdot}) + f_i^{\cdot\cdot} f_j^{\cdot\cdot}] \tag{2.5.19c}$$

所以，对一个二元系，应选取三个波长不同（λ_1, λ_2，λ_3）的入射线，其波长尽量接近所测原子的吸收限，以得到异常散射。以 Ni 为例，若选 $\mathrm{Cu}K_\alpha$ 线，可读得两组 $f_{\mathrm{Ni}}^{\cdot} = -2.96$ 和 $f_{\mathrm{Ni}}^{\cdot\cdot} = 0.51$。再加上一次正常散射测试，由如下关系式就能算出三组 W_{ij}：

$$\begin{aligned} \boldsymbol{S}_\alpha(\boldsymbol{h}) &= (W_{11})_\alpha \boldsymbol{S}_{11}(\boldsymbol{h}) + 2(W_{12})_\alpha \boldsymbol{S}_{12}(\boldsymbol{h}) + (W_{22})_\alpha \boldsymbol{S}_{22}(\boldsymbol{h}) \\ \boldsymbol{S}_\beta(\boldsymbol{h}) &= (W_{11})_\beta \boldsymbol{S}_{11}(\boldsymbol{h}) + 2(W_{12})_\beta \boldsymbol{S}_{12}(\boldsymbol{h}) + (W_{22})_\beta \boldsymbol{S}_{22}(\boldsymbol{h}) \\ \boldsymbol{S}_\chi(\boldsymbol{h}) &= (W_{11})_\chi \boldsymbol{S}_{11}(\boldsymbol{h}) + 2(W_{12})_\chi \boldsymbol{S}_{12}(\boldsymbol{h}) + (W_{22})_\chi \boldsymbol{S}_{22}(\boldsymbol{h}) \end{aligned} \tag{2.5.20}$$

在通常的 X 射线衍射仪上，只有 6 种 K_α 线（Ag、Mo、Cu、Co、Fe、Cr）。用异常散射概念可测定含 3d 原子的过渡金属和含 4f 原子的稀土金属的 $\boldsymbol{S}_{ij}(\boldsymbol{h})$。但对其他试样则效果欠佳，因为该 K_α 线并不能充分接近它们的吸收限。

正因为目前由实验不容易直接获得偏干涉函数，所以也有一些研究者在全干涉函数的基础上用拟合法将其分解，或者和结构模型配合进行分析。

Shimaji 介绍了假定三个偏结构因子均和浓度无关时，根据浓度相差很大的三条 $I(\boldsymbol{q})$ 测定曲线给出 $S_{ij}(\boldsymbol{q})$ 的方法[2]。这一类方法虽已用于熔融的 Ag－Sn、Au－Sn、Ag－Mg、Mg－Sn、Cu－Ge、Cu－Mg、Cu－Sb、In－Ni 等合金，但其合理性和可靠性有待精确论证。

2.5.2　粒数－粒数、粒数－浓度、浓度－浓度偏结构因子

在二元合金中定义一组新的偶相关函数：

$$\begin{aligned} g_{\mathrm{nn}}(r) &= c_1^2 g_{11}(r) + 2c_1c_2 g_{12}(r) + c_2^2 g_{22}(r) \\ g_{\mathrm{nc}}(r) &= c_1c_2[c_1 g_{11}(r) + (c_2 - c_1) g_{12}(r) - c_2 g_{22}(r)] \\ g_{\mathrm{cc}}(r) &= c_1^2 c_2^2 + [g_{11}(r) - 2g_{12}(r) + g_{22}(r)] \end{aligned} \tag{2.5.21}$$

$g_{\mathrm{nn}}(r)$——若一原子的位置已确定，在其周围出现任一种原子的几率；它表示局域中的短程有序程度。$g_{\mathrm{cc}}(r)$——化学上的短程有序程度；$g_{\mathrm{cc}}(r) > 0$——在该位置已确给定的原子周围发现相同原子的几率；$g_{\mathrm{cc}}(r) < 0$——相异原子配位。因此：

$$\begin{aligned} S_{\mathrm{nn}}(q) &= 1 + \rho\int[g_{\mathrm{nn}}(r) - 1]\exp(\mathrm{i}\boldsymbol{q}\cdot\boldsymbol{r})\mathrm{d}\boldsymbol{r} \\ S_{\mathrm{nc}}(q) &= \rho\int g_{\mathrm{nc}}(r)\exp(\mathrm{i}\boldsymbol{q}\cdot\boldsymbol{r})\mathrm{d}\boldsymbol{r} \\ S_{\mathrm{cc}}(q) &= c_1c_2 + \rho\int g_{\mathrm{cc}}(r)\exp(\mathrm{i}\boldsymbol{q}\cdot\boldsymbol{r})\mathrm{d}\boldsymbol{r} \end{aligned} \tag{2.5.22}$$

$S_{\mathrm{nn}}(q)$表征各种粒子数的波动，$S_{\mathrm{cc}}(q)$相应于浓度的波动。若 $S_{\mathrm{nc}}(q) = 0$ 说明粒子数及浓度的波动是互不相关的。图 2.7 所示是熔融 Cu_6Sn_5 合金中的 $S_{\mathrm{nn}}(q)$、

$S_{nc}(q)$和$S_{cc}(q)$曲线。

进一步，在 $q=0$ 时：

$$S_{nn}(0) = \frac{\rho}{\beta}\chi_T + \left(\frac{\underline{V}_2 - \underline{V}_1}{\underline{V}}\right)^2 S_{cc}(0)$$

$$S_{nc}(0) = \frac{\underline{V}_2 - \underline{V}_1}{\underline{V}} S_{cc}(0)$$

$$S_{cc}(0) = \rho\langle(\Delta c)^2\rangle = \frac{1}{\beta\left(\frac{\partial^2 G_m}{\partial c_1^2}\right)_{T,p,n}} = \frac{c_2 a_1}{\left(\frac{\partial a_1}{\partial c_1}\right)_{T,p,n}} = \frac{c_1 a_2}{\left(\frac{\partial a_1}{\partial c_2}\right)_{T,p,n}} \tag{2.5.23}$$

$$\frac{\rho\chi_T}{\beta} = \frac{S_{nn}(0)S_{cc}(0) - S_{nc}^2(0)}{S_{cc}(0)}$$

$\underline{V}_1$ 和 $\underline{V}_2$ 是两组元的摩尔体积，$\langle(\Delta c)^2\rangle$ 表示浓度起伏的均方值，G_m 表示二元溶液的混合自由能，a_1、a_2 是组元活度。$S_{cc}(0) \gg c_1c_2$ 表征相分离的倾向，$S_{cc}(0) = \infty$ 指示两相分离；$S_{cc}(0) \ll c_1c_2$ 表征化合物形成的倾向，$S_{cc}(0)=0$ 指示化合物形成。

熔融 NaCs 中 $S_{cc}(0)$ 随组成的变化示于图 2.8。

合金的内能和压强也可用 $g_{nn}(r)$、$g_{nc}(r)$、$g_{cc}(r)$ 演示如下：

$$U = \frac{3}{2\beta} + \frac{\rho}{2}\int[\varphi_{nn}(r)g_{nn}(r) + 2\varphi_{nc}(r)g_{nc}(r) + \varphi_{cc}(r)g_{cc}(r)]dr$$

$$p = \frac{\rho}{\beta} - \frac{\rho}{6}\int\left[\frac{r\partial\varphi_{nn}}{\partial r}g_{nn} + \frac{2r\partial\varphi_{nc}}{\partial r}g_{nc} + \frac{r\partial\varphi_{cc}}{\partial r}g_{cc}\right]dr \tag{2.5.24}$$

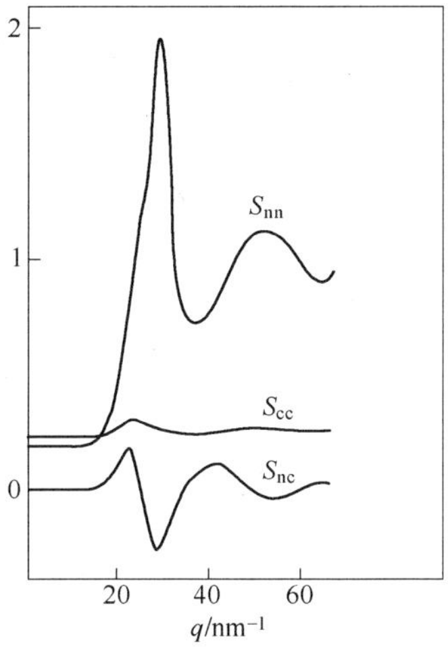

图 2.7　熔融 Cu_6Sn_5 合金中的 $S_{nn}(q)$、$S_{nc}(q)$和 $S_{cc}(q)$曲线

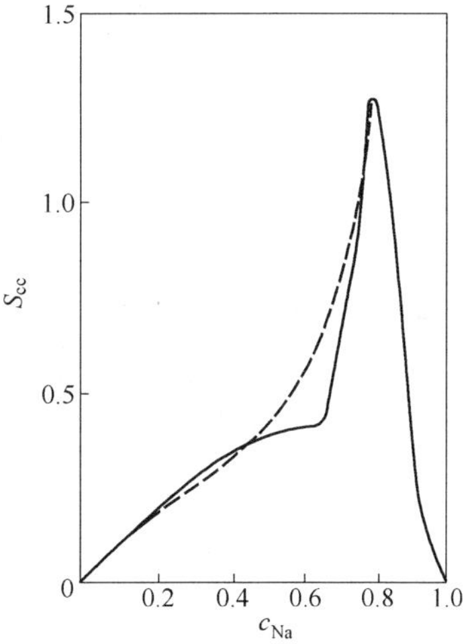

图 2.8　熔融 NaCs 中 $S_{cc}(0)$随组成的变化

式（2.5.24）中的 φ_{nn}、φ_{nc}、φ_{cc} 和式（2.5.1）中的三个 φ_{ij} 有如下关系：

$$\begin{aligned}\varphi_{nn}(r) &= c_1^2\varphi_{11}(r) + 2c_1c_2\varphi_{12}(r) + c_2^2\varphi_{22}(r)\\ \varphi_{nc}(r) &= c_1\varphi_{11}(r) + (c_2 - c_1)\varphi_{12}(r) - c_2\varphi_{22}(r)\\ \varphi_{cc}(r) &= \varphi_{11}(r) - 2\varphi_{12}(r) + \varphi_{22}(r)\end{aligned} \tag{2.5.25}$$

$\varphi_{cc}(r)$ 为化学有序度势；$\varphi_{cc}(r)<0$ 说明同原子配位，$\varphi_{cc}(r)>0$ 表征异原子配位。

S_{11}、S_{12}、S_{22} 和 S_{nn}、S_{nc}、S_{cc} 的关系：

$$\begin{aligned}S_{11} &= c_1S_{nn} + 2S_{nc} + \frac{S_{cc}}{c_1}\\ S_{12} &= \sqrt{c_1c_2}S_{nn} + \left(\sqrt{\frac{c_2}{c_1}} - \sqrt{\frac{c_1}{c_2}}\right)S_{nc} - \frac{S_{cc}}{\sqrt{c_1c_2}}\\ S_{22} &= c_2S_{nn} + 2S_{nc} + \frac{S_{cc}}{c_2}\end{aligned} \tag{2.5.26}$$

相应地用直接相关函数可表示成：

$$\begin{aligned}c_{nn} &= c_1^2c_{11} + 2c_1c_2c_{12} + c_2^2c_{22}\\ c_{nc} &= c_1c_{11} + (c_2 - c_1)c_{12} - c_2c_{22}\\ c_{cc} &= c_{11} - 2c_{12} + c_{22}\end{aligned} \tag{2.5.27}$$

要注意区分这些 c 的不同含义。c_{nn} 等和 c_{11} 等是两组直接相关函数，c_1 和 c_2 是粒子摩尔分数。

液相线取决于浓度的波动 $\langle \Delta c_2\rangle^2$，由液相线的切线推出：

$$\begin{aligned}\frac{\Delta T}{\Delta c} &= -\frac{RT^2c_2}{S_{cc}(0)L_m^{con}}\\ \frac{L_m^{con}}{T} &= \frac{L_{1m}}{T_{1m}} + \int_{T_{1m}}^{T}\frac{(\Delta c_p)_{1m}}{T}dT - \left(\frac{\partial}{\partial T}RT\ln a_1\right)_{c_1,c_2,p}\end{aligned} \tag{2.5.28}$$

L_m^{con}——随组成而变的潜热，L_{1m}——组元 1 在其熔点 T_{1m} 下的潜热，$(\Delta c_p)_{1m}$——在熔点 T_{1m} 下组元 1 液固两相（c_p）之差，a_1 是组元 1 的活度。当液相线和固相线交于一点（T_{1m}，c_{1m}）时，在该点上：

$$\frac{\dfrac{d^2T}{dc_1^2}}{\dfrac{d^2T}{dc_s^2}} = \left(\frac{S_{cc}^s}{S_{cc}^l}\right)^2 \tag{2.5.29}$$

在两互不溶液体相图的旋节点上，以及相洽化合物的分解点上是相 a 和相 b 共存，上式改写为：

$$\frac{\dfrac{d^2T}{dc_a^2}}{\dfrac{d^2T}{dc_b^2}} = \left(\frac{S_{cc}^b}{S_{cc}^a}\right)^2 \tag{2.5.30}$$

2.5.3 离子－离子、离子－电子、电子－电子偏相关函数

2.5.3.1 纯金属中的关系

一种纯金属可看作是由离子和电子组成的二元系，所以它应有三个偏结构因子：$S_{ii}(q)$、$S_{ie}(q)$、$S_{ee}(q)$，也有三种相应的偶相关函数 $g(r)$。由于电中性，则：

$$-Z = Z\rho_{ion}\int g_{ii}^{(2)}(R)\,d^3R - \rho_e\int g_{ie}^{(2)}(r)\,d^3r$$

$$1 = Z\rho_{ion}\int g_{ie}^{(2)}(R)\,d^3R - \rho_e\int g_{ee}^{(2)}(r)\,d^3r$$

$$S_{ee}(0) = \sqrt{Z}S_{ie}(0) = ZS_{ii}(0) \tag{2.5.31}$$

假设离子－电子间为弱相互作用，$S_{ie}(\boldsymbol{q})$和 $S_{ii}(\boldsymbol{q})$间有如下关系：

$$S_{ie}(\boldsymbol{q}) = \sqrt{\frac{\rho_{ion}}{\rho_e}}S_{ii}(\boldsymbol{q})\,\frac{v_{ie}(\boldsymbol{q})}{v_{ee}(\boldsymbol{q})}\left[\frac{1}{\epsilon(\boldsymbol{q})} - 1\right] \tag{2.5.32}$$

$v(\boldsymbol{q})$——相互作用势。总的内能密度是：

$$u = \frac{3}{2}\frac{\rho_{ion}}{\beta} + u_{hom} + \frac{1}{2}\rho_{ion}[\varphi_{ii}(r) - v_{ii}(r)]_{r=0} + \frac{1}{2}\rho_{ion}^2\int g_{ii}(r)\phi_{ii}(r)\,d\boldsymbol{r} + \frac{1}{2}\int\{\rho_{ion}^2[v_{ii}(r) - \varphi_{ii}(r)] + 2\rho_{ion}\rho_e v_{ie}^{sr}(r)\}\,d\boldsymbol{r} \tag{2.5.33}$$

u_{hom}——液态金属中均匀电子云的能量密度，$v_{ie}^{sr}(r)$——离子－电子间相互作用的短程部分，φ——偶势。

$$\varphi_{ii}(\boldsymbol{q}) = v_{ii}(\boldsymbol{q}) + \frac{|v_{ie}(\boldsymbol{q})|^2}{v_{ee}(\boldsymbol{q})}\left[\frac{1}{\epsilon(\boldsymbol{q})} - 1\right] \tag{2.5.34}$$

在金属液中，S_{ee}和 S_{ie}表明事实上电子有某种有序度。这是某些局域中的金属键转化为共价键的结果，所以金属液中的电子云不是类气态而是一种液态。

问题在于按当前的科技水平，$S_{ii}(0)$、$S_{ie}(q)$、$S_{ee}(q)$的区分必须综合利用多种测试仪器才有可能。INS 谱给出的是裸核或 $S_{ii}(0)$的信息，XRD 谱主要反映了离子实的信息，其中包含的基本上是内层电子的信息，所以它还和 $S_{ie}(q)$有关。超声波在金属中传递时的衰减主要是声子被核外自由电子散射的结果，或者说电子云作为整体的动力学特点，因此依靠激光－Brillouin 谱能描述 $S_{ie}(q)$、$S_{ee}(q)$。但也有人利用模型势计算这三个结构因素。

2.5.3.2　二元合金中的关系

这里要考察的是电子以及两种离子 A 和 B，它们的化学价分别是 Z_A，Z_B。用 $g_{AA}(r)$等表示偶相关函数。在长程电子云被完全屏蔽的条件下，环绕离子 A 或 B 或电子的总电荷密度是：

$$-Z_A e = Z_A e\rho_A\int[g_{AA}(r)-1]\mathrm{d}\boldsymbol{r} + Z_B e\rho_B\int[g_{AB}(r)-1]\mathrm{d}\boldsymbol{r} - e\rho_e\int[g_{Ae}(r)-1]\mathrm{d}\boldsymbol{r} \tag{2.5.35a}$$

$$e\rho_e = Z_A e\rho_A + Z_B e\rho_B \tag{2.5.35b}$$

$$-Z_B e = Z_B e\rho_B\int[g_{BB}(r)-1]\mathrm{d}\boldsymbol{r} + Z_A e\rho_A\int[g_{AB}(r)-1]\mathrm{d}\boldsymbol{r} - e\rho_e\int[g_{Be}(r)-1]\mathrm{d}\boldsymbol{r} \tag{2.5.35c}$$

$$e = -e\rho_e\int[g_{ee}(r)-1]\mathrm{d}\boldsymbol{r} + Z_A e\rho_A\int[g_{Ae}(r)-1]\mathrm{d}\boldsymbol{r} + Z_B e\rho_B\int[g_{Be}(r)-1]\mathrm{d}\boldsymbol{r} \tag{2.5.35d}$$

在长波极限下：

$$\begin{aligned} S_{AA} &= \delta_{AA} + \rho_A\int[g_{AA}(r)-1]\mathrm{d}\boldsymbol{r} \\ S_{BB} &= \delta_{BB} + \rho_B\int[g_{BB}(r)-1]\mathrm{d}\boldsymbol{r} \\ S_{AB} &= \delta_{AB} + \sqrt{\rho_A\rho_B}\int[g_{AB}(r)-1]\mathrm{d}\boldsymbol{r} \end{aligned} \tag{2.5.36}$$

$$S_{ee} = Z_A^2\frac{\rho_A}{\rho_B}S_{AA} + 2Z_A Z_B\frac{\sqrt{\rho_A\rho_B}}{\rho_e}S_{AB} + Z_B^2\frac{\rho_B}{\rho_A}S_{BB} \tag{2.5.37a}$$

$$S_{Ae} = \sqrt{\frac{\rho_A}{\rho_B}}\left[Z_A S_{AA} + Z_B S_{BB}\sqrt{\frac{\rho_B}{\rho_A}}\right] \tag{2.5.37b}$$

$$S_{Be} = \sqrt{\frac{\rho_B}{\rho_A}}\left[Z_B S_{BB} + Z_A S_{AA}\sqrt{\frac{\rho_A}{\rho_B}}\right] \tag{2.5.37c}$$

或：

$$\begin{aligned} S_{ee} &= \frac{1}{\bar{z}}[c_A^2 Z_A^2 a_{AA} + c_B^2 Z_B^2 a_{BB} + 2c_A Z_A c_B Z_B a_{AB} + c_A c_B (Z_A - Z_B)^2] \\ S_{Ae} &= \frac{1}{\sqrt{c_A\bar{z}}}[c_A^2 Z_A a_{AA} + c_A c_B Z_B a_{AB} + c_A c_B (Z_A - Z_B)] \\ S_{Be} &= \frac{1}{\sqrt{c_B\bar{z}}}[c_B^2 Z_B a_{BB} + c_A c_B Z_A a_{AB} + c_A c_B (Z_A - Z_B)] \end{aligned} \tag{2.5.38}$$

$$
\begin{aligned}
a_{AA} &= 1 + 2\rho_A \int [g_{AA}(r) - 1]\mathrm{d}\boldsymbol{r} \\
a_{BB} &= 1 + 2\rho_B \int [g_{BB}(r) - 1]\mathrm{d}\boldsymbol{r} \\
a_{AB} &= 1 + (\rho_A + \rho_B) \int [g_{AB}(r) - 1]\mathrm{d}\boldsymbol{r}
\end{aligned} \tag{2.5.39}
$$

$$
\begin{aligned}
c_A &= \frac{\rho_A}{\rho_A + \rho_B} = 1 - c_B \\
\bar{z} &= c_A Z_A + c_B Z_B
\end{aligned} \tag{2.5.40}
$$

2.6 偶分布函数和偶相关函数[2,3]

2.6.1 基本概念

单体分布函数即粒子的数密度 $\rho = n/\underline{V}$，它表示在微体积 d^3R 中找到一个粒子的几率为 $\rho\mathrm{d}^3R$，即：

$$\int \rho \mathrm{d}^3R = n \tag{2.6.1}$$

$\rho(R) = \rho^{(2)}(R)$ 为偶分布函数，表示由两个粒子组成偶的几率，即在 $\mathrm{d}^3R_1 + \mathrm{d}^3R_2$ 中找到两个粒子的几率为 $\rho^{(2)}(R)\mathrm{d}^3R_1\mathrm{d}^3R_2$，即：

$$\iint \rho^{(2)}(R)\mathrm{d}^3R_1\mathrm{d}^3R_2 = n(n-1) \tag{2.6.2}$$

偶分布函数和偶相关函数是相通的两个概念：

$$g(R) = g_0^{(2)}(R) = \frac{\rho^{(2)}(R)}{\rho^2} = \frac{\rho(R)}{\rho^2} \tag{2.6.3}$$

由式（2.6.1）类推得：

$$\iint \cdots \int \rho^{(s)}(R)\mathrm{d}^3R_1\mathrm{d}^3R_2\cdots\mathrm{d}^3R_s = \frac{n!}{(n-s)!} \tag{2.6.4}$$

在巨正则系综内偶分布函数归一化为，

$$
\begin{aligned}
&\iint \rho(R)\mathrm{d}^3R_1\mathrm{d}^3R_2 = \rho^2\underline{V}\int g(R)\mathrm{d}^3R = \langle n^2\rangle - \langle n\rangle \\
&1 + \rho\int [g(R) - 1]\mathrm{d}^3R = 1 + \rho\int h(R)\mathrm{d}^3R = \frac{\rho}{\beta}\chi_T
\end{aligned} \tag{2.6.5}
$$

2.6.2 三体相关关系

设平均作用力所致的势为 $V(r)$，它由偶相关函数定义：

$$g(r) = \exp[-\beta V(r)] \tag{2.6.6}$$

当三原子相距分别为 r_{12} 和 r_{13} 时，作用于原子 1 上的总力是：

$$\frac{\partial V(r_{12})}{\partial \boldsymbol{r}_1} = \frac{\partial \phi(r_{12})}{\partial \boldsymbol{r}_1} + \rho\int \frac{\partial \phi(r_{13})}{\partial \boldsymbol{r}_1}\frac{g_3(\boldsymbol{r}_1,\boldsymbol{r}_2,\boldsymbol{r}_3)}{g(r_{12})}\mathrm{d}\boldsymbol{r}_3 \tag{2.6.7}$$

此力包括两部分：其一取决于原子偶 1 ~2 间偶势的偏导 $\partial\varphi(r_{12})/\partial\boldsymbol{r}_1$；其二是别的原子的作用。$g_3(\boldsymbol{r}_1,\boldsymbol{r}_2,\boldsymbol{r}_3)$——在（$\boldsymbol{r}_1,\boldsymbol{r}_2,\boldsymbol{r}_3$）处同时发现三个粒子的几率。

$$g_3(\boldsymbol{r}_1,\boldsymbol{r}_2,\boldsymbol{r}_3) = K(\boldsymbol{r}_1,\boldsymbol{r}_2,\boldsymbol{r}_3)g(\boldsymbol{r}_{12})g(\boldsymbol{r}_{23})g(\boldsymbol{r}_{13}) \tag{2.6.8}$$

$K(\boldsymbol{r}_1,\boldsymbol{r}_2,\boldsymbol{r}_3)$——Kirkwood 叠加因子。

Gaussian 核模型：

利用 Born - Green 近似：

$$\varphi(r) = \mathbb{C}\exp(-r^2) \tag{2.6.9}$$

$\mathbb{C}$ 表示一个常量。在单位体积金属中有：

$$\begin{aligned} g(r_{12}) &= \left(\frac{|\mathbb{C}|}{2\beta\pi}\right)^{\frac{2}{3}}\exp\left(-\frac{1}{2\beta}|\mathbb{C}|\rho r_{12}^2\right) \\ g_3(\boldsymbol{r}_1,\boldsymbol{r}_2,\boldsymbol{r}_3) &= \left(\frac{|\mathbb{C}|}{\sqrt{3}\beta\pi}\right)^3\exp\left[\left(-\frac{1}{3\beta}|\mathbb{C}|\rho\right)(r_{12}^2+r_{23}^2+r_{13}^2)\right] \end{aligned} \tag{2.6.10}$$

密度、压力对恒温下单位体积金属中 $g(r)$ 的影响：

$$\begin{aligned} \left[\frac{\partial\rho^2 g(r)}{\partial p}\right]_T &= \beta\left\{2\rho^2 g(r) + \rho^3\int\mathrm{d}\boldsymbol{r}_3[g_3(\boldsymbol{r}_1,\boldsymbol{r}_2,\boldsymbol{r}_3) - g(r)]\right\} \\ \left[\frac{\partial g(r)}{\partial p}\right]_T &= \beta\int\mathrm{d}\boldsymbol{r}_3[g_3(\boldsymbol{r}_1,\boldsymbol{r}_2,\boldsymbol{r}_3) - g(r)g(\boldsymbol{r}_{23}) - g(r)g(\boldsymbol{r}_{31}) - g(r)] \end{aligned} \tag{2.6.11}$$

2.6.3　四体相关关系

两个 a 原子位于 $\boldsymbol{R}_1$、$\boldsymbol{R}_2$，两个 b 原子位于 $\boldsymbol{r}_1$、$\boldsymbol{r}_2$；形成一个四原子构型。其出现的几率为：

$$\frac{\rho_4}{\rho_2} = \frac{\rho_{\mathrm{abab}}(\boldsymbol{R}_1,\boldsymbol{r}_1,\boldsymbol{R}_2,\boldsymbol{r}_2)}{\rho_{\mathrm{ab}}(\boldsymbol{R}_1,\boldsymbol{r}_1)}$$

a 原子上的平均作用势是：

$$\begin{aligned} \frac{\partial V_{\mathrm{ab}}(R_1,r_1)}{\partial \boldsymbol{R}_1} &= \frac{\partial\varphi_{\mathrm{ab}}(R_1,r_1)}{\partial\boldsymbol{R}_1} + \int\frac{\rho_4}{\rho_2}(\boldsymbol{\Phi}_{\mathrm{aa}} + \boldsymbol{\Phi}_{\mathrm{ab}})\mathrm{d}\boldsymbol{R}_2\mathrm{d}\boldsymbol{r}_2 \\ \boldsymbol{\Phi}_{\mathrm{aa}} &= \frac{\partial\varphi_{\mathrm{aa}}(R_1-R_2)}{\partial\boldsymbol{R}_1} \\ \boldsymbol{\Phi}_{\mathrm{ab}} &= \frac{\partial\varphi_{\mathrm{ab}}(R_1,r_2)}{\partial\boldsymbol{R}_1} \end{aligned} \tag{2.6.12}$$

令：

$$\rho_{\mathrm{aba}} = \rho_{\mathrm{aba}}(\boldsymbol{R}_1,\boldsymbol{r}_1,\boldsymbol{R}_2) = \int\rho_4\mathrm{d}\boldsymbol{r}_2$$

$$\rho_{\text{abb}} = \rho_{\text{aba}}(\boldsymbol{R}_1, \boldsymbol{r}_1, \boldsymbol{r}_2) = \int \rho_4 \mathrm{d}\boldsymbol{R}_2$$

又有：

$$\frac{\partial V_{\text{ab}}(R_1, r_1)}{\partial \boldsymbol{R}_1} = \frac{\partial \varphi_{\text{ab}}(R_1, r_1)}{\partial \boldsymbol{R}_1} + \int \frac{\rho_{\text{aba}}}{\rho_2} \Phi_{\text{aa}} \mathrm{d}\boldsymbol{R}_2 + \int \frac{\rho_{\text{abb}}}{\rho_2} \Phi_{\text{ab}} \mathrm{d}\boldsymbol{r}_2 \quad (2.6.13)$$

2.7 用结构因子和偶相关函数讨论金属熔体的结构特点[2~7]

一般来说，固态金属为晶体结构，熔融后该结构“非晶化”了。所以固态金属呈长程有序，而熔体的特点是短程有序，长程为无序状。什么是有序？其意在和某一粒子相距确定的空间位置上能以相当大的概率找到另一个粒子。这从图2.9 纯 Al 的结构因子和偶相关函数的变化可得到确切的印象。

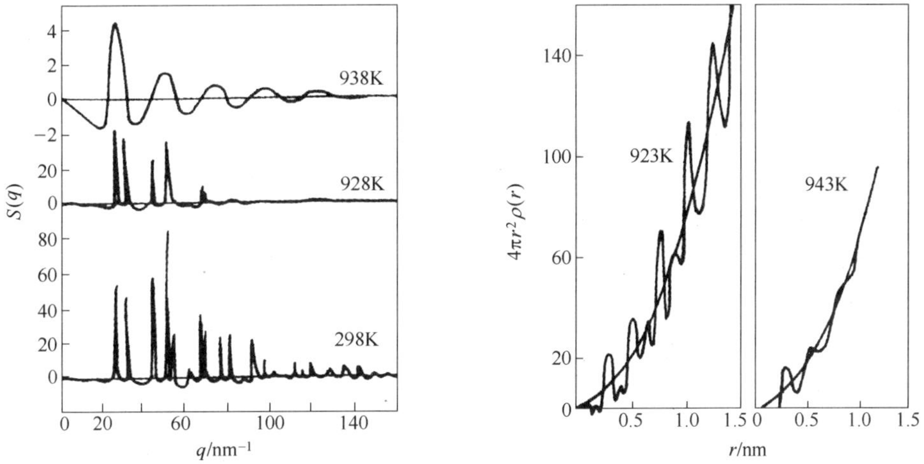

图 2.9 纯 Al 的结构因子和偶相关函数的变化

Waseda 指出，85% 的纯金属和 Al 相似，其熔态结构因子的首峰是对称的。或者说，它们呈现各向相同的结构。但还有几类纯金属具结构的方向性。熔融 Zn 结构因子的首峰是不对称的，见图 2.10。Cd、Hg 等也属此一类。

图 2.11 给出了描述 $q < q_1$ 范围内的电荷分布的离子 - 电子结构因子 $S_{\text{ie}}(q)$，q_1 表示首峰的峰位。这说明 Zn 液中最大的电荷密度不在两个 Zn^{2+} 的中点。

Ga、Si、Ge、Sb、Bi、Sn 的结构因子首峰高 q 侧有一肩突，以 Si 液为例，如图 2.12 所示。Si 的熔点是 1685K。

此肩突表征着这些金属离子在略高于熔点的条件下第一配位圈内的特点，可见几个键是不均等的，如 Si 的 4 个键可能有不同的杂化程度。在高于熔点 50 ~

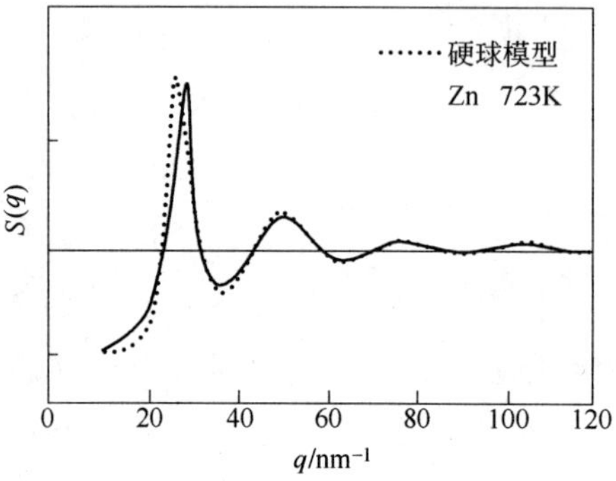

图 2.10　熔融 Zn 结构因子的首峰

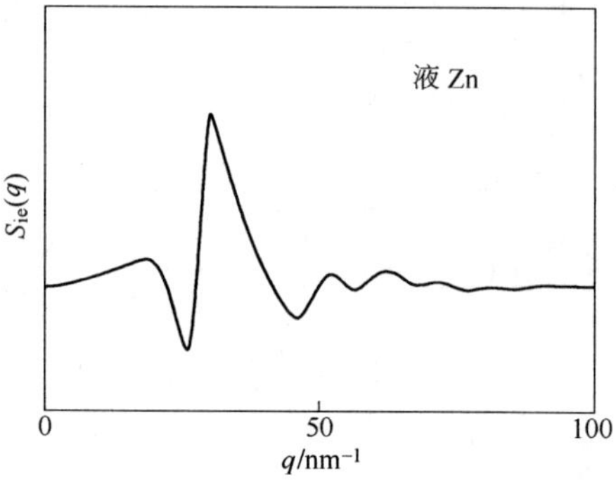

图 2.11　Zn 液中的离子－电子结构因子

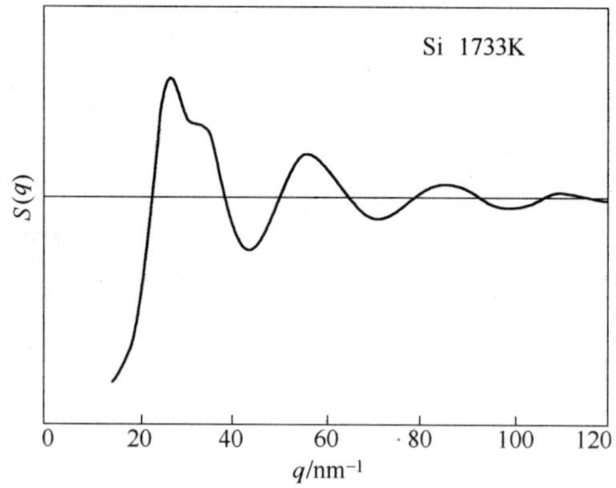

图 2.12　Si 液结构因子首峰高 q 侧的肩突

100K 的温度下，该不均匀性逐渐减弱。

为了定量地评估纯金属的短程有序程度，需要有一个近程有序参数。由固态和液态 $g(r)$ 或 RDF 曲线的比较可一目了然地看到短程有序度的差异，因为第三峰及其后的各峰一般来说只是在中线上下的小起伏，因此短程有序区的尺度不致超过第二配位圈。纯金属的短程有序度可写作：

$$\mathrm{SRO} = \frac{r_2}{r_1} + \sum_{i=1,2} \frac{\sqrt{(FWHM)_i^2}}{r_i}$$

r 和 $FWHM$——首峰、次峰的峰位及半高宽。显然，SRO 越大表征体系越是短程无序。边秀房曾建议以 $\sqrt{(FWHM)_1^2}$ 为基础，定义体系的无序度[5]。事实上，短程有序度和体系的无序度是两个不同的概念。

如上所述，Bi 和 Zn 具有特点不同的结构因子，它们组成的合金中还有一个互不溶的两液相区。以 $Bi_{15}Zn_{85}$ 合金为例，在高于该区的温度下其结构因子随温升的变化，见图 2.13。其首峰低 q 侧的变化说明，在一个温度范围内中程结构由类 Zn 改变成类 Bi。

事实上，凡属两组元的原子半径、负电性等有较大差别的合金其结构因子常常能反映不同组元的离子之间聚合的趋势。以 NaPb 合金为例，图 2.14 表明其首峰（峰位是 q_1）的低 q 侧有一小峰（峰位是 $q_{<1}$）。

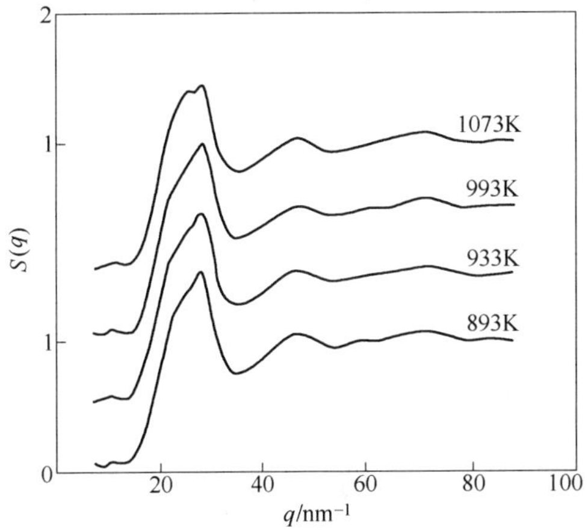

图 2.13 熔融 $Bi_{15}Zn_{85}$ 合金结构因子随温升的变化

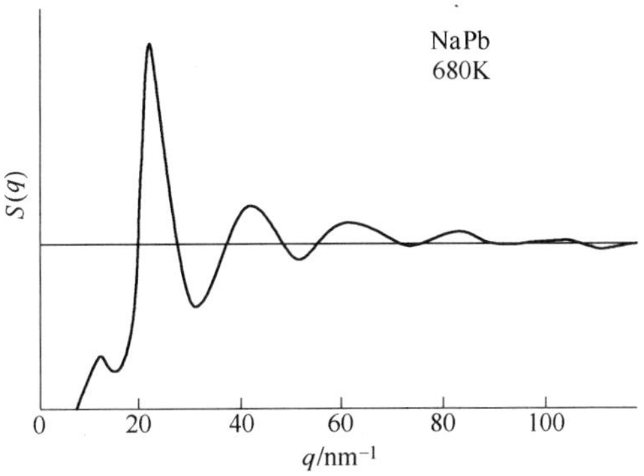

图 2.14 NaPb 合金结构因子首峰低 q 侧的小峰

此小峰正是熔体中出现了由 4 个 Na 环绕 1 个 Pb 构成的畸形四面体离子簇，因为两个峰位之比和该四面体中 Na—Pb 键长与 Na—Na 键长之比是吻合的，并且在 Na_4Pb 合金的结构因子中此小峰更强。该离子簇的数量也是 Na_4Pb 中最多，但比纯组元小一个量级。KPb、RbPb 和 CsPb 合金的结构因子也有类似的小峰。因为 K、Rb 及 Cs 与 Pb 的化学作用强于 Na—Pb，它们的小峰强度也更大。

此外，Popescu 曾报道 Au_4Ge 合金的 $S(q)$ 曲线上 $q_{<1}=14nm^{-1}$ 处有一小峰[6]。边秀房等曾指出[5]，FeAl 合金熔体中该小峰的位置 $q_{<1}=12.8\sim16.3nm^{-1}$。或者说，它们大致上在第三配位圈的跨度内。

以上位于 $q_{<1}$ 或 $r_{<1}$ 的小峰是所谓的中程结构的表征。但是不能不看到，这些小峰的强度和首峰比要小得多，说明在合金中其量有限。同时，这些中程结构是有相当程度畸变的。

合金中的短程有序度（CSRO）和 SRO 不是一个概念。CSRO 或者说合金内的中程结构最好是用 $S_{cc}(q=0)$ 判断。图 2.15 示出三种合金的 $S_{cc}(0)$。

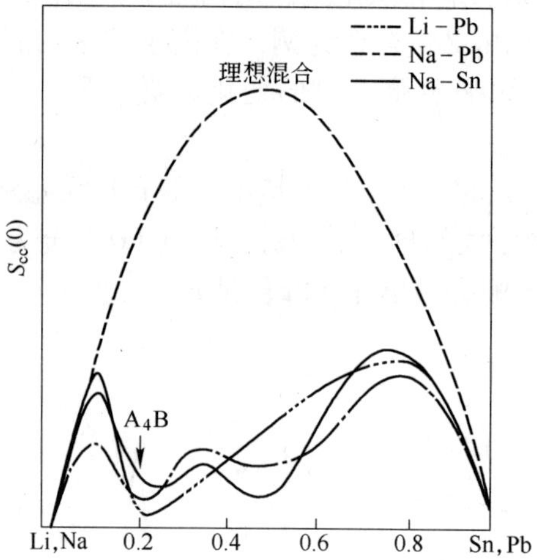

图 2.15　三种合金的 $S_{cc}(0)$

合金熔体中离子结构还可用偏结构因子来评判，以熔融 Cu_6Sn_5 为例，见图 2.16。可见，S_{CuSn}的首峰并不位于两个同组元曲线首峰的中央。这现象常相应于合金结构因子曲线首峰出于肩突。它们意味着此液相内不同原子间存在某种程度的择优定域有序化，但还不能作为形成某种离子簇乃至化合物的证据。更确切地

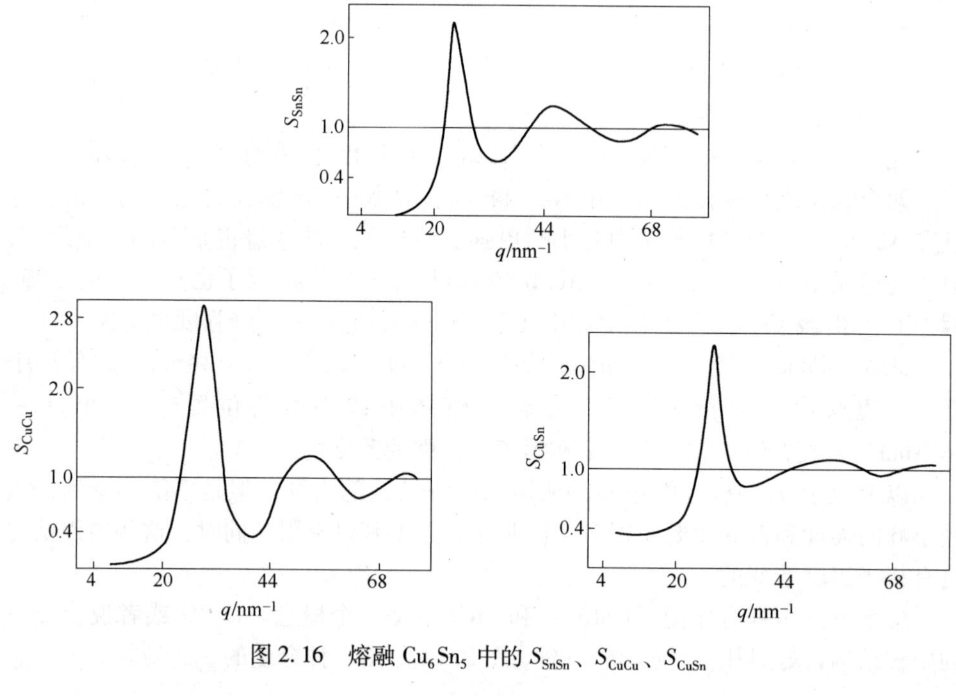

图 2.16　熔融 Cu_6Sn_5 中的 S_{SnSn}、S_{CuCu}、S_{CuSn}

说，这是该合金内电子分布特征有了某些变化的结果。

NaK 合金液的偏结构因子曲线与 Cu_6Sn_5 合金中的不同。S_{NaK}的首峰大致位于两个同组元曲线首峰的中点。所以，虽说固态下该合金中有化合物 Na_2K，但合金熔融后不再有化合物存在。

2.8 用 MD/MC 模拟研究结构因子[8~17]

用 MD/MC 模拟研究结构因子近年来已发展成为一种重要的方法。例如，1988 年 Hoshino 等就用 MD 模拟发现液态 $La_{0.61}Na_{0.39}$合金的结构特点：其 $g_{LiNa}(r)$ 小于 $g_{LiLi}(r)$ 及 $g_{NaNa}(r)$。这些偏相关因子再经 FT 就可推出 $S_{cc}(q)$ 曲线。边秀房等用类似的方法讨论了熔融 AlFe 合金。Pusztai 等指出在算出的结构因子基础上，用 R－MC 又可进一步提取结构性质。Kneller 等认为由 MD 模拟可以获取在衍射实验中得不到的信息。Kulkarni 等和 Seifert 等用 *ab*－MD 模拟分别研究了液态 GaGe 合金及 NaSn 合金，电子结构也可揭示。

多元系的结构因子用 MD/MC 模拟研究和分析更有重要意义，因为其偏结构因子迄今无法实测只能模拟得到。在式（2.5.17）的基础上，假设三元系中有如下关系：

$$\boldsymbol{S}_{(123)}(\boldsymbol{q}) = \sum_{i=1}^{3}\sum_{j=1}^{3} W_{ij}^{(123)}(\boldsymbol{q})\boldsymbol{S}_{ij}^{(123)}(\boldsymbol{q})$$

$$W_{ij}^{(123)}(\boldsymbol{q}) = \frac{c_i c_j f_i f_j}{\langle c_1 f_1 + c_2 f_2 + c_3 f_3 \rangle^2}$$

$$q = \frac{4\pi}{\lambda}\sin\theta$$

$\boldsymbol{S}_{(123)}(\boldsymbol{q})$可以实测，测试角 θ，各 f 值按 λ 或 $\boldsymbol{q}$ 查表；$\boldsymbol{S}_{ij}^{(123)}(\boldsymbol{q})$可以模拟得到。另外，还可以模拟得到 $g_3^{(123)}(\boldsymbol{r}_1,\boldsymbol{r}_2,\boldsymbol{r}_3)$，这是三个不同粒子 1、2、3 分别位于（$\boldsymbol{r}_1,\boldsymbol{r}_2,\boldsymbol{r}_3$）处的几率，或者说是综合了全部（$\boldsymbol{r}_1,\boldsymbol{r}_2,\boldsymbol{r}_3$）面的粒子分布信息。

作者报道了 Ca－Si－O、Na－Si－O、Ca－Al－Si－O 系熔态的 $g_{SiO}(r)$等 MD 模拟结果，同一方法完全适用于多元合金。Hui 等用 *ab*－MD 模拟研究了液态和玻璃态的 $Mg_{65}Cu_{25}Y_{10}$合金，给出了合金的结构因子和三个组元的偏结构因子。

参 考 文 献

［1］冯端，王业宁，丘第荣．金属物理［M］．北京：科学出版社，1964.

［2］March N H. Liquid Metals. Concepts and Theory［M］. NY：Cambridge Univ. Press，1990.

［3］Shimaji M. Liquid Metals：An Introduction to the Physics and Chemistry of Metals in the Liquid State［M］. NY：Academic Press，1977.

［4］Waseda Y. Novel Application of Anomoalous（Resonance）X－ray Scattering for Structural,

Characterization of Disordered Materials [M]. NY, Tokyo: Spring - Verlag, Berlin, Heidelberg, 1984.

[5] Waseda Y, Takeda S. Structure inhomogeneity in liquid alloys [J]. Chinese J. of Phys, 1993, 31 (2): 225 ~ 250.

[6] 边秀房, 王伟民, 李辉, 马家骥. 金属熔体结构 [M]. 上海: 上海交通大学出版社, 2003.

[7] Popescu M A. Medium range order in non - crystalline materials [J]. J. Ovonic Research, 2005, 1 (1): 7 ~ 19.

[8] Hoshino K, van Werings J J. Molecular dynamics study of the structure of a liquid LiNa alloy [J]. J. Phys. F: Met. Phys, 1988, 18: L23 ~ L26.

[9] Cong H R, Bian X F, Li H, Qin J Y. Structure of medium range order in molten AlFe alloy [J]. Trans. Nonferrous Met. Soc., China, 2002, 12 (5): 947 ~ 951.

[10] Pusztai L, Dominguez H, Pizio O A. The structure of dimerizing fluids from experimental differaction data.

[11] Kneller G R, Hinsen K, Bellissent - Funel M C, Molecular dynamics simulation and Neutron scattering from proteins, Centre de Biophysique Moleculaire (CNRS UPR 4301), Rue Charles Sadron, F - 45071 Orleans Cedex, France, Laboratoire Léon Brillouin (CEA - CNRS), CEA - Saclay, F - 91191 Gif - sur - Yvette Cedex, France.

[12] Kulkarni R V, Stroud D. *Ab* initio molecular dynamics simulation of liquid GaGe alloys [J]. Phys. Rev. B, 1998, 57 (17): 10476 ~ 10481.

[13] Seifert G, Passtore G, Car R. *Ab* initio molecular dynamics simulation of liquid NaSn alloys [J]. J. Phys. Condens. Matter., 1992, 4: L179 ~ L183.

[14] 蒋国昌, 吴永全, 尤静林, 郑少波. 冶金/陶瓷/地质熔体离子簇理论研究 [M]. 北京: 科学出版社, 2007.

[15] Jiang G C, Wu Y Q, You J L, Zheng S B. A study of ion cluster theory of molten silicates and some inorganic substance [J]. Materials Sci. Foundations, Trans. Tech. Publications, 2009.

[16] Hui X, Gao R, Chen G L, Shang S L, Wang Y, Liu Z K. Short to medium order in $Mg_{65}Cu_{25}Y_{10}$ metallic glass [J]. Phys. Lett. A., 2008, 372: 3078 ~ 3084.

[17] Gao R, Hui X, Fang H Z, Liu X J, Chen G L, Liu Z K. Structural characterization of $Mg_{65}Cu_{25}Y_{10}$ metallic glass from *ab* - initio molecular dynamics [J]. Computational Materials Sci., 2008, 44: 802 ~ 806.

3 金属熔体中的动态结构因子

金属熔体是流体的一种，所以金属熔体内的流动可用通常的流体力学描述。另外，所有的流动现象都是一个系综里粒子非局域行为的平均，属于非平衡统计物理的领域。这就是说，流动问题的研究必须从宏观延伸到微观，或者反过来从微观扩展到宏观。通过微观和宏观的沟通，人们才能看清金属熔体内的动力学不同于其他流体的原因。

研究微观层次时粒子被置于相空间内，其坐标是位置 $\boldsymbol{r}_i(t)$ 和波矢 $\boldsymbol{q}_i(t)$。粒子相空间内的运动包含两方面：其一是单粒子自由行动的规律，其二是粒子群体集约行动的规律。从微观到宏观的规律都可用相关函数分析，并概括为动态结构因子 $S(\boldsymbol{r},t)$ 的变化。$S(\boldsymbol{r},t)$ 经 FT 而成 $S(\boldsymbol{q},\omega)$，它反映了热中子衍射试验中动量 $\hbar q$ 和能量 $\hbar\omega$ 由一个中子传给金属液的几率。

冶金传输现象的研究中传输系数的确认是一个基本要素，问题在于仅仅了解它们的平均数是远远不够的。必须意识到不同的动量和频率条件下任一个传输系数都会有不同的数值。不论从哪个方向沟通微观和宏观，都能推出因动量和频率而变的传输系数。

3.1 空间、时间的几个尺度[1~5]

每一个动态结构因子 $S(\boldsymbol{q},\omega)$ 都定义在某一（$\boldsymbol{q},\omega$）尺度内。研究液态的基本思路之一是将其近似于气态，因此就有粒子自由程及碰撞频率的概念。按粒子自由程及碰撞频率，（$\boldsymbol{q},\omega$）可分为 4 ~ 5 个尺度。在不同的尺度下有不同的规范，见表 3.1。

表 3.1 波矢、频率的几个尺度

体　系	尺　度	特　　点
宏观流体力学	$qr_{\text{ion}} \ll 1$，$\omega\tau_c \ll 1$ $\lambda \gg l_{\text{free}}$	大空间 - 长时间内粒子的集约运动； 流体处于局域热力学平衡
扩展的流体力学	$qr_{\text{ion}} < 1$，$\omega\tau_c < 1$ $\lambda > l_{\text{free}}$	逐渐偏离流体力学规范，进入非平衡态统计规律的范畴； 传输参数受结构起伏 - 弛豫的影响而变，在不同的局域或瞬间取不同的值； 用扩展的 Langevin 方程描述

续表 3.1

体　系	尺　度	特　点
介观流体力学 分子动力学	$qr_{ion}\approx 1$，$\omega\tau_c\approx 1$ $\lambda\approx l_{free}$	用微（介）观尺度内的特点讨论宏观性能的行为； 热力学参数和传输性能被相互作用势（或它及粒子密度）的函数取代
自由粒子运动	$\lambda\ll l_{free}$	粒子间无相互作用

3.2　相关函数[1~5]

在不同的尺度下流体都有其独特的一套性质，但可用相关函数连续地讨论整个尺度范围内的动力学行为。相关函数的色散是个概括性的理念。图 3.1 是归一化纵向粒子流相关函数的能谱。

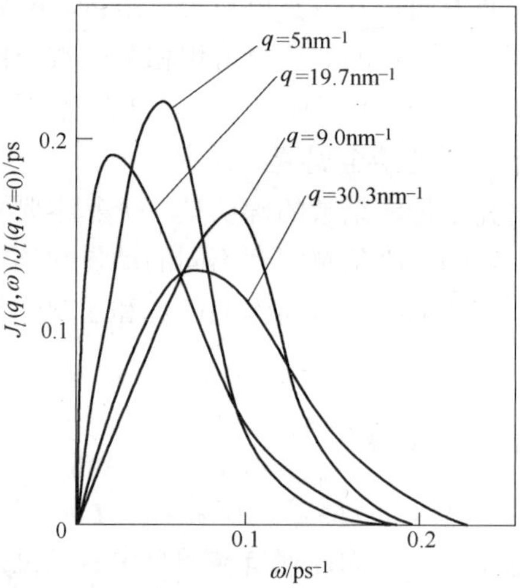

图 3.1　归一化纵向粒子流相关函数的能谱

相应于每个 q 值的曲线都有一顶点 $\omega_{max}(q)$，图 3.2 所示 $\omega_{max}(q)\sim q$ 即相关函数的色散关系。

在低 q 区 $\omega_{max}(q)$ 的变化是线性的，其斜率取决于绝热声速，这线性区就是宏观流体力学区。波矢值较大的区域内，$\omega_{max}(q)$ 的振荡表明分子动力学开始起作用，而后一直延伸到粒子集约效应消失或粒子间无作用的大 q 值区域。事实上，$q\to 0$，意味着观察越来越大的区域内的起伏现象；q 越大，表示在越来越小的区域内观察起伏现象。

图 3.3 说明了相关函数在动态结构因子研究中的重要地位。

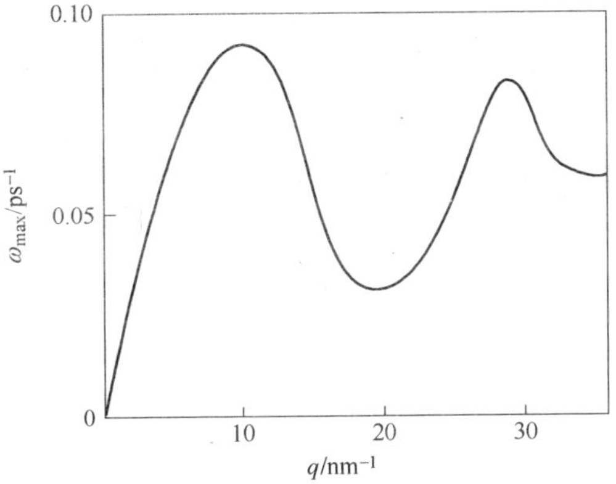

图 3.2 相关函数的色散关系

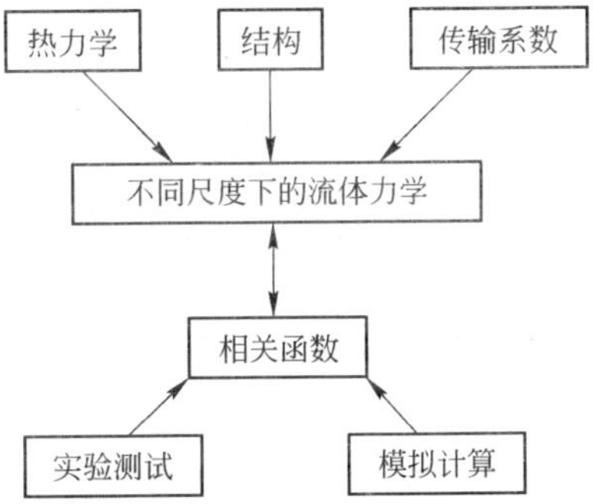

图 3.3 相关函数在动态结构因子研究中的重要地位

3.2.1 概述

通常，一个处于平衡态的系综内，任一局域动力学性质 A 都有不定程度的涨落起伏，就如噪声谱那样。经过一个相当长的时间 t^*，可求其均值：

$$\langle A\rangle = \lim_{t^*\to\infty}\frac{1}{t^*}\int_0^{t^*}A(t)\,\mathrm{d}t \tag{3.2.1}$$

所谓自相关函数指的是局域性质 A 在两个不同瞬间的相似性或相关程度，其值是它们之积的历经各态积分。

$$\langle A(0)A(\tau)\rangle = \lim_{t^*\to\infty}\frac{1}{t^*}\int_0^{t^*}A(t)A(t+\tau)\,\mathrm{d}t \tag{3.2.2}$$

τ越小则 $A(\tau)\approx A(0)$，说明相关越强；τ接近波动周期时若 $A(\tau)$和 $A(0)$ 相差越大，表示相关越弱。$\langle A(0)A(t)\rangle$的归一化实际上就是图 3.4 中将 $A(t)$投影于 $A(0)$所得的 $0B$ 线段。

以 $\hat{P}X$ 表示将变量 X 投影于 A 的投影算符，该 $0B$ 线段即是 $\hat{P}X$。就$\langle A(0)A(t)\rangle$的归一化而言：

$$\hat{P}A = \frac{\langle \bar{A}(0)A(t)\rangle}{\langle |A(0)|^2\rangle} \tag{3.2.3}$$

A 有某种程度的涨落起伏，某些时刻 $A(t)>0$，另一些时刻 $A(t)<0$，所以$\langle A(0)A(t)\rangle$是递减函数，如图 3.5 所示。

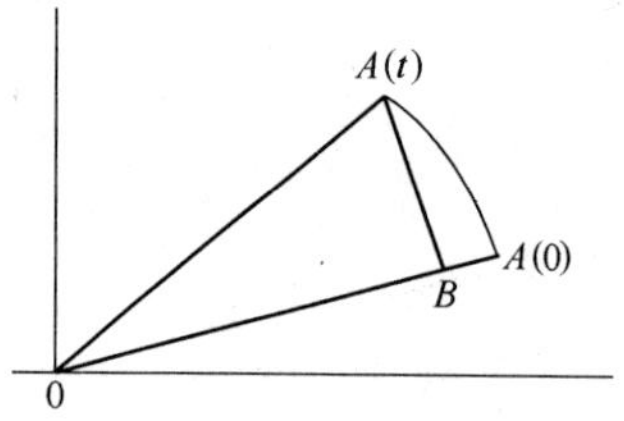

图 3.4　$\langle A(0)A(t)\rangle$的归一化

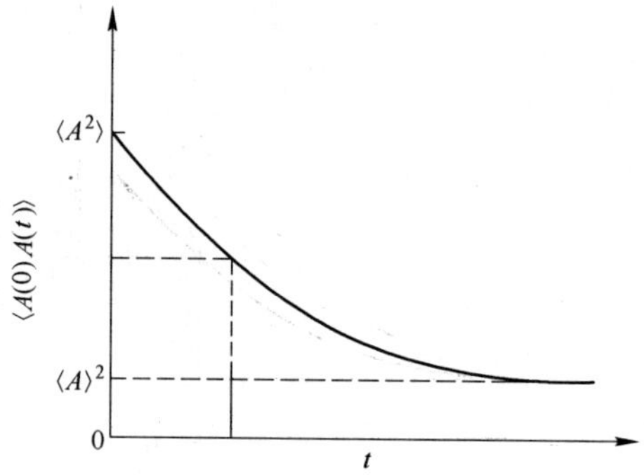

图 3.5　$\langle A(0)A(t)\rangle$的递减性质

$$\begin{aligned}\langle A(0)A(0)\rangle &= \langle A^2\rangle \\ \lim_{\tau\to\infty}\langle A(0)A(t)\rangle &= \langle A(0)\rangle\langle A(t)\rangle = \langle A\rangle^2\end{aligned} \tag{3.2.4}$$

$$\langle A(0)A(t)\rangle = \langle A\rangle^2 - (\langle A^2\rangle - \langle A\rangle^2)\exp\left(-\frac{t}{\tau}\right) \tag{3.2.5}$$

按一个系综平均的自相关函数可用算符 $Tr[\cdots]$表示为：

$$\begin{aligned}\langle A(0)A(t)\rangle &= Tr\left[\boldsymbol{\rho}_0 A\cdot\left(\exp\left(\frac{\mathrm{i}\hat{H}t}{h}\right)A\exp\left(-\frac{\mathrm{i}\hat{H}t}{h}\right)\right)\right] \\ &= Tr[\boldsymbol{\rho}_0 A(0)A(t)]\end{aligned} \tag{3.2.6}$$

$\boldsymbol{\rho}_0$——平衡态下的数密度矩阵。

一个性质的涨落起伏指瞬间值与均值之差，记为 $\tilde{d}A(t)=A(t)-\langle A\rangle$。性质有其自相关函数，它的涨落起伏也有自相关函数：

$$\tilde{d}A = \int_0^\infty \frac{\langle \tilde{d}A(0)\,\tilde{d}A(t)\rangle}{\langle \tilde{d}A^2\rangle}\mathrm{d}t \tag{3.2.7}$$

两个动力学性质间的相关函数$\langle A(r,t)B(r',t')\rangle$称作 van Hove 相关函数，它指的是其乘积的热力学平均，表明在给定时间内它们的相关程度。这是讨论多体系统动力学行为的理论方法，并且可以实测。

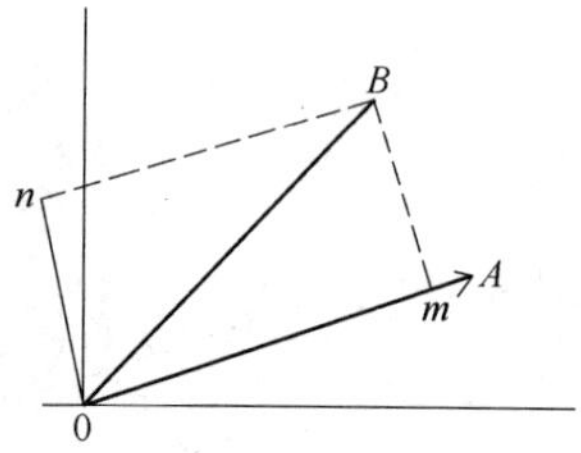

图 3.6　投影算符 $\hat{P}B$ 及 $\hat{Q}B$

投影算符 $\hat{P}B$ 及 $\hat{Q}B$ 分别由图 3.6 的 $0m$、$0n$ 两线段示出：

$$\hat{P}B \equiv \frac{\langle B,\bar{A}\rangle}{\langle A,\bar{A}\rangle}A$$

$$\hat{Q}B = (1-\hat{P})B$$

$\hat{P}B$ 说明变量 B 中所含和 A 一致的共性。$\langle A(r,t)B(r',t')\rangle=0$，表明两者不相

关。相关函数$\langle A(t+t')B(t')\rangle$中的$t'$只是另一时间并非求导符号，所以$\langle A(t+t')B(t')\rangle$只与$t$有关而和$t'$无关。

$$\frac{\mathrm{d}}{\mathrm{d}t'}\langle A(t+t')B(t')\rangle = \left\langle \frac{\mathrm{d}}{\mathrm{d}t'}A(t+t')B(t')\right\rangle + \left\langle A(t+t')\frac{\mathrm{d}}{\mathrm{d}t'}B(t')\right\rangle = 0 \quad (3.2.8)$$

取$t'=0$，又令$B\equiv B(0)$，则相关函数的导数有如下性质：

$$\left\langle \frac{\mathrm{d}}{\mathrm{d}t}A(t)B\right\rangle = -\left\langle A(t)\frac{\mathrm{d}}{\mathrm{d}t}B\right\rangle \quad (3.2.9a)$$

$$\left\langle \frac{\mathrm{d}}{\mathrm{d}t}A(0)A(t)\right\rangle = 0 \quad (3.2.9b)$$

$$\left\langle \frac{\mathrm{d}^2}{\mathrm{d}t^2}A(t)B\right\rangle = -\left\langle \frac{\mathrm{d}}{\mathrm{d}t}A(t)\frac{\mathrm{d}}{\mathrm{d}t}B\right\rangle \quad (3.2.9c)$$

相关函数也可作 FT，$\langle \tilde{d}A(\boldsymbol{r}',t')\tilde{d}B(\boldsymbol{r},t)\rangle$表示动力学性质$A$、$B$的起伏所组成的相关函数，经 FT 后可用其共轭表示：

$$\langle \tilde{d}A(\boldsymbol{q}',t')\tilde{d}B(\boldsymbol{q},t)\rangle = \langle \tilde{d}\bar{A}(\boldsymbol{q}',-t')\tilde{d}\bar{B}(\boldsymbol{q},-t)\rangle \quad (3.2.10)$$

经双 FT 变为：

$$\begin{aligned}\langle \tilde{d}A(\boldsymbol{q}',\omega')\tilde{d}B(\boldsymbol{q},\omega)\rangle &= \int \mathrm{d}^3\boldsymbol{r}\int_{-\infty}^{\infty}\langle \tilde{d}A(\boldsymbol{r}',t')\tilde{d}B(\boldsymbol{r},t)\rangle \exp[\mathrm{i}(\boldsymbol{q}\cdot\boldsymbol{r})-\omega t] \\ &= \langle \tilde{d}B(-\boldsymbol{q}',-\omega')\tilde{d}A(-\boldsymbol{q},-\omega)\rangle\end{aligned} \quad (3.2.11)$$

3.2.2 密度自相关函数

正则系综内的数密度自相关函数可表示为：

$$G(r,t) = \langle \rho(r_0,t_0)\rho(r,t)\rangle \quad (3.2.12a)$$

$\langle A(t)A\rangle$是局域性质，而$\langle A(r_0,t_0)A(r,t)\rangle$是一种非局域的性质，$r$可视作$r_0$的最近邻。设$t_0=0$时，粒子$i$位于$r_0$，而$j$粒子位于$r=r_0+\mathrm{d}r$处，$\langle\rho(r_0,t_0)\rho(r,t)\rangle$表示在$t$时刻粒子$i$取代$j$粒子而占有位置$r$的概率。就单粒子而言，在$t$时刻粒子$i$由$r_0$位移至$r_0+r$的几率用$G_\mathrm{s}(r,t)=\langle\rho_\mathrm{s}(0,0)\rho_\mathrm{s}(r,t)\rangle$表示。其中：

$$\begin{aligned}\rho_\mathrm{s}(r,t) &= \delta[\boldsymbol{r}_i-\boldsymbol{r}_i(t)] \\ \rho(r,t) &= \int_{i\subset j}\delta[\boldsymbol{r}_i-\boldsymbol{r}_j(t)]\end{aligned} \quad (3.2.12b)$$

经 FT，数密度自相关函数$G(r,t)$和$G_\mathrm{s}(r,t)$变为散射函数：

$$\begin{aligned}S(\boldsymbol{q},t) &= \langle\bar{\rho}(\boldsymbol{q},0)\rho(\boldsymbol{q},t)\rangle \equiv \langle\rho(\boldsymbol{q},0)\rho(-\boldsymbol{q},t)\rangle \\ S_\mathrm{s}(\boldsymbol{q},t) &= \langle \exp\mathrm{i}\boldsymbol{q}\cdot[\boldsymbol{r}_i(t)-\boldsymbol{r}_i(0)]\rangle\end{aligned} \quad (3.2.13)$$

讨论静态结构因子时已说明它是静态下粒子数密度的反映，所以动态结构因子就是$S(t)$和$S_\mathrm{s}(t)$的函数。由下式可见：差一个因子$\left(\frac{1}{\sqrt{2\pi}}\right)$两者就成 FT。

$$S(\boldsymbol{q},\omega) = \int_{-\infty}^{\infty} S(\boldsymbol{q},t)\exp(\mathrm{i}\omega t)\,\mathrm{d}t$$
$$S_{\mathrm{s}}(\boldsymbol{q},\omega) = \int_{-\infty}^{\infty} S_{\mathrm{s}}(\boldsymbol{q},t)\ \exp(\mathrm{i}\omega t)\,\mathrm{d}t \tag{3.2.14a}$$

$G_{\mathrm{s}}(t)$和$S_{\mathrm{s}}(\boldsymbol{q},\omega)$都对应于单粒子，而$G(t)$和$S(\boldsymbol{q},\omega)$都对应于粒子的集约运动。当$t\to 0$时$G(q,t)\to G(q,0)$，因而$S(\boldsymbol{q},\omega)$和$S_{\mathrm{s}}(\boldsymbol{q},\omega)$都退化为静态结构因子：

$$S(\boldsymbol{q}) = G(\boldsymbol{q},0) = \int_{-\infty}^{\infty} S(\boldsymbol{q},\omega)\,\mathrm{d}\omega$$
$$S_{\mathrm{s}}(\boldsymbol{q}) = 1 \tag{3.2.14b}$$

Crevecæur 等发现图 3.7 所示 $q > 4\mathrm{nm}^{-1}$ 条件下的 $S(\boldsymbol{q},\omega)$ 可用阻尼谐振子（DHO）模型描述[6]。该模型源于把熔态看作准晶态的思路，认为粒子被束缚于一个阻尼中的谐振子内。

3.2.3　速度自相关函数

在某确定的时间τ内粒子位移的均方值取决于粒子的$\langle \boldsymbol{v}(q,0)\cdot\boldsymbol{v}(q,t)\rangle$：

$$\langle r^2\rangle = 2t\int_0^t \langle \boldsymbol{v}(q,0)\cdot\boldsymbol{v}(q,t)\rangle\left(1-\frac{\tau}{t}\right)\mathrm{d}\tau \tag{3.2.15}$$

$\boldsymbol{v}^*(q,t)=\langle \boldsymbol{v}(q,0)\cdot\boldsymbol{v}(q,t)\rangle$就是速度自相关函数。

$$\langle \boldsymbol{v}(q,0)\cdot\boldsymbol{v}(q,0)\rangle = \frac{1}{\beta m}$$
$$\langle \boldsymbol{v}(q,0)\,\boldsymbol{v}'(q,t)\rangle = 0 \tag{3.2.16}$$

速度自相关函数的均值和归一化值是：

$$\sqrt{\langle \boldsymbol{v}^*\rangle^2} = \frac{\langle \boldsymbol{p}(q,t)\cdot\boldsymbol{p}(q,0)\rangle}{\langle \boldsymbol{p}(q,0)\rangle^2} \tag{3.2.17a}$$

$$\widehat{\boldsymbol{v}}^*(q,t) = \frac{\langle v_i(q,0)v_i(q,t)\rangle}{\langle v_i(q,0)v_i(q,0)\rangle} \tag{3.2.17b}$$

归一化的速度自相关函数$\widehat{\boldsymbol{v}}^*(q,t)$经 FT 转成其谱函数：

$$\begin{aligned}\widehat{\boldsymbol{v}}^*(q,\omega) &= \int_{-\infty}^{\infty} \widehat{\boldsymbol{v}}^*(q,t)\exp(\mathrm{i}\omega t)\,\mathrm{d}t \\ &= \lim_{q\to 0}\left(\frac{\omega}{q}\sqrt{\beta m}\right)^2 S_{\mathrm{s}}(q,\omega)\end{aligned} \tag{3.2.18}$$

若干归一化温度$\widehat{T}$和密度$\widehat{\rho}$下 L－J 势液体中的$\widehat{\boldsymbol{v}}^*(q,\ t)$见图 3.8。

3.2.4　粒子流自相关函数

粒子流定义为：

$$j(\boldsymbol{q},t) = \sum_i \exp[\mathrm{i}\boldsymbol{q}\cdot\boldsymbol{r}_i(t)]v_i(t) \tag{3.2.19}$$

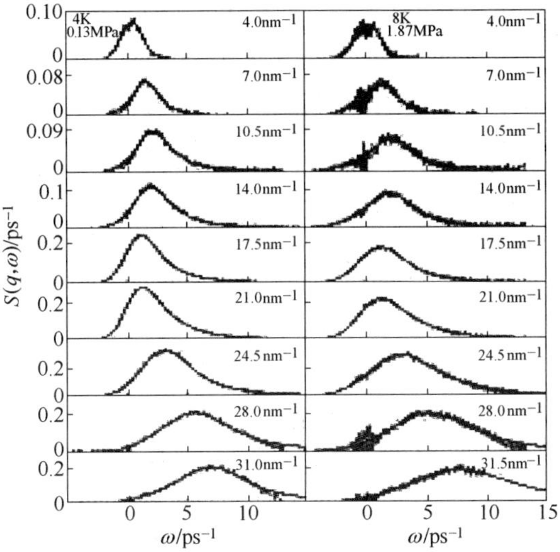

(a)

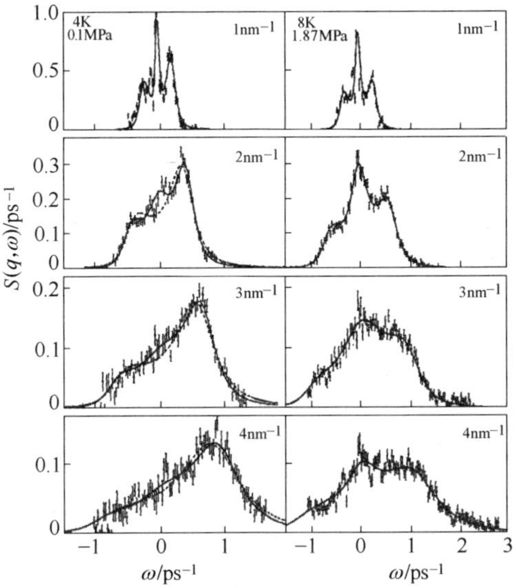

(b)

图 3.7 用 INS 实测的液 He 的 $S(\boldsymbol{q},\omega)$

在空间坐标面 xy 上粒子流自相关函数定义为沿两个轴(x,y)的粒子流之积：

$$J_{xy}(|r-r'|,t) = \langle j_x(r',0)j_y(r,t)\rangle \tag{3.2.20a}$$

经 FT，$J(r,t) \to J(q,t)$，即：

$$J_{xy}(\boldsymbol{q},t) = \frac{q_x q_y}{q^2} J_l(\boldsymbol{q},t) + \left(\delta_{xy} - \frac{q_x q_y}{q^2}\right) J_t(\boldsymbol{q},t) \tag{3.2.20b}$$

$J_l(\boldsymbol{q},t)$——纵向（$\parallel \boldsymbol{q}$）粒子流自相关函数，$J_t(\boldsymbol{q},t)$——横向（$\perp \boldsymbol{q}$）粒子流自相关函数。76K 液 Ar 中，相应于不同 q 和 ω 的纵向粒子流自相关函数如图 3.9 所示。

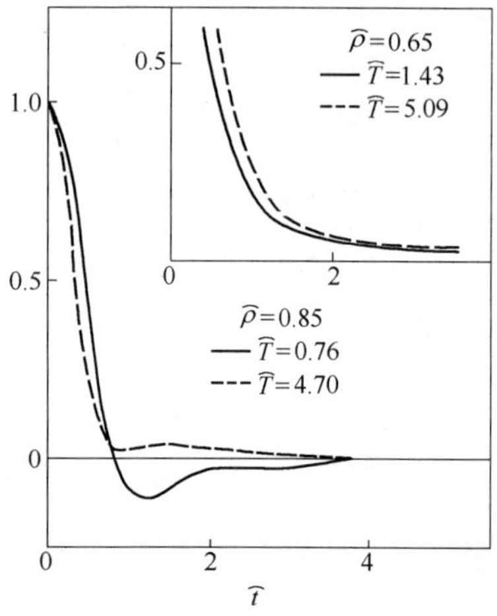

图 3.8　L－J 势液体中的 $\hat{\boldsymbol{v}}^*(q,\ t)$

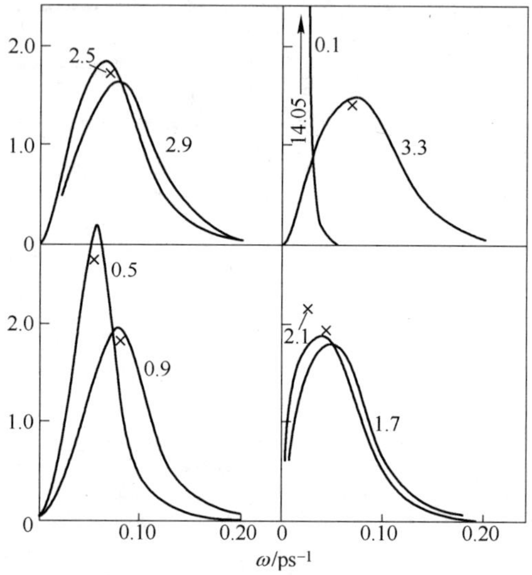

图 3.9　纵向粒子流自相关函数

在体系中粒子数不变的条件下，FT 后的纵向和横向粒子流自相关函数是：

$$J_l(\boldsymbol{q},\omega) = \frac{\omega^2}{q^2} S(\boldsymbol{q},\omega) \tag{3.2.21a}$$

$$J_t(\boldsymbol{q},\omega) = \frac{2}{\beta m} \frac{q^2 m_t^{\mathrm{Re}}(q,t)}{[\omega + q^2 m_t^{\mathrm{Im}}(q,t)]^2 + [q^2 m_t^{\mathrm{Re}}(q,t)]^2} \tag{3.2.21b}$$

3.2.5　频率因子加合规则

将散射函数按 Taylor 级数展开成加合规则：

$$S(q,t) = \omega^0(q) - \frac{t^2}{2!}\omega^2(q) + \frac{t^4}{4!}\omega^4(q) - \cdots \tag{3.2.22a}$$

上式中除 ω 外只有偶次项：

$$\frac{\mathrm{d}^n}{\mathrm{d}t^n} S(q,t)\Big|_{t=0} = \mathrm{i}^{2n} \int_{-\infty}^{\infty} \omega^n S(q,\omega)\,\mathrm{d}\omega = \mathrm{i}^{2n} \langle \omega^n \rangle \tag{3.2.22b}$$

此加合规则的前提是粒子间有连续的相互作用势（如 L－J 势），并且仅在 t

值不大的条件下有效，即它针对的是相关函数的短时行为。由 $S_s(q,t)$ 展开而得的是 ω_s^n，由 $J_l(\boldsymbol{q},t)$ 和 $J_t(\boldsymbol{q},t)$ 所得的是 ω_l^n 及 ω_t^n。

和式（3.2.22a）相似，将速度自相关函数展开所得的是 ω_v^n，它表示平衡体系中某粒子的碰撞频率，常被称为 Einstein 频率，并记作 Ω_0。若 $\boldsymbol{F}(r,t)$ 是作用于该粒子上的总力：

$$\Omega_0^2 = \frac{\beta m}{3}\langle v'(r,t)v'(r',t)\rangle = \frac{\beta}{3m}\langle |\boldsymbol{F}(r,t)|^2\rangle = \frac{\rho}{3m}\int \nabla^2\varphi(r)g(r)\mathrm{d}r \quad (3.2.22\mathrm{c})$$

从 Boon/Yip 和 Hansen/McDonald 的书中可找到 $n\leqslant 8\sim 6$ 的频率因子解析式。例如：

$$\begin{aligned}
\omega^0(q) &= S(q)\\
\omega_s^0(q) &= \omega_v^0(q) = 1\\
\omega_l^0(q) &= \omega_t^0(q) = \frac{1}{\beta m}\\
\omega^2(q) &= \omega_s^2(q) = \omega_0^2(q) = \frac{q^2}{\beta m}\\
\omega_l^2(q) &= 3\omega_0^2(q) + \frac{\rho}{m}\int g(r)(1-\cos qz_*)\frac{\partial^2\varphi(r_{ij})}{\partial z_*^2}\mathrm{d}\boldsymbol{r}\\
\omega_t^2(q) &= \omega_0^2(q) + \frac{\rho}{m}\int g(r)(1-\cos qz_*)\frac{\partial^2\varphi(r_{ij})}{\partial z_*^2}\mathrm{d}\boldsymbol{r}\\
\omega^4(q) &= \omega_0^2(q)\omega_l^2(q)\\
\omega_s^4(q) &= 3[\omega_s^2(q)]^2
\end{aligned} \quad (3.2.23)$$

z_*——粒子位移。式（3.2.23）中的 $\omega_0^2(q)$ 是一个重要参数。和 $\omega_l^2(q)$ 及 $\omega_t^2(q)$ 不同，它与粒子间偶势无关。Hansen/McDonald 用它表示 $J_l(\boldsymbol{q},0)$ 和 $J_t(\boldsymbol{q},0)$。

$$\omega_0^2(q) = J_l(\boldsymbol{q},0) = J_t(\boldsymbol{q},0)$$

两次方频率因子常用来和实验测定对照。高次方频率因子与粒子间相互作用的细节（如三粒子间的分布函数）有密切关系，在确定离子间有效偶势时应利用高次频率因子的知识。

3.2.6 Green – Kubo 关系

事实上，所有传输系数都可以表示为某种相关函数的积分。这些积分就是 Green – Kubo 关系。在微扰 – 线性响应条件下，由属于流体力学规范的连续性方程和守恒方程等可以导出 Green – Kubo 关系。但是，Green – Kubo 关系是普适的，并不仅仅只反映长时 – 长距离的行为。

Boon/Yip 和 Hansen/McDonald 的书中都介绍了一些 Green – Kubo 关系的推

导，以下是推导结果的若干例子。如剪切黏度 η_s 是 xz 平面（$z \parallel \boldsymbol{q}$）上应力张量自相关函数 $S_{xz}^{tr}(t)$ 的积分：

$$\eta_s = \frac{\beta}{v}\int_0^\infty \langle S_{xz}^{tr}(t) S_{xz}^{tr} \rangle \mathrm{d}t \tag{3.2.24}$$

自扩散系数 D_s 可表示为速度自相关函数的积分或纵向粒子流 $J_l(q,\omega)$ 的极值：

$$\begin{aligned} D_s &= \frac{1}{\beta m}\int_0^\infty \frac{\langle \boldsymbol{v}(0)\,\boldsymbol{v}(t) \rangle}{\langle \boldsymbol{v}^2 \rangle}\mathrm{d}t \\ &= \frac{1}{2}\lim_{q\to 0}\lim_{\omega\to 0} J_l(q,\omega) \end{aligned} \tag{3.2.25}$$

导热系数 Λ 是沿 z 轴（$\parallel \boldsymbol{q}$）的热流密度 j_z^h 自相关函数的积分：

$$\Lambda = \frac{1}{\beta TV}\int_0^\infty \langle j_z^h(t) j_z^h(0) \rangle \mathrm{d}t \tag{3.2.26}$$

电导率是电荷流（沿 x 轴）密度 j_x^e 自相关函数的积分：

$$\sigma_e(\omega) = \frac{\beta e^2}{V}\int_0^\infty \langle j_x^e(t) j_x^e(0) \rangle \exp(\mathrm{i}\omega t)\mathrm{d}t \tag{3.2.27}$$

Green - Kubo 关系说明，根据无微扰时动力学性质的起伏可以计算各种宏观传输系数，并且了解它们之间不是独立的而是有某种约束。

3.3 起伏 - 耗散理论[1~5,7~13]

依靠起伏 - 耗散理论来分析外场作用下的冶金和金属材料制备过程是有效的手段。起伏可以是平衡体系内自发的，也可以是外力或外场引起的扰动。扰动可强可弱，若扰动不破坏平衡则它属于微扰。在扰动可破坏平衡以及过程为不可逆的情况下，起伏 - 耗散的分析也要以微扰理论为基础。上述的相关函数就是常用来描述起伏 - 耗散现象的工具。相关函数的短期行为和长期行为有区别，而且某些情况下中途的衰减可能比长时间后的弛豫更慢。这正是起伏 - 耗散理论中的重要课题。

3.3.1 耗散系数

平衡态（$t\to\infty$）下熔体内一些悬浮的粒子常处于随机运动中，这就是所谓的 Brown 运动，它可用 Langevin 方程描述：

$$A'(t) = -\xi A(t) + F_{ran}(t) \tag{3.3.1a}$$

$F_{ran}(t)$——某一导致起伏的随机力。某动力学性质 $A(t)$ 的耗散和熔体的弛豫是同义词。经 FT 可得上述关系的能谱或功率谱：

$$A(\omega) = \frac{F_{\text{ran}}(\omega)}{\text{i}\omega + \xi} \tag{3.3.1b}$$

$$F_{\text{ran}}(\omega) = \frac{1}{2\pi}\int_{-\infty}^{\infty}\langle F_{\text{ran}}(0)F_{\text{ran}}(t)\rangle\exp(\text{i}\omega t)\,\text{d}t = F_{\text{ran}}(0) \tag{3.3.1c}$$

$F_{\text{ran}}(0)$为一常数，因而随机力的能谱称作白谱。另一常见的术语是活性(mobility)：

$$m_* = \beta^{-1}\int_0^{\infty}\langle A(0)A(t)\rangle\,\text{d}t \tag{3.3.2}$$

起伏－耗散理论可用几种不同的方式表示：

$$\langle |F_{\text{ran}}(\omega)|^2\rangle = 2\xi\langle |A|^2\rangle \tag{3.3.3a}$$

$$\langle |A|^2\rangle\xi = \int_0^{\infty}\langle F_{\text{ran}}(0)F_{\text{ran}}(t)\rangle\,\text{d}t \tag{3.3.3b}$$

$$\frac{\langle |A|^2\rangle}{\xi} = \int_0^{\infty}\langle A(0)A(t)\rangle\,\text{d}t \tag{3.3.3c}$$

$$\langle |A|^2\rangle = \frac{1}{2\pi}\int_{-\infty}^{\infty}\langle |A(\omega)|^2\rangle\,\text{d}\omega = \frac{1}{2\pi}\int_{-\infty}^{\infty}\frac{\langle |F_{\text{ran}}(\omega)|^2\rangle}{\omega^2 + \xi^2}\,\text{d}\omega \tag{3.3.3d}$$

若$A(t)$表示动量，则$\xi = \frac{\xi_{\text{f}}}{m}$。$\xi_{\text{f}}$——摩擦系数。

上述的耗散系数公式基于 Markov 近似，即：假设作用于粒子上的瞬时随机力只和该时刻的$A(t)$值成正比，所以它仅描述了相关函数的长时行为。相关函数在不同时刻的行为要用广义 Langevin 方程讨论。当粒子的尺度和其周围粒子相近时，该粒子的行为也要用广义 Langevin 方程讨论：

$$\frac{\text{d}}{\text{d}t}A(t) = \frac{\text{d}^2}{\text{d}t^2}A(0)A(t) - \int_0^{t}\xi(t')A(t-t')\,\text{d}t' + F_{\text{ran}}(t) \tag{3.3.4}$$

由此，广义耗散系数可写成频率的函数：

$$\langle |A(0)|^2\rangle\xi(\omega) = \int_0^{\infty}\langle \overline{F}_{\text{ran}}(0)F_{\text{ran}}(t)\rangle\exp(-\text{i}\omega t)\,\text{d}t \tag{3.3.5a}$$

$$\xi(\omega) = \int_0^{\infty}\xi(t)\exp(-\text{i}\omega t)\,\text{d}t \tag{3.3.5b}$$

$$m_*(\omega) = \frac{1}{\text{i}\omega + \xi(\omega)} \tag{3.3.5c}$$

3.3.2 记忆函数

事实上，一个粒子先前的运动历史对现时的行为仍然持有某种影响。记忆函数$m(t)$就用来描述相关函数在一个时间间隔内的变化经历对现时衰减的作用。

另一方面，引入记忆函数的同时，狭义 Langevin 方程中的传输系数变为 $\boldsymbol{q}$，ω 的函数，从而该方程被扩展。由广义 Langevin 方程推出：

$$\frac{\mathrm{d}}{\mathrm{d}t}A(t) = \frac{\mathrm{d}^2}{\mathrm{d}t^2}A(0)A(t) - \int_0^t m(t-t')A(t')\mathrm{d}t' + F_{\mathrm{ran}}(t) \tag{3.3.6}$$

$$\widehat{m}(t) \equiv \frac{\langle \overline{F}_{\mathrm{ran}}(t)F_{\mathrm{ran}}(0)\rangle}{\langle \overline{A}A\rangle} \tag{3.3.7}$$

矢量 $F_{\mathrm{ran}}(t)$ 和矢量 A 垂直，记忆函数是“归一化”的随机力自相关函数，或者说记忆函数是随机力的线性阻尼。若 $A(t)=\langle v(t)v(0)\rangle$，则 $\widehat{m}(t)=\xi_{\mathrm{f}}(t)$。即，随波长和频率而变的摩擦系数是对应于速度自相关函数的记忆函数。归一化的 $A(t)$ 及其导数为：

$$\widehat{A}(t) \equiv \frac{\langle A(t)A(0)\rangle}{\langle AA\rangle} \tag{3.3.8a}$$

$$\frac{\mathrm{d}}{\mathrm{d}t}\widehat{A}(t) \equiv \frac{\left\langle \frac{\mathrm{d}}{\mathrm{d}t}A(t)A(0)\right\rangle}{\langle AA\rangle} \tag{3.3.8b}$$

$$\frac{\mathrm{d}}{\mathrm{d}t^2}\widehat{A}(t) \equiv \frac{\left\langle \frac{\mathrm{d}}{\mathrm{d}t}A(t)\,\frac{\mathrm{d}}{\mathrm{d}t}A(0)\right\rangle}{\langle AA\rangle} \tag{3.3.8c}$$

经 LT 而成得：

$$\widehat{m}(z) = \frac{\mathrm{d}}{\mathrm{d}t}\widehat{A}(0) + \frac{\mathrm{i}z\left[\frac{\mathrm{d}}{\mathrm{d}t^2}\widehat{A}(z) - \frac{\mathrm{d}}{\mathrm{d}t}\widehat{A}(0)\right]}{\mathrm{i}z + \left[\frac{\mathrm{d}}{\mathrm{d}t^2}\widehat{A}(z) - \frac{\mathrm{d}}{\mathrm{d}t}\widehat{A}(0)\right]} \tag{3.3.9}$$

$$\widehat{m}(0) = -\frac{\mathrm{d}}{\mathrm{d}t^2}\widehat{A}(0) + \left[\frac{\mathrm{d}}{\mathrm{d}t}\widehat{A}(0)\right]^2 \tag{3.3.10}$$

在非归一化条件下记忆函数用 $m(q,t)$ 表示，经 LT 后记为 $m(q,z)$。在三维空间，起伏 - 耗散理论也可示为：

$$3m_{\mathrm{s}}m(t) = \beta\langle F_{\mathrm{ran}}(0)F_{\mathrm{ran}}(t)\rangle \tag{3.3.11}$$

m_{s}——单粒子质量。

横向的记忆函数和式（3.2.20b）所示的 $J_t(q,t)$ 及式（3.2.24）所示的 $S^{\mathrm{tr}}(q,t)$ 有关。LT 之后的关系如下所示：

$$J_t(q,z) = \frac{1}{\beta m[z + m_t(q,z)]} = \frac{1}{z} + \frac{S^{\mathrm{tr}}(q,z)}{z^2} \tag{3.3.12}$$

$$m_t(q,z) = \frac{zS^{\mathrm{tr}}(q,z)}{z + S^{\mathrm{tr}}(q,z)} \tag{3.3.13}$$

Sjögren 等研究了速度自相关函数的记忆函数[14]。他们指出，液体中的一个粒子运动时会和其周围另一粒子碰撞，因而导致其周围的粒子以各种频率返流，这样就会有不同频率的重复碰撞。所以计算该记忆函数时必须分别考察两种碰撞方式的作用，因而他们引入了反映四粒子间相关的函数，不仅表征一段时间内变化的影响，而且表征一个较大空间内的非局域作用。用这一类记忆函数，他们还计算了纵向和横向粒子流。

事实上，$\xi(t)$的衰减快于速度自相关函数的衰减。若简单地假设：

$$\xi(t) = \xi(0)\exp\left(-\frac{t}{\tau}\right) = \Omega_0^2\exp\left(-\frac{t}{\tau}\right) \tag{3.3.14}$$

虽能正确地描述速度自相关函数初始衰减时的曲率，但不能表征长期行为。而Sjögren等的方法给出了长时间内按$t^{-3/2}$衰减的规律[13,14]。Singh和Scopigno两个研究组合的论文都把记忆函数分成两部分，用来分别描述快速弛豫和慢速弛豫[15~17]。

Shiwa/Isihara在研究横向的动态磁导率：

$$\sigma_{\mathrm{m}}(\omega) = \frac{\mathrm{i}\rho_{\mathrm{e}}e^2}{m_{\mathrm{e}}[\omega \mp \omega_{\mathrm{Larmor}} + m_{\mathrm{m}}(\omega)]} \tag{3.3.15}$$

时指出，强磁场下记忆函数的$m_{\mathrm{m}}(\omega)$取决于力自相关函数$\langle \overline{F}_x(t)F_x(t)\rangle$[18]。

$$m_{\mathrm{m}}(\omega) = \frac{1}{\rho_{\mathrm{e}}m_{\mathrm{e}}}\int_0^t \langle \overline{F}_x(t)F_x(t)\rangle \exp(\mathrm{i}\omega x)\,\mathrm{d}t \tag{3.3.16}$$

Kob用模式耦合理论（MCT，Mode Coupling Theory）讨论了记忆函数[19]。他所示的运动方程如下：

$$\frac{\mathrm{d}^2S(q,t)}{\mathrm{d}t^2} + \frac{q^2}{\beta mS(q)}S(q,t) + \int_0^t m(q,t')\,\frac{\mathrm{d}S(q,t')}{\mathrm{d}t}\,\mathrm{d}t' = 0 \tag{3.3.17a}$$

$$m(q,t') = m^0(q,t-t') + \frac{q^2}{\beta mS(q)}m(q,t-t') \tag{3.3.17b}$$

$m^0(q,t-t')$表示短期行为的影响，而：

$$m(q,t-t') = \sum_{k+k'=q} V(\boldsymbol{q},\boldsymbol{k},\boldsymbol{k}')S(k,t)S(k',t) \tag{3.3.17c}$$

$V(\boldsymbol{q},\boldsymbol{k},\boldsymbol{k}')$可由$S(q)$算出。

20世纪60年代MCT已被成功地用于解释相变过程中的许多反常现象，而后又在促进玻璃动力学及化学反应动力学方面发挥了重要作用。MCT的基点在于把具有连续势的高浓度液相内一个相关函数改写为另两个相关函数的耦合[20~22]。例如，粒子i的速度自相关函数可写成：

$$\langle v_i(t)v_i\rangle = \frac{1}{24\pi^3\rho}\int \frac{1}{q^2}\kappa(t)S_{\mathrm{s}}(\boldsymbol{q},t)[J_l(q,t) + 2J_t(q,t)]\,\mathrm{d}\boldsymbol{q} \tag{3.3.18}$$

$\kappa(t)$表示一个修正函数，它使式（3.3.18）不仅可表征相关函数的长尾而且可描述$t\to 0$时的行为。

Hansen/McDonald 指出，速度自相关函数衰减的长尾就源于微观起伏在长时间后变为单粒子的运动和其周围粒子的流体力学集约行为的耦合。

如上述，记忆函数是由广义 Langevin 方程引入的。反过来，若从微观向宏观扩展，则要讨论相空间中$\langle A(\boldsymbol{r},\boldsymbol{P},t)A(\boldsymbol{r}',\boldsymbol{P}',0)\rangle$形式的相关函数，其终极目标是仅用势能和平衡分布函数来描述记忆函数。记忆函数的问题难以解析，分子动力学计算中也要引入“记忆函数模型”，所以实际应用中常见的是记忆函数的数值计算。例如，徐英武等和徐桦等的工作[23,24]。

3.3.3 线性响应

设A和B都是某一体系的动力学变量。该体系平衡时$B=0$。若体系遭受一外界缓变弱力$F(r,t)$的作用，其时体系的 Hamiltonian 由$\hat{H}_0$变为$\hat{H}_0+\tilde{d}\hat{H}$：

$$\tilde{d}\hat{H}(t) = -\int A(\boldsymbol{r})\boldsymbol{F}(\boldsymbol{r},t)\,\mathrm{d}\boldsymbol{r} = -A\boldsymbol{F}_0\exp(-\mathrm{i}\omega t) \tag{3.3.19}$$

B的相应变化是：

$$\langle \tilde{d}B(t)\rangle = \int_{-\infty}^{t} f_r(t-t')\boldsymbol{F}(t')\,\mathrm{d}t' \tag{3.3.20}$$

$$f_r(t) = -\langle\{B(t),A(t')\}\rangle \tag{3.3.21}$$

$\{B(t),A(t')\}$——Poisson 括号。$f_r(t)$表示当一个单位力脉冲在$t=0$时作用于体系之后，体系在t时的滞后响应；并且滞后响应的叠加就是B由$t=0$至t之间的变化。经 FT/LT 得：

$$\langle \tilde{d}B(t)\rangle = \chi(\omega)\boldsymbol{F}_0\exp(-\mathrm{i}\omega t) \tag{3.3.22a}$$

$$\chi(z) = \int_{0}^{\infty} f_r(t)\ \exp(\mathrm{i}zt)\,\mathrm{d}t \tag{3.3.22b}$$

$$\langle A(q,\omega)A(q',\omega')\rangle = \frac{1}{\pi\beta m}\chi^{\mathrm{Im}}(q,\omega) \tag{3.3.22c}$$

$\chi(q,\omega)$常称为广义极化率，或导纳（admittance），或灵敏度（susceptibility）。也有人把它称作响应函数。它是线性响应和微扰之比。$\chi^{\mathrm{Im}}(q,\omega)$是其虚部：

$$\chi^{\mathrm{Im}}(q,\omega) = \int_{-\infty}^{\infty}\chi(q,t)\exp(-\mathrm{i}\omega t)\,\mathrm{d}t \tag{3.3.22d}$$

Callen/Welton 起伏 - 耗散理论指出，它和微扰的能量耗散有关。

上述是对力的响应。用 Green 函数讨论的是对场的响应，一个弱场的作用也可归纳于线性响应理论范畴中，所以还有多种针对性的响应函数。例如，在外势$V(q,\omega)$作用下的密度响应函数$\chi_\rho(q)$是：

$$\langle\rho(q,t)\rangle = \chi_\rho(q,\omega)V(q)\exp(-\mathrm{i}\omega t)$$
$$\chi_\rho^{\mathrm{Im}}(q,\omega) = -\pi\beta\rho\omega S(q,\omega) \qquad (3.3.23a)$$
$$\chi_\rho(q) = -\beta\rho S(q)$$

两组元金属液中的电荷密度响应函数$\chi_e(q)$是：

$$\chi_e(q) = \sum\sum Z_1 Z_2 \chi_\rho(q) \qquad (3.3.23b)$$

若电子－离子间的赝势为 $W_{ei}(q)$，则电子密度响应函数$\chi_e(q)$是：

$$\langle\rho_e(-q)\rangle = \chi_e(q)W_{ei}(q)\rho_{ion}(-q) \qquad (3.3.23c)$$

纯金属中 $S_{ie}(q)$和$\chi_{ie}^{\mathrm{Im}}(q,\omega)$有如下关系：

$$S_{ie}(q) = -\int \frac{\chi_{ie}^{\mathrm{Im}}(q,\omega)}{2\pi\sqrt{\rho_{ion}\rho_e}}\coth\left(\frac{1}{2}\beta\hbar\omega\right)\mathrm{d}\omega \qquad (3.3.24)$$

在长波极限下：

$$\chi_{ie}^{\mathrm{Im}}(q,\omega) = -\frac{\pi}{2}\sqrt{\rho_{ion}\rho_e}(\mathbb{C}_{ie}q^2\underset{\sim}{\zeta} + \mathbb{C}_{ie}^{*}q\underset{\sim}{v})$$
$$\underset{\sim}{\zeta} = \delta[\omega-\omega_p(q)] - \delta[\omega+\omega_p(q)]$$
$$\underset{\sim}{v} = \delta[\omega - qv_s(q)] - \delta[\omega + qv_s(q)] \qquad (3.3.25)$$
$$\omega_p^2 = 4\pi\rho_{ion}Z^2e^2\left(\frac{1}{m_{ion}} + \frac{1}{Zm_e}\right)$$

$\mathbb{C}_{ie}$和 $\mathbb{C}_{ie}^{*}$都是常数。$S_{ii}(q)$、$S_{ee}(q)$也有类似关系。

由$\chi_e(q,\omega)$又可计算介电函数和有效偶势：

$$\frac{1}{\epsilon(q,\omega)} = 1 + \frac{4\pi e^2}{q^2}\chi_e(q,\omega) \qquad (3.3.26)$$

$$\varphi(q) = \frac{4\pi Z^2}{q^2} - \chi_e(q,\omega=0)W_{ei}(q) \qquad (3.3.27)$$

3.4 流体力学极限下的集约行为[1~5]

3.4.1 由流体力学基本方程导出的 $S(\boldsymbol{q},\omega)$

Hansen/McDonald 认为流体力学的基本方程可写成：

$$\frac{\partial}{\partial t}\delta\rho(\boldsymbol{r},t) + \nabla\cdot\boldsymbol{J}(\boldsymbol{r},t) = 0$$

$$\left(\frac{\partial}{\partial t} - a\gamma\nabla^2\right)\delta T(\boldsymbol{r},t) - \frac{T}{\rho C_V}\left(\frac{\partial p}{\partial T}\right)_\rho\frac{\partial}{\partial t}\delta\rho(\boldsymbol{r},t) = 0$$

$$\underset{\sim}{\omega}\boldsymbol{J}(\boldsymbol{r},t) + \left(\frac{\partial p}{\partial\rho}\right)_T\nabla\delta\rho(\boldsymbol{r},t) + \left(\frac{\partial p}{\partial T}\right)_\rho\nabla\delta T(\boldsymbol{r},T) = 0 \qquad (3.4.1)$$

$$\underset{\sim}{\omega} = \left(\frac{\partial}{\partial t} - \frac{\eta_s}{\rho m} \nabla^2 - \frac{\eta_s + \eta_b}{3\rho m} \nabla\nabla \cdot \right)$$

由流体力学基本方程可以导出吻合于相应微观起伏的相关函数，并得到 $S(\boldsymbol{q},\omega)$。将式（3.4.1）按 $\boldsymbol{r}$ 作 FT，按 t 作 LT，并令 $\boldsymbol{z} \parallel \boldsymbol{q}$，解之得一个矩阵：

$$\begin{pmatrix} -\mathrm{i}z & 0 & \mathrm{i}q & 0 & 0 \\ 0 & -\mathrm{i}z + aq^2 & \dfrac{\mathrm{i}qT}{\rho^2 C_V}\left(\dfrac{\partial p}{\partial T}\right)_\rho & 0 & 0 \\ \dfrac{\mathrm{i}q}{m}\left(\dfrac{\partial p}{\partial \rho}\right)_T & \dfrac{\mathrm{i}q}{m}\left(\dfrac{\partial p}{\partial T}\right)_\rho & -\mathrm{i}z + \eta_{sb}^{k} q^2 & 0 & 0 \\ 0 & 0 & 0 & -\mathrm{i}z + \eta_s^{k} q^2 & 0 \\ 0 & 0 & 0 & 0 & -\mathrm{i}z + \eta_s^{k} q^2 \end{pmatrix} \begin{pmatrix} \rho(q,z) \\ T(q,z) \\ J_z(q,z) \\ J_x(q,z) \\ J_y(q,z) \end{pmatrix} = \begin{pmatrix} \rho(q) \\ T(q) \\ J_z(q) \\ J_x(q) \\ J_y(q) \end{pmatrix} \tag{3.4.2}$$

此矩阵的对角元相应于 $J_t(q,z)$ 的起伏，它们和非对角元所表征的起伏完全无关。因此，综合了 $\rho(q,z)$，$T(q,z)$，$J(q,z)$ 的微观起伏可分为纵向和横向示出：

$$\underset{\sim}{d}(q,z) = \underset{\sim}{d}_l(q,z)\, \underset{\sim}{d}_t(q,z) \tag{3.4.3a}$$

$$\underset{\sim}{d}_l(q,z) = \mathrm{i}z^3 - \mathrm{i}z^2(a + \eta_{sb}^{k})q^2 - \mathrm{i}z(a\eta_{sb}^{k} q^2 + v_s^{adi})q^2 + \frac{a}{\gamma}(v_s^{adi} q^2)^2 \tag{3.4.3b}$$

$$\underset{\sim}{d}_t(q,z) = (-\mathrm{i}z + \eta_s^{k} q^2)^2 \tag{3.4.3c}$$

由 $\underset{\sim}{d}_l(q,z)$ 导出流体纵向集约模式：

$$2\pi \frac{S(q,\omega)}{S(q)} = \frac{2(\gamma - 1)aq^2}{\gamma^2\omega^2 + (aq^2)^2} + \frac{1}{\gamma}\left[\frac{\Gamma q^2}{\omega_+^2 + (\Gamma q^2)^2} + \frac{\Gamma q^2}{\omega_-^2 + (\Gamma q^2)^2}\right] \tag{3.4.4a}$$

$$\Gamma = \Gamma_B = \frac{a\rho m(\gamma - 1)}{2(\rho m\gamma + \eta_{sb})} \tag{3.4.4b}$$

$$\omega_+ = \omega + \omega_B = \omega + v_s^{adi} q \tag{3.4.4c}$$

$$\omega_- = \omega - \omega_B = \omega - v_s^{adi} q \tag{3.4.4d}$$

纵向集约规律对应 $S(q,\omega)$ 曲线中的 Rayleigh – Brillouin 三峰，见图 3.10。

Rayleigh 峰和体系在恒压下的熵变有关，乃准弹性散射。两个表征恒熵下压力起伏的非弹性 Brillouin 峰位于 ω_B 处，Γ_B 是黏性作用和热效应造成的声波衰减系数。Rayleigh 峰 – Brillouin 峰强度之比被称作 Landau – Placzeck 值。即：

$$\frac{I_R}{I_B} = 2(\gamma - 1) \tag{3.4.5}$$

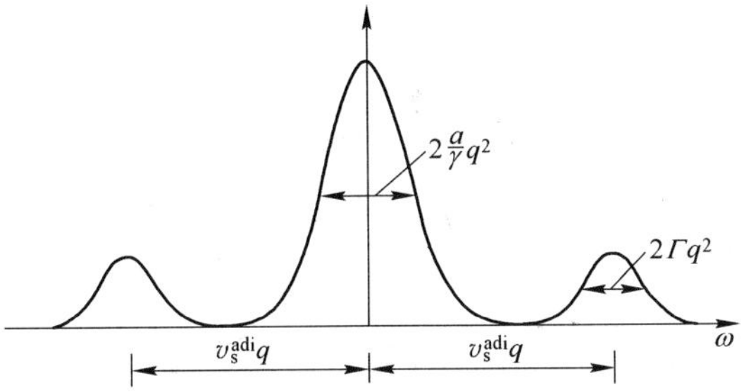

图 3.10 Rayleigh - Brillouin 三峰

3.4.2 Hubbard/Beeby 理论

首先讨论无定形固体近似条件下的规律，把液态看作准晶态是研究液体动力学的基本思路之一。设有一个随时间缓变的弱势场 $V(r,t)$：

$$V(r,t) = V\exp(\mathrm{i}\boldsymbol{q}\cdot\boldsymbol{r} - \mathrm{i}\omega t) \tag{3.4.6}$$

作用于一体系，它所引起的数密度改变是：

$$\Delta\rho(r,t) = \int_{-\infty}^{\infty}\mathrm{d}t'\int\mathrm{d}\boldsymbol{r}'\chi(\boldsymbol{r}-\boldsymbol{r}',t-t')V(\boldsymbol{r}',t') \tag{3.4.7}$$

$\chi(\boldsymbol{r},t)$——密度响应函数，经 FT 而变为 $\chi(\boldsymbol{q},\omega)$：

$$\chi(\boldsymbol{q},\omega) = \frac{\langle\Delta\rho_q\rangle}{V\exp(-\mathrm{i}\omega t)} = \rho\boldsymbol{q}\cdot\left\{m\omega^2\boldsymbol{I} + \sum_j\varphi_{ij}\exp[\mathrm{i}\boldsymbol{q}\cdot(\boldsymbol{r}_i-\boldsymbol{r}_j)]\right\}^{-1}\cdot\boldsymbol{q}$$
$$\Delta\rho_q = \sum_{i=1}^{n}\mathrm{i}\boldsymbol{q}\cdot\boldsymbol{\delta}_i\exp(\mathrm{i}\boldsymbol{q}\cdot\boldsymbol{r}_i) \tag{3.4.8}$$

$\boldsymbol{\delta}_i$——原子的位移，$\boldsymbol{I}$——单位矩阵。再利用起伏 - 耗散理论可得到 $S(\boldsymbol{q},\omega)$。另一方面，在低 q 值条件下由：

$$m\omega^2\boldsymbol{I} + \sum_j\varphi_{ij}\exp[\mathrm{i}\boldsymbol{q}\cdot(\boldsymbol{r}_i-\boldsymbol{r}_j)] = 0 \tag{3.4.9}$$

可以确定声子横向集约运动模式的频率及声子的寿命。

其次讨论液态下的规律：

$$\chi(\boldsymbol{q},\omega) = -\frac{\rho q^2}{m}\frac{Q(\boldsymbol{q},\omega)}{1+\omega_p^2Q(\boldsymbol{q},\omega)}$$
$$Q(\boldsymbol{q},\omega) = \int_0^{\infty}\mathrm{d}t\int tG_s(r,t)\exp(\mathrm{i}\boldsymbol{q}\cdot\boldsymbol{r}+\mathrm{i}\omega t)\mathrm{d}\boldsymbol{r} = Q^{\mathrm{Re}}(\boldsymbol{q},\omega) + \mathrm{i}Q^{\mathrm{Im}}(\boldsymbol{q},\omega) \tag{3.4.10}$$
$$S(\boldsymbol{q},\omega) = \frac{q^2}{\pi m}\frac{Q^{\mathrm{Im}}(\boldsymbol{q},\omega)}{\omega\{[1+\omega_p^2Q^{\mathrm{Re}}(\boldsymbol{q},\omega)]^2 + [\omega_p^2Q^{\mathrm{Im}}(\boldsymbol{q},\omega)]^2\}}$$

上式中：

$$\omega_p^2 = \omega_l^2 - 3\omega_0^2 \tag{3.4.11}$$

低 q 值条件下 $\omega = v_s q$，且 $Q^{Im}(\boldsymbol{q},\omega)$很小，在由色散关系：

$$1 + \omega_p^2 Q^{Re}(\boldsymbol{q},\omega) = 0 \tag{3.4.12}$$

所确定的集约模式频率处，$S(\boldsymbol{q},\omega)$锐峰的半高宽和 $Q^{Im}(\boldsymbol{q},\omega)$的成比例。

3.5　由流体力学极限向分子动力学区扩展时的集约行为[1~5]

3.5.1　基于扩展 Langevin 方程的分析

Scopigno 等利用 Balucani/Zoppi 和 Hansen/McDonald 书中记忆函数的讨论分析了偏离流体力学规范时的集约行为[12]。

设一个矩阵，其矩阵元是相关函数$\langle \overline{A}_a A_b(t) \rangle$，$a$，$b$ 表示矩阵的行和列。不同矩阵元中 A 可能是不同的动力学变量。其运动方程含有一系列记忆函数 $m^{(i)}(q,t), i=1,2,\cdots,n$。特别是次级记忆函数 $m^{(2)}(q,t)$在细节上说明了该方程的解。经 LT 后的纵向粒子流自相关函数含有 $m^{(2)}(q,t)$的影响：

$$J_l(q,z) = \frac{1}{\beta m}\left[z + \frac{\omega_0^2(q)}{z} + m^{(2)}(q,z)\right]^{-1} \tag{3.5.1}$$

低频下：

$$\frac{S(q,\omega)}{S(q)} = \frac{1}{\pi}\frac{\omega_0^2(q)\breve{\kappa}(q)}{[\omega^2 - \omega_0^2(q)] + \omega^2\breve{\kappa}^2(q)} \tag{3.5.2}$$

$$\breve{\kappa}(q) = \int m^{(2)}(q,t)\,\mathrm{d}t \tag{3.5.3}$$

$$m^{(2)}(q,t) = [2\omega_s^2(q) + \Omega_0^2]\exp\left(-\frac{t}{\tau_s}\right) \tag{3.5.4}$$

$\omega_s^2(q)$见式(3.2.23)，Ω_0^2见式(3.2.22d)，τ_s 是 $S_s(q,\omega)$的弛豫时间。

3.5.2　黏弹性理论

Hansen/McDonald 指出：流体力学方程的扩展可以通过黏弹性理论引入随动量和频率而变的传输系数来实现。这种理论的出发点是认为液态近似于准晶态。

由纵向粒子流起伏可以推出：

$$S(q,\omega) = \frac{1}{\pi}\frac{q^2}{\beta m}\frac{\tau_l(q)\left(\frac{\langle\omega^4(q)\rangle}{\langle\omega^2(q)\rangle} - \frac{q^2}{\beta m S(q)}\right)}{\left[\omega\tau_l(q)\left(\omega^2 - \frac{\langle\omega^4(q)\rangle}{\langle\omega^2(q)\rangle}\right)\right]^2 + \left[\omega^2 - \frac{q^2}{\beta m S(q)}\right]^2} \tag{3.5.5}$$

$$\tau_l(q) = \frac{2}{\sqrt{\pi}}\sqrt{\frac{\langle\omega^4(q)\rangle}{\langle\omega^2(q)\rangle} - \frac{q^2}{\beta m S(q)}}$$

$\tau_l(q)$——纵向弛豫时间。另一方面，Balucani/Zoppt 给出：

$$\frac{S(q,\omega)}{S(q)} = \frac{1}{\pi}\frac{m_l^*\langle\omega_p^2\rangle}{\tau(q)\left\{\left[\omega^2(\omega^2-\langle\omega_p^2\rangle-m_l^*)^2\right]+\frac{(\omega^2-\langle\omega_p^2\rangle)^2}{\tau^2(q)}\right\}}$$

$$m_l^* = m_l(q,t=0) = \omega_l^2 - \langle\omega_p^2\rangle \tag{3.5.6}$$

$$\tau^{-1}(q) = \frac{1}{2}\sqrt{\frac{m_l^*}{\pi}}$$

ω_l^2 见式（3.2.23），ω_p^2 见式（3.4.11）。

图 3.11 是 Rb 液中 Brillouin 峰的色散，曲线是用黏弹性理论计算的结果。

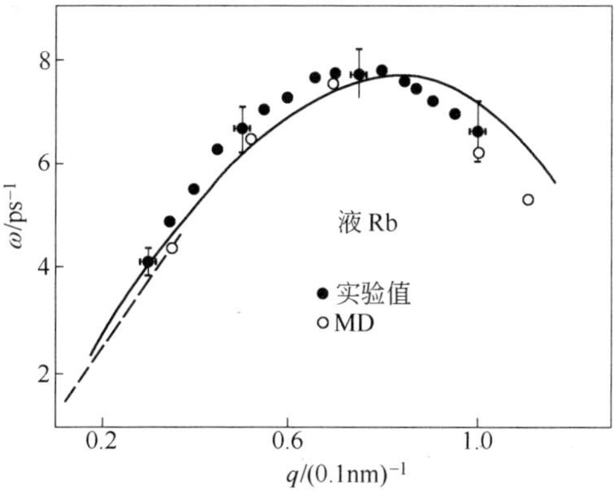

图 3.11　Rb 液中 Brillouin 峰的色散

3.5.3　过渡金属液中集约行为的模拟研究

$S(\boldsymbol{q},\omega)$可用黏弹性模型等计算，也可用 MD 模拟得到其信息。$S(\boldsymbol{q},\omega)$的模拟从计算粒子数密度的变化开始。若所研究的是二元合金，则：

$$\rho_i(\boldsymbol{q},t) = \sum_1^n \exp[\mathrm{i}\boldsymbol{q}\cdot\boldsymbol{r}_i(t)] \tag{3.5.7}$$

此叠加须遍及恒 q 值下粒子 i 的各个位置（r）。再遵循式（3.2.14）即得 $S(\boldsymbol{q},\omega)$：

$$S_{ij}(\boldsymbol{q},\omega) = \frac{1}{2\pi\sqrt{n_i n_j}}\int\langle\rho_i(\boldsymbol{q},t)\bar{\rho}_j(\boldsymbol{q},0)\rangle\exp(\mathrm{i}\omega t)\,\mathrm{d}t$$

$$\langle\rho_i(\boldsymbol{q},t)\bar{\rho}_j(\boldsymbol{q},0)\rangle = \frac{1}{\tau_1}\int_0^{\tau_1}\rho_i(\boldsymbol{q},t+t_1)\bar{\rho}_j(\boldsymbol{q},t_1)\,\mathrm{d}t_1 \tag{3.5.8}$$

计算结果可和 INS 实测的谱 $S^{\mathrm{INS}}(\boldsymbol{q},\omega)$比较，因为：

$$S^{\mathrm{INS}}(\boldsymbol{q},\omega) = \sum_{i,j}\sqrt{c_i c_j}\frac{f_{\mathrm{INS},i}(\boldsymbol{q})f_{\mathrm{INS},j}(\boldsymbol{q})}{\langle f_{\mathrm{INS}}^2(\boldsymbol{q})\rangle}S_{ij}(\boldsymbol{q},\omega) \tag{3.5.9}$$

MD 模拟所需的粒子间相互作用势有两种选择。20 世纪 60 年代末 Rahman 采用由实验结果等归纳所得的粒子间相互作用势模拟了液 Rb 的 $S(\boldsymbol{q},\omega)$[25,26]，近年来借助 ab initio 方法计算该势已有很多实例[27~29]。

图 3.12 是 Bermejo 等用 MD 模拟计算 Ni 液 $S(\boldsymbol{q},\omega)$ 和 $J_t(\boldsymbol{q},\omega)$ 的结果[30]。该模拟在 1800K 下进行，共 4000 个 Ni 离子，且包含有记忆函数对 $S(\boldsymbol{q},\omega)$ 的影响。Bryk 等研究了 Cs 在 308K 下的集约行为[31]。该研究中考虑了 9 个变量，除

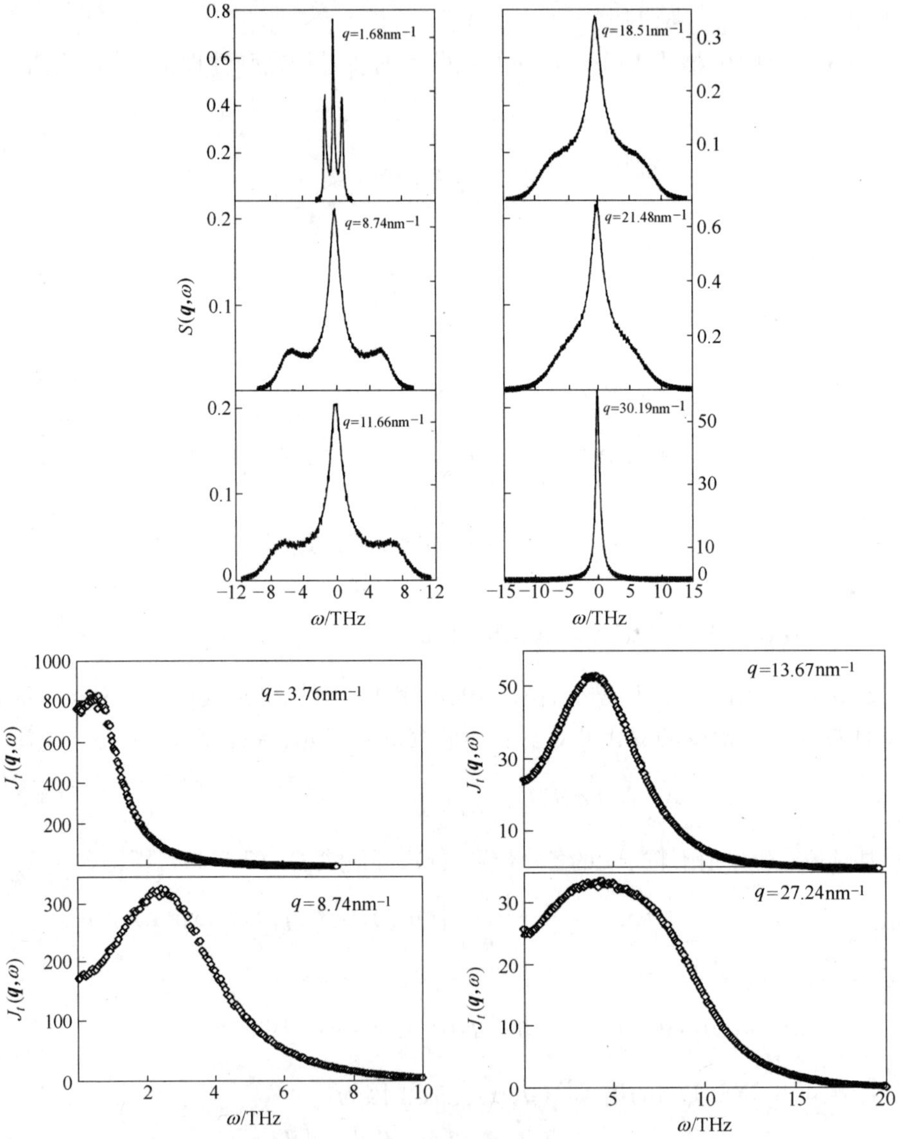

图 3.12　Ni 液 $S(\boldsymbol{q},\omega)$ 和 $J_t(\boldsymbol{q},\omega)$ 的 MD 模拟计算结果

$\rho(\boldsymbol{q},t)$外还有 $J_l(\boldsymbol{q},t)$和 $E(\boldsymbol{q},t)$以及它们的 1 ~3 阶导数。

由 Enciso 等、Alvarez 等和 Pratap 等的工作可以清晰地看到此类模拟研究能揭示在衍射及散射实测中难以得到的信息[32~34]。

3.6 单粒子动力学[1~5]

在粒子间无相互作用的区域内无所谓它们的集约行为，有的只是单粒子动力学。但由流体力学极限到粒子自由运动极限，不同区间中的单粒子行为也有差异。流体力学极限下的单粒子行为是：

$$S_s(\boldsymbol{q},\omega) = \frac{D_s q^2}{\pi[\omega^2 + (D_s q^2)^2]} \tag{3.6.1}$$

图 3.13 是 85K 液 Ar 在低波矢域中用 INS 实测的 $S_s(\boldsymbol{q},\omega)$，$D_s q^2$ 就是该波矢域中 $S_s(\boldsymbol{q},\omega)$峰的半高宽。

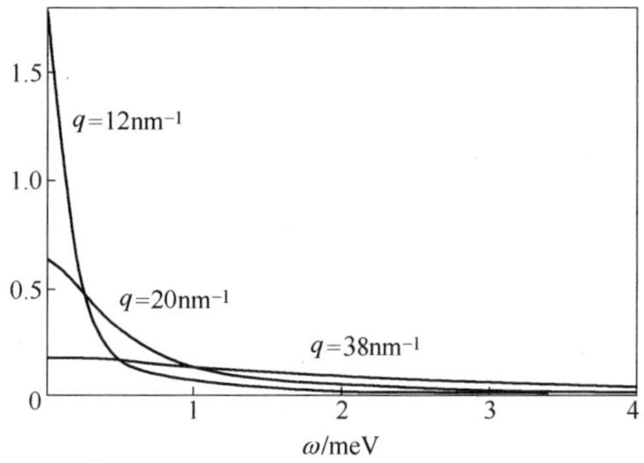

图 3.13 85K 液 Ar 在低波矢域中的 $S_s(\boldsymbol{q},\omega)$

Vineyard 曾建议：

$$S(\boldsymbol{q},\omega) = S(\boldsymbol{q}) S_s(\boldsymbol{q},\omega) \tag{3.6.2}$$

比较式（3.4.4）与式（3.6.1）可知，式（3.6.2）不是严格的关系。

Scopigno 等给出：

$$S_s(\boldsymbol{q},\omega) = \frac{1}{\pi} \frac{\langle\omega_s^2\rangle(2\langle\omega_s^2\rangle + \Omega_0^2)\tau_s}{\omega^2\tau_s(\omega^2 - 3\langle\omega_s^2\rangle - \Omega_0^2)^2 + (\omega^2 - \langle\omega_s^2\rangle)^2} \tag{3.6.3}$$

τ_s 见式（3.5.4）。

3.7 纯金属的双组元理论[1~5]

液态金属（或熔盐）理论研究一般有两种不同的基点。其一认为离子 - 离子间的相互作用被共享的电子云所调制，或引入介电函数的影响；其二是整个体系看作由电子云和离子两个组元构成。

3.7.1　运动方程

本节仅就电子的运动进行说明，因为离子的也类似。设电子 i 的位置是 $\boldsymbol{r}_i(t)$，在相空间内其数密度概率为$f(\boldsymbol{P},\boldsymbol{r},t)$，因此，电子的密度是：

$$\rho_{\mathrm{e}}(\boldsymbol{r},t) = \sum_{P} f(\boldsymbol{P},\boldsymbol{r},t) \tag{3.7.1}$$

此处每一个动量 $\boldsymbol{P}$ 都和一个波矢 $\boldsymbol{q}$ 对应。$f(\boldsymbol{P},\boldsymbol{r},t)$随时间的变化就是 Liouville 方程：

$$\frac{\partial f(\boldsymbol{P},\boldsymbol{r},t)}{\partial t} = -\mathrm{i}\hat{L}f \tag{3.7.2}$$

$\hat{L}$——Liouville 算符。若以$\boldsymbol{v}_{\mathrm{e}}(\boldsymbol{r},t)$表示电子速度场，则电子流是：

$$j_{\mathrm{e}}(\boldsymbol{r},t) = \frac{1}{m_{\mathrm{e}}}\sum_{P} \boldsymbol{P} f(\boldsymbol{P},\boldsymbol{r},t) \tag{3.7.3}$$

电子的动能张量：

$$\breve{\boldsymbol{T}}_{\mathrm{e}}(\boldsymbol{r},t) = \frac{1}{m_{\mathrm{e}}}\sum_{P} \boldsymbol{P}_{\mathrm{a}}\boldsymbol{P}_{\mathrm{b}} f(\boldsymbol{P},\boldsymbol{r},t) \tag{3.7.4}$$

a，b——两个电子。又得电子的连续性方程：

$$\langle \nabla_{\mathbf{r}} j_{\mathrm{e}}(\boldsymbol{r},t)\rho_{\mathrm{e}}(\boldsymbol{r}'',t)\rangle = -\left|\frac{\partial\langle\rho_{\mathrm{e}}(\boldsymbol{r},t)\rho_{\mathrm{e}}(\boldsymbol{r}'',t')\rangle}{\partial t}\right|_{t=t'} \tag{3.7.5}$$

$$\begin{aligned} m_{\mathrm{e}}\rho_{\mathrm{e}}(\boldsymbol{r},t)\left\{\frac{\partial v_{\mathrm{e}}(\boldsymbol{r},t)}{\partial t} + [\boldsymbol{v}_{\mathrm{e}}(\boldsymbol{r},t)\cdot\nabla_{\mathbf{r}}]\,\boldsymbol{v}_{\mathrm{e}}(\boldsymbol{r},t)\right\} &= -\nabla_{\mathbf{r}}\cdot[\breve{\boldsymbol{T}}_{\mathrm{e}}(\boldsymbol{r},t) - \\ m_{\mathrm{e}} j_{\mathrm{e,a}}(\boldsymbol{r},t)\,\boldsymbol{v}_{\mathrm{e,b}}(\boldsymbol{r},t)] &- \int\nabla_{\mathbf{r}}V_{\mathrm{e}}(\boldsymbol{r}-\boldsymbol{r}'')\langle\rho_{\mathrm{e}}(\boldsymbol{r},t)\rho_{\mathrm{e}}(\boldsymbol{r}'',t)\rangle\mathrm{d}\boldsymbol{r}'' - \\ \int\nabla_{\mathbf{r}}V_{\mathrm{ie}}(\boldsymbol{r}-\boldsymbol{r}'')\langle\rho_{\mathrm{e}}(\boldsymbol{r},t)\rho_{\mathrm{ion}}(\boldsymbol{r}'',t)\rangle\mathrm{d}\boldsymbol{r}'' \end{aligned} \tag{3.7.6}$$

电子的能量传输方程：

$$\begin{aligned} &\frac{\partial}{\partial t}\sum_{P}\frac{\boldsymbol{P}^2}{2m_{\mathrm{e}}}f(\boldsymbol{P},\boldsymbol{r},t) + \sum_{P}\frac{\boldsymbol{P}}{m_{\mathrm{e}}}\cdot\nabla_{\mathbf{r}}\frac{\boldsymbol{P}^2}{2m_{\mathrm{e}}}f(\boldsymbol{P},\boldsymbol{r},t) \\ &= \int\nabla_{\mathbf{r}}V_{\mathrm{e}}(\boldsymbol{r}-\boldsymbol{r}'')\langle j_{\mathrm{e}}(\boldsymbol{r},t)\rho_{\mathrm{e}}(\boldsymbol{r}'',t)\rangle\mathrm{d}\boldsymbol{r}'' - \\ &\quad\int\nabla_{\mathbf{r}}V_{\mathrm{ie}}(\boldsymbol{r}-\boldsymbol{R})\langle j_{\mathrm{e}}(\boldsymbol{r},t)\rho_{\mathrm{ion}}(\boldsymbol{R},t)\rangle\mathrm{d}\boldsymbol{R} \end{aligned} \tag{3.7.7}$$

再进一步导出 e－e，i－i 和 i－e 势能密度：

$$\breve{v}_{\mathrm{e}}(\boldsymbol{r},t) = \frac{1}{2}\int V_{\mathrm{e}}(\boldsymbol{r}-\boldsymbol{r}'')\langle\rho_{\mathrm{e}}(\boldsymbol{r},t)\rho_{\mathrm{e}}(\boldsymbol{r}'',t)\rangle\mathrm{d}\boldsymbol{r}'' \tag{3.7.8a}$$

$$\breve{v}_{\mathrm{ie}}(\boldsymbol{r},t) = \breve{v}_{\mathrm{ie}}(\boldsymbol{R},t) = \int V_{\mathrm{ie}}(\boldsymbol{r}-\boldsymbol{R})\langle\rho_{\mathrm{e}}(r,t)\rho_{\mathrm{ion}}(\boldsymbol{R},t)\rangle\mathrm{d}\boldsymbol{R} \tag{3.7.8b}$$

$$\breve{v}_{\text{ion}}(\boldsymbol{R},t) = \frac{1}{2}\int V_{\text{ion}}(\boldsymbol{R}-\boldsymbol{R}'')\langle\rho_{\text{ion}}(\boldsymbol{R},t)\rho_{\text{ion}}(\boldsymbol{R}'',t)\rangle \mathrm{d}\boldsymbol{R}'' \tag{3.7.8c}$$

$\boldsymbol{R}$ 表示离子的位置。由能量传输方程又可推出如下的流体力学方程：

$$\frac{\partial}{\partial t}E_{\text{e}}(\boldsymbol{r},t) + \nabla_{\mathbf{r}}\cdot J_{\text{e}}^{\varepsilon}(\boldsymbol{r},t) = 0 \tag{3.7.9a}$$

$$\frac{\partial}{\partial t}E_{\text{ion}}(\boldsymbol{R},t) + \nabla_{\mathbf{r}}\cdot J_{\text{ion}}^{E}(\boldsymbol{R},t) = 0 \tag{3.7.9b}$$

$$E_{\text{e}}(\boldsymbol{r},t) = \breve{T}_{\text{e}}(\boldsymbol{r},t) + 2\breve{v}_{\text{e}}(\boldsymbol{r},t) + \breve{v}_{\text{ie}}(\boldsymbol{r},t) \tag{3.7.9c}$$

$$E_{\text{ion}}(\boldsymbol{R},t) = \breve{T}_{\text{ion}}(\boldsymbol{R},t) + 2\breve{v}_{\text{ion}}(\boldsymbol{R},t) + \breve{v}_{\text{ie}}(\boldsymbol{R},t) \tag{3.7.9d}$$

$$J_{\text{e}}^{\varepsilon}(\boldsymbol{r},t) = J_{\text{e}}^{T}(\boldsymbol{r},t) + \int V_{\text{e}}(\boldsymbol{r}-\boldsymbol{r}')\langle j_{\text{e}}(\boldsymbol{r},t)\rho_{\text{e}}(\boldsymbol{r},t)\rangle \mathrm{d}\boldsymbol{r}' + \int V_{\text{ie}}(\boldsymbol{r}-\boldsymbol{R})\langle j_{\text{e}}(\boldsymbol{r},t)\rho_{\text{ion}}(\boldsymbol{R},t)\rangle \mathrm{d}\boldsymbol{R} \tag{3.7.9e}$$

$$J_{\text{ion}}^{E}(\boldsymbol{R},t) = J_{\text{ion}}^{T}(\boldsymbol{R},t) + \int V_{\text{ion}}(\boldsymbol{R}-\boldsymbol{R}')\langle j_{\text{ion}}(\boldsymbol{R},t)\rho_{\text{ion}}(\boldsymbol{R},t)\rangle \mathrm{d}\boldsymbol{R}' + \int V_{\text{ie}}(\boldsymbol{r}-\boldsymbol{R}')\langle j_{\text{ion}}(\boldsymbol{R},t)\rho_{\text{e}}(\boldsymbol{r},t)\rangle \mathrm{d}\boldsymbol{r} \tag{3.7.9f}$$

$$\breve{T}_{\text{e}}(\boldsymbol{r},t) = \sum_{P}\frac{\boldsymbol{P}^2}{2m_{\text{e}}}f(\boldsymbol{P},\boldsymbol{r},t) \tag{3.7.9g}$$

$$\breve{T}_{\text{ion}}(\boldsymbol{R},t) = \sum_{P}\frac{\boldsymbol{P}^2}{2m_{\text{ion}}}f(\boldsymbol{P},\boldsymbol{R},t) \tag{3.7.9h}$$

式中 $E_{\text{e}}(\boldsymbol{r},t)$、$j_{\text{e}}^{\varepsilon}(\boldsymbol{r},t)$、$\breve{T}_{\text{e}}(\boldsymbol{r},t)$ 表示电子的局域能量、能流和动能密度；$E_{\text{ion}}(\boldsymbol{R},t)$、$j_{\text{ion}}^{E}(\boldsymbol{r},t)$、$\breve{T}_{\text{ion}}(\boldsymbol{R},t)$ 表示离子的局域能量、能流和动能密度。

3.7.2 纵向流体力学

设一个缓变的外势 $V_j^{\text{ext}}(\boldsymbol{q},\omega)$ 导致电子及离子的局域密度波动 $\rho_j(\boldsymbol{q},\omega)$：

$$\rho_j(\boldsymbol{q},\omega) = \sum_{l}\chi_{jl}(\boldsymbol{q},\omega)V_l^{\text{ext}}(\boldsymbol{q},\omega) \tag{3.7.10}$$

$\chi_{jl}(\boldsymbol{q},\omega)$——密度响应函数，$j=\text{e}$，i；$l=\text{i}$，e。

$$\chi_{\text{ee}}(\boldsymbol{q},\omega) = \int_0^{\infty}\exp(-\mathrm{i}\omega t)\langle\bar{\rho}_{\text{e}}(\boldsymbol{q},0)\rho_{\text{e}}(\boldsymbol{q},t)\rangle \mathrm{d}t \tag{3.7.11a}$$

$$\chi_{\text{ie}}(\boldsymbol{q},\omega) = \int_0^{\infty}\exp(-\mathrm{i}\omega t)\langle\bar{\rho}_{\text{e}}(\boldsymbol{q},0)\rho_{\text{ion}}(\boldsymbol{q},t)\rangle \mathrm{d}t \tag{3.7.11b}$$

$$\chi_{\text{ii}}(\boldsymbol{q},\omega) = \int_0^{\infty}\exp(-\mathrm{i}\omega t)\langle\bar{\rho}_{\text{ion}}(\boldsymbol{q},0)\rho_{\text{ion}}(\boldsymbol{q},t)\rangle \mathrm{d}t \tag{3.7.11c}$$

另一方面，带电粒子 j 的 Hartree 势（V_j^{H}）要求：

$$V_j^{\mathrm{H}}(\boldsymbol{q},\omega) = V_j^{\mathrm{ext}}(\boldsymbol{q},\omega) + \sum_{jl} V_{jl}(\boldsymbol{q})\rho_l(\boldsymbol{q},\omega) \tag{3.7.12}$$

$V_{jl}(\boldsymbol{q})$——经 FT 后粒子 j 和 l 间的相互作用。

$$\rho_j(\boldsymbol{q},\omega) = \sum_l \tilde{\chi}_{jl}(\boldsymbol{q},\omega)V_l^{\mathrm{H}}(\boldsymbol{q},\omega) \tag{3.7.13}$$

$\tilde{\chi}_{jl}(\boldsymbol{q},\omega)$——另一种形式的响应函数。

如作用于不同粒子的外势是相反的，即：

$$V_j^{\mathrm{ext}}(\boldsymbol{q},\omega) = -V_l^{\mathrm{ext}}(\boldsymbol{q},\omega) \tag{3.7.14}$$

因此，相同粒子间的相互作用与不同粒子间的相互作用互为负值。如：

$$V_{jj}(\boldsymbol{q}) = -V_{jl}(\boldsymbol{q}) \tag{3.7.15}$$

由上述得到：

$$\begin{aligned} \chi_{jj} &= \tilde{\chi}_{jj}(1 + V_{jj}\chi_{jj} + V_{jl}\chi_{jj}) + \tilde{\chi}_{jl}(V_{lj}\chi_{jj} + V_{ll}\chi_{lj}) \\ \chi_{jl} &= \tilde{\chi}_{jj}(V_{jj}\chi_{jl} + V_{jl}\chi_{ll}) + \tilde{\chi}_{jl}(1 + V_{lj}\chi_{jl} + V_{ll}\chi_{ll}) \end{aligned} \tag{3.7.15}$$

Hartree 势可改写成：

$$V_j^{\mathrm{H}}(\boldsymbol{q},\omega) = \frac{V_j^{\mathrm{ext}}(\boldsymbol{q},\omega)}{\Xi(\boldsymbol{q},\omega)}$$

$$\begin{aligned} \Xi(\boldsymbol{q},\omega) = {} & (1 - V_{11}\tilde{\chi}_{11} - V_{12}\tilde{\chi}_{21})\cdot(1 - V_{22}\tilde{\chi}_{22} + V_{21}\tilde{\chi}_{12}) - \\ & (V_{11}\tilde{\chi}_{12} - V_{12}\tilde{\chi}_{22})\cdot(V_{21}\tilde{\chi}_{11} - V_{22}\tilde{\chi}_{21}) \end{aligned} \tag{3.7.16}$$

式（3.7.15）、式（3.7.16）中 $\chi = \chi(\boldsymbol{q},\omega)$，$\tilde{\chi} = \tilde{\chi}(\boldsymbol{q},\omega)$；$V_{jl} = V_{jl}(\boldsymbol{q})$，余类似。

j 粒子（电子或离子）的运动方程：

$$\begin{aligned} \frac{\partial^2\rho_j(\boldsymbol{r},t)}{\partial t^2} = {} & \frac{1}{m_j}\nabla_a\nabla_b\breve{\boldsymbol{T}}_j(\boldsymbol{r},t) + \frac{\rho_j}{m_j}\nabla^2 V_j^{\mathrm{ext}}(\boldsymbol{r},t) + \\ & \frac{1}{m_j}\sum_l \nabla_a[\nabla_a V_{jl}(\boldsymbol{r}-\boldsymbol{R})\langle\rho_j(\boldsymbol{r},t)\rho_l(\boldsymbol{R},t)\rangle]\mathrm{d}\boldsymbol{R} \end{aligned} \tag{3.7.17}$$

下标 $a(b)$——第 $a(b)$ 个 j 粒子。运动方程经 FT 而成：

$$\chi_{\mathrm{ee}}(\boldsymbol{q},\omega) = \frac{\dfrac{\rho_{\mathrm{e}}q^2}{m_{\mathrm{e}}}\left[\omega^2 - \dfrac{1}{m_{\mathrm{ion}}}\Gamma_{ii}(\boldsymbol{q},\omega)\right]}{\Gamma(\boldsymbol{q},\omega)} \tag{3.7.18a}$$

$$\chi_{\mathrm{ii}}(\boldsymbol{q},\omega) = \frac{\dfrac{\rho_{\mathrm{ion}}q^2}{m_{\mathrm{ion}}}\left[\omega^2 - \dfrac{1}{m_{\mathrm{e}}}\Gamma_{\mathrm{ee}}(\boldsymbol{q},\omega)\right]}{\Gamma(\boldsymbol{q},\omega)} \tag{3.7.18b}$$

$$\chi_{\mathrm{ei}}(\boldsymbol{q},\omega) = \frac{\dfrac{\rho_{\mathrm{e}}q^2}{m_{\mathrm{e}}m_{\mathrm{ion}}}\Gamma_{\mathrm{ei}}(\boldsymbol{q},\omega)}{\Gamma(\boldsymbol{q},\omega)} \tag{3.7.18c}$$

$$\chi_{ie}(\boldsymbol{q},\omega) = \frac{\dfrac{\rho_{ion}q^2}{m_e m_{ion}}\Gamma_{ie}(\boldsymbol{q},\omega)}{\Gamma(\boldsymbol{q},\omega)} \tag{3.7.18d}$$

若用 $\tilde{\Gamma}(\boldsymbol{q},\omega)$和 $\tilde{\Gamma}_{ee}(\boldsymbol{q},\omega)$等分别取代 $\Gamma(\boldsymbol{q},\omega)$及 $\Gamma_{ee}(\boldsymbol{q},\omega)$等，则 $X_{ee}(\boldsymbol{q},\omega)$相应地改写为 $\tilde{\chi}_{ee}(\boldsymbol{q},\omega)$，所以总共是 8 个方程。

这 8 个方程表明了电子－离子组成的熔体中纵向流体力学的通式。在长波限下由 $\Gamma_{ee}(\boldsymbol{q},\omega)$ 等的虚数可以给出传导电子对声波衰减的贡献以及电阻之类传输参数，而它们的实数可以给出声速、等离子频移和色散。

$$\Gamma(\boldsymbol{q},\omega) = \left[\omega^2 - \frac{1}{m_e}\Gamma_{ee}(\boldsymbol{q},\omega)\right]\cdot\left[\omega^2 - \frac{1}{m_{ion}}\Gamma_{ii}(\boldsymbol{q},\omega)\right] - \frac{1}{m_e m_{ion}}\Gamma_{ei}(\boldsymbol{q},\omega)\Gamma_{ie}(\boldsymbol{q},\omega) \tag{3.7.19a}$$

$$\tilde{\Gamma}(\boldsymbol{q},\omega) = \left[\omega^2 - \frac{1}{m_e}\tilde{\Gamma}_{ee}(\boldsymbol{q},\omega)\right]\cdot\left[\omega^2 - \frac{1}{m_{ion}}\tilde{\Gamma}_{ii}(\boldsymbol{q},\omega)\right] - \frac{1}{m_e m_{ion}}\tilde{\Gamma}_{ei}(\boldsymbol{q},\omega)\tilde{\Gamma}_{ie}(\boldsymbol{q},\omega) \tag{3.7.19b}$$

$$\Gamma_{ee}(\boldsymbol{q},\omega) = \rho_e q^2 V_{ee}(\boldsymbol{q}) + \tilde{\Gamma}_{ee}(\boldsymbol{q},\omega) \tag{3.7.19c}$$

$$\Gamma_{ii}(\boldsymbol{q},\omega) = \rho_i q^2 V_{ii}(q) + \tilde{\Gamma}_{ii}(\boldsymbol{q},\omega) \tag{3.7.19d}$$

$$\Gamma_{ei}(\boldsymbol{q},\omega) = \rho_e q^2 V_{ei}(\boldsymbol{q}) + \tilde{\Gamma}_{ei}(\boldsymbol{q},\omega) \tag{3.7.19e}$$

$$\Gamma_{ie}(\boldsymbol{q},\omega) = \rho_i q^2 V_{ie}(\boldsymbol{q}) + \tilde{\Gamma}_{ie}(\boldsymbol{q},\omega) \tag{3.7.19f}$$

$$\tilde{\Gamma}_{ee}(\boldsymbol{q},\omega) = q_a q_b \tilde{L}_{ee}(\boldsymbol{q},\omega) + \sum_s \sum_{q'} \boldsymbol{q}\cdot\boldsymbol{q}'\cdot V_{es}(\boldsymbol{q}')F_{ese}(\boldsymbol{q}-\boldsymbol{q}',\boldsymbol{q},\omega) \tag{3.7.19g}$$

$$\tilde{\Gamma}_{ii}(\boldsymbol{q},\omega) = q_a q_b \tilde{L}_{ii}(\boldsymbol{q},\omega) + \sum_s \sum_{q'} \boldsymbol{q}\cdot\boldsymbol{q}'\cdot V_{es}(\boldsymbol{q}')F_{isi}(\boldsymbol{q}-\boldsymbol{q}',\boldsymbol{q},\omega) \tag{3.7.19h}$$

$$\tilde{\Gamma}_{ei}(\boldsymbol{q},\omega) = q_a q_b \tilde{L}_{ei}(\boldsymbol{q},\omega) + \sum_s \sum_{q'} \boldsymbol{q}\cdot\boldsymbol{q}'\cdot V_{es}(\boldsymbol{q}')F_{esi}(\boldsymbol{q}-\boldsymbol{q}',\boldsymbol{q},\omega) \tag{3.7.19i}$$

$$\tilde{\Gamma}_{ie}(\boldsymbol{q},\omega) = q_a q_b \tilde{L}_{ie}(\boldsymbol{q},\omega) + \sum_s \sum_{q'} \boldsymbol{q}\cdot\boldsymbol{q}'\cdot V_{es}(\boldsymbol{q}')F_{ise}(\boldsymbol{q}-\boldsymbol{q}',\boldsymbol{q},\omega) \tag{3.7.19j}$$

$$\frac{\delta\breve{\boldsymbol{T}}_j(\boldsymbol{r},t)}{\delta\rho_l(\boldsymbol{r}'',\tau)} = \iint \sum_l \tilde{L}_{jl}(\boldsymbol{r}-\boldsymbol{r}'',t-\tau)\,\mathrm{d}\boldsymbol{r}''\mathrm{d}\tau \tag{3.7.19k}$$

$$\frac{\delta\langle\rho_j(\boldsymbol{r},t)\rho_s(\boldsymbol{r}',t)\rangle}{\delta\rho_l(\boldsymbol{r}'',\tau)} = \iint\widetilde{F}_{jsl}(\boldsymbol{q}-\boldsymbol{q}',\boldsymbol{q},\omega) \tag{3.7.19l}$$

$\Gamma_{jl}^{\%}(\boldsymbol{q},\omega)$等是广义的传输系数。再引入组元$j$的有效响应函数。

$$\tilde{\chi}_j(\boldsymbol{q},\omega) = \frac{\rho_j q^2}{m_j\omega^2 - \widetilde{\Gamma}_{jj}(\boldsymbol{q},\omega)} \tag{3.7.20a}$$

$$\chi_j(\boldsymbol{q},\omega) = \frac{\tilde{\chi}_j(\boldsymbol{q},\omega)}{1 - V_{jj}(\boldsymbol{q},\omega)\tilde{\chi}_j(\boldsymbol{q},\omega)} \equiv \frac{\tilde{\chi}_j(\boldsymbol{q},\omega)}{\epsilon_j(\boldsymbol{q},\omega)} \tag{3.7.20b}$$

$\epsilon_j(\boldsymbol{q},\omega)$——介电函数。

又有：

$$\begin{aligned}\chi_{jj}(\boldsymbol{q},\omega) &= \chi_j(\boldsymbol{q},\omega)\\ \chi_{jl}(\boldsymbol{q},\omega) &= \chi_j(\boldsymbol{q},\omega)\widetilde{V}_{jl}(\boldsymbol{q},\omega)\chi_{ll}(\boldsymbol{q},\omega)\end{aligned} \tag{3.7.21}$$

其中所含同种粒子和不同粒子间的有效相互作用势是：

$$\widetilde{V}_{jj}(\boldsymbol{q},\omega) = V_{jj}(\boldsymbol{q},\omega) + \frac{|\widetilde{V}_{jj}(\boldsymbol{q},\omega)|^2}{V_{ll}(\boldsymbol{q},\omega)}\left[\frac{1}{\epsilon_l(\boldsymbol{q},\omega)} - 1\right] \tag{3.7.22a}$$

$$\widetilde{V}_{jl}(\boldsymbol{q},\omega) = V_{jl}(\boldsymbol{q},\omega) + \frac{1}{\rho_j q^2}\widetilde{\Gamma}_{jl}(\boldsymbol{q},\omega) \tag{3.7.22b}$$

$$\lim_{q\to0}\epsilon_l(\boldsymbol{q},\omega) = \frac{4\pi\sigma_e}{i\omega} \tag{3.7.22c}$$

3.7.3　质量－电荷密度响应函数

设一个缓变的外势$V_j^{ext}(\boldsymbol{q},\omega)$导致电子及离子的局域密度$\rho_j(\boldsymbol{q},\omega)$波动，其时的响应函数可表示为$\chi_{ie}(\boldsymbol{q},\omega)$的函数。$\chi_{ie}(\boldsymbol{q},\omega)$属于式（3.7.10）中的$\chi_{jl}(\boldsymbol{q},\omega)$。

$$\chi_{mm}(\boldsymbol{q},\omega) = \sum m_{ion}m_e\chi_{ie}(\boldsymbol{q},\omega) \tag{3.7.23}$$

该积分要遍及所有的离子和电子。引入运动方程的解得：

$$\chi_{mm}(\boldsymbol{q},\omega) = \rho_i q^2(m_i + Zm_{e^*})\frac{\omega^2 - \omega_p^2 - \underset{\sim}{\alpha}_p(\boldsymbol{q},\omega)}{\tilde{\zeta}(\boldsymbol{q},\omega)} \tag{3.7.24a}$$

$$\tilde{\zeta}(\boldsymbol{q},\omega) = [\omega^2 - \underset{\sim}{\alpha}_s(\boldsymbol{q},\omega)][\omega^2 - \omega_p^2 - \underset{\sim}{\alpha}_p(\boldsymbol{q},\omega)] - [\underset{\sim}{\alpha}_r(\boldsymbol{q},\omega)]^2 \tag{3.7.24b}$$

$$\underset{\sim}{\alpha}_p(\boldsymbol{q},\omega) = \frac{1}{m_{ion} + Zm_e}\left[\frac{Zm_e}{m_{ion}}\widetilde{\Gamma}_{ii}(\boldsymbol{q},\omega) + \frac{m_{ion}}{m_e}\widetilde{\Gamma}_{ee}(\boldsymbol{q},\omega) - Z\widetilde{\Gamma}_{ie}(\boldsymbol{q},\omega) - \widetilde{\Gamma}_{ei}(\boldsymbol{q},\omega)\right] \tag{3.7.24c}$$

$$\underset{\sim}{\alpha}_{\mathrm{r}}(\boldsymbol{q},\omega) = \frac{1}{(m_{\mathrm{ion}}+Zm_{\mathrm{e}})\sqrt{Zm_{\mathrm{ion}}m_{\mathrm{e}}}}\{Zm_{\mathrm{e}}\tilde{\Gamma}_{\mathrm{ii}}(\boldsymbol{q},\omega) - m_{\mathrm{ion}}\tilde{\Gamma}_{\mathrm{ee}}(\boldsymbol{q},\omega) + \frac{1}{2}(Zm_{\mathrm{e}}-m_{\mathrm{ion}})[Z\tilde{\Gamma}_{\mathrm{ie}}(\boldsymbol{q},\omega) - \tilde{\Gamma}_{\mathrm{ei}}(\boldsymbol{q},\omega)]\} \tag{3.7.24d}$$

$$\underset{\sim}{\alpha}_{\mathrm{s}}(\boldsymbol{q},\omega) = \frac{1}{m_{\mathrm{ion}}+Zm_{\mathrm{e}}}[\tilde{\Gamma}_{\mathrm{ii}}(\boldsymbol{q},\omega) + \tilde{\Gamma}_{\mathrm{ei}}(\boldsymbol{q},\omega) + Z\tilde{\Gamma}_{\mathrm{ie}}(\boldsymbol{q},\omega) + Z\tilde{\Gamma}_{\mathrm{ee}}(\boldsymbol{q},\omega)] \tag{3.7.24e}$$

等离子频率 ω_{p} 见式（3.3.25）。在长波长极限下 $\underset{\sim}{\alpha}_{\mathrm{r}}(\boldsymbol{q},\omega)$ 可以忽略，由 $\underset{\sim}{\alpha}_{\mathrm{p}}(\boldsymbol{q},\omega)$ 可以了解等离子波的色散以及熔体的纵向传输能力。在长波长极限下由 $\underset{\sim}{\alpha}_{\mathrm{s}}(\boldsymbol{q},\omega)$ 可得电子－空穴的产生所导致的声波衰减。

类似地可得电荷密度的响应函数：

$$\chi_{\hat{e}\hat{e}}(\boldsymbol{q},\omega) = \sum_{jl} Ze^2\chi_{jl}(\boldsymbol{q},\omega) = \frac{q^2\omega_{\mathrm{p}}^2}{4\pi}\cdot\frac{\omega^2 - \underset{\sim}{\alpha}_{\mathrm{s}}(\boldsymbol{q},\omega)}{\tilde{\zeta}(\boldsymbol{q},\omega)} \tag{3.7.25}$$

质量－电荷密度的响应函数 $\chi_{\mathrm{m}\hat{e}}(\boldsymbol{q},\omega)$ 和 $\chi_{\hat{e}\mathrm{m}}(\boldsymbol{q},\omega)$ 为：

$$\chi_{\mathrm{m}\hat{e}}(\boldsymbol{q},\omega) = \frac{1}{2}\sum_{jl}(Zem_l + em_j)\chi_{jl}(\boldsymbol{q},\omega) \tag{3.7.26a}$$

$$\chi_{\hat{e}\mathrm{m}}(\boldsymbol{q},\omega) = eq^2(m_{\mathrm{ion}}+Zm_{\mathrm{e}})\sqrt{\frac{\rho_{\mathrm{ion}}\rho_{\mathrm{e}}}{m_{\mathrm{ion}}m_{\mathrm{e}}}}\frac{\underset{\sim}{\alpha}_{\mathrm{r}}(\boldsymbol{q},\omega)}{\tilde{\zeta}(\boldsymbol{q},\omega)} \tag{3.7.26b}$$

由上述的响应函数得到：

$$S_{\mathrm{ii}}(\boldsymbol{q},\omega) = -\frac{1}{\pi\beta\omega(m_{\mathrm{ion}}+Zm_{\mathrm{e}})^2}\mathrm{Im}\left[\chi_{\mathrm{mm}} + \frac{2m_{\mathrm{e}}}{e}\chi_{\mathrm{m}\hat{e}} + \left(\frac{m_{\mathrm{e}}}{e}\right)^2\chi_{\hat{e}\hat{e}}\right]$$

$$S_{\mathrm{ii}}(\boldsymbol{q},0) \approx \frac{1}{\pi\beta(m_{\mathrm{ion}}+Zm_{\mathrm{e}})^2}\frac{\eta(\boldsymbol{q})}{v_{\mathrm{s}}(\boldsymbol{q})^4} \tag{3.7.27}$$

$$\eta(\boldsymbol{q}) = -\frac{\rho_{\mathrm{i}}}{q^2}(m_{\mathrm{ion}}+Zm_{\mathrm{e}})\lim_{\omega\to 0}\frac{1}{\omega}\mathrm{Im}\,\underset{\sim}{\alpha}_{\mathrm{s}}(\boldsymbol{q},\omega) = \frac{\pi(\rho_{\mathrm{ion}})^2}{\beta}\frac{S_{\mathrm{ii}}(\boldsymbol{q},0)}{[S_{\mathrm{ii}}(\boldsymbol{q})]^2}$$

$$v_{\mathrm{s}}(\boldsymbol{q}) = \sqrt{q^{-2}\lim_{\omega\to 0}\frac{1}{\omega}\mathrm{Re}\,\underset{\sim}{\alpha}_{\mathrm{s}}(\boldsymbol{q},\omega)} \tag{3.7.28}$$

在流体力学极限下的动态结构因子：

$$S_{\mathrm{ii}}(\boldsymbol{q},\omega) \approx \frac{q^2}{\pi\beta(m_{\mathrm{ion}}+Zm_{\mathrm{e}})^2}(B_1+B_2)$$

$$B_1 = \frac{q^2\eta_{\mathrm{sb}}}{[\omega^2 - v_{\mathrm{s}}(q)^2q^2]^2 + \left[\frac{\omega q^2}{\rho_{\mathrm{ion}}(m_{\mathrm{ion}}+Zm_{\mathrm{e}})}\eta_{\mathrm{sb}}\right]^2}$$

$$B_2 = \frac{(m_{\text{ion}} + Zm_{\text{e}})^2 \Pi(\omega)}{m_{\text{ion}}^2 \left\{ (\omega^2 - \omega_{\text{p}}^2)^2 + \left[\frac{(m_{\text{ion}} + Zm_{\text{e}}) \omega \Pi(\omega)}{\rho_{\text{e}} m_{\text{e}}} \right]^2 \right\}} \tag{3.7.29}$$

$\Pi(\omega)$ 决定于电阻率的阻尼时间 τ：

$$\tau = \frac{\rho_{\text{e}} m_{\text{e}}}{\Pi(\omega)} \tag{3.7.30}$$

3.7.4　热力学平衡时的规律

由式（3.7.18）得：

$$\lim_{q \to 0} X_{\text{ii}}(\boldsymbol{q}, 0) = \lim_{q \to 0} \frac{1}{Z} X_{\text{ie}}(\boldsymbol{q}, 0) = \lim_{q \to 0} \frac{1}{Z^2} X_{\text{ee}}(\boldsymbol{q}, 0) \tag{3.7.31a}$$

$$\lim_{q \to 0} S_{\text{ii}}(\boldsymbol{q}) = \lim_{q \to 0} \frac{1}{\sqrt{Z}} S_{\text{ie}}(\boldsymbol{q}) = \lim_{q \to 0} \frac{1}{Z} S_{\text{ee}}(\boldsymbol{q}) = \lim_{q \to 0} \frac{\rho_{\text{ion}}}{\rho_{\text{ion}} + \rho_{\text{e}}} S(\boldsymbol{q}) \tag{3.7.31b}$$

在电子－离子弱相互作用条件下，被屏蔽的离子偶势：

$$\varphi_{\text{ii}}(\boldsymbol{q}) = V_{\text{ii}}(\boldsymbol{q}) + \frac{|V_{\text{ie}}(\boldsymbol{q})|^2}{V_{\text{ee}}(\boldsymbol{q})} \left[\frac{1}{\epsilon(\boldsymbol{q})} - 1 \right] \tag{3.7.32}$$

而：

$$S_{\text{ie}}(\boldsymbol{q}) = \sqrt{\frac{\rho_{\text{ion}}}{\rho_{\text{e}}}} S_{\text{ii}}(\boldsymbol{q}) \frac{V_{\text{ie}}(\boldsymbol{q})}{V_{\text{ee}}(\boldsymbol{q})} \left[\frac{1}{\epsilon(\boldsymbol{q})} - 1 \right] \tag{3.7.33}$$

3.8　二元合金中的流体力学[1~5]

3.8.1　二元合金中的流体力学基本方程

（1）连续性方程，以局域质量表示：

$$\frac{\partial m(\boldsymbol{r}, t)}{\partial t} + \nabla \cdot \boldsymbol{P}(\boldsymbol{r}, t) = 0$$

$$m = n_1 m_1 + n_2 m_2 \tag{3.8.1}$$

用局域质量浓度表示，则：

$$\frac{\partial x(\boldsymbol{r}, t)}{\partial t} + \nabla \cdot \boldsymbol{j}(\boldsymbol{r}, t) = 0$$

$$\boldsymbol{j}(\boldsymbol{r}, t) = -D \left[\nabla x(\boldsymbol{r}, t) + \frac{D_{12}^h}{T} \nabla T(\boldsymbol{r}, t) + \frac{\left.\frac{\partial \Delta\mu}{\partial p}\right|_{T,x}}{\left.\frac{\partial \Delta\mu}{\partial x}\right|_{T,p}} \nabla p(\boldsymbol{r}, t) \right]$$

$$\Delta\mu = \frac{\mu_1}{m_1} - \frac{\mu_2}{m_2} \tag{3.8.2}$$

$D = D_{12}$——互扩散系数，D_{12}^h——热致扩散比（温度梯度引起的质量浓度流）。

（2）纵向 Navier/Stokes 公式：

$$\frac{\partial}{\partial t}P(\boldsymbol{r},t) - \frac{\eta_{sb}}{\rho m}\nabla^2 P(\boldsymbol{r},t) = -\nabla p(\boldsymbol{r},t) \tag{3.8.3}$$

（3）热扩散方程：

$$\frac{\partial}{\partial t}Q(\boldsymbol{r},t) = x\,\nabla^2 T(\boldsymbol{r},t) - m\rho\left(D_{\text{ion}}^h \frac{\partial\mu}{\partial x}\bigg|_{p,T} - T\frac{\partial\mu}{\partial T}\bigg|_{p,x}\right)\nabla\boldsymbol{j}(\boldsymbol{r},t) \tag{3.8.4}$$

Bhatia – Thornton – March 利用上述方程，在粒子总数 $n=1$ 条件下导出了摩尔分数 – 摩尔分数动态结构因子：

$$S_{cc}(\boldsymbol{q},\omega) = \frac{1}{\beta}[A_7B_7 + A_8B_8]\left[\frac{\partial^2 G}{\partial n_2^2}\right]_{p,T}^{-1} \tag{3.8.5a}$$

$$B_7 = \frac{[\underset{\sim}{k} + X + \sqrt{(\underset{\sim}{k} + X)^2 - 4\underset{\sim}{k}D}]q^2}{\omega^2 + \frac{1}{4}[\underset{\sim}{k} + X + \sqrt{(\underset{\sim}{k} + X)^2 - 4\underset{\sim}{k}D}]^2 q^4} \tag{3.8.5b}$$

$$B_8 = \frac{[\underset{\sim}{k} + \underset{\smile}{X} - \sqrt{(\underset{\sim}{k} + \underset{\smile}{X})^2 - 4\underset{\sim}{k}D}]q^2}{\omega^2 + \frac{1}{4}[\underset{\sim}{k} + \underset{\smile}{X} - \sqrt{(\underset{\sim}{k} + \underset{\smile}{X})^2 - 4\underset{\sim}{k}D}]^2 q^4} \tag{3.8.5c}$$

$$A_7 = \frac{B_8 - D}{B_8 - B_7} \tag{3.8.5d}$$

$$A_8 = \frac{B_7 - D}{B_7 - B_8} \tag{3.8.5e}$$

$$\underset{\smile}{X} = D\left[1 + \frac{Z(D_{\text{ion}}^{\text{h}})^2}{TC_p}\right] \tag{3.8.5f}$$

$$\underset{\sim}{k} = \frac{\Lambda}{\rho C_p} \tag{3.8.5g}$$

March 的书中还介绍了 Bhatia – Thornton – March 所导出的粒子数 – 摩尔分数、粒子数 – 粒子数动态结构因子 $S_{nc}(\boldsymbol{q},\omega)$ 和 $S_{nn}(\boldsymbol{q},\omega)$：

$$S_{nc}(\boldsymbol{q},\omega) = \frac{1}{\beta}\left[A_4B_7 + A_5B_8 + A_6\frac{q}{v_s^{\text{adi}}}\left(\frac{\breve{\omega}_+}{\breve{\omega}_+^2 + \underset{\sim}{u}^2} + \frac{\breve{\omega}_-}{\breve{\omega}_-^2 + \underset{\sim}{u}^2}\right)\right] \tag{3.8.6a}$$

$$\breve{\omega}_+ = \omega + v_s^{\text{adi}} q \tag{3.8.6b}$$

$$\breve{\omega}_- = \omega - v_s^{\text{adi}} q \tag{3.8.6c}$$

$$\underset{\sim}{u} = \frac{q^2}{2}\left[\frac{\eta_{\rm sb}}{\rho} + (\gamma - 1)\underset{\sim}{k} + \frac{\gamma D}{\rho \chi_T}\underset{\sim}{f}^2\right] \tag{3.8.6d}$$

$$\underset{\sim}{f} = \frac{D_{\rm ion}^{\rm h}\alpha_T}{C_p} + \left(\frac{\underline{V}_1 - \underline{V}_2}{n_1\underline{V}_1 + n_2\underline{V}_2} - \frac{m_1 - m_2}{m_1 + m_2}\right)\left(\frac{\partial^2 G}{\partial n_2^2}\right)_{p,T}^{-1} \tag{3.8.6e}$$

$$A_4 = \frac{-D}{\sqrt{(\underset{\sim}{k} + B_7)^2 - 4\underset{\sim}{k}D}}\left[C_4\frac{\underline{V}_1 - \underline{V}_2}{n_1\underline{V}_1 + n_2\underline{V}_2}\left(\frac{\partial^2 G}{\partial n_2^2}\right)_{p,T}^{-1} + \frac{D_{\rm ion}^{\rm h}\alpha_T}{C_p}\right] \tag{3.8.6f}$$

$$C_4 = 1 - \frac{\underset{\sim}{k} + B_7 - \sqrt{(\underset{\sim}{k} + B_7)^2 - 4\underset{\sim}{k}D}}{D} \tag{3.8.6g}$$

$$A_5 = \frac{D}{\sqrt{(\underset{\sim}{k} + B_7)^2 - 4\underset{\sim}{k}D}}\left[C_5\frac{\underline{V}_1 - \underline{V}_2}{n_1\underline{V}_1 + n_2\underline{V}_2}\left(\frac{\partial^2 G}{\partial n_2^2}\right)_{p,T}^{-1} + \frac{D_{\rm ion}^{\rm h}\alpha_T}{C_p}\right] \tag{3.8.6h}$$

$$C_5 = 1 - \frac{\underset{\sim}{k} + B_7 + \sqrt{(\underset{\sim}{k} + B_7)^2 - 4\underset{\sim}{k}D}}{D} \tag{3.8.6i}$$

$$A_6 = -D\underset{\sim}{f} \tag{3.8.6j}$$

式（3.8.6e）等中的 V_1、V_2 是两组元的摩尔体积。

$$S_{\rm nn}(\boldsymbol{q},\omega) = \frac{\rho\chi_T}{\beta\gamma}\left[A_1B_7 + A_2B_8 + k_a + k_b + \frac{A_3 q}{v_{\rm s}^{\rm adi}}(k_c + k_d)\right] \tag{3.8.7a}$$

$$k_a = \frac{\underset{\sim}{u}}{(\omega + v_{\rm s}^{\rm adi}q)^2 + \underset{\sim}{u}^2} \tag{3.8.7b}$$

$$k_b = \frac{Z}{(\omega - v_{\rm s}^{\rm adi}q)^2 + \underset{\sim}{u}^2} \tag{3.8.7c}$$

$$k_c = \frac{\omega + v_{\rm s}^{\rm adi}q}{(\omega + v_{\rm s}^{\rm adi}q)^2 + \underset{\sim}{u}^2} \tag{3.8.7d}$$

$$k_d = \frac{\omega - v_{\rm s}^{\rm adi}q}{(\omega - v_{\rm s}^{\rm adi}q)^2 + \underset{\sim}{u}^2} \tag{3.8.7e}$$

$$A_1 = \frac{1-\gamma}{\sqrt{(\underset{\sim}{k} + X)^2 - 4\underset{\sim}{k}D}}\left\{D - \frac{1}{2}\left[(\underset{\sim}{k} + \underset{\sim}{X}) + \sqrt{(\underset{\sim}{k} + \underset{\sim}{X})^2 - 4\underset{\sim}{k}D}\right] - \eta_a - \eta_b\right\} \tag{3.8.7f}$$

$$\eta_a = \frac{2DD_{\rm ion}^{\rm h}}{T\alpha_T}\frac{\underline{V}_1 - \underline{V}_2}{n_1\underline{V}_1 + n_2\underline{V}_2} \tag{3.8.7g}$$

$$\eta_b = \frac{C_p}{2T\alpha_T^2}\left(\frac{\underline{V}_1 - \underline{V}_2}{n_1\underline{V}_1 + n_2\underline{V}_2}\right)^2\left[(\underset{\sim}{k} + \underset{\sim}{X}) - \sqrt{(\underset{\sim}{k} + \underset{\sim}{X})^2 - 4\underset{\sim}{k}D}\right]\left(\frac{\partial^2 G}{\partial n_2^2}\right)_{p,T}^{-1} \tag{3.8.7h}$$

$$A_2 = \frac{\gamma - 1}{\sqrt{(\underset{\sim}{k} + X)^2 - 4\underset{\sim}{k}D}}\left\{D - \frac{1}{2}\left[(\underset{\sim}{k} + \underset{\smile}{X}) - \sqrt{(\underset{\sim}{k} + \underset{\smile}{X})^2 - 4\underset{\sim}{k}D}\right] - \eta_a - \eta_c\right\} \tag{3.8.7i}$$

$$\eta_c = \frac{C_p}{2T\alpha_T^2}\left(\frac{\underline{V}_1 - \underline{V}_2}{n_1\underline{V}_1 + n_2\underline{V}_2}\right)^2\left[(\underset{\sim}{k} + \underset{\smile}{X}) + \sqrt{(\underset{\sim}{k} + \underset{\smile}{X})^2 - 4\underset{\sim}{k}D}\right]\left(\frac{\partial^2 G}{\partial n_2^2}\right)_{p,T}^{-1} \tag{3.8.7j}$$

$$A_3 = 3\frac{\underset{\sim}{u}}{q^2}\frac{\underline{V}_1 - \underline{V}_2}{n_1\underline{V}_1 + n_2\underline{V}_2} - \frac{2\gamma D}{\rho\chi_T}\underset{\sim}{f} \tag{3.8.7k}$$

另一方面，由对应的相关函数又得：

$$S_{\mathrm{nn}}(\boldsymbol{k},\omega) = \frac{1}{2\pi}\int\langle n(\boldsymbol{k},t)n(\boldsymbol{k},0)\rangle\exp(\mathrm{i}\omega t)\,\mathrm{d}t \tag{3.8.8a}$$

$$S_{\mathrm{cc}}(\boldsymbol{k},\omega) = \frac{1}{2\pi}\int\langle c(\boldsymbol{k},t)c(\boldsymbol{k},0)\rangle\exp(\mathrm{i}\omega t)\,\mathrm{d}t \tag{3.8.8b}$$

$$S_{\mathrm{nc}}(\boldsymbol{k},\omega) = \frac{1}{4\pi}\int\left[\langle n(\boldsymbol{k},t)c(\boldsymbol{k},0)\rangle + \langle c(\boldsymbol{k},t)n(\boldsymbol{k},0)\rangle\right]\exp(\mathrm{i}\omega t)\,\mathrm{d}t \tag{3.8.8c}$$

3.8.2 质量－浓度动态结构因子

在总质量恒定条件下推出用质量－质量、质量－浓度、浓度－浓度相关函数表示的动态结构因子如下。$S_{\mathrm{mm}}(\boldsymbol{q},\omega)$ 比 $S_{\mathrm{nn}}(\boldsymbol{q},\omega)$ 更清晰地反映液体传输性能，因为谈到液体传输性能就涉及动量和作用力，所以必然与质量和密度有关。

$$\begin{aligned} S_{\mathrm{mm}}(\boldsymbol{q},\omega) &= \frac{1}{2\pi m}\int\langle m(\boldsymbol{q},0)m(\boldsymbol{q},t)\rangle\exp(-\mathrm{i}\omega t)\,\mathrm{d}t \\ &= m\left[S_{\mathrm{nn}} + 2\frac{m_1 - m_2}{m}S_{\mathrm{nc}} + \left(\frac{m_1 - m_2}{m}\right)^2 S_{\mathrm{cc}}\right] \end{aligned} \tag{3.8.9a}$$

$$S_{\mathrm{xx}}(\boldsymbol{q},\omega) = \frac{m}{2\pi}\int\langle x(\boldsymbol{q},0)x(\boldsymbol{q},t)\rangle\exp(-\mathrm{i}\omega t)\,\mathrm{d}t = \frac{(m_1m_2)^2}{m^3}S_{\mathrm{cc}} \tag{3.8.9b}$$

$$\begin{aligned} S_{\mathrm{mx}}(\boldsymbol{q},\omega) &= \frac{1}{4\pi}\langle m(\boldsymbol{q},0)x(\boldsymbol{q},t) + x(\boldsymbol{q},0)m(\boldsymbol{q},t)\rangle\int\exp(-\mathrm{i}\omega t)\,\mathrm{d}t \\ &= \frac{m_1m_2}{m}\left(S_{\mathrm{nc}} + \frac{m_1 - m_2}{m}S_{\mathrm{cc}}\right) \end{aligned} \tag{3.8.9c}$$

3.9 动态结构因子的测定[35~38]

动态结构因子可用 INS 测定。图 3.14 是 308K 液 Cs 中用 INS 实测的 $S(q,\omega)/S(q)$ 曲线。

中子散射试验的微分截面如下：

$$\frac{\mathrm{d}\sigma_{\mathrm{sca}}}{\mathrm{d}\Omega} = b^2\int_{-\infty}^{\infty}S(q,\omega)\,\mathrm{d}\omega \tag{3.9.1}$$

Ω 表示立体角，b 是原子散射幅度的积分。

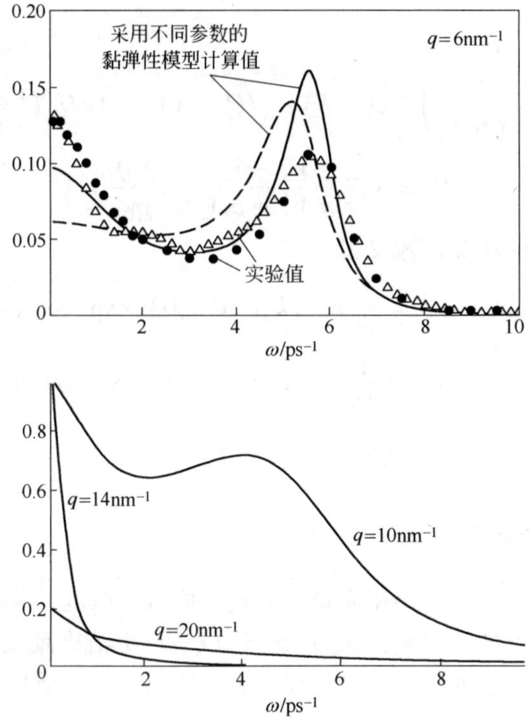

图 3.14　308K 液 Cs 中的 $S(q,\omega)/S(q)$ 曲线

在流体力学极限下 INS 难以得到精确的结果，特别是在 $S(\boldsymbol{q},\boldsymbol{\omega})$ 首峰上升沿之前的低 q 区中测定结果误差相当大。随着 q、ω 增大至约 10nm^{-1}、约 10ps^{-1}，它们能提供可靠的信息。INS 谱的特点是常包含了相干和不相干两部分的作用，必须分离。因为 INS 谱的相干部分对应于集约行为，不相干部分对应于单粒子行为。当试样内声速超过热中子速度（约 1500m/s）时，上述低 q 区中的集约行为很难测定。IXS 可在 INS 有效的大 q、ω 区中实测集约行为，若有同步辐射源支持，则可用于无序体系的研究。所以 IXS 和 INS 的配合是重要的。

激光－BS 谱能在近流体力学极限下精确地测得 Rayleigh－Brillouin 峰，热扩散率，声速及声波的衰减。光子散射的微分截面是：

$$\frac{\mathrm{d}\sigma_{\text{sca}}}{\mathrm{d}\Omega}=\left(\frac{e^2}{m_e c^2}\right)^2\left(\frac{\omega_{\text{sca}}}{\omega_{\text{inc}}}\mid m_{ij}^*\mid^2\right)(\rho_{\text{sca}}+1) \tag{3.9.2}$$

m_e 和（$-e$）是电子的质量及电荷量；下标 sca、inc 分别表示散射光及入射光；ρ_{sca} 是散射光中的光子密度；m_{ij}^* 为矩阵元，该矩阵反映多组元体系内散射过程中由始态至终态的电子迁移，或极化率的起伏，因而它和粒子密度起伏有关：

$$|m_{ij}^*|^2 = \omega_{\text{inc}}^4 \frac{m_e^2}{e^4} \left\langle \sum_{i,j} [\boldsymbol{I}_{\text{inc}}^p \cdot \boldsymbol{A}_j^p \cdot \boldsymbol{I}_{\text{sca}}^p][\boldsymbol{I}_{\text{inc}}^p \cdot \boldsymbol{A}_j^p \cdot \boldsymbol{I}_{\text{sca}}^p]\exp[-\mathrm{i}\boldsymbol{P}_\delta \cdot (\boldsymbol{r}_i - \boldsymbol{r}_j)] \right\rangle \quad (3.9.3)$$

$\boldsymbol{I}^p$ 表示极化率单位矢量；$\boldsymbol{A}_i^p$ 为一个二阶张量，反映分子 i 的极化率，该分子的质量中心在 $\boldsymbol{r}_i$；$\boldsymbol{P}_\delta$ 表征散射过程中的动量迁移。可见，由激光－BS 谱导出电子云的集约信息也是有希望的。

原则上，激光束入射角越大，或试样中粒子密度越低，越能在较大的 q、ω 区中实测集约行为。

另外，应用光子相关谱（PCS）和介电系数谱测定动态结构因子也是有意义的。

将激光－BS 谱用于不透明的金属是否可行？这个问题的理论分析在 20 世纪 70～90 年代就有报道，例如 Bennett 等、Falkovsky 等的论文。测试实践方面的工作可以归纳为如下两点：

（1）入射光束能够透入金属的表层，其厚为 10nm 量级。所以金属的激光－BS 谱也可分为表面谱和本体谱。实际上，Falkovsky 等说明了金属的激光－BS 谱散射截面曲线就含有表征表面声子和体内声子行为的尖峰。

（2）常规的 BS 谱仪就能用于高温，Sinogeikin 等的工作证明 2500K 的 HTBS 是成功的。熔融金属的 HTBS 研究从 20 世纪 70 年代开始，一直延续到本世纪，例如 Bottani 等的测试。如果使用“受激谱”等新测试技术，则可望大大增加谱线强度。

与纵向微观动力学规律不同，横向的规律是没有仪器可用以测定，所以该规律的理论分析结果只能依靠数值模拟验证。332K 液 Rb 中相应于不同 q 值的 $J_t(q,\omega)/J_t(q,0)$ 曲线如图 3.15 所示。

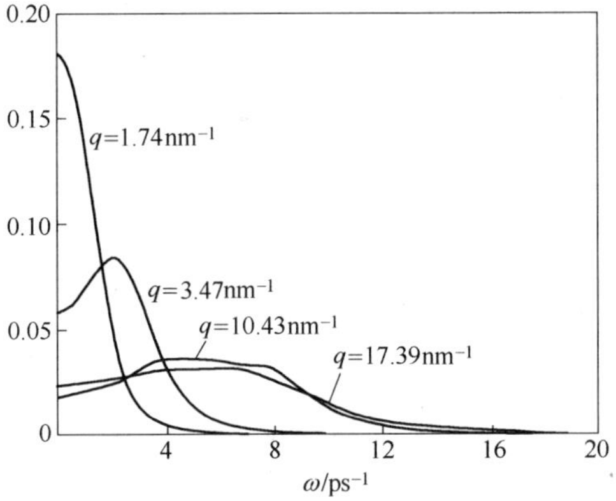

图 3.15　332K 液 Rb 中的 $J_t(q,\omega)/J_t(q,0)$ 曲线

参 考 文 献

[1] March N H. Liquid Metals: Concepts and Theory [M]. NY: Cambridge Univ. Press, 1990.
[2] Boon J P. Yip S. Molecular Hydrodynamics [M]. NY: Mc - Graw - Hill, 1980A.
[3] Hansen J P, McDonald I R. Theory of Simple Liquids [M]. London: Academic Press, 1986.
[4] Balucani U, Zoppi M. Dynamics of the Liquid State [M]. Oxford: Clarendon Press, 1994.
[5] Berne B J, Pecora R. Dynamic Light Scattering with Applications to Chemistry, Biology and Physics [M]. NY: John Wiley & Sons Inc. , 1976.
[6] Crevecœur R M, Smorenburg H E, de Schepper I M. Dynamics In He at 4 and 8K from inelastic neutron scattering [J]. J. High Temperature Phys. , 1996, 105: 149 ~ 183.
[7] Kubo R. The fluctuation dissipation theorem [J]. Rept. Progr. Phys. , 1966, 29: 255 ~ 284.
[8] Nishigori T. On the memory functions in simple classical liquids [J]. J. Statistical Phys. , 1979, 20: 1.
[9] Bhatia A B, Thornton D E, March N A. Dynamical structure factors for a fluid binary mixture in the hydrodynamic limit [J]. Phys. Chem. Liq. , 1974: 97 ~ 111.
[10] Bhatia A B, Thornton D E. Structural aspects of the electrical resistivity of binary alloys [J]. Phys. Rev. B. , 1970, 2 (8): 3004 ~ 3012.
[11] Verkerk P. Dynamics in liquids [J]. J. Phys. : Condens Matter. 2001, 13: 7775 ~ 7799.
[12] Scopigno T, Ruocco G, Sette F. Microscopic dynamics in liquid metals: The experimental point of view [J]. Reviews of Modern Physics, 2005, 77: 881 ~ 933.
[13] Sjögren L. Kinetic theory of current fluctuation in simple classical liquids [J]. Phys. Rev. A. , 1980, 22 (6): 2866 ~ 2882.
[14] Sjögren L, Sjölander L. Kinetic theory of self - motion in monoatomic liquids [J]. J. Phys. C: Solid State Phys. , 1979, 12: 4369 ~ 4392.
[15] Singh S, Tankeshwar K. Collective dynamics in liquid lithium, sodium and aluminum [J]. Phys. Rev. , 2003, 67: 012201.
[16] Singh S, Tankeshwar K. Reply to "Comment on Collective dynamics in liquid lithium, sodium and aluminum" [J]. Phys. Rev. , 2004, 70: 013202.
[17] Scopigno T, Ruocco G. Comment on "Collective dynamics in liquid lithium, sodium and aluminum" [J]. Phys. Rev. 2004, 70: 013201.
[18] Shiwa Y, Isihara A. On the memory function of the dynamic conductivity for two dimensional electrons in a magnetic field [J]. J. Phys. C: Solid State Phys. , 1983, 16: 4853 ~ 4864.
[19] Kob W. The Mode Coupling Theory of the Glass Transition, arXiv : cond - mat/9702073v1 [cond - mat. stat - mech] 9 - Feb 1997.
[20] Bagchi B, Bhattacharyya S. Mode coupling theory approach to the liquid state dynamics [C]. Advances in Chemical Physics, NY: John Wiley & Sons Inc. 2001, 116: 67 ~ 221.
[21] Fonseca T, Gomes J A N F, Grigilini P, Marchesoni F. The theory of chemical reaction rates [C]. Advances in Chemical Physics LXII, Memory Function Approaches to Stochastic Problems in Condensed Matter, ed. Eavns M W, et al. , NY: John Wiley & Sons Inc. 1985: 389 ~ 444.

[22] Reichman D R, Charbonneau P. Mode Coupling Theory [J]. J. Statistical Mechanics: Theory and Experiment, IOP Publishing Ltd., 2005.

[23] 徐英武，施蕴渝．包括原子间相互作用时的 Kubo 关系 [J]. 原子与分子物理学报，1995, 12 (2): 139 ~ 142.

[24] 徐桦，邵俊．LiCl 熔盐玻璃的记忆函数 [J]. 上海大学学报（自然科学版），1995, 1 (5): 509 ~ 513.

[25] Rahman A. Propagation of density fluctuation in liquid Rubidium: A molecular dynamic study. [J]. Phys. Rev. Lett., 1974, 32 (2): 52 ~ 54.

[26] Rahman A. Density fluctuation in liquid Rubidium: Ⅱ molecular dynamic calculation [J]. Phys. Rev., 1974, A9 (4): 1667 ~ 1671.

[27] Gonzalez D J, Gonzalez L E, Lopez J M, Stott J. Dynamic structure in a molten binary alloy by ab - initio molecular dynamics: Crossover from hydrodynamics to microscopic regime, 2008, arXiv: cond - mat/0208158vl.

[28] Chai J D, Stroud D. Ab - initio studies of liquid and amorphous Ge, 2004, arXiv: cond - mat/0418005vl.

[29] Chai J D, Stroud D, Hafner J, Kresse G. Dynamic structure factor of liquid and amorphous Ge from ab - initio simulation [J]. Phys. Rev., 2003, B67: 104205.

[30] Bermejo F J, Fernandez - Perea R, Cabrillo C. Uncommon features in the dynamic structure factor of a molten transition metal [J]. J. Non - crystal. Solids, 2007, 353: 3113 ~ 3121.

[31] Bryk T, Mryglod I. Generarized collective modes in liquid Cessium [J]. J. Phys. Studies, 2004, 8 (1): 35 ~ 46.

[32] Enciso E, Almarza N G, del Prado V, Bermejo F J, Lopez Zapata E, Ujaldon M. Molecular dynamics simulation on simple fluids: Departure from linearized hydrodynamic behavior of the dynamic structure factor [J]. Phys. Rev. E., 1994, 50 (2): 1336 ~ 1340.

[33] Alvarez M, Bermejo F J, Verkerk P, Roessli B. High frequency dynamics in a molten binary alloy [J]. Phys. Rev. Lett., 1998, (80) 10: 2141 ~ 2144.

[34] Pratap A, Lad K N, Raval K G. Structure factors and phonon dispersion in liquid $Li_{0.61}Na_{0.39}$ alloy [J]. Indian Academy of Sci., 2004, 63 (2): 431 ~ 435.

[35] Bennett B I, Maradudin A A, Swanson L R. A theory of the Brillouin scattering of light by acoustic phonons in a metal [J]. Annals of Physics, 1972, 71: 357 ~ 394.

[36] Bottani C E, Li Bassi A, Tanner B K, Stella A, Tognini P, Cheyssac P, Kofman R. Brillouin scattering investigation of melting in Sn nanoparticles [J]. Materials Science and Engineering: C., 2001, 15 (1 ~ 2), 41 ~ 43.

[37] Falkovsky L A, Mishchenko E G. Theory of electronic Brillouin scattering in metals [J]. Am. Institute of Phys., 1994: 726 ~ 732.

[38] Sinogeikin S V, Lakshtanov D L, Nicholas J D, Jackson J M, Bass J D. High temperature elasticity measurements on oxides by Brillouin spectroscopy with resistive and IR laser heating [J]. Journal of the European Ceramic Society, 2005, 25: 1313 ~ 1324.

4 离 子 迁 移

4.1 扩散和自扩散[1~9]

在静止的不均匀浓度（密度、活度）场中组元的迁移现象就是扩散。浓度（密度、活度）梯度正是引起扩散的动力。当该梯度趋于零时，不再是扩散而是自扩散了。热涨落是自扩散的动力。有流动时，流速起伏对扩散的影响不在本节中讨论。

4.1.1 扩散系数和动态结构因子的关系

4.1.1.1 自扩散

20 世纪 90 年代前 Iida/Guthrie 指出，液态金属中的自扩散研究十分贫乏，只有熔融 Li、Na、K、Cu、Zn、Ga、Rb、Ag、In、Sn、Hg 和 Pb 有实验数据，而金属液中溶质（特别是 H、N、O 等间隙原子）的扩散系数更缺少可靠性。他们的书中介绍了若干理论研究，但笔者认为有价值的理论研究只能植根于熔融金属的微结构，也就是说务必把扩散系数和结构因子（静态的和动态的）联系起来。

描述溶液中离子迁移的 Fick 扩散定律如下：

$$\frac{\partial}{\partial t}\boldsymbol{S}_{\mathrm{s}}(\boldsymbol{r},t) = D_{\mathrm{s}}\nabla_{\mathbf{r}}^{2}S_{\mathrm{s}}(\boldsymbol{r},t) \tag{4.1.1}$$

$S_{\mathrm{s}}(\boldsymbol{r},\ t)$ 的说明见式（3.2.13）。若 t_0 时该离子处于坐标原点，则解得：

$$S_{\mathrm{s}}(\Delta\boldsymbol{r},\tau) = \frac{1}{(4\pi D_{\mathrm{s}}t)^{3/2}}\exp\left[-\frac{(\Delta\boldsymbol{r})^2}{4D_{\mathrm{s}}t}\right] \tag{4.1.2a}$$

$(\Delta\boldsymbol{r})^2$ 正是体系中热涨落的表征。D_{s} 也可表示为 Green – Kubo 关系，见式（3.2.25）。当涨落充分衰减后：

$$D_{\mathrm{s}} = \lim_{t\to\infty}\left[\frac{\langle(\Delta\boldsymbol{r})^2\rangle}{6t}\right] \tag{4.1.2b}$$

$$\langle(\Delta\boldsymbol{r})^2\rangle = 6D_{\mathrm{s}}t \tag{4.1.2c}$$

在流体力学规范下，自扩散系数又可表示为：

$$D_{\mathrm{s}} = \pi\lim_{\omega\to 0}\omega^2\lim_{q\to 0}\frac{S_{\mathrm{s}}(\boldsymbol{q},\omega)}{q^2} \tag{4.1.3}$$

再由式（3.3.1a）所示经典的 Langevin 方程式可得 Einstein 关系：

$$D_s = \frac{1}{\beta\xi(0)} \tag{4.1.4}$$

$\xi(0)$ 表示与时间无关的耗散系数。

另一方面，如果$\langle v(t)v(0)\rangle$的积分可看作简谐模式的总和，则：

$$D_s = \frac{1}{3\beta m\rho}\int_0^t \mathrm{d}t\sum_\omega \cos\omega t\exp\left(-\frac{t}{\tau}\right) \tag{4.1.5a}$$

或：

$$D_s = \frac{V^{2/3}}{3\beta\pi}\left(\frac{3\rho}{4\pi}\right)^{1/3}\left(\frac{1}{m\rho v_{sl}^2\tau}+\frac{2}{m\rho v_{st}^2\tau}\right) \tag{4.1.5b}$$

τ——过程持续时间；v_{sl}，v_{st}——纵向和横向声速；$m\rho v_{sl}^2$——体弹性模量；$m\rho v_{st}^2$——剪切模量。进一步还可导出：

$$D_s = \frac{1}{3\beta\pi}\left(\frac{3\rho}{4\pi}\right)^{1/3}\left(\frac{1}{\eta_b}+\frac{2}{\eta_s}\right) \tag{4.1.6}$$

此外，Shimaji 指出自扩散系数是 Debye 频率 ω_d 的函数：

$$D_s\omega_d = \frac{\pi}{2\beta m} \tag{4.1.7}$$

若 $\varphi(r)$ 是仅与离子结构有关的偶势，则：

$$D_s = \frac{1}{\beta m}\left\{\frac{4\pi\rho}{3m}\int_0^\infty r^2 g(r)\left[\frac{2}{r}\frac{\mathrm{d}}{\mathrm{d}r}\varphi(r)\right]\mathrm{d}r\right\}^{-1/2} \tag{4.1.8}$$

事实上，只在流体力学极限下 D_s 才是单值的。由于热起伏可有不同的波长和频率，所以必须看到在不同尺度的局域内 D_s 会有不同的数值，而且有不同的衰减。式（3.6.1）~式(3.6.3）说明了从流体力学极限到粒子自由运动极限下 $S_s(\boldsymbol{q},\omega)$ 的变化，从而也可以了解 $D_s(\boldsymbol{q},\omega)$ 的特性。

4.1.1.2 扩散

如果有浓度梯度，就不再是单粒子迁移而是集约的迁移。由 Fick 扩散定律可给出如下关系：

$$j(\boldsymbol{q},\omega) = -D\nabla\rho(\boldsymbol{q},\omega) \tag{4.1.9}$$

$$\frac{\partial}{\partial t}\rho(\boldsymbol{q},t) = -q^2\int_0^t D(q,t-t')\rho(\boldsymbol{q},t') \tag{4.1.10}$$

经 LT，又有：

$$S(\boldsymbol{q},z) = \frac{S(\boldsymbol{q})}{z+D(q,z)} \tag{4.1.11}$$

$D(q,z)$ 作为 $\boldsymbol{q}$ 的函数，其意义是 $\boldsymbol{q}$ 矢上某点的粒子流和另一点的浓度梯度间的关系；作为 z 的函数它就是一种记忆函数，表明某一时刻的粒子流和前一时刻浓度梯度间的关系。在流体力学极限下：

$$D = \lim_{q\to\infty} \lim_{z\to\infty} D(q,z) \tag{4.1.12}$$

4.1.2 二元合金中两组元间的互扩散

式（3.8.2）已给出了二元合金中溶剂 1 和溶质 2 间的互扩散系数 $D_{12}(q, t)$。此种互扩散也是集约行为，渣钢反应脱硫时钢水中硫的扩散就是一例。它取决于该合金中的偏动态结构因子 $S_{cc}(q, t)$。低浓度合金中的 $D_{12}(q, t)$ 也可以由实测的 Rayleigh 峰的半高宽得到，见图 4.1。事实上该半高宽取决于热扩散和成分扩散的综合作用。若三元合金中两溶质都是低浓度，则同样的方法也可用以测定 $D_{23}(q, t)$。

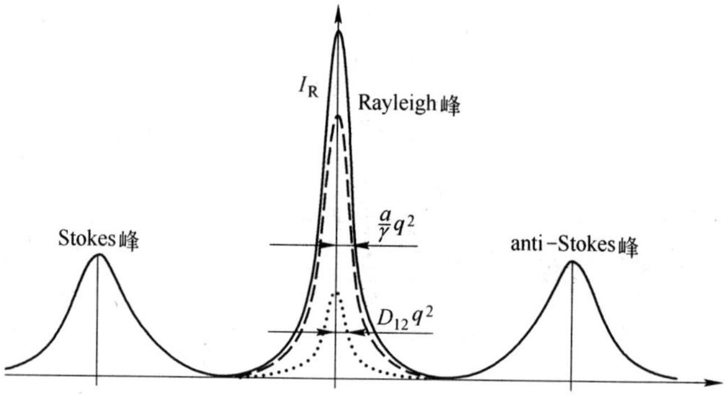

图 4.1　二元合金中两组元间互扩散和 Rayleigh 峰半高宽的关系

图 4.2 是二元溶液的归一化自扩散系数、互扩散系数以及它们之差，该溶液呈 L-J 势。此图的横坐标 t 对应于相空间中的 ω。

以上已说明不能只认识流体力学极限下的扩散系数，因为熔体中的密度起伏有其波长和频率的分布，在时间和空间的微域内的扩散系数 $D(q, \omega)$ 等都有其不可忽视的作用。

4.1.3 合金中无相互作用的两种溶质间的互扩散

钢水用还原渣脱硫时钢水中出现氧原子和硫原子相对的集约迁移，钢水凝固过程中也会有两种溶质的相对迁移。Nagele/Dhont/Meier 给出了两溶质间有相对迁移时相对的数密度起伏 $S_{\Leftrightarrow}(q,t)$：

$$S_{\Leftrightarrow}(q,t) = c_2c_3[c_3S_{22}(q,t) + c_2S_{33}(q,t) - 2\sqrt{c_2c_3}S_{23}(q,t)] \tag{4.1.13a}$$

它是一个二阶方程。

$$\boldsymbol{S}(q,t)=\begin{bmatrix} S_{11}(q,t) & S_{12}(q,t) & S_{13}(q,t) \\ S_{21}(q,t) & \multicolumn{2}{c}{\multirow{2}{*}{$S_{\Leftrightarrow}(q,t)$}} \\ S_{31}(q,t) & & \end{bmatrix} \tag{4.1.13b}$$

三阶方程 $\boldsymbol{S}(q,t)$ 是该溶液的动态结构因子。

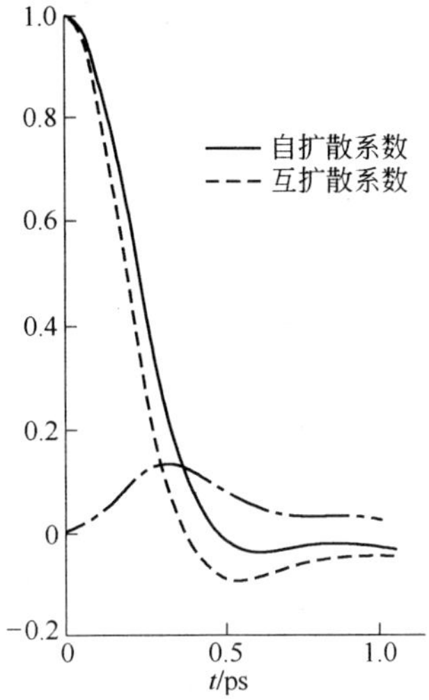

图 4.2　二元 L－J 势溶液的归一化自扩散系数、互扩散系数以及它们之差

如果两溶质具有几乎相近的性质，那么 $S_{\Leftrightarrow}(0,0)\to c_2c_3$。若 $S_{\Leftrightarrow}(0,0)<c_2c_3$，表明它们倾向于聚合，反之两者相斥而分离则 $S_{\Leftrightarrow}(0,0)>c_2c_3$。

在流体力学极限下 $S_{\Leftrightarrow}(q,\ t)$ 决定了互扩散系数 $D_{\Leftrightarrow}$：

$$D_{\Leftrightarrow}=\lim_{q\to 0}\lim_{t\to\infty}\left[-\frac{1}{q^2}\frac{\partial}{\partial t}\ln S_{\Leftrightarrow}(q,t)\right]$$

$$=\frac{1}{S_{\Leftrightarrow}(0)}\lim_{q\to\infty}\int_0^{\infty}\langle j_{\Leftrightarrow}(\boldsymbol{q},t)j_{\Leftrightarrow}(-\boldsymbol{q},t)\rangle \mathrm{d}t \tag{4.1.14}$$

$$j_{\Leftrightarrow}(\boldsymbol{q},t)=c_2c_3\left[\frac{1}{\rho_2}\sum \boldsymbol{v}_2\exp(\mathrm{i}\boldsymbol{q}\cdot\boldsymbol{r}_2)-\frac{1}{\rho_3}\sum \boldsymbol{v}_3\exp(\mathrm{i}\boldsymbol{q}\cdot\boldsymbol{r}_3)\right]$$

上式中的 $j_{\Leftrightarrow}(\boldsymbol{q},\ t)$ 表示相对的粒子流，$v_2(\parallel \boldsymbol{q})$ 和 $\boldsymbol{r}_2$ 是溶质 2 某个粒子的速度和位置，式中的叠加是遍及溶质 2 所有粒子的求和，溶质 3 的类同。如果在任何时刻都可忽略 $\langle v_2(t)v_3(0)\rangle$ 的影响且 $S_{\Leftrightarrow}(0,0)\to c_2c_3$，则：

$$D_{\Leftrightarrow}\propto[c_3D_{s2}+c_2D_{s3}] \tag{4.1.15}$$

要注意两个自扩散系数可能会有相当大的差异，此种情况下 $D_{\Leftrightarrow}$ 主要由两个自扩散系数之一决定。若合金中有浓度梯度，粒子集约运动对 $D_{\Leftrightarrow}$ 会有其作用。

4.1.4 扩散的微观机制

4.1.4.1 概述

从微观上看，离子的各种扩散过程都是通过晶格中空位（包括间隙原子的空缺）的跳跃而实现的。在热平衡条件下，空位有确定的数量。例如，以 n_v 表示空位摩尔数：

$$n_v \approx N_A \exp(-\beta\varepsilon_v) \tag{4.1.16}$$

N_A——Avergadro 常数，ε_v——每形成一个空位所需的能量，即将一个离子从熔体内移至表面所需的能量。

事实上，每一个空位都处于振动状态，其频率为 ω_{vv}，且振动平衡点的周围都有一势垒 $\Delta\varepsilon$ 存在。因此，空位的跳跃率是：

$$\breve{j}_v = \tilde{P}_v \omega_{vv} \exp[-\beta(\Delta\varepsilon + \varepsilon_v)] \tag{4.1.17}$$

$\tilde{P}_v$——邻近格点为空位的几率。

宏观上用来描述温度对扩散影响的 Arrhenius 定律为：

$$D_s = D_s^* \exp(-E_0/RT) \tag{4.1.18}$$

$$\begin{aligned} D_s^* &= \delta\omega_{vv}\Delta_{vj}^2 \\ E_0 &= N_A(\Delta\varepsilon + w) \end{aligned} \tag{4.1.19}$$

E_0——扩散激活能，实际上它正是势垒和空位形成能之和的宏观表征。Δ_{vj}——空位每次跳跃的平均步长。若合金中有浓度梯度则此式不再适用。

若晶格中某两点间有化学势的差异，则互扩散过程就变为定向的了。此时两点间的扩散激活能应再增加一个因子（$\partial\mu_i/\partial x$），x——扩散方向。另外，原子尺度的显著不同和形成附加键合或出现溶媒化倾向的强弱，会引起相应扩散系数测定值的巨大误差，例如近 100%。

所以从熔态物理来看，自扩散问题的研究核心在于用偶势/偶相关函数使 $\Delta\varepsilon$ 和 ε_v，包括它们的温度和压力系数定量化。Δ_{vj} 和 $\tilde{P}_v$ 的确定可能较简单，MD 模拟可用于 Δ_{vj} 的定量，而 $\tilde{P}_v$ 应和 ε_v 相关。

4.1.4.2 Kramer 的一维势垒跨越理论

在相空间内一个系综受外力 $F(q)$ 作用时其扩散过程遵守 Smoluchowski 扩散定律：

$$\frac{\partial\rho(q,t)}{\partial t} = -\frac{\partial}{\partial q}\left[\frac{F(q)}{\eta_s}\rho(q,t) - \frac{\breve{T}}{\eta_s}\frac{\partial\rho(q,t)}{\partial q}\right] = -\frac{\partial}{\partial q}j(q) \tag{4.1.20}$$

若 η_s 足够大，则外力远小于随机力 $F_{ran}(t)$。因此，在每个 q 点上都有动量 P 的 Maxwell 分布问题：

$$\rho(q,P,t) = \rho(q,t)\exp\left(-\frac{P^2}{2\breve{T}}\right) \tag{4.1.21}$$

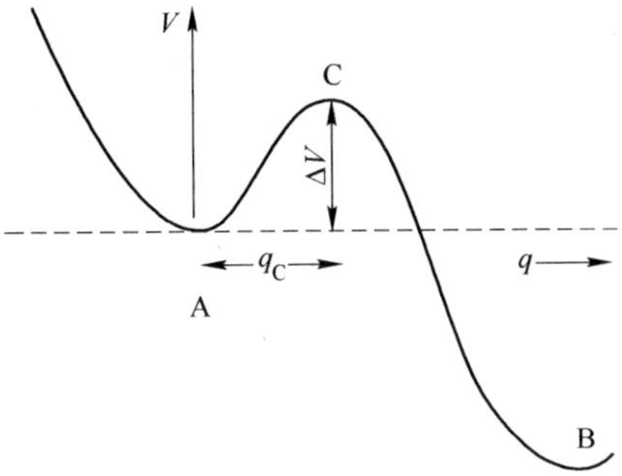

图 4.3 Kramer 的一维势垒跨越理论

图 4.3 中，设 A 点和 B 点都位于势能曲线 $V(q)$ 的谷底，处于 A 点的粒子要越过 C 点处的势垒移至 B 点。C 点处的势垒 ΔV 取决于：

$$V(q_{\sim C}) = \Delta V - \frac{1}{2}[2\pi j(q_{\sim C})]^2 q_C^2 \tag{4.1.22}$$

下标"~C"表示 C 点附近。A→B 的扩散流是：

$$J(q) = \frac{\breve{T}}{\int_A^B \eta_s \exp\left[\frac{V(q)}{\breve{T}}\right]\mathrm{d}q}\left\{\rho\exp\left[\frac{V(q)}{\breve{T}}\right]\right\}_{\sim A} \tag{4.1.23}$$

下标"~A"表示 A 点处的值。A 点处的粒子摩尔数：

$$n_A = \int_{-\infty}^{\infty}\left\{\rho\exp\left[\frac{V(q)}{\breve{T}}\right]\right\}_{\sim A}\exp\left\{-\frac{[2\pi j(q)]^2 q^2}{2\breve{T}}\right\}\mathrm{d}q$$

$$= \frac{1}{j(q)}\sqrt{\frac{\breve{T}}{2\pi}}\left\{\rho\exp\left[\frac{V(q)}{\breve{T}}\right]\right\}_{\sim A} \tag{4.1.24}$$

单位时间内 A→B 的几率是：

$$\tilde{P}_{A\to B} = \frac{j(q)}{n_A} = \frac{2\pi j(q)^2}{\eta_s}\sqrt{\frac{\pi\Delta V}{\breve{T}}}\exp\left(-\frac{\Delta V}{\breve{T}}\right) \tag{4.1.25}$$

在低黏度条件下：

$$\tilde{P}_{A\to B} = \frac{\eta_s\Delta V}{\breve{T}}\exp\left(-\frac{\Delta V}{\breve{T}}\right) \tag{4.1.26}$$

4.2　黏度[1~4,9]

4.2.1　黏度的物理意义

剪切黏度的定义可由应力张量引入：

$$\boldsymbol{S}^{\mathrm{tr}} + p\boldsymbol{I} = 2\eta_{\mathrm{s}} \nabla \boldsymbol{v} \tag{4.2.1}$$

而：

$$\begin{aligned}(\nabla \boldsymbol{v})_{\mathrm{xx}} &= \frac{1}{3}\left(2\frac{\partial \boldsymbol{v}_{\mathrm{x}}}{\partial x} - \frac{\partial \boldsymbol{v}_{\mathrm{y}}}{\partial y} - \frac{\partial \boldsymbol{v}_{\mathrm{z}}}{\partial z}\right) \\ (\nabla \boldsymbol{v})_{\mathrm{xy}} &= \frac{1}{2}\left(\frac{\partial \boldsymbol{v}_{\mathrm{y}}}{\partial x} + \frac{\partial \boldsymbol{v}_{\mathrm{x}}}{\partial y}\right)\end{aligned} \tag{4.2.2}$$

（$\partial \boldsymbol{v}_{\mathrm{x}}/\partial x$）等速度偏微分取决于连续性方程和动量－迁移方程：

$$\frac{\partial}{\partial t}(m\rho) + \nabla \cdot (m\rho \boldsymbol{v}) = 0 \tag{4.2.3}$$

$$m\rho\left(\frac{\partial \boldsymbol{v}}{\partial t} + \boldsymbol{v} \cdot \nabla \boldsymbol{v}\right) - \nabla \cdot \boldsymbol{S}^{\mathrm{tr}} = \boldsymbol{F} \tag{4.2.4}$$

当力矢量 $\boldsymbol{F}=0$ 时，式（4.2.2）和式（4.2.3）导致线性 Naver－Stokes 公式：

$$m\rho \frac{\partial \boldsymbol{v}}{\partial t} = -\nabla \boldsymbol{p}_0 + \eta_{\mathrm{s}} \nabla^2 \boldsymbol{v} + \left(\eta_{\mathrm{b}} + \frac{1}{3}\eta_{\mathrm{s}}\right)\nabla^2 \boldsymbol{v} \tag{4.2.5}$$

若$\boldsymbol{v}_t(\boldsymbol{r},\ t)$ 表示横向流速，$\boldsymbol{v}_l(\boldsymbol{r},\ t)$ 表示纵向流速，则：

$$\boldsymbol{v}(\boldsymbol{r},t) = \boldsymbol{v}_l(\boldsymbol{r},t) + \boldsymbol{v}_t(\boldsymbol{r},t) \tag{4.2.6a}$$

$$m\rho \frac{\partial \boldsymbol{v}_t(\boldsymbol{r},t)}{\partial t} = \eta_{\mathrm{s}} \nabla^2 \boldsymbol{v}_t(\boldsymbol{r},t) \tag{4.2.6b}$$

$$m\rho \frac{\partial \boldsymbol{v}_l(\boldsymbol{r},t)}{\partial t} = -\nabla \boldsymbol{p}_0 + \left(\eta_{\mathrm{b}} + \frac{1}{3}\eta_{\mathrm{s}}\right)\nabla^2 \cdot \boldsymbol{v}_l(\boldsymbol{r},t) \tag{4.2.6c}$$

若 η_{s} 不随剪切速率$\nabla^2 \boldsymbol{v}_t(\boldsymbol{r},\ t)$ 变化，该熔体称作 Newton 流体。

式（4.2.6b）和 $\boldsymbol{F}(r,\ t)=0$ 条件下的经典 Langevin 方程是对应的，所以 $\xi=\eta_{\mathrm{s}}$。这就是剪切黏度的物理意义。

用离子间偶势及偶相关系数描述 η_{s}，例如 Born/Green 公式：

$$\eta_{\mathrm{s}} = \frac{2\pi}{15}\rho^2\sqrt{\beta m}\int_0^{\infty} \frac{\mathrm{d}\varphi(r)}{\mathrm{d}r} g(r) r^4 \mathrm{d}r \tag{4.2.7}$$

是熔体物理的研究目标。但当前类似的公式中大都含有近似处理的参数。另外，还有不少问题有待澄清。例如，体积对平衡时偶相关函数 $g(R)$ 的影响等。

图 4.4 中 L－J 势液体内归一化的剪切黏度和体黏度曲线对应于它们在相空

间中随 ω 的变化。

以 $\boldsymbol{p}_0$ 表示静压，体黏度的定义是：

$$\boldsymbol{p} = \boldsymbol{p}_0 + \eta_b \nabla \boldsymbol{v} \tag{4.2.8}$$

Hansen/McDonald 按线性响应 - 起伏耗散理论指出：

$$\begin{aligned}\eta_b &= \beta \underline{V} \int_0^\infty \langle \tilde{d}\boldsymbol{p}(t)\, \tilde{d}\boldsymbol{p}(0) \rangle \, dt \\ &= - \frac{\underline{V}[\boldsymbol{p}(t) - \boldsymbol{p}(0)]}{\lim\limits_{\delta t \to 0} \dfrac{\partial \underline{V}(t)}{\partial t}}\end{aligned} \tag{4.2.9}$$

$\langle \tilde{d}\boldsymbol{p}(t)\, \tilde{d}\boldsymbol{p}(0) \rangle$——压力起伏自相关函数。此式和 η_b 的定义是完全一致的，它们说明：体黏度的物理意义——熔体以某种速率膨胀或收缩时的压力与静压之差。所以，η_b 应和 χ_T 有关。

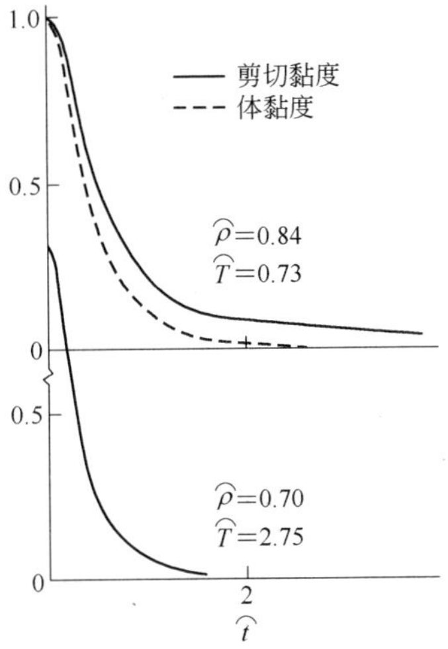

图 4.4　L - J 势液体内归一化的剪切黏度和体黏度曲线

Okumura 等[10] 在此基础上推出了：

$$\eta_b = -\frac{\rho^2 \tau}{18m^2} \int_0^\infty \left[r \frac{d\varphi(r)}{dr} + 2\varphi(r) \right] \cdot \Gamma(r,\rho) \cdot 4\pi r^2 dr$$

$$\Gamma(r,\rho) = r\left[\frac{\partial g(r,\rho)}{\partial r}\right]_\rho - 3\rho\left[\frac{\partial g(r,\rho)}{\partial \rho}\right]_r \tag{4.2.10}$$

τ——$g(r, \rho)$ 的时间常数，即 $g(r, \rho)$ 再不是一个静态的概念。

纵向黏度 η_{sb} 可用下式计算：

$$\pi \lim_{\omega \to 0} \lim_{q \to 0} \frac{\omega^4 S(\boldsymbol{q},\omega)}{q^4} = \pi \lim_{\omega \to 0} \lim_{q \to 0} \frac{\omega^2 J_l(\boldsymbol{q},\omega)}{q^2} = \frac{\eta_{sb}}{\beta \rho m^2} \neq D_s \tag{4.2.11}$$

4.2.2　黏弹性模型

剪切黏度和自扩散的内在机制是相关的。但自扩散可以看作是单个粒子的迁移，剪切黏度则涉及粒子的集约运动。描述黏滞流动时熔体集约行为的是横向流相关函数：

$$J_t(q,t) = \langle \sum_i \{ \boldsymbol{v}_{ix}(0) \exp[-iqz_i(0)] \} \sum_j \{ \boldsymbol{v}_{jx}(t) \exp[-iqz_i(t)] \} \rangle \tag{4.2.12}$$

$\boldsymbol{v}_x$——沿 x 轴的速度。

$$J_t(q,t) = J_t(q,0) \exp\left(-\frac{q^2 t^2}{2\beta m}\right) \tag{4.2.13}$$

在流体力学极限下：

$$\eta_s = \pi\beta\rho m^2 \lim_{\omega\to 0}\lim_{q\to 0}\frac{\omega^2 J_t(\boldsymbol{q},\omega)}{q^4}$$
$$J_t(q,t)_{q\to 0} = J_t(q,0)\exp\left(-\frac{\eta_s q^2}{\rho m}t\right) \tag{4.2.14}$$

归一化的横向流相关函数及其 LT 结果是：

$$\hat{J}_t(q,t) = \frac{J_t(q,t)}{J_t(q,0)} \tag{4.2.15a}$$

$$\hat{J}_t(q,z) = [z + \hat{m}_t(q,z)]^{-1} = \left[z + \frac{q^2}{\rho m}\hat{\eta}_s(q,z)\right]^{-1} \tag{4.2.15b}$$

$\hat{m}_t(q,z)$——横向流记忆函数，它再经 LT 后的初值是：

$$m_t(q,t=0) = \frac{q^2}{\rho m}\left\{\frac{\rho}{\beta} + \frac{\rho^2}{q^2}\int\frac{\partial^2\phi(r)}{\partial x^2}g(r)[1-\exp(\mathrm{i}qz)]\mathrm{d}r\right\} \tag{4.2.16}$$

从横向流自相关函数可导出广义的剪切黏度：

$$\eta_s(q,z=0) = \frac{\rho}{\beta q}[J_t(q,z=0)]^{-1} = \frac{\rho m}{q^2}m_t(q,z=0) \tag{4.2.17}$$

图 4.5 是 332K 下液 Rb 的 $\eta_s(q,z=0)/\eta_s(q=0)$ 曲线。

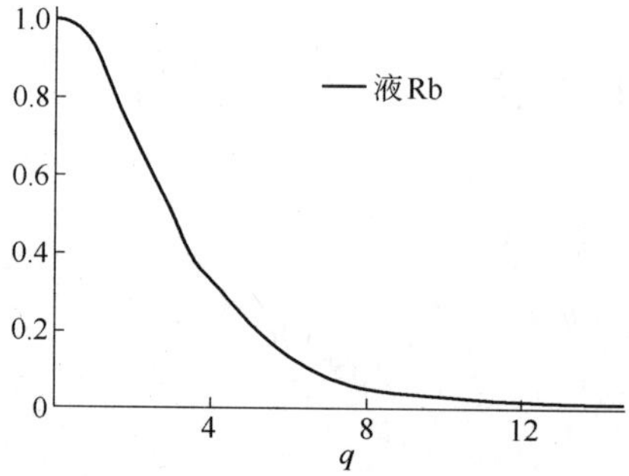

图 4.5　332K 下液 Rb 的 $\eta_s(q,z=0)/\eta_s(q=0)$ 曲线

由横向流自相关函数还可得到动力学黏度的信息，在流体力学极限下：

$$J_t(\boldsymbol{q},\omega) = \frac{q^2}{\pi\beta m}\frac{\eta_s^k q^2}{\omega^2 + (\eta_s^k q^2)^2} \tag{4.2.18}$$

当偏离流体力学极限时 $\eta_s^k \to \eta_s^k(q,\omega)$。

若有一外力突然作用于熔体：

$$\sigma_{xz} = -G^m\left(\frac{\partial r_x}{\partial z} + \frac{\partial r_z}{\partial x}\right) \tag{4.2.19}$$

σ_{xz}——xz 平面上的应力，G^{m}——瞬间刚性模量。黏弹性模型给出：

$$\left(\frac{1}{\eta_{\mathrm{s}}}+\frac{1}{G^{\mathrm{m}}}\frac{\partial}{\partial t}\right)\sigma_{xz}=-\left(\frac{\partial^2 r_x}{\partial z^2}+\frac{\partial^2 r_z}{\partial x^2}\right) \tag{4.2.20}$$

$$\eta_{\mathrm{s}}(\omega)=\frac{G^{\mathrm{m}}\tau_{\mathrm{M}}}{1-\mathrm{i}\omega\tau_{\mathrm{M}}} \tag{4.2.21a}$$

$$\eta_{\mathrm{s}}^{\mathrm{k}}(q,t=0)=\frac{G^{\mathrm{m}}}{\rho m} \tag{4.2.21b}$$

τ_{M}——Maxwell 弛豫时间。η_{s} 和浓度的关系几乎是线性的，但浓度的起伏会导致所谓的过剩体黏度。由黏弹性模型得到的纵向黏度则是式（3.5.5）所示 $\tau_l(q)$ 的函数：

$$\eta_{\mathrm{sb}}(q,t)=\left[\frac{\langle\omega^4(q)\rangle}{\langle\omega^2(q)\rangle}-\frac{q^2}{\beta m S(q)}\right]\exp\left[-\frac{t}{\tau_l(q)}\right] \tag{4.2.22}$$

4.2.3 过渡金属液中黏度的模拟研究

Bermejo 等完成了 1800K 下 Ni 液（4000 个粒子）中黏度的 MD 模拟计算，其结果如图 4.6 所示[11]。

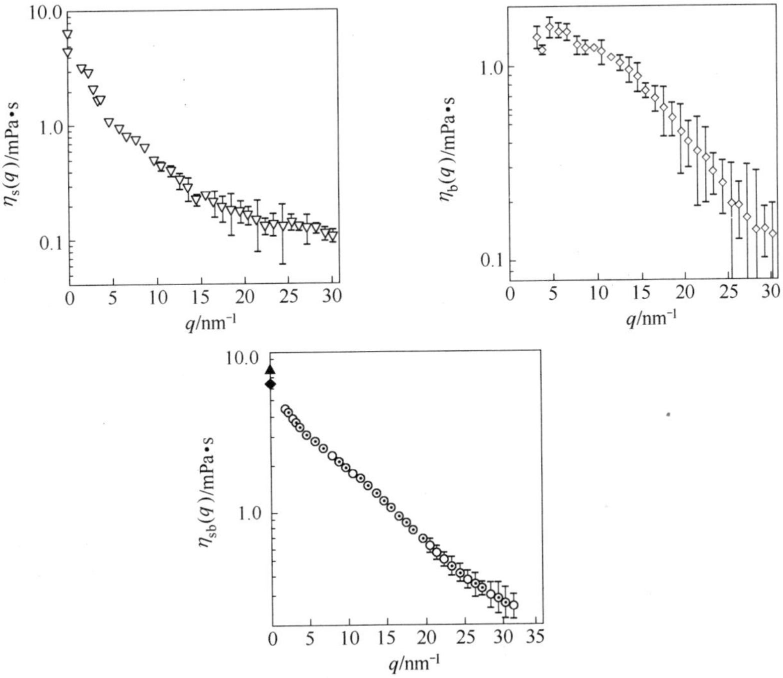

图 4.6　1800K 下 Ni 液（4000 个粒子）中黏度的 MD 模拟计算

Hansen/McDonard 书中有关于用 NEMD（non equilibrium molecular dynamics）研究黏度的评论。

4.2.4　Kramer 理论的引用

若用一个总力取代随机力，借助 Kramer 的一维势垒跨越理论可将耗散系数改写成：

$$\xi(\omega)=\frac{\beta}{6}j_{pz}(\omega)\langle F(\omega)^2\rangle \tag{4.2.23}$$

$\langle F(\omega)^2\rangle$——统计平均的力能谱，$j_{pz}(\omega)$——相碰撞的粒子流。

参照图 4.7，设 $r>r_a$ 的远程粒子对迁移中的粒子无力的作用：

$$j_{pz}=\pi r_d^2\exp[-\beta E(r_a)]\sqrt{\frac{16}{\pi\beta m}}\rho\left\{\sqrt{1+\left[\frac{\xi(r_a)}{m\omega_a}\right]^2}-\frac{\xi(r_a)}{m\omega_a}\right\}$$

$$\omega_a=\frac{\sqrt{\dfrac{4\pi}{\beta m}}}{\int_{r_A}^{r_c}\exp\{\beta[\breve{E}(r)-\breve{E}(r_a)]\}\mathrm{d}r} \tag{4.2.24}$$

$$\breve{E}(r)=E(r)-\frac{2\ln r}{\beta}$$

$E(r)$ ——总力所致的作用能，ω_a——截止频率，r_a——导致 $j_{pz}(\omega)$ 为最低值的距离。

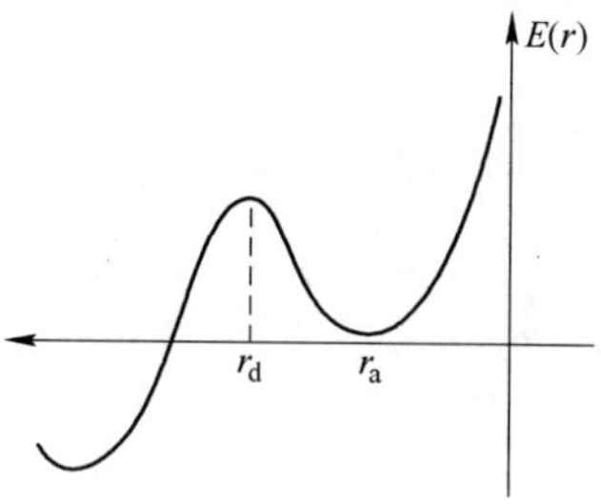

图 4.7　引用 Kramer 理论讨论耗散系数时总力所致的作用能

由于：

$$\langle|F(0)|^2\rangle=16\frac{m}{\beta}\exp(\beta\Delta E)+\frac{32}{9}\frac{m}{\beta}(n_{r<r_a}-1)\exp(2\beta\Delta E)$$
$$\Delta E=\breve{E}(r_A)-\breve{E}(r_a) \tag{4.2.25}$$

$n_{r<r_a}$——$r<r_a$ 域内的粒子数；ΔE——势垒高度。最后得到：

$$\xi = \xi(0) = \frac{\beta}{6} j_{pz} \langle F(0)^2 \rangle \tag{4.2.26}$$

4.3 表面张力[1~4,9,12~14]

4.3.1 热力学概念

所谓表面现象指的是在“表面层”的上下（沿 z 轴）原子的密度 $\rho(z)$ 有所不同。下方为密度是 ρ_l 的熔态，上方为密度是 ρ_g 的气态。在平衡时，两相间的 Gibss 表面（$z=0$）取决于：

$$\int_{-\infty}^{0} [\rho_1 - \rho(z)] \mathrm{d}z + \int_{0}^{\infty} [\rho_g - \rho(z)] \mathrm{d}z = 0 \tag{4.3.1}$$

单位面积上的表面自由能或表面张力定义为：

$$\sigma = \frac{1}{A^*}(F - F_l \underline{V}_l - F_g \underline{V}_g) \tag{4.3.2}$$

$F_l \underline{V}_l$——熔体的自由能，$F_g \underline{V}_g$——气相的自由能，F——整个体系的自由能，A^*——表面积。

另一种定义：

$$\sigma = \int [\boldsymbol{p} - \boldsymbol{p}_t(z)] \mathrm{d}z \tag{4.3.3}$$

$\boldsymbol{p}_n = \boldsymbol{p}$——沿法线（$z$ 轴）的压力张量，$\boldsymbol{p}_t(z)$——xy 平面单位面积上的切向压力，它与表面张力 σ 是反向的。

表面张力和表面过剩熵、表面过剩能的关系分别是：

$$S_{lg}^{\mathrm{ex}} = -\frac{\mathrm{d}\sigma}{\mathrm{d}T}, \qquad E_{lg}^{\mathrm{ex}} = \sigma - T\frac{\mathrm{d}\sigma}{\mathrm{d}T} \tag{4.3.4}$$

4.3.2 基于局域自由能密度的方法

若无外势且层中的自由能梯度为 $f(z)$，界面层中的自由能为：

$$F = A_r^* \int_a^b f(z) \mathrm{d}z \tag{4.3.5}$$

A_r^*——水平界面上一个半径为 r 的区域，界面层厚 $\delta_{lg} = a - b$。

$$f(z) = f_l + \frac{1}{2} h^*(\rho) \left(\frac{\mathrm{d}\rho}{\mathrm{d}z}\right)^2, \qquad h^*(\rho) = \frac{1}{6\beta} \int c(z,\rho) r^2 \mathrm{d}z \tag{4.3.6}$$

f_l——液相的自由能密度，$c(z,\rho)$——直接相关函数。由界面层中浓度梯度导致的压力是：

$$p(z) = \frac{1}{2}h^*[\rho(z)]\left(\frac{d\rho}{dz}\right)^2 \tag{4.3.7}$$

再由 $p(z)$ 在体积 $\underline{V}$ 中的积分得：

$$\sigma = \int_a^b h^*(\rho)\left(\frac{d\rho}{dz}\right)^2 dz \approx \frac{1}{\chi_T}\int_a^b \frac{[\rho(z)-\rho_l]^2}{\rho_l^2}dz \tag{4.3.8}$$

在二元合金中：

$$\sigma \approx \frac{1}{\chi_T}\int_a^b \frac{[\rho_1(z)+\rho_2(z)-\rho_l]^2}{\rho_l^2}dz \tag{4.3.9}$$

4.3.3　基于各向异性偶势和偶相关函数的讨论

表面层（x，y）中的切向压力是：

$$\boldsymbol{p}_t(z) = \frac{\rho(z)}{\beta} - \frac{1}{2}\int \frac{(\boldsymbol{r}\cos\theta - \boldsymbol{r}'\cos\theta')^2}{R}\frac{d\varphi}{dR}g(\boldsymbol{R},z)d\boldsymbol{R} \tag{4.3.10}$$

$\boldsymbol{R}=\boldsymbol{r}-\boldsymbol{r}'$是界面层中的位矢差，它在 x 轴上的投影是（$\boldsymbol{r}\cos\theta-\boldsymbol{r}'\cos\theta'$）。$g(\boldsymbol{R},z)$——界面层中的偶相关函数。

利用 Virial 方程：

$$\boldsymbol{p} = \boldsymbol{p}_n = \frac{\rho_l}{\beta} - \frac{1}{6}\int R\,\rho_l^2 g(r)\frac{d\varphi}{dR}d\boldsymbol{R} \tag{4.3.11}$$

$$\frac{d\rho(z)}{\beta dz} = \int \frac{z}{R}\rho_l^2 g(R,z)\frac{d\varphi}{dR}d\boldsymbol{R} \tag{4.3.12}$$

$$\sigma = \frac{1}{2}\int_{-\infty}^{\infty} dz\int \frac{(\boldsymbol{r}\cos\theta - \boldsymbol{r}'\cos\theta')^2 - z^2}{R}[\rho_l^2 g(\boldsymbol{R},z)]\frac{d\varphi}{dR}d\boldsymbol{R} \tag{4.3.13}$$

假设气相中密度为零，且 $g(\boldsymbol{R},z)=g(r)$，Fowler 更简化为：

$$\sigma = \frac{1}{8}\pi\rho^2\int_0^{\infty} r^4 g(r)\frac{d\varphi}{dr}dr \tag{4.3.14}$$

4.3.4　基于直接相关函数的方法

一个中性的单原子液体在非均匀状态下精确的密度分布为：

$$\frac{d\rho(\boldsymbol{r})}{dz} = \rho(\boldsymbol{r})\int_{-\infty}^{\infty} c(\boldsymbol{r},\boldsymbol{r}')\frac{d\rho(\boldsymbol{r}')}{d\boldsymbol{r}'}d\boldsymbol{r}' \tag{4.3.15}$$

$c(\boldsymbol{r},\boldsymbol{r}')=c(\breve{s},z,z')$——非均匀状态下的直接相关函数。其中：

$$\breve{s} = [(x-x')^2+(y-y')^2+(z-z')^2]^{1/2} \tag{4.3.16}$$

由 $c(\breve{s}, z, z')$ 的 FT 得：

$$c(q,z,z') = \int c(\breve{s},z,z')\exp(\mathrm{i}\boldsymbol{q}\cdot\breve{s})\mathrm{d}\breve{s} \tag{4.3.17}$$

根据起伏理论给出的表面平衡条件：

$$\begin{gathered}\frac{\mathrm{d}\rho(z)}{\mathrm{d}z} = \rho(z)\int_{-\infty}^{\infty} c_0(z,z')\,\frac{\mathrm{d}\rho(r')}{\mathrm{d}z'}\mathrm{d}z' \\ c_0(z,z') = c(q=0,z,z') = \iint c(\boldsymbol{r},\boldsymbol{r}')\mathrm{d}z\mathrm{d}z'\end{gathered} \tag{4.3.18}$$

因此，水平表面的熔体有：

$$\sigma = \frac{1}{\beta}\int_{-\infty}^{\infty}\int_{-\infty}^{\infty}\frac{\mathrm{d}\rho(z)}{\mathrm{d}z}c_2(z,z')\,\frac{\mathrm{d}\rho(z')}{\mathrm{d}z'}\mathrm{d}z\mathrm{d}z' \tag{4.3.19a}$$

$$c_2(z,z') = \frac{1}{4}\int\breve{s}^2 c(\boldsymbol{r},\boldsymbol{r}')\mathrm{d}\breve{s} = -\frac{1}{4}\left[\frac{\mathrm{d}^2 c(q,z,z')}{\mathrm{d}q^2}\right]_{q=0} \tag{4.3.19b}$$

非均匀熔体中的 $c_0(z, z')$ 和 $c_2(z, z')$ 要用数值模拟方法定值。

4.3.5 表面层的构筑涉及离子的迁移

式（4.3.14）用偶势和偶相关函数描述表面张力，式（4.2.7）用偶势和偶相关函数描述剪切黏度。虽说它们只是近似关系，但已可意识到：表面现象和黏度、扩散的内在机制是一致的。由式（4.3.14）和式（4.2.7）还可导出剪切黏度与表面张力间的关系：

$$\frac{\sigma}{\eta_s} = 0.94\sqrt{\beta m} \tag{4.3.20}$$

Evan 认为此式在过热不大于约 300K 的条件下与实验测试结果很吻合。Yokoyama 基于刚性球模型也得到相同的结论。

式（4.3.3）和式（4.3.8）说明表面张力取决于切向压力或压力梯度，黏度和切向应力及压力变化的关系由式（4.2.6b）和式（4.2.9）表征。这在本质上说明表面现象和黏度、扩散都涉及离子的迁移。金属液的表面张力与其蒸发潜热有关就是表面现象为一种离子迁移的事实根据。

实际上，表面活性剂向表面聚集而构筑表面层是一个动力学过程。在水溶液中已发现它可能延续数天之久。该过程的快慢取决于表面活性剂在熔体内的扩散系数，或取决于表面层中有没有合适的空穴，或取决于“表面黏度”。表面活性剂向表面聚集的结果会使表面张力降低，表面黏度正是阻碍表面张力降低的因素。它是剪切应力和切变速度之比，或反映表面上的张力梯度和表面层膨胀/压缩形变之比，所以它是二维的概念，而体黏度是三维的。

由此可见，必须理解表面张力也会随起伏的频率和波长而变。

4.3.6 基于非均匀电子云理论的模型

与晶格模型不同，熔融金属表面张力的非均匀电子云理论认为：气液相界面是一种双层结构，熔体内电子不足而气相中电子过剩。或者说以均匀正电荷为背景，电子在表面上下（沿 z 轴）有一个特定的非均匀分布。持这种观点的 Lang/Kohn 给出的数值解示于图 4.8，其中的 A 线相应于本体密度较低的金属，B 线相应于本体密度较高的金属。

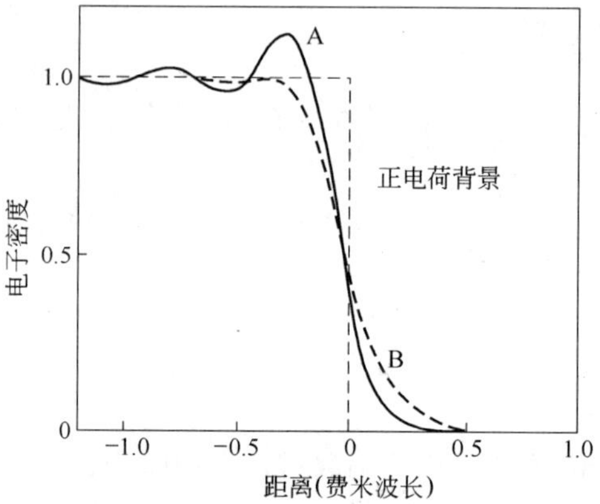

图 4.8　熔融金属表面张力的非均匀电子云理论

此结论还要因金属熔体表面层中局域离子密度的分布特点而修正。

Brown/March 认为界面上下非均匀体系的总能是：

$$E = \int\left[\varepsilon_{e}^{loc}(\rho) + \frac{\mathbb{C}\hbar^2}{8m}\frac{(\nabla\rho)^2}{\rho}\right]d\boldsymbol{r} \tag{4.3.21}$$

$\mathbb{C}$——常数（0.9～1），$\varepsilon_{e}^{loc}(\rho)$——密度为 ρ 的均匀电子云的局域能量，$\nabla\rho$——非均匀电子云的密度起伏。并且：

$$\frac{\delta(E - \mu\rho)}{\delta\rho} = 0 \tag{4.3.22}$$

μ——电子云的化学位。它和电子密度 $\rho(z)$ 的关系见 Euler 方程：

$$-\frac{\mathbb{C}\hbar^2}{8m}\left[\frac{1}{\rho}\frac{d^2\rho}{dz^2} - \frac{1}{2}\left(\frac{1}{\rho}\frac{d\rho}{dz}\right)^2\right] + \frac{d\varepsilon_{e}^{loc}}{d\rho} = \mu \tag{4.3.23}$$

电子密度 $\rho(z)$ 又取决于 Schrödinger 方程：

$$-\frac{\mathbb{C}\hbar^2}{2m}\frac{d^2\psi}{dz^2} + \left(\frac{d\varepsilon_{e}^{loc}}{d\rho} - \mu\right)\psi = 0 \tag{4.3.24}$$

ψ^2 是波函数的平方。表面张力可用下式表示为单位表面积上非均匀电子云和均匀体系能量之差：

$$\sigma = \frac{\mathbb{C}\hbar^2}{m}\int_{-\infty}^{\infty}\left(\frac{\mathrm{d}\psi}{\mathrm{d}z}\right)^2\mathrm{d}z \tag{4.3.25}$$

按 Thomas – Fermi 和 Dirac – Slater 的意见：

$$\varepsilon_{\mathrm{e}}^{\mathrm{loc}}(\rho) = \rho\varepsilon_0\left[\left(\frac{\rho}{\rho_0}\right)^{2/3} - 2\left(\frac{\rho}{\rho_0}\right)^{1/3}\right] \tag{4.3.26}$$

ε_0，ρ_0 取决于本体中电子云的可压缩率 $\chi_{T\mathrm{e}}$：

$$\frac{1}{\chi_{T\mathrm{e}}} = \frac{2}{9}\rho_0\varepsilon_0 \tag{4.3.27}$$

又得：

$$\frac{\rho(z)}{\rho_0} = \left[1 + \mathbb{C}\exp\left(\frac{z}{\delta_{lg}}\right)\right]^{-3} \tag{4.3.28}$$

$\mathbb{C}$ 为某一常数，则：

$$\delta_{lg} = \mathbb{C}'\sqrt{\frac{\hbar^2}{m\varepsilon_0}} \tag{4.3.29}$$

$\mathbb{C}'$为另一常数，因而：

$$\sigma = \frac{3}{4}\frac{\delta_{lg}}{\chi_{T\mathrm{e}}} \tag{4.3.30}$$

4.3.7 纯金属表面层结构的实验研究[15~28]

近年来，Harvard 大学的 Pershan 研究组用同步辐射源 X 射线反射率测试研究了 Hg、Ga、In、K、Bi 和 Sn 的表面层结构。

图 4.9 中的 $\boldsymbol{k}_{\mathrm{in}}$是测试时的入射波矢，$\boldsymbol{k}_{\mathrm{out}}$是反射波矢；$\vartheta_{\mathrm{in}}$和 ϑ_{out}分别是入射角和反射角，2θ 是方位角；q_{xy}和 q_z 是 X 射线被反射时动量迁移的分量。测试方法的其余细节请阅他们的有关论文。

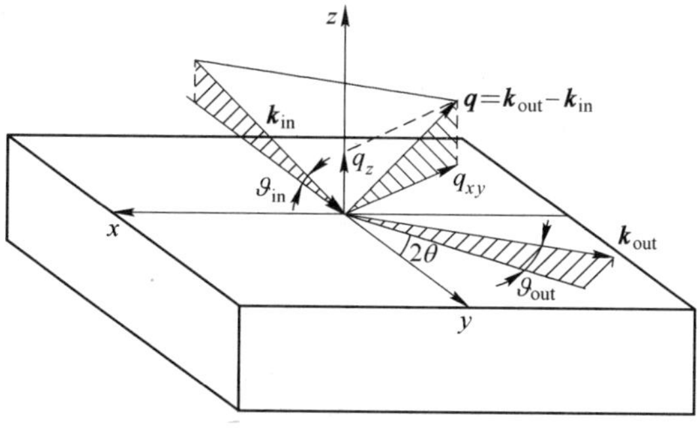

图 4.9 X 射线反射率测试时的波矢关系

测试结果用归一化反射率 $R(q_z)/R_f(q_z)$ 表示。$R_f(q_z)$ 是经典光学中的 Fresnel 反射率，它来自完全水平且无序的表面。之所以要用归一化的反射率作为指标，是因为实际的液面上总有表面波导致的高度起伏，后者可借助专门定义的相关函数 $\langle \underset{\sim}{\tilde{d}h_{xy}} \underset{\sim}{\tilde{d}h'_{xy}} \rangle$ 显示。$\underset{\sim}{\tilde{d}h_{xy}}$ 和 $\underset{\sim}{\tilde{d}h'_{xy}}$ 表示 xy 面两点上的起伏。

$$\begin{aligned} \frac{R(q_z)}{R_f(q_z)} &= |S(q_z)|^2 \exp[-\langle |\underset{\sim}{\tilde{d}h_{xy}}|^2 \rangle q_z^2] \\ S(q_z) &= \frac{1}{\rho_{eb}} \int \frac{d\rho(z)}{dz} \exp[iq_z z] dz \end{aligned} \tag{4.3.31}$$

$\langle |\underset{\sim}{\tilde{d}h_{xy}}|^2 \rangle$ 是 xy 面上起伏的统计平均（毛细效应所致的表面粗糙度），ρ_{eb} 表示金属液本体中的电子（包括原子的内层电子）密度。$S(q_z)$ 是表面层的结构因子。

图 4.10 是 Ga（熔点）液、Hg（室温）液的反射率曲线，可见它们都呈现一个类 Bragg 宽峰。Hg、Ga、In、K 的测试结果归纳于表 4.1。

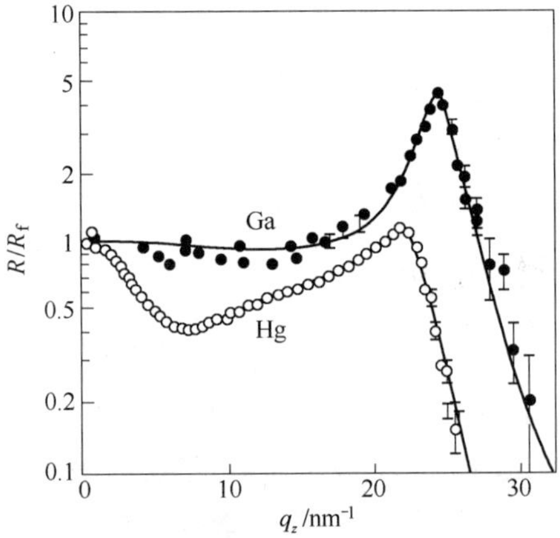

图 4.10　Ga 液、Hg 液 X 射线反射率曲线的类 Bragg 宽峰

表 4.1　Hg、Ga、In、K 的 X 射线反射率测试结果

金属	液相区/K	σ/mN · m^{-1}	键合特点	类 Bragg 峰峰位/nm^{-1}
Ga	303 ~ 2256	约 750	具有某种程度的共价性	24
Hg	234 ~ 630	约 500	偏离近自由电子模型	23
In	430 ~ 2348	约 550	服从近自由电子模型	22
K	336 ~ 1039	约 100	服从近自由电子模型	16

图 4.11 以不同温度下 Ga 液的反射率为例说明：在很宽的温度范围内都有类 Bragg 峰，且峰位基本不变。由 Ga 到 K 原子半径逐渐增大，此类 Bragg 宽峰的峰位逐渐减小。此类 Bragg 宽峰正是金属液表面层中电子呈层状分布的实验根

据。由于内层电子占电子总数的大部分，所以金属液表面层中离子也呈层状分布。

图 4.12 是液 K、液 Ga 和 H_2O 中 $|S(q_z)|^2$ 曲线的比较。显然，H_2O 的曲线上没有类 Bragg 宽峰，即 H_2O 的表面层中没有呈层状分布的离子。

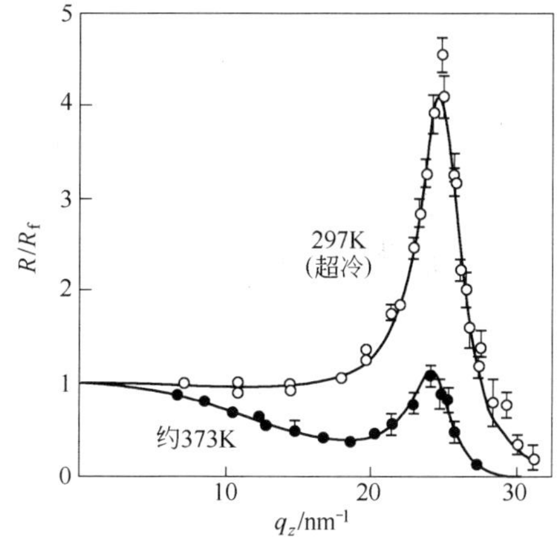

图 4.11 Ga 液在不同温度下的 X 射线反射率

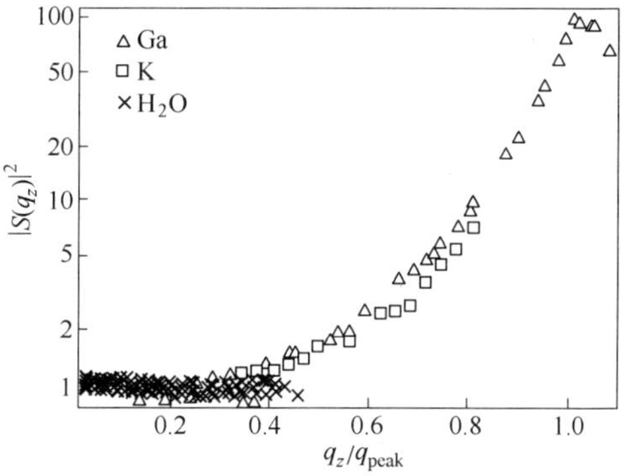

图 4.12 液 K、液 Ga 和 H_2O 中 $|S(q_z)|^2$ 曲线

从本质上说，金属液之所以会有层状分布的离子，是因为跨越界面时出现由导电体到绝缘体的突变。在液相内电子是非局域的而气相内电子是局域的，液相内的相互作用势是短程有效的受屏蔽 Coulomb 势而气相内是长程有效的 van der Waals 势。

金属液表面层中电子的局域层状分布状态以 In 和 Ga 为例示于图 4.13。这和 Lang/Kohn 的研究结果是相似的。由图可知：层间距相近于离子间距且从气液表面到液相本体 $\rho(z)$ 有一个逐步趋于 ρ_b 的过程。

图 4.14 是层状分布衰退快慢的情况，$\breve{I}$ 是各层 $\rho(z)$ 的归一化反射光强度。

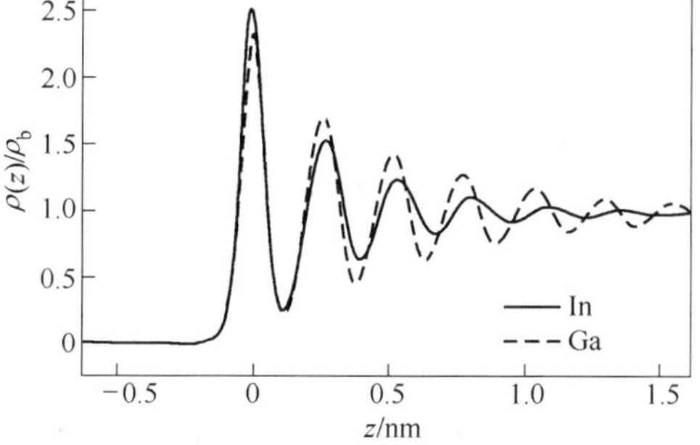

图 4.13 In 和 Ga 液表面层中电子的局域层状分布

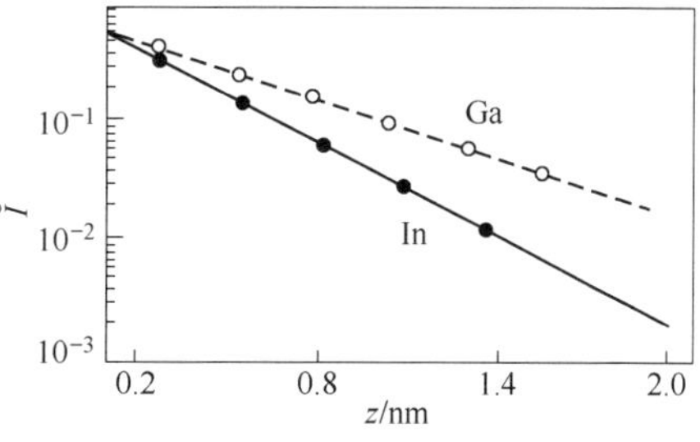

图 4.14 层状分布的衰退

不同的金属有不同的键合特点，因此该层状分布衰退的快慢有差异，并且还导致表面结构因子和本体静态结构因子首峰宽的不同，如图 4.15 所示。重要的是，由此种层状分布衰退的快慢还可给出表面层厚度的信息。

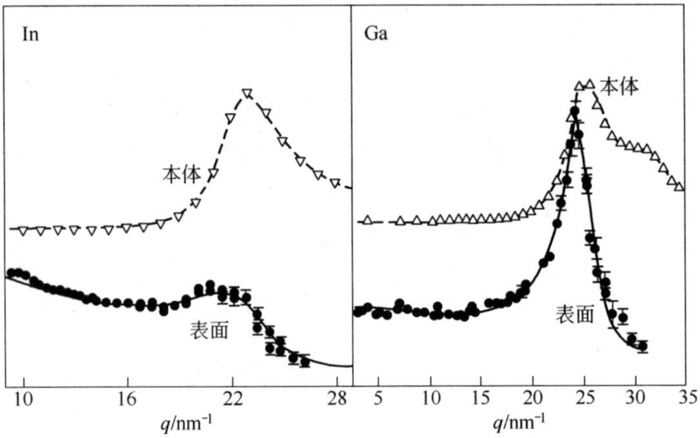

图 4.15　表面结构因子和本体静态结构因子首峰宽的不同

由图 4.16 和表 4.2 可见，Bi 和 Sn 的反射率测试结果呈现出另一种特点。它们在低 q_z 区都有一个预峰，表明在紧邻气相的顶面有电子的积累。类 Bragg 峰的强度仍然受表面张力高低的影响。

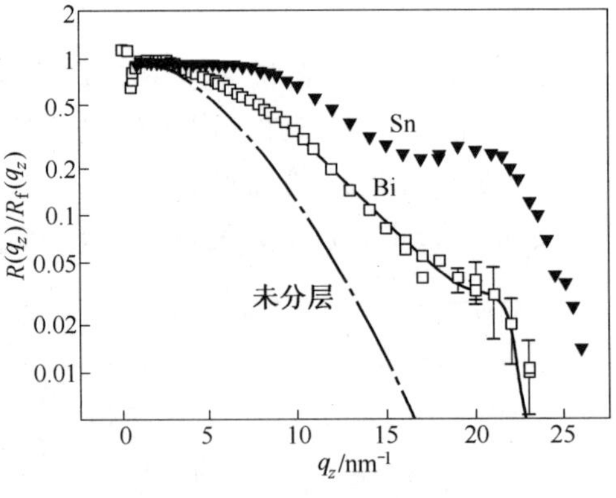

图 4.16　Bi 和 Sn 液 X 射线反射率曲线的低 q_z 区预峰

表 4.2　Bi 和 Sn 液 X 射线反射率测试结果

金属	液相区/K	$\sigma(mN\cdot m^{-1})/T(K)$	预峰峰位/nm^{-1}	类 Bragg 峰峰位/nm^{-1}
Sn	505 ~ 2873	560/513	<14	22.9
Bi	544 ~ 1900	385/555	<14	20.7

除了 Pershan 研究组的工作之外，Penfold 的评述总结了 20 世纪最后 20 年间关于纯金属表面层结构的实验和理论研究，值得一读。

4.3.8 二元合金的表面层[15~28]

4.3.8.1 气液表面层中的偏析

Gibbs 定律：

表面层的平衡要求：

$$\frac{\mathrm{d}\sigma}{\mathrm{d}\delta_{lg}} = 0 \qquad \frac{\partial\sigma}{\partial\Delta c} = 0 \tag{4.3.32}$$

熔体的数密度为：

$$\rho = \rho_1 + \rho_2 \tag{4.3.33}$$

表面层中溶质的数密度——$(\rho_2 + \Delta\rho_2)$ $/\delta_{lg}$，从而表面层中溶质增量：

$$\Delta c = \frac{(1-c)\Delta\rho_1 + c\Delta\rho_2}{\rho_1 + \rho_2} = \left(\frac{-\dfrac{\underline{V}_\delta}{\chi_T}}{\dfrac{1}{\underline{V}_{lg}}\dfrac{\partial^2 G_{lg}}{\partial c^2} + \dfrac{\delta_{lg}^2}{\chi_T}}\right)\frac{\Delta\rho_1 + \Delta\rho_2}{\rho} \tag{4.3.34}$$

G_{lg}——表面自由能，$\underline{V}_{lg}$——表面层体积，$\underline{V}_\delta$——尺寸因子：

$$\underline{V}_\delta = \frac{\underline{V}_1 - \underline{V}_2}{c\underline{V}_1 - (1-c)\underline{V}_2} \tag{4.3.35}$$

$\underline{V}_1$，$\underline{V}_2$——偏摩尔体积。因此，Cahn - Hilliard 用下式计算表面张力：

$$\sigma \sim \frac{\delta_{lg}}{\chi_T}\left[1 + \frac{\underline{V}_\delta^2 \beta S_{cc}(0)}{\rho\chi_T}\right] \tag{4.3.36}$$

事实上，即便是溶剂其本体浓度和表面层中的浓度也可能是不同的。若 $\Delta\rho_1 < 0$，表面层中的溶剂浓度可能低于其本体浓度。由已算出的 Δc 和 $\Delta\rho$ 就能进一步算出 $\Delta\rho_1$ 和 $\Delta\rho_2$。因此，表面层中活性溶质的浓度应为：

$$c_{2,lg} = \frac{(\rho_2 + \Delta\rho_2)m_{\mathrm{mol},2}}{(\rho_1 + \Delta\rho_1)m_{\mathrm{mol},1} + (\rho_2 + \Delta\rho_2)m_{\mathrm{mol},2}} \tag{4.3.37}$$

含不同溶质的溶液中，各溶质的表面活性差异可按 $\left.\dfrac{\mathrm{d}\sigma}{\mathrm{d}c}\right|_{c_2=0}$ 考察，这里 c_2 是溶质的本体浓度。

固态下 3d、4d、5d 系列过渡金属的体模量明显地依赖于 d 带的充满程度。

Mn 的充满程度最小，因而它的表面活性最强。

4.3.8.2　气液表面层的结构

Harvard 大学的研究者测试了 $Ga_{0.88}Bi_{0.12}$合金的反射率。GaBi 合金拥有一个两互不溶液相区，见图 4.17。

在相区Ⅱ内体系由一个浓度沿 BE 线而变的富 Ga 液相和一个浓度沿 B^*E^* 线而变的富 Bi 液相组成。因密度的差异而分为两层，富 Bi 液层在下，富 Ga 液层在上。

D 点和 B 点两合金的反射率测定结果示于图 4.18。明显可见，两条曲线上在 $q_z < 4nm^{-1}$处有一峰，在 $q_z = 8nm^{-1}$处也有一峰。

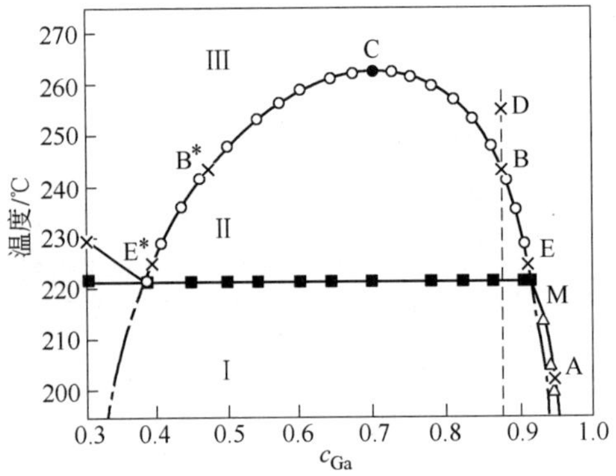

图 4.17　GaBi 合金中的两互不溶液相区

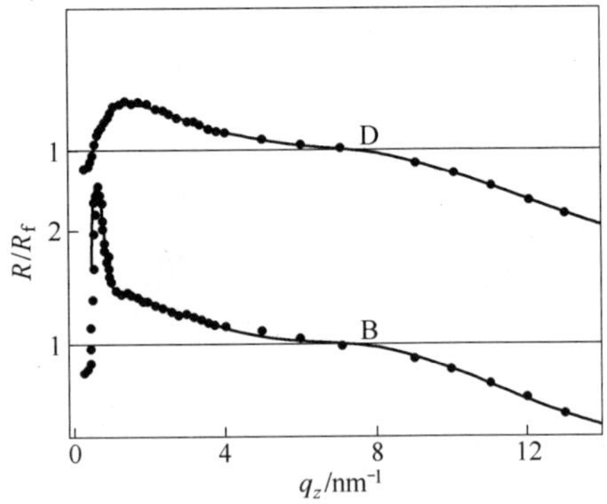

图 4.18　图 4.17 中 D 点和 B 点两合金的 X 射线反射率测定结果

图 4.19 是由反射率测定结果得到的电子数密度分布曲线。$q_z = 8nm^{-1}$处的反射率峰表明在液相顶面处有一极值。由 D 到 B，$q_z < 4nm^{-1}$处反射率峰的峰位和宽度都逐渐减小。这吻合于液相表面上富 Bi 浸润膜逐步增厚。其实际厚度取决于表面张力和重力的平衡。

由 B 到 E 的反射率曲线和电子数密度分布曲线见图 4.20。

$q_z < 4nm^{-1}$处的反射率峰说明富 Bi 浸润膜的厚度保持在最大值左右，B 点处测得的和算出的电子数密度之比为 1.20 ~ 1.21。由 B 到 E 富 Ga 液层逐渐变轻并且其中的电子数密度逐渐增加，因此富 Bi 浸润膜的厚度略有降低，5.3nm→5.0nm。

相区Ⅲ内和相区Ⅱ内液相表面层的结构可用图 4.21 和图 4.22 示意。

浸润膜的组成往往随合金的特点而变，是个很复杂的问题。例如，两组元间若有相当强的化合趋势，则表层内还会出现它们的键合。

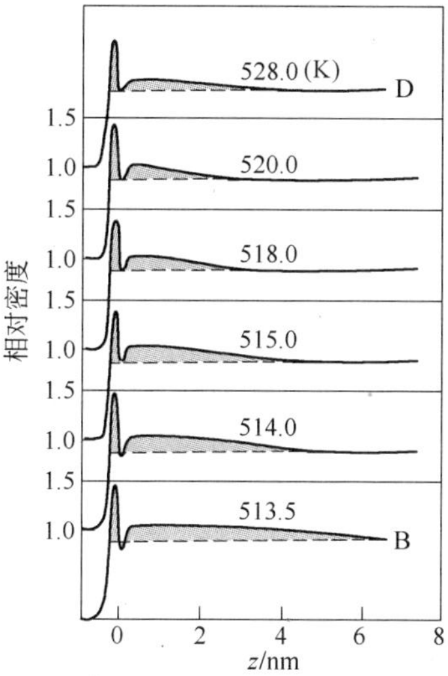

图 4.19　由 X 射线反射率测定结果得到的电子数密度分布曲线

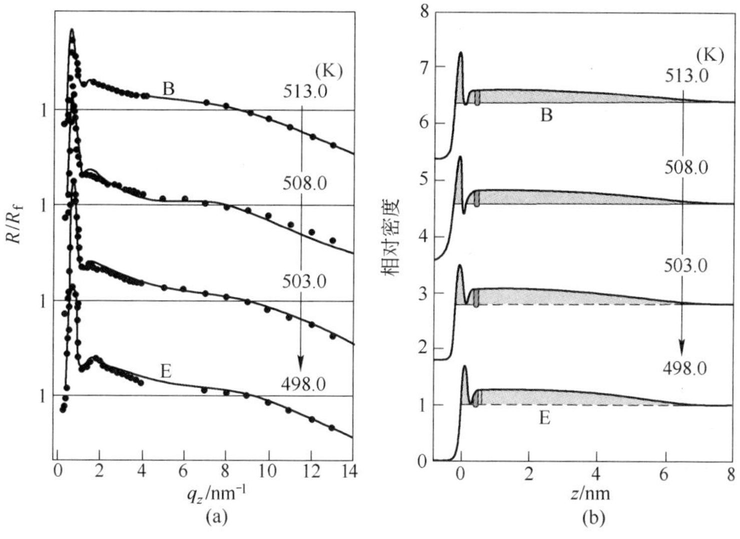

图 4.20　图 4.17 中 B 点至 E 点合金的 X 射线反射率测定结果及电子数密度分布

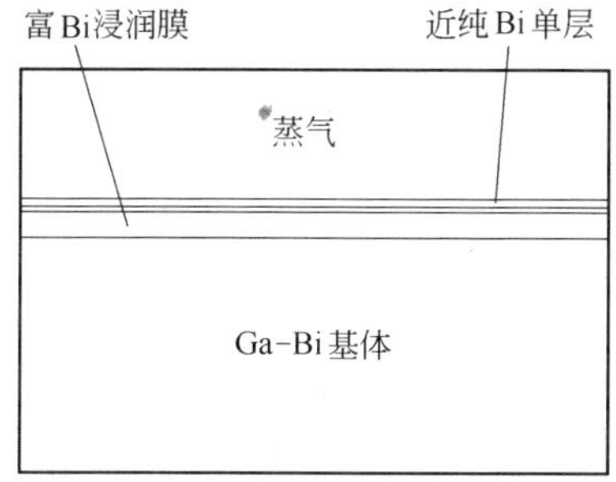

图 4.21　相区Ⅲ内液相表面层的结构

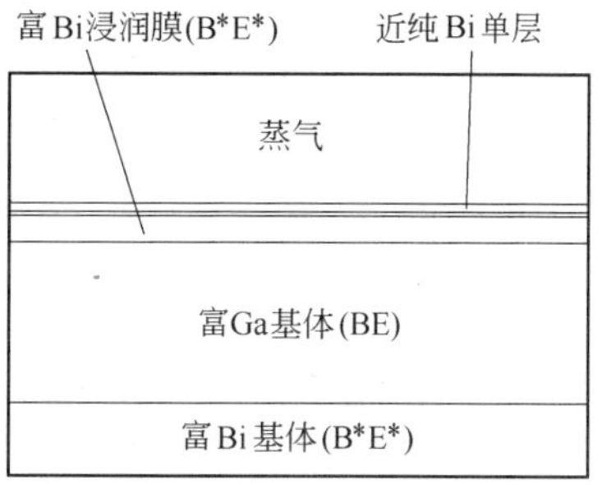

图 4.22　相区Ⅱ内液相表面层的结构

4.4 空穴浓度及其形成能

4.4.1 空穴的平衡浓度

这里所谓的空穴指的是固体物理学中的 Schottky 缺陷。它是金属内离子热振动的一种结果。若离子总数是 n，空穴总数是 n_v，空穴形成能为 ε_v，由空穴形成时体系的自由能变化可推出：

$$n_v = n\exp(-\beta\varepsilon_v) \tag{4.4.1}$$

4.4.2 空穴形成能[1~4]

4.4.2.1 March/Tosi 的工作

空穴形成能由两部分构成：

$$\varepsilon_v = \varepsilon_{v1} + \varepsilon_{v2} \tag{4.4.2}$$

ε_{v1}——空穴的形成相当于金属体积增加（$n_v \underline{V}_v$）所需的能量，ε_{v2}——将原先占据空穴位置的离子移至相表面要做的功。显然，ε_{v2}和表面能是相应的。而离子扩散的活化能就是离子所处势阱的深度与空穴形成能之和。

由 Virial 方程和 MSA（mean spherical approximation）模型得到：

$$\varepsilon_{v1} = \beta\left[-\rho n_v \underline{V}_v - \frac{\beta}{2}\frac{n_v \underline{V}_v}{\chi_T} - \frac{\beta}{2\rho}\left(1 + c_j\frac{\underline{V}_i - \underline{V}_j}{n_i\underline{V}_i + n_j\underline{V}_j}\right)\right] \tag{4.4.3a}$$

$$\varepsilon_{v2} = \frac{n_v \underline{V}_v}{2\chi_T} - \frac{c_j}{2\rho\,\chi_T}\frac{\underline{V}_i - \underline{V}_j}{n_i\underline{V}_i + n_j\underline{V}_j} \tag{4.4.3b}$$

$\underline{V}_i$ 是金属液中溶剂 i 的摩尔体积，$\underline{V}_j$ 和 c_j 是溶质的摩尔体积及摩尔分数。

4.4.2.2 Minchin 的观点

当熔融金属发生一个微弱的均匀膨胀后，任一维上的应变 $\tilde{\delta}_{st} \ll 1$，其结构因子变为：

$$S_1(\boldsymbol{q}) = S(\boldsymbol{q}) + \tilde{\delta}_{st}\boldsymbol{q}\cdot\nabla S(\boldsymbol{q}) \tag{4.4.4a}$$

然后，在恒体积的前提下进行离子的重排，此时离子的平均密度不受干扰。相应的结构因子为：

$$S_2(\boldsymbol{q}) = S(\boldsymbol{q}) + \frac{1 - S(\boldsymbol{q})}{n} \tag{4.4.4b}$$

进而利用二阶微扰理论，由 $S_1(\boldsymbol{q})$ 和 $S_2(\boldsymbol{q})$ 推得空穴形成能：

$$\varepsilon_v + \frac{p}{\rho} = -\frac{\rho}{2}\int\left[\varphi(r) + \frac{r}{3}\frac{\partial\varphi(r)}{\partial r}\right]g(r)\,\mathrm{d}\boldsymbol{r} \tag{4.4.5}$$

利用 Virial 方程，在 $p=0$ 及熔点 T_m 下：

$$\varepsilon_v \approx -\frac{\rho}{2}\int g(r)\rho \mathrm{d}\boldsymbol{r} \tag{4.4.6a}$$

$$\beta\varepsilon_v^2 = \frac{T_m(C_p - C_v)}{S(0)_{T_m}} \tag{4.4.6b}$$

要注意的是：空穴周围离子的弛豫对 ε_v 有重要作用，不能忽略。

4.4.2.3 Thomas/Fermi 关系

若无空穴，导电电子的平均密度为：

$$\rho_0 = \frac{k_F^3}{3\pi^2} \tag{4.4.7}$$

在 1 个空穴的周围，电子的密度变为：

$$\rho(r) - \rho_0 = \frac{\tilde{d}\, V_v^{sc}(r)}{4\pi l_{TF}^2} \tag{4.4.8}$$

$\tilde{d}\, V_v^{sc}(r)$ ——被屏蔽空穴的微扰势，如果 $\boldsymbol{r}$ 空间中势的改变相当慢，则：

$$\nabla^2 \tilde{d}\, V_v^{sc}(\boldsymbol{r}) = \frac{2k_F^2}{\pi}\int \tilde{d}\, V_v^{sc}(\boldsymbol{r}')\frac{J_1(2k_F|\boldsymbol{r}-\boldsymbol{r}'|)}{|\boldsymbol{r}-\boldsymbol{r}'|^2}\mathrm{d}\boldsymbol{r}' \tag{4.4.9}$$

$J_1(x)$ ——第一阶球形 Bessel 函数。按自由电子模型，$\tilde{d}\, V_v^{sc}(r)$ 导致单电子能量之和发生的变化为：

$$\Delta E = \rho_0\int \tilde{d}\, V_v^{sc}(\boldsymbol{r})\mathrm{d}\boldsymbol{r} = \frac{2}{3}ZE_F \tag{4.4.10}$$

同时，导电电子的动能降至$\frac{2}{5}ZE_F$，所以 Cu 或其他单价金属的：

$$E_v = \frac{4}{15}ZE_F \tag{4.4.11}$$

4.4.2.4 Debye 温度和空穴形成能的关系

Bohm - Staver 公式给出了金属中的声速：

$$\boldsymbol{v}_s = \boldsymbol{v}_F\sqrt{\frac{Zm_e}{3m_{ion}}} \tag{4.4.12}$$

而 Debye 温度是：

$$T_D = \frac{\boldsymbol{v}_s\beta\hbar}{T}\left(\frac{3}{4\pi \underline{V}_a}\right)^{1/3} = \frac{\beta\hbar}{T}\left(\frac{3}{4\pi \underline{V}_a}\right)^{1/3}\sqrt{\mathbb{C}\varepsilon_v} \tag{4.4.13}$$

$\underline{V}_a$——原子体积。可见，ε_v 和声子的关系是基础信息。

4.5 重要的命题

4.5.1 空穴瞬间分布图

如果能用 MD 等方法绘出粒子群中空穴在空间的瞬间分布图，将有助于理解黏性流动现象。空穴是非平衡迁移过程中的重要课题。在重力作用下的黏性流动应该就沿着空穴连线发生，由空穴连线围成的粒子群内部的流动相对可以忽略。必须注意：若一熔体的温度和压力都已给定，其中的空穴相对量应服从热力学规律；但空穴的“位置”完全是随机的。所以，由空穴连线围成的粒子群时大时小。该群即便很小，可能仍大于由微观化学位决定的结构单元。通常它的流形也是随机的。

在硅酸盐熔体中也有空穴，或者说粒子间相互作用势最弱之点。绘出这些弱势点的空间分布图也能给出同样的重要信息。

4.5.2 BS 谱[29]

扩散、黏度和表面张力在宏观上看似独立的三个物性，在本质上是相通的。因此，重要的突破在于用统一的方法进行研究。

用表面 Brillouin 散射（SBS，但要注意 SBS 也用来表示外激发的 Brillouin 散射）可以同时测定表面张力、黏度和扩散，因为它直接反映熔体中的空穴信息。图 4.23 就是表面 Brillouin 谱图，有关的参数说明如下：

$$\Gamma_R = \frac{\sigma}{2\rho\eta_s^k}q \tag{4.5.1}$$

$$\Gamma_B = 2\eta_s^k q^2 \tag{4.5.2}$$

$$\Delta\omega = \sqrt{\frac{\sigma}{\rho}}q^{3/2} \tag{4.5.3}$$

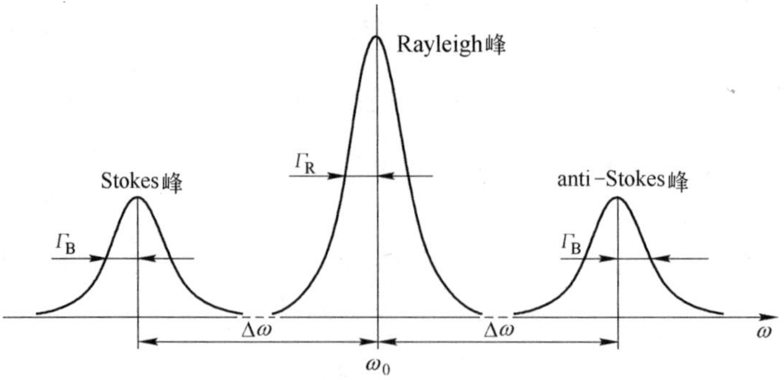

图 4.23　表面 Brillouin 谱图

4.5.3 初生脱氧产物自发形核过程研究的思考[30,31]

Zhang 等在 85th Steelmaking Conf. 上报道了非金属夹杂物自发形核的模型，他们所公布的夹杂物形核后其尺度分布规律的变化是很有意义的信息。此文是按传统理论模拟非金属夹杂物自发形核的一个例子，这一类研究的问题都在于由夹杂物/钢液界面张力计算夹杂物临界核心的尺寸。Zhang 等虽说也认识到该界面张力会随夹杂物长大而变，但计算时却只能取一个恒值。

实际上，以低氧位下铝脱氧为例，令“Al_2O_3”表示形核过程中的脱氧产物；用熔态物理方法研究非金属夹杂物自发形核的基本点是认为“Al_2O_3”的萌发也分成离子、小簇、核胚晶核四个阶段。在这四个阶段中“夹杂物”的组成和微结构一直在变，因而该界面张力也在变。一旦“夹杂物”的微结构在某种程度上接近该 Al_2O_3 的晶格参数就判定临界核心出现，而临界核心的尺度决定了临界的夹杂物/钢液界面张力。

Zhang 等还指出低碳铝脱氧钢中会有 1 ~ 4μm 的孤立夹杂物。由此可见，Al_2O_3 夹杂的临界核心无疑远小于 1μm。这是一条重要的信息。另一条重要信息来自于 Karasev/Suito 的论文，他们发现所有初生的夹杂物起始时都含 FeO，随后 FeO 含量逐渐减少。郑少波用低温非水溶液电解提取快速凝固 10 号钢中夹杂物，再借助采用高分辨透射电镜观察到了如图 4.24 所示的 Fe－Si－S－O 纳米级复合析出物[32]。

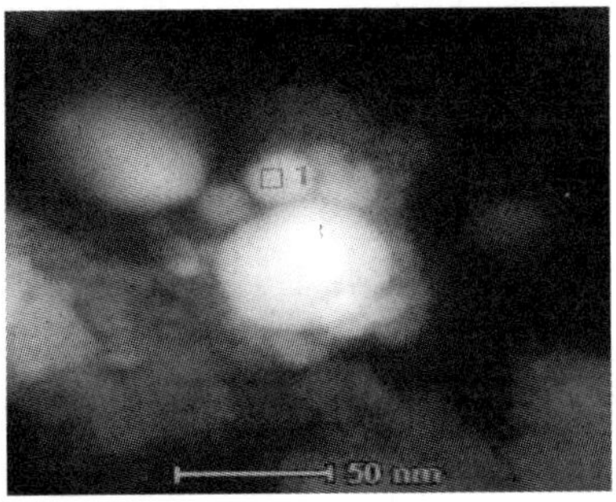

形貌

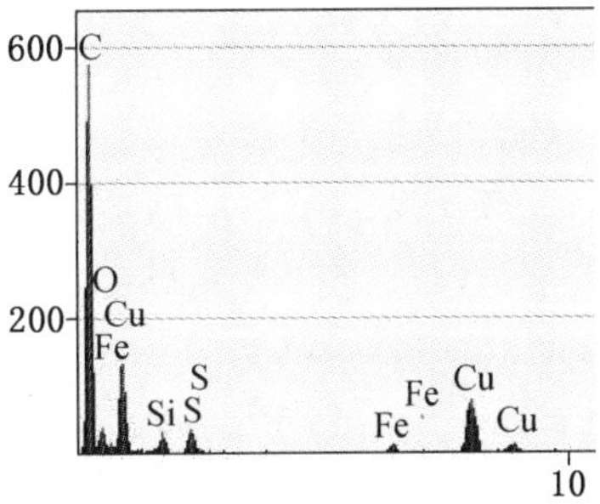

成分谱线

图 4.24 高分辨透射电镜观察到的 10 号钢中 Fe－Si－S－O 纳米级复合析出物

可能用 MD 模拟研究初生脱氧产物的自发形核是有效的。设低碳钢真空脱氧后的氧位是 10×10^{-6}，此时加入 30×10^{-6} 的 Al，计算原子数之比 Fe : Al : O。加 Al 之际氧原子在模拟系综内是均布的，而 Al 原子是由聚集态向均布态过渡。氧原子可看成是离子簇 Fe－O－Fe，铝原子构成的离子簇在变化中，如：

$$\begin{pmatrix}Fe\\ \end{pmatrix}\!\!>\!Al-Al\!<\!\!\begin{pmatrix}Fe\\ \end{pmatrix} \Rightarrow \begin{pmatrix}Fe\\ Fe\end{pmatrix}\!\!>\!Al-Fe + \begin{pmatrix}Fe-Al\!<\!\!\begin{pmatrix}Fe\\ Fe\end{pmatrix}\end{pmatrix}$$

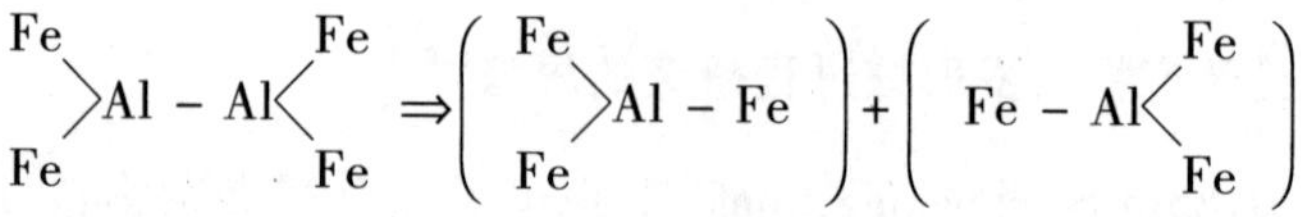

当铝原子构成的离子簇及 Fe – O – Fe 在相互扩散过程中发生反应碰撞时，前者就会有如下的变化：

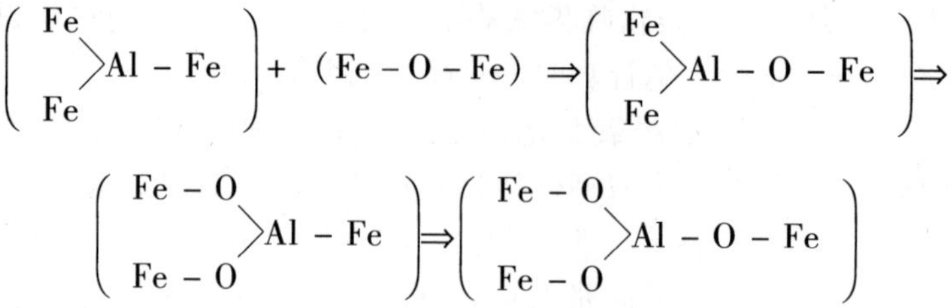

$$\begin{pmatrix}Fe\\ Fe\end{pmatrix}\!\!>\!Al-Fe + (Fe-O-Fe) \Rightarrow \begin{pmatrix}Fe\\ Fe\end{pmatrix}\!\!>\!Al-O-Fe \Rightarrow$$

$$\begin{pmatrix}Fe-O\\ Fe-O\end{pmatrix}\!\!>\!Al-Fe \Rightarrow \begin{pmatrix}Fe-O\\ Fe-O\end{pmatrix}\!\!>\!Al-O-Fe$$

也可能有几个 $\begin{pmatrix}Fe-O\\ Fe-O\end{pmatrix}\!\!>\!Al-Fe$ 或 $\begin{pmatrix}Fe-O\\ Fe-O\end{pmatrix}\!\!>\!Al-O-Fe$ 的聚合。

铝离子簇及 Fe – O – Fe 相互扩散过程的模拟是否可以不考虑 Fe 原子的移动，即只计算 Al 和 O 原子在模拟系综（Fe – Al – O 原子总数构成的网格）内的随机行走。这是减轻模拟工作量的设想。

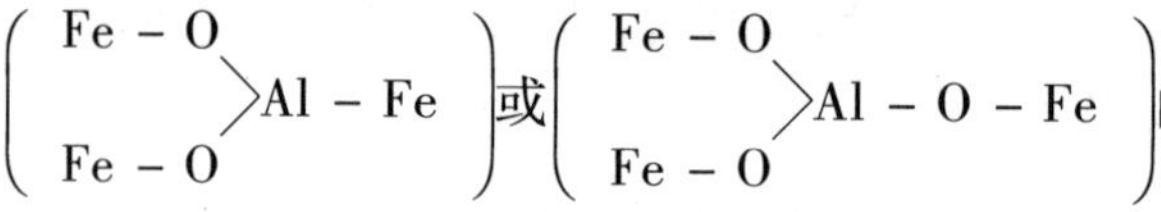

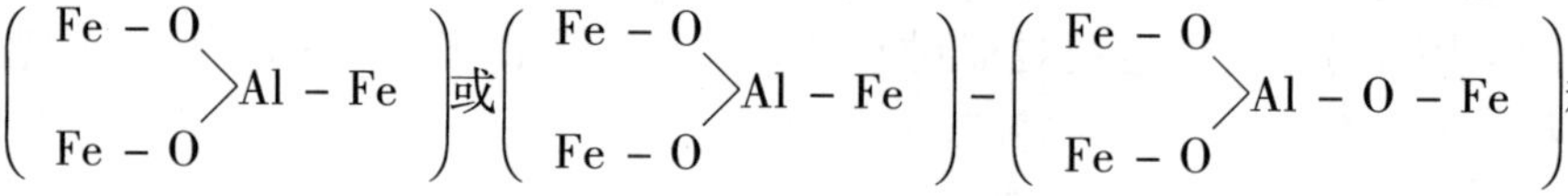

$\begin{pmatrix}Fe-O\\ Fe-O\end{pmatrix}\!\!>\!Al-Fe$ 或 $\begin{pmatrix}Fe-O\\ Fe-O\end{pmatrix}\!\!>\!Al-Fe$ - $\begin{pmatrix}Fe-O\\ Fe-O\end{pmatrix}\!\!>\!Al-O-Fe$ 和钢液间的界面张力很低，其中的 Fe 就可看作是界面层内的离子，所以铝脱氧时的临界晶核可能就是含 Fe 的铝离子簇，它们足够小。该临界晶核在其长大和聚合过程中，还会被进一步氧化从而其组成和结构向铁铝尖晶石过渡。

临界晶核出现的判别依据是结构的变化。在本书第 6 章和第 7 章讨论金属凝固的自发形核时提到序参量的概念。尖晶石的序参量有不同于金属的定义，例如：cation order parameter，crystal field parameter，Racah parameter，first order spin – orbital parameter，fourth order parameter 等。对铁铝尖晶石，一个适当的相对序参量可作为该判别依据。

参 考 文 献

[1] March N H. Liquid metals: Concepts and Theory [M]. NY: Cambridge Univ. Press, 1990.

[2] Shimaji M. Liquid metals: An Introduction to the Physics and Chemistry of metals in the Liquid state [M]. NY: Academic Press, 1977.

[3] Hansen J P, McDonald I R. Theory of Simple Liquids [M]. London: Academic Press, 1986.

[4] Boon J P, Yip S. Molecular Hydrodynamics [M]. NY: McGraw – Hill, 1980A.

[5] Leipertz A, Froba A P. Diffusion measurements in fluids by dynamic light scattering, Difusion in

condenced matter [M]. Paul Heitjans etc, Berlin, Heidelberg: Springer, 2005: 579 ~ 618.

[6] Nagele G, Dhont J K G, Meier G. Diffusion in colloidal and polymeric systems, Difusion in condenced matter [M]. Paul Heitjans etc, Berlin, Heidelberg: Springer, 2005: 619 ~ 715.

[7] Balucani U, Zoppi M. Dynamics of the Liquid State [M]. Oxford: Clarendon Press, 1994.

[8] Yokoyama I. Self diffusion coefficient and its relation to properties of liquid metals: a hard sphere description [J]. Physica B, 1999, 271: 230 ~ 234.

[9] Iida T, Guthrie R I L. The Physical Properties of Liquid Metals [M]. Oxford: Clarendon Press, 1988.

[10] Okumura H, Yonezawa F. Bulk viscosity in the case of the interatomic potential depending on density [J]. Phys. Rev. E, 2003, 67: 021205 .

[11] Bermejo F J, Fernandez - Perea R, Cabrillo C. Uncommon features in the dynamic structure factor of a molten transition metal [J]. J. Non - crystal. Solids, 2007, 353: 3113 ~ 3121.

[12] Froba A P, Botero C, Kremer H, Leipertz A. Liquid viscosity and surface light scattering [J]. Diffusion Fundamentals, 2005, 69 (2): 1 ~ 2.

[13] Egry I. On a universal relation between surface tension and viscosity [J]. Scripta Metallurgica et Materialia, 1992, 26: 1349 ~ 1352.

[14] Staggemeier B A, Collier T O, Prazen B J, Synovec R E. Effect of solution viscosity on dynamic tension detedction [J]. Analytica Chimica Acta, 2005, 334: 79 ~ 87.

[15] Huber P, Shpyrko O, Pershan P S. Short range wetting at liquid gallium bismuth alloy surfaces: X - ray measurements and square - gradient theory [J]. Phys. Rev. B, 2003, 68: 085409.

[16] DiMasi E, Tostmann H, Shpyrko O, Deutsch M, Pershan P S, Ocko B M. Surface induced order in liquid metals and binary alloys [J]. J. Phys. : Condens. Matter, 2000, 12: A209 ~ A214.

[17] Pershan P S, Stoltz S E, Shpyrko O, Deutsch M, Balagurusamy V S K, Meron M, Lin B, Streitel R. Surface structure of liquid Bi and Sn: An X - ray reflectivity study [J]. Phys. Rev. B. , 2009, 79: 115417.

[18] Shpyrko O, Grigoriev A Y, Steimer C, Pershan P S, Lin B, Meron M, Graber T, Gerbhardt J, Ocko B M, Deutsch M. Anomalous layering at the liquid Sn surface [J]. Phys. Rev. B. , 2004, 70: 224206.

[19] Pershan P S. Effects of thermal roughness on X - ray studies of liquid surfaces [J]. Colloids and Surfaces A: Physicochemical and Engineering Aspects, 2000, 171: 149 ~ 157.

[20] Pershan P S. X - ray scattering from liquid surfaces: Effect of resolution [J]. J. Phys. Chem. B. , 2008 ~ 2009.

[21] Kawamoto E H, Lee S, Pershan P S. X - ray reflectivity study of the surface of liquid Gallium [J]. Phys. Rev. B. , 1993, 47: 6847 ~ 6850.

[22] Regan M J, Kawamoto E H, Lee S, Pershan P S. Surface layering in liquid Gallium: An X - ray reflectivity study [J]. Phys. Rev. Lett. , 1995, 75: 2498 ~ 2501.

[23] Shpyrko O, Fukuto M, Pershan P S, Ocko B M, Kuzmenko I, Gog T, Deutsch M. Surface layering of liquids: The role of surface tension [J]. Phys. Rev. B., 2004, 69: 245423.

[24] Shpyrko O, Huber P, Grigoriev A, Pershan P. X – ray study of the liquid potassium surface: Structure and capillary wave excitations [J]. Phys. Rev. B., 2003, 67: 115405.

[25] Regan M J, Magnussen O M, Kawamoto E H, Pershan P S, Ocko B M, Maskil N, Deutsch M, Lee S, Penanen K, Berman L E. X – ray study of atomic layering at liquid metal surface [J]. J. Non Crys. Solids, 1996, 205 ~ 207: 762 ~ 766.

[26] Magnussen O M, Ocko B M, Regan M J, Penanen K, Pershan P S, Deutsch M. X – ray reflectivity measurements of surface layering in liquid mercury [J]. Phys. Rev. Lett., 1995, 74: 4444 ~ 4447.

[27] Tostmann H, DiMasi E, Pershan P S, Ocko B M, Shpyrko O, Deutsch M. Phys. Rev. B., 1999, 59: 783 ~ 791.

[28] Penfold J. The structure of the surface of pure liquids [J]. Rep. Prog. Phys., 2001, 64: 777 ~ 814.

[29] Langevin D. Light Scattering by Liquid Surfaces and Complementary Techniques [M]. NY: Marcel Dekker, 1992.

[30] Zhang L F. Nucleation and growth of alumina inclusions during steel deoxidation [C]. 85th Steelmaking Conf. ISS, Warrendale, PA, 2002: 463 ~ 476.

[31] Karasev A, Suito H. Quantitative evaluation of inclusion in deoxidation of Fe – 10 mass pct Ni alloy with Si, Ti, Al, Zr and Ce [J]. Metallurgical and Materials transactions, 1999, 30B: 249 ~ 257.

[32] 郑少波. 上海大学内部科研论坛, 2011.

5　外场作用下的物性

5.1　电子的行为

5.1.1　自由电子的迁移[1~3]

5.1.1.1　Boltzmann 方程

热平衡状态下自由电子服从式（1.1.6）所示的 Fermi - Dirac 分布，该分布函数f_e表示电子处于能级E的几率。

若外场引起的电子漂移和热运动导致电子 - 粒子间碰撞的结果在多个离子间距的尺度内造成局域平衡，电子云的分布规律变为 Boltzmann 方程。非平衡态下的分布函数是$f_e(\boldsymbol{r},\boldsymbol{k},t)$。该方程描述的是（$\boldsymbol{r}$，$\boldsymbol{k}$）空间内的局域平衡，表示$t$时刻$r$点邻域单位体积中能态为$k$且呈某一自旋的电子数。设外场是稳定的，即该分布函数不随时间变化，此时有：

$$\frac{\partial \boldsymbol{r}}{\partial t}\frac{\partial f_e}{\partial \boldsymbol{r}}+\frac{\partial \boldsymbol{k}}{\partial t}\frac{\partial f_e}{\partial \boldsymbol{k}}=\left(\frac{\partial f_e}{\partial t}\right)_{coll} \tag{5.1.1}$$

$(\partial f_e/\partial t)_{coll}=\tau_e^{-1}(f_e-f_{e0})$表示碰撞所致$f(\boldsymbol{r},\boldsymbol{k},t)$的变化。温度场$\nabla T$、电场$\boldsymbol{E}_{ext}$和磁场$\boldsymbol{B}_{ext}$作用下的 Boltzmann 方程如下：

$$\frac{\partial \boldsymbol{r}}{\partial t}\frac{\partial f_e}{\partial \boldsymbol{r}}\nabla T-\frac{e}{\hbar}(\boldsymbol{E}_{ext}+\boldsymbol{v}_d\times\boldsymbol{B}_{ext})\cdot\frac{\partial f_e}{\partial \boldsymbol{k}}=-\frac{f_e-f_{e0}}{\tau_e} \tag{5.1.2}$$

$\boldsymbol{v}_d$见式（5.1.17）。若碰撞过程中，单位体积和时间内电子由$\boldsymbol{k}$态被散射到$\boldsymbol{k}'$态的几率是$\widetilde{P}_{kk'}$可导出：

$$\frac{1}{\tau_e}=\sum_{k'}\widetilde{P}_{kk'}\left[1-\frac{\Delta f_e(k')}{\Delta f_e(k)}\right] \tag{5.1.3}$$

$\Delta f_e=f_e-f_{e0}$——表示偏离平衡值的尺度，是个小量。按 Boltzmann 方程：

$$f_e(\boldsymbol{k})=f_{e0}\left(\boldsymbol{k}+\frac{e\tau_e}{\hbar}E_{ext}\right) \tag{5.1.4}$$

所以，在恒电场下，$\boldsymbol{k}$空间中的非平衡分布相当于 Fermi 面刚性地移动了一段距离$\left(-\frac{e\tau_e}{\hbar}\boldsymbol{E}\right)$。

5.1.1.2 准经典模型

一般来说，外加的场要比金属内部的势场弱得多。如果外场是均匀的，在其作用下电子的运动可近似地按准经典的方式分析。何谓准经典的方式？在经典物理学中，处于某一个态的粒子有其确定的位置和动量。若借助用量子力学描述，则要利用以时间为自变量的 Schrödinger 方程：

$$\left(-\frac{\hbar^2}{2m_e}\nabla^2 + V_{in}(r) + V_{ext}(r)\right)\psi(\boldsymbol{r},t) = E\psi'(\boldsymbol{r},t) \tag{5.1.5}$$

经典物理学中该粒子的态相当于该 Schrödinger 方程的一个波包。若该波包的中心位在 $\boldsymbol{r}_0$ 处，则电子分布在 $\boldsymbol{r}_0+\boldsymbol{r}$ 范围内。若该波包中心的动量为 $\hbar\boldsymbol{k}_0$，则该电子的动量取值 $\hbar\boldsymbol{k}_0+\hbar\boldsymbol{k}=\hbar\boldsymbol{k}'$。$\boldsymbol{r}$ 和 $\boldsymbol{k}$ 满足测不准原理。此波包的能量可按 $\boldsymbol{k}'$ 展开成：

$$E(\boldsymbol{k}') = E(\boldsymbol{k}_0) + \boldsymbol{k}\cdot(\nabla_k E)_{k_0} \tag{5.1.6}$$

因此，该波包呈现图 5.1 的形状。

波包的中心：

$$\boldsymbol{r}_0 = \frac{1}{\hbar}(\nabla_k E)_{k_0} t \tag{5.1.7}$$

波函数集中于 $\pm\Delta\boldsymbol{r}$ 之间。此波包尺度 $\Delta\boldsymbol{r}$ 或电子的自由程 l_{free} 必须远大于原胞，这就是准经典方式的第一个要求。因此，在多个离子间距的尺度内外场务必是缓变的。

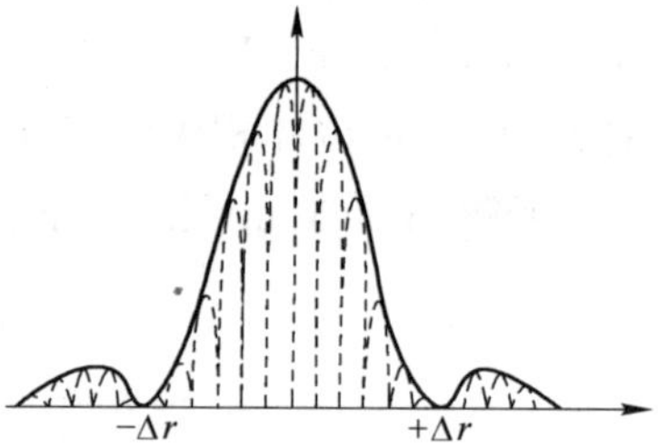

图 5.1 描述电子准经典运动的波包

自由电子准经典运动的两个基本方程是：

$$\begin{aligned} \boldsymbol{v}_e(k) &= \frac{\boldsymbol{r}_0}{t} = \frac{1}{\hbar}\nabla_k E(\boldsymbol{k}) \\ \frac{\hbar \mathrm{d}\boldsymbol{k}}{\mathrm{d}t} &= F \end{aligned} \tag{5.1.8}$$

$\boldsymbol{v}_e(k)$ 是电子在相空间内的速度矢量。因而：

$$\begin{pmatrix} \boldsymbol{v}'_{ex} \\ \boldsymbol{v}'_{ey} \\ \boldsymbol{v}'_{ez} \end{pmatrix} = \frac{1}{\hbar}\begin{pmatrix} \dfrac{\partial^2 E}{\partial k_x^2} & \dfrac{\partial^2 E}{\partial k_x \partial k_y} & \dfrac{\partial^2 E}{\partial k_x \partial k_z} \\ \dfrac{\partial^2 E}{\partial k_y \partial k_x} & \dfrac{\partial^2 E}{\partial k_y^2} & \dfrac{\partial^2 E}{\partial k_y \partial k_z} \\ \dfrac{\partial^2 E}{\partial k_z \partial k_x} & \dfrac{\partial^2 E}{\partial k_z \partial k_y} & \dfrac{\partial^2 E}{\partial k_z^2} \end{pmatrix}\begin{pmatrix} F_{ex} \\ F_{ey} \\ F_{ez} \end{pmatrix} \tag{5.1.9}$$

F_e 反映外场的作用。若 k_x、k_y、k_z 是上式中张量的主轴方向，则经对角化得：

$$\begin{pmatrix} m_{ex}^* & 0 & 0 \\ 0 & m_{ey}^* & 0 \\ 0 & 0 & m_{ez}^* \end{pmatrix} = \begin{pmatrix} \hbar^2\left(\frac{\partial^2 E}{\partial k_x^2}\right)^{-1} & 0 & 0 \\ 0 & \hbar^2\left(\frac{\partial^2 E}{\partial k_y^2}\right)^{-1} & 0 \\ 0 & 0 & \hbar^2\left(\frac{\partial^2 E}{\partial k_z^2}\right)^{-1} \end{pmatrix} \tag{5.1.10}$$

电子的有效质量张量 $\boldsymbol{m}_e^*$ 概括了电子－电子间和电子－离子间的相互作用。这个命名出自式（5.1.9）和经典物理学中的 Newton 定律在形式上的相似。通常 $\boldsymbol{m}_e^*$ 随 $\boldsymbol{k}$ 变化，不是常值。它的三个分量也不一定相等。在准经典模型中使用的必须是 $\boldsymbol{m}_e^*$ 而不是电子的真实质量 m_e。

5.1.1.3 动力学方程

自由电子在外场作用下的动力学方程：

$$\frac{d\boldsymbol{P}_e(t)}{dt} = \boldsymbol{F}_e(t) - \frac{\boldsymbol{P}_e(t)}{\tau_e} \tag{5.1.11}$$

$\boldsymbol{P}_e(t)$——电子的平均动量，$\boldsymbol{F}_e(t)$——外场对电子的作用力。引入 $\boldsymbol{m}_e^*$ 和 $\boldsymbol{v}_d(t)$ 又有：

$$\boldsymbol{m}_e^* \frac{d\boldsymbol{v}_d(t)}{dt} = \boldsymbol{F}_e(t) - \boldsymbol{m}_e^* \frac{\boldsymbol{v}_d(t)}{\tau_e} \tag{5.1.12}$$

此式最后一项是电子被碰撞对其运动所致的阻尼。

5.1.2 固态金属中电子运动的半经典模型[1~3]

半经典模型是准经典模型的推广，它使能带结构和外场对电子的作用相联系。半经典模型规定：每个电子有确定的下标 $\boldsymbol{r}$，$\boldsymbol{k}$，n，所以 $E_n(\boldsymbol{k})$ 也是确定的。而且：

（1）外场 $\boldsymbol{E}(\boldsymbol{r}, t)$ 和 $\boldsymbol{B}(\boldsymbol{r}, t)$ 是缓变的，其波长远大于晶格常数。

（2）忽略电子在带间跃迁的可能性，如磁场中电子的回旋角频率 ω_c 应是：

$$\hbar\omega_c = \frac{\hbar e\boldsymbol{B}}{m_e} \ll \frac{[E_{gap}(k)]^2}{E_F}$$

强磁场下此要求可能无法满足，而发生磁致带间隧穿。金属 Mg 就是易发生磁致隧穿的一例。

（3）周期场－外场共同作用下的电子速度：

$$\boldsymbol{v}_n(\boldsymbol{k}) = \frac{1}{\hbar}\nabla_k E_n(\boldsymbol{k}) \tag{5.1.13}$$

（4）周期场－外场共同作用下波矢 $\boldsymbol{k}(t)$ 的变化：

$$\frac{\mathrm{d}(\hbar\boldsymbol{k})}{\mathrm{d}t} = -e[\boldsymbol{E}(\boldsymbol{r},t) + \boldsymbol{v}_n(\boldsymbol{k}) \times \boldsymbol{B}(\boldsymbol{r},t)] \tag{5.1.14}$$

周期场－外场共同作用下晶体内电子的含时 Schrödinger 方程：

$$\left[\frac{1}{2m}(\hat{\boldsymbol{P}} + e\boldsymbol{A})^2 + V(\boldsymbol{r}) - eV_{\mathrm{e}}\right]\psi(\boldsymbol{r},t) = \mathrm{i}\hbar\psi'(\boldsymbol{r},t) \tag{5.1.15}$$

$\boldsymbol{A}$——磁场引起的矢量势，其中包含有反映能带特性的 $E_n(\boldsymbol{k})$ 之影响；V_{e}——电场引起的标量势；$V(\boldsymbol{r})$ ——周期场。$\boldsymbol{A}$ 和 V_{e} 按经典方式处理而 $V(\boldsymbol{r})$ 用量子力学处理。

由半经典模型给出电子运动的有效质量张量的分量是：

$$\frac{1}{m^*_{\mathrm{ex}(y,z)}} = \frac{1}{\hbar^2}\frac{\partial^2 E_n(\boldsymbol{k})}{\partial k^2_{x(y,z)}} \tag{5.1.16}$$

显然，式（5.1.16）来自式（5.1.10），能带极值附近的电子可看作质量为 m^*_{e} 的自由电子。

5.1.3　静电场中电子的运动[1~3]

根据式（5.1.12），在静电场 $\boldsymbol{E}_{\mathrm{ext}}$作用下自由电子波包中心将以速度：

$$\boldsymbol{v}_{\mathrm{d}} = -\frac{e\tau_{\mathrm{e}}\boldsymbol{E}_{\mathrm{ext}}}{m_{\mathrm{e}}} = \frac{\hbar\Delta\boldsymbol{k}}{m_{\mathrm{e}}} \tag{5.1.17}$$

沿 $-\boldsymbol{E}_{\mathrm{ext}}$方向不断漂移。但电子会被散射或碰撞，致使该波包只是迁至偏离平衡的某一位置上。

在直流电压下，由于固态金属中周期场的作用，电子在 $\boldsymbol{k}$ 空间循环移动（相应于实空间中电子位置的振荡——bloch oscillation），其速度在 $\pm\boldsymbol{v}_{\max}$间周期性改变。一般情况下不易觉察此现象，但在强直流脉冲下可能发现交变电流。

图 5.2 是一维周期场中能带结构、电子速度及其有效质量的示意图。

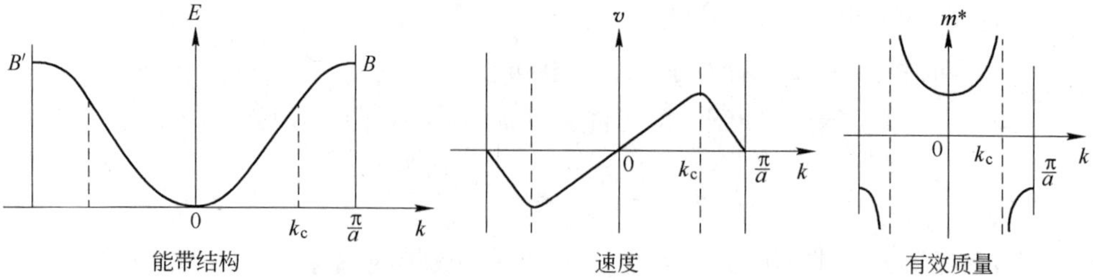

图 5.2　一维周期场中能带结构、电子速度及其有效质量的示意图

固态中的能带分为满带、价带和空带。所谓满带就是充满了电子的能带。由第 1 章所述的电子充填能带的方式可知，越早被电子充满的满带其能级越低。空带和原子的激发能级相应，若无激发该能带中无电子布居。价带与价电子有关，

它们可以是一种满带，也可能未被电子充满。在电场下，满带中电子的分布不变而未满带中电子的分布不再对称，所以满带中的电子不参与导电。未充满的价带才是导带。这说明导电电子与价电子是两个概念。Fermi 面就在未满带中。无外电场时，电子能量和速度在满带和导带中的分布见图 5.3。外电场下，电子能量和速度在满带和导带中的分布见图 5.4。

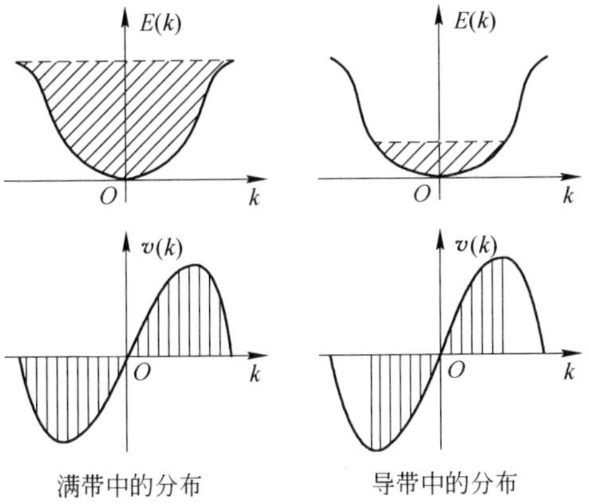

图 5.3 无外电场时，电子能量和速度在满带和导带中的分布

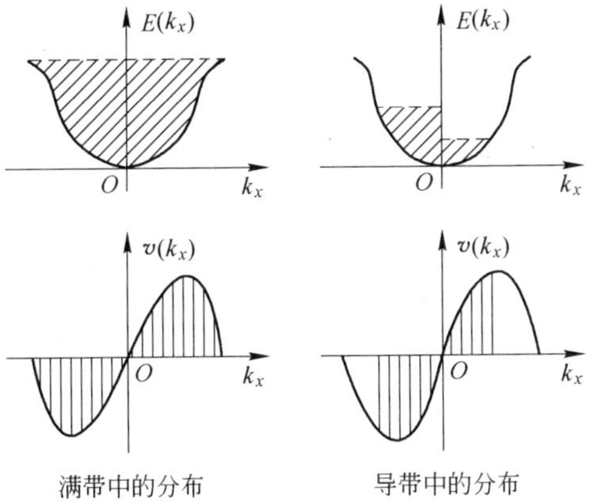

图 5.4 外电场下，电子能量和速度在满带和导带中的分布

但是近满带中无电子布居的态可看作是具 $+e$ 电荷的假想粒子“空穴”，同时把有电子布居的态看作无“空穴”的态。电流可以是近满带中电子的流动所致，也可以是空穴的反向流动所致。若被电子充满的价带顶部有电子被激发而进入空带，则空带也可导电。

导体、半导体、绝缘体的差异来自最高满带与最低空带之间带隙。无带隙者为导体，带隙很小者为半导体，带隙大者为绝缘体。导体又分为三类：

（1）以 Li 为例，每个原胞只有一个价电子，价带未被充满，带狭，电子导电。

（2）如 Ba、Mg、Zn 等，未被完全充满的价带与空带重叠，带较宽，电子导电或空穴导电。

（3）如 Na、K、Cu、Al、Ag 等，半充满的价带与空带重叠，带宽，电子导电。

5.1.4　恒磁场中电子的运动[1~3]

恒磁场中电子的速度仍由式（5.1.13）说明，无散射时在 $\boldsymbol{k}$ 空间中其动量的变化是：

$$\hbar\boldsymbol{k}' = -e\boldsymbol{v}_n(\boldsymbol{k}) \times \boldsymbol{B} \tag{5.1.18}$$

所以，若磁场方向 $\boldsymbol{B}=\boldsymbol{B}_z$，则一个确定的 $\boldsymbol{k}$ 矢其 k_z 恒定不变，电子在等 k_z 平面上绕 $\boldsymbol{B}$ 回旋环行。以该 $\boldsymbol{k}$ 矢为半径的球面是一个等势面，因为 $\boldsymbol{k}\perp\boldsymbol{v}_n(\boldsymbol{k})$。电子运行时总在此等势面上，见图 5.5。

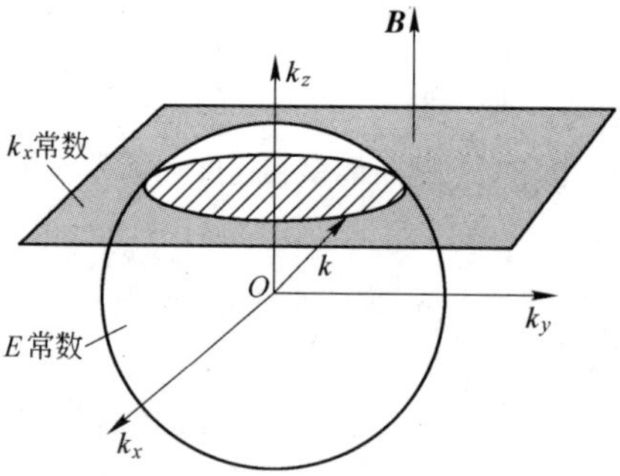

图 5.5　恒磁场中电子在等 k_z 平面上绕 $\boldsymbol{B}$ 回旋环行

在相应的实空间中电子的运动规律是：

$$\boldsymbol{v}_{n,\perp} = \frac{\mathrm{d}\boldsymbol{r}_\perp}{\mathrm{d}t} = -\frac{\hbar}{e\boldsymbol{B}} \cdot \boldsymbol{I}_{\mathrm{B}} \times \frac{\mathrm{d}k}{\mathrm{d}t} \tag{5.1.19}$$

$\boldsymbol{I}_{\mathrm{B}}$——单位矢量。$\boldsymbol{r}_\perp$——实空间中电子位置矢量在垂直 $\boldsymbol{B}$ 方向上的投影。积分得：

$$\boldsymbol{r}_\perp(t) - \boldsymbol{r}_\perp(0) = -\frac{\hbar}{e\boldsymbol{B}} \cdot \boldsymbol{I}_{\mathrm{B}} \times [k(t) - k(0)] \tag{5.1.20}$$

因此实空间中电子也绕 $\boldsymbol{B}$ 环行，且环行半径和磁场强度成反比。同时，电子沿 z 轴呈匀速直线运动。

$$z(t) - z(0) = \int_0^t \boldsymbol{v}_{\mathrm{e},z}(t)\,\mathrm{d}t$$

$$\boldsymbol{v}_{\mathrm{e},z} = \frac{1}{\hbar}\frac{\partial E}{\partial k_z} \tag{5.1.21}$$

总之，在恒磁场中电子的运动轨迹是一条螺旋线。

5.1.5 Landau 能级和 Zeeman 分裂[1~3]

在 $\boldsymbol{B}=\boldsymbol{B}_z$ 的恒磁场中，Hamiltonian 要改写成：

$$\hat{H}=\frac{1}{2m_{\mathrm{e}}}(\boldsymbol{P}+e\boldsymbol{A}) \tag{5.1.22}$$

令 $\boldsymbol{A}=(-B_y,\ 0,\ 0)$——磁矢；或 $\boldsymbol{B}=\nabla\times\boldsymbol{A}$，则：

$$\hat{H}=\frac{1}{2m_{\mathrm{e}}}[(\boldsymbol{P}_{\mathrm{ex}}-e\boldsymbol{B}_y)^2+\boldsymbol{P}_{\mathrm{ey}}^2+\boldsymbol{P}_{\mathrm{ez}}^2] \tag{5.1.23}$$

因此，波函数沿 y 轴不再是平面波，沿 x 轴和 z 轴保持平面波特点。

$$\psi=\psi(y)\cdot\exp[\mathrm{i}(k_x x+k_z z)] \tag{5.1.24}$$

$\psi(y)$ 是回旋电子波函数，其中心位置在：

$$y_{\mathrm{c}}=\frac{\hbar k_x}{eB} \tag{5.1.25}$$

回旋电谐振子能量 E_{c} 为分立值。

$$E_{\mathrm{c}}=E-\frac{\hbar^2k_z^2}{2m_{\mathrm{e}}} \tag{5.1.26}$$

而恒磁场中自由电子的能量本征值 E 由量子数 n 和 k_z 决定：

$$E=\frac{\hbar^2k_z^2}{2m_{\mathrm{e}}}+\left(n+\frac{1}{2}\right)\hbar\omega_{\mathrm{c}} \tag{5.1.27}$$

Bloch 电子的能量本征值也用此式计算，只是要用有效质量取代 m_{e}。

式（5.1.27）中第一项是电子沿磁场方向运动的动能，第二项是电子在 xy 平面内作简谐运动的分立化能量——Landau 能级。无磁场时，$\boldsymbol{k}$ 空间中代表电子状态的点是均匀分布的。外加磁场后，xy 平面上代表电子状态的点总数不变，但迁移到以 $k=\sqrt{k_x^2+k_y^2}$ 为半径的圆周上。这源于磁矢也可定义为 $\boldsymbol{A}=(-B_x,\ 0,\ 0)$，即 k_x、k_y 是可以等价互换的。而 k_z 有所变化，因此代表电子状态的点在空间形成一系列管面，称为 Landau 管，其横截面称为 Landau 环。每个 Landau 管为一个磁致次能带，用 n 和 k_z 标识。电子状态点在 $\boldsymbol{k}$ 空间内的重新分布就是 Landau 能级，如图 5.6 所示。每个 Landau 能级都是高度简并的。

能量为 E 的电子可处于 k_z 不同的 Landau 能级中。所以总的能态密度应是各次能带能态密度之和：

$$\boldsymbol{g}(E)=\sum_{0}^{n'}g_n(E) \tag{5.1.28a}$$

$$\boldsymbol{g}_n(E)=\frac{\hbar\omega_{\mathrm{c}}}{4\pi^2}\left(\frac{2m_{\mathrm{e}}}{\hbar^2}\right)^{3/2}\left[E-\left(n+\frac{1}{2}\right)\hbar\omega_{\mathrm{c}}\right]^{-1/2} \tag{5.1.28b}$$

图 5.7 是 $\boldsymbol{g}(E)$ 和 $\boldsymbol{g}_0(E)$ 的曲线，后者表示无磁场时自由电子的能态密度。

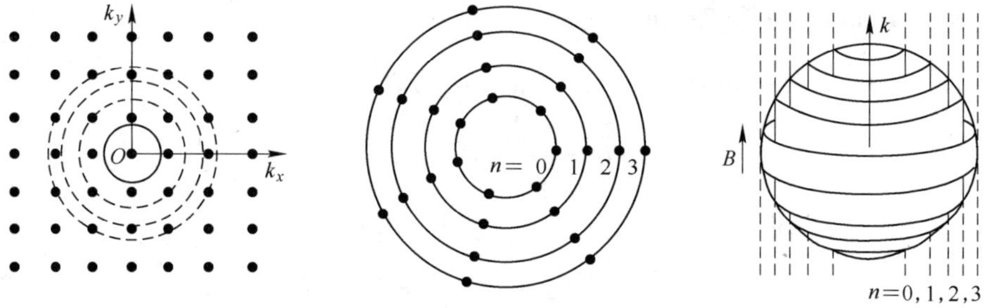

(a) 无外加磁场情况　(b) 外磁场下的环　(c) 外磁场下的管

图 5.6　Landau 环和 Landau 管

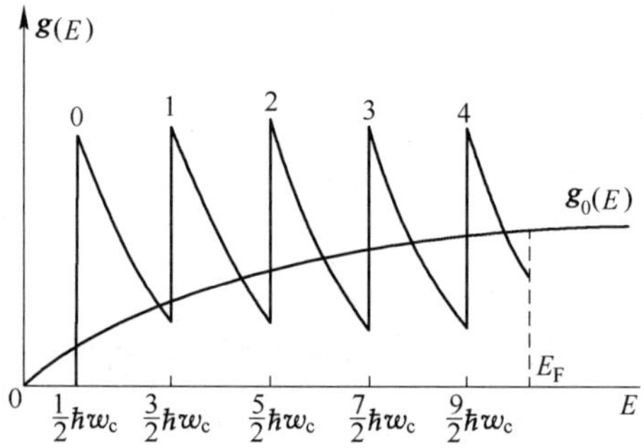

图 5.7　$\boldsymbol{g}(E)$ 和 $\boldsymbol{g}_0(E)$ 曲线

无外磁场时，不同角动量取向的能量相等，是简并的。在外磁场中，不同角动量取向与外磁场的相互作用能不同，呈非简并。这就是 Zeeman 分裂。

5.2　电导率

5.2.1　自由电子的电导率[1~3]

静电场下的电流密度矢量为：

$$\boldsymbol{j}_e = -\rho_e e \boldsymbol{v}_d = -\boldsymbol{\sigma}_e E_{ext} \tag{5.2.1}$$

$\boldsymbol{\sigma}_e$ 是电导率矢量，由式（5.1.17）引入 $\boldsymbol{v}_d$，则得直流电导率：

$$\sigma_e = \frac{\rho_e e^2 \tau_e}{m_e} \tag{5.2.2}$$

在前述 Boltzmann 方程的讨论中已说明：$\boldsymbol{k}$ 空间中电场引起的 $\Delta\boldsymbol{k} \approx 10^{-5}\boldsymbol{k}_F$，所以仅在 Fermi 面附近的电子态有所变化，也即仅 Fermi 面附近的电子参与电荷传输。如图 5.8 所示，电流来自电子布居的非均衡变化，或 $+k_F$ 近傍电子布居的增加。

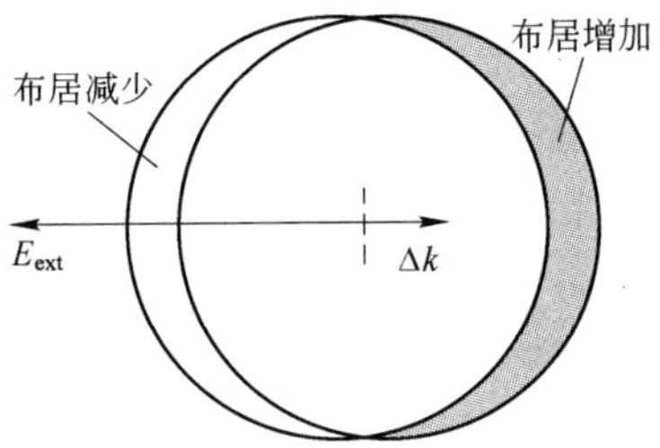

图 5.8 电场引起 Fermi 面附近电子态的变化

Fermi 面的迁移 $\Delta\boldsymbol{k}$ 可由电场对电子的作用力或电子的动量变化速率导出。

$$\boldsymbol{F}(0) = \frac{\mathrm{d}\boldsymbol{P}_e}{\mathrm{d}t} = -e\boldsymbol{E}_{ext}$$

$$\Delta\boldsymbol{k} = -\frac{e\tau_e}{\hbar}\boldsymbol{E}_{ext} \tag{5.2.3}$$

Fermi 面附近传导电子的数密度：

$$\rho_e(E_F) = \boldsymbol{g}(E_F)\cdot\left(\frac{\partial E_{ext}}{\partial\boldsymbol{k}}\right)\Delta\boldsymbol{k} = \boldsymbol{g}(E_F)\cdot\hbar\boldsymbol{v}_F\Delta\boldsymbol{k} \tag{5.2.4}$$

$\boldsymbol{g}(E)$ 见式（1.2.6）。由于电流仅源自 Fermi 面附近电子的非均匀分布，可把电流密度和电导率公式改写成：

$$\boldsymbol{j}_e = -\rho_e(E_F)e\boldsymbol{v}_F = \boldsymbol{g}(E_F)\hbar\boldsymbol{v}_F^2\frac{e^2\tau_e}{\hbar}E_{ext}$$

$$\boldsymbol{\sigma}_e = \boldsymbol{g}(E_F)\boldsymbol{v}_F^2e^2\tau_e \tag{5.2.5}$$

电流密度和电导率还可以用遍及 Fermi 面面积 A_F 的积分讨论：

$$\begin{aligned}\boldsymbol{j}_e &= -\frac{e}{4\pi^3}\int\Delta f_e\cdot\boldsymbol{v}_e(\boldsymbol{k})\,\mathrm{d}\boldsymbol{k}\\ &= \left[\frac{e^2}{4\pi^3\hbar}\int\tau_e(\boldsymbol{k})\boldsymbol{m}_e^*\frac{\boldsymbol{v}_e(\boldsymbol{k})\,\boldsymbol{v}_e(\boldsymbol{k})}{\hbar k_F}\mathrm{d}A_F\right]\boldsymbol{E}_{ext}\\ &= \boldsymbol{\sigma}_e\boldsymbol{E}_{ext}\end{aligned} \tag{5.2.6}$$

此式中 Δf_e——表示电子分布函数偏离平衡值的尺度，τ_e 取为 $\boldsymbol{k}$ 函数。在立方晶体中由于对称性：

$$\boldsymbol{\sigma}_e = \frac{1}{12\pi^3}\frac{e^2}{\hbar}\int l_{free}(\boldsymbol{k})\,\mathrm{d}A_F \tag{5.2.7}$$

若晶体为各向同性，则：

$$\boldsymbol{\sigma}_e = \frac{\rho_e(E_F)e^2}{m_e^*}\tau_e(E_F) \tag{5.2.8}$$

5.2.2　电子被散射对电导率的影响[4~6]

Boltzmann 方程中含有一项表示碰撞所致 $f(\boldsymbol{r},\boldsymbol{k},t)$ 的变化。和电子被碰撞或使之被散射的因素大体上是两个：一是离子振动所致的声子，一是杂质或缺陷的存在。电子和声子的作用引起的电阻率称为本征电阻率 R_{ea}^*，杂质或缺陷引起的电阻率称为剩余电阻率 R_r^*（一般来说 R_r^* 和温度无关）。因此：

$$R^* = R_r^* + R_{ea}^* \tag{5.2.9}$$

R^* 是 σ_e 的倒数，所以和 τ_e 成反比。由式（5.1.3）可推出电子被散射的频率：

$$\begin{aligned}\frac{1}{\tau_e} &= \frac{1}{8\pi^3}\int \widetilde{P}_{kk'}(1-\cos\theta)\mathrm{d}k' \\ \widetilde{P}_{kk'}(\theta) &= \frac{m_e k_F}{\pi\hbar^3}|\boldsymbol{k}+\boldsymbol{k}'|V|\boldsymbol{k}|^2\end{aligned} \tag{5.2.10}$$

θ 是波矢 $\boldsymbol{k}$ 与 $\boldsymbol{k}'$ 的夹角，$(1-\cos\theta)$ 表明散射角度的影响，而 $\widetilde{P}_{kk'}$ 和声子数密度成比例。若 $T \ll T_D$，则 $R_{ea}^* \propto T^5$。这一方面是因为声子数密度正比于 T^3，另一方面是由于小角度散射也增加了。小角度散射的增加意味着电子动量按 T^2（乃至 $T^{\geqslant 2}$）的关系减小。在 $T \gg T_D$ 的条件下，声子数密度正比于 T，$R_{ea}^* \propto T$。

March 指出：自由电子被一个在 Fermi 面上呈球形分布的势散射时由 $\eta_{l=2}$（见第 1 章附录 1.4，相移 η_l 是散射强弱的指标）可导出液态稀土金属的直流电阻率：

$$R^* = \frac{20\pi\hbar}{Ze^2k_F}\sin^2\left(\frac{\pi Z}{10}\right) \tag{5.2.11}$$

但是此式用于 Fe 等 3d 系列金属的效果不是很好，因为其离子对导电电子的散射不够强。Na、K 等 s－p 金属中电子被 Fermi 面处势能 $V(r) = \sum_i v(|\boldsymbol{r}-\boldsymbol{R}_i|)$ 弱散射所致的电阻率是：

$$\begin{aligned}R^* &= \frac{3\pi}{\hbar e^2 \boldsymbol{v}_F^2 \rho_i}\frac{1}{(2k_F)^4}\int_0^{2k_F} S(k)|V(k)|^2 4k^3 \mathrm{d}k \\ &= \frac{3\pi}{\hbar e^2 \boldsymbol{v}_F^2 \rho_i}\int_0^1 |\boldsymbol{k}+\boldsymbol{k}'|V|\boldsymbol{k}|^2 S(k')\cdot 4\left(\frac{k'}{2k_F}\right)^3 \mathrm{d}\left(\frac{k'}{2k_F}\right)\end{aligned} \tag{5.2.12}$$

势能 $V(k)$——$V(r-R_i)$ 的 FT，R_i——离子 i 的位置。此式也称为 Ziman 公式。

5.2.3　交变电场下的电导率[1~6]

在交流电场 $\overleftrightarrow{\boldsymbol{E}} = \overleftrightarrow{\boldsymbol{E}}_0\exp(-\mathrm{i}\omega t)$ 下的电导率 $\overleftrightarrow{\sigma}_e(\omega)$ 是：

$$\overleftrightarrow{\boldsymbol{v}}_d = -\frac{e\tau_e}{m_e(1-\mathrm{i}\omega\tau_e)}\overleftrightarrow{\boldsymbol{E}} \tag{5.2.13}$$

$$\frac{\sigma_e}{\overset{\leftrightarrow}{\sigma}_e(\omega)} = 1 - i\omega\tau_e \tag{5.2.14}$$

另一方面，$\overset{\leftrightarrow}{\sigma}_e(\omega)$ 和金属中的复介电函数 $\epsilon(\omega)$ 有关。当交变电场在空间的变化较慢时，金属中的局域电流强度为：

$$\overset{\leftrightarrow}{j}_e(\boldsymbol{r},\omega) = \overset{\leftrightarrow}{\sigma}_e(\omega)\boldsymbol{E}(\boldsymbol{r},\omega) \tag{5.2.15}$$

因此自由电子的波动方程为：

$$\nabla^2 E(\boldsymbol{r},\omega) - \mu_0\overset{\leftrightarrow}{\sigma}_e(\omega)\frac{\partial}{\partial t}E(\boldsymbol{r},\omega) - \epsilon_0\mu_0\frac{\partial^2}{\partial t^2}E(\boldsymbol{r},\omega) = 0 \tag{5.2.16}$$

μ_0——真空磁导率。若局域电场强度 $\boldsymbol{E}(r,\omega) = \boldsymbol{E}_0\exp[i(\boldsymbol{k}\cdot\boldsymbol{r} - \omega t)]$，由上式解出波矢从而得到：

$$\epsilon(\omega) = \epsilon_0 + i\frac{\overset{\leftrightarrow}{\sigma}_e(\omega)}{\omega} \tag{5.2.17}$$

令 $\epsilon_r(\omega) = \epsilon(\omega)/\epsilon_0$ 为相对介电函数，将 $\overset{\leftrightarrow}{\sigma}_e(\omega)$ 代入后又有：

$$\epsilon_r(\omega) = 1 - \frac{\omega_p^2}{\omega^2 + \tau_e^{-2}} + i\frac{\omega_p^2\tau_e}{\omega(1 + \omega^2\tau_e^2)} \tag{5.2.18}$$

在热起伏或某种微扰作用下，金属中电子密度分布会偏离平衡，从而电子云呈现出所谓的等离子振荡现象。

众所周知，$\epsilon(\omega)$ 又和折射率 $n_r(\omega)$ 有关。有：

$$n_r(\omega) = 1 + i\frac{\overset{\leftrightarrow}{\sigma}_e(\omega)}{\omega\epsilon_0} \tag{5.2.19}$$

5.2.4 用结构因子讨论电导率和介电系数[4~8]

利用第 4 章已讨论的动态结构因子可分析动态电导率和介电系数，即电导率及介电系数和金属中微观起伏的波长与频率的关系：

$$\sigma_e(\boldsymbol{q},\omega) = -\frac{\omega}{4\pi i}\frac{\frac{4\pi}{q^2}X_{\hat{e}\hat{e}}(\boldsymbol{q},\omega)}{1 + \frac{4\pi}{q^2}X_{\hat{e}\hat{e}}(\boldsymbol{q},\omega)}$$

$$= -\frac{\omega}{4\pi i}\frac{\omega_p^2[\omega^2 - \underset{\sim}{\alpha}_s(\boldsymbol{q},\omega)]}{[\omega^2 - \underset{\sim}{\alpha}_s(\boldsymbol{q},\omega)][\omega^2 - \underset{\sim}{\alpha}_p(\boldsymbol{q},\omega)] - \underset{\sim}{\alpha}_p(\boldsymbol{q},\omega)^2} \tag{5.2.20}$$

$$\epsilon(\boldsymbol{q},\omega) = 1 + \frac{4\pi}{\omega}i\sigma_e(\boldsymbol{q},\omega) \tag{5.2.21}$$

电荷密度的响应函数 $X_{\hat{e}\hat{e}}(\boldsymbol{q},\ \omega)$ 见式（3.7.25），$\underset{\sim}{\alpha}_p(\boldsymbol{q},\ \omega)$ 和 $\underset{\sim}{\alpha}_s(\boldsymbol{q},\ \omega)$ 见式（3.7.24c）和式（3.7.24e）。在电子－离子弱相互作用及长波极限下：

$$\sigma_e(0,\omega) = \frac{\rho_e}{m_e}e^2 \frac{m_i + Zm_e}{m_i\left[\frac{(m_i + Zm_e)\Pi(\omega)}{\rho_e m_i m_e} - i\omega\right]} \tag{5.2.22}$$

$\Pi(\omega)$ 见式（3.7.30）。此式和 Kubo 的电阻率公式一致。

$$R^* = \pi\beta\left[\frac{4\pi e}{m_e}(m_{ion} + Zm_e)\right]^2 \lim_{\omega\to 0}\lim_{q\to 0}\frac{S_{ii}(\boldsymbol{q},\omega)}{q^2} \tag{5.2.23}$$

$S_{ii}(\boldsymbol{q},\ \omega)$ 见式（3.7.27）。

Bhatia/Thoreton 关于电导率和结构因子关系的讨论也值得注意。若电子的初始波矢 $\boldsymbol{q}$ 经弱散射而变为 $\boldsymbol{q}'$，令 $\boldsymbol{k}=\boldsymbol{q}-\boldsymbol{q}'$，则此过程的几率为：

$$\tilde{P}(\boldsymbol{k},\omega) = \frac{1}{2\pi}\int\exp(-i\omega t)\,dt\langle\bar{V}_*(\boldsymbol{k},0)V_*(\boldsymbol{k},t)\rangle$$

$$V_*(\boldsymbol{k},t) = \sum_{j=1}^{2}V_j(k)\exp[i\boldsymbol{k}\cdot\boldsymbol{r}_j(t)]$$

$$V_j(k) = \int\exp[i\boldsymbol{k}\cdot(\boldsymbol{r}-\boldsymbol{r}_j)]\ \varphi_j(\boldsymbol{r}-\boldsymbol{r}_j)\,d^3\boldsymbol{r} \tag{5.2.24}$$

$\varphi_j(\boldsymbol{r}-\boldsymbol{r}_j)$——有效偶势，$V_j(k)$——原子 j 的赝势矩阵元。另一方面，$\tilde{P}(\boldsymbol{k},\ \omega)$ 和二元系中的动态结构因子有关。

$$\tilde{P}(\boldsymbol{k},\omega) = V_+^2 S_{nn}(\boldsymbol{k},\omega) + (V_1 - V_2)^2 S_{cc}(\boldsymbol{k},\omega) + 2V_+(V_1 - V_2)S_{nc}(\boldsymbol{k},\omega) \tag{5.2.25}$$

$$V_+ = \rho_1 V_1 + \rho_2 V_2$$

再退至静态可得电导率计算公式：

$$\sigma_e = \frac{\hbar^3 e^2 k_F^2}{12\pi(m_e^*)^2}\left[\int_0^1 \tilde{P}(\boldsymbol{k})\frac{k^3}{(2k_F)^4}dk\right]^{-1} \tag{5.2.26}$$

Wang 等讨论了二元合金中 $S_{12}(\boldsymbol{q})$ 和电阻率的关系。

5.2.5　电场－磁场耦合作用下的电阻率[4~6]

将非磁性金属置于电场和磁场的耦合作用下会出现平行磁场的电阻率低于垂直磁场的电阻率，且电阻率按场强的平方变化。

$$\frac{\Delta R^*}{R_0^*} = \frac{9\pi}{16}\left(1 - \frac{\pi}{4}\right)v_{emd}^2 B^2 \tag{5.2.27}$$

R_0^*——$\boldsymbol{B}=0$ 时的电阻率，v_{emd} 是电子的迁移率，表示单位磁场作用下其运动轨迹改变所致的平均漂移速度。

5.2.6　合金的电导率[4~6]

合金电导率在恒温下随其组成的变化有几种不同的类型：

（1）图 5.9 显示：Al－Ga、Pb－Sn、Sb－Bi 等合金中的变化近于线性。显然，这些合金中两组元是同价的，但 Na－K、Na－Li、Na－Rb 等呈中央上凸的曲线，峰区内合金密度显著减小。

（2）图 5.9 还显示：Cu－X（X＝Sb、Sn、Cd、Zn、Al、Ga）及 Ag－In、Ag－Sn、Au－Ga 等合金中曲线峰值偏于溶剂一侧，且在 $(c_1Z_1+c_2Z_2)=1.5\sim2.0$ 范围内电阻率随温度上升而下降。

（3）Hg－Pb、Hg－Sn、Hg－In 合金的曲线示于图 5.10。温度越高，则 Hg 侧合金电导率上升的幅度越大，这可能和 Hg 的热膨胀有关。

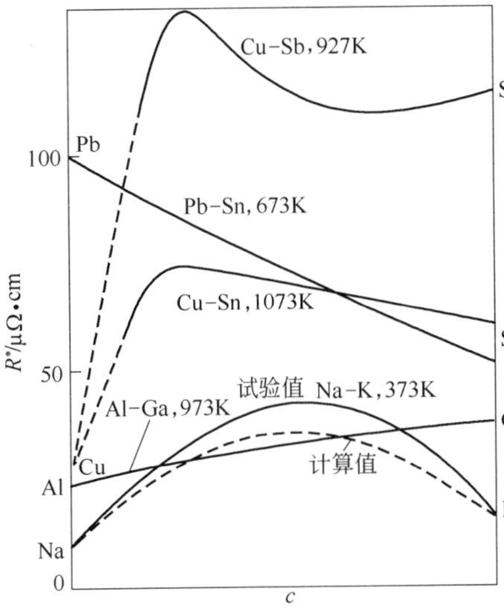

图 5.9 恒温下一些合金电导率随其组成的变化

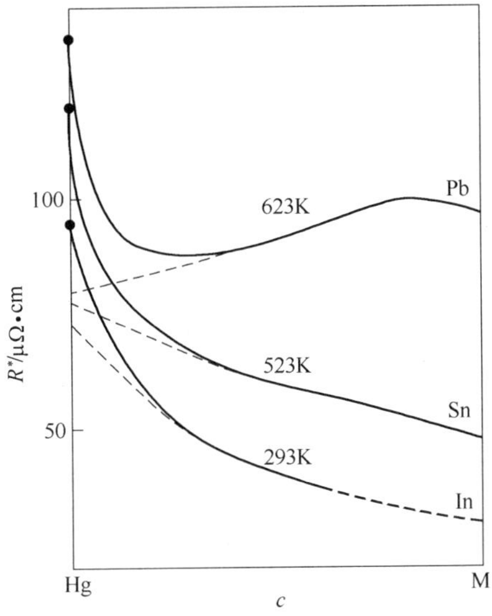

图 5.10 Hg 合金的电导率曲线

（4）CdSb 合金实际上是由互不溶的两液相组成：CdSb＋Cd 或 CdSb＋Sb。图 5.11 是其电阻随成分的变化。

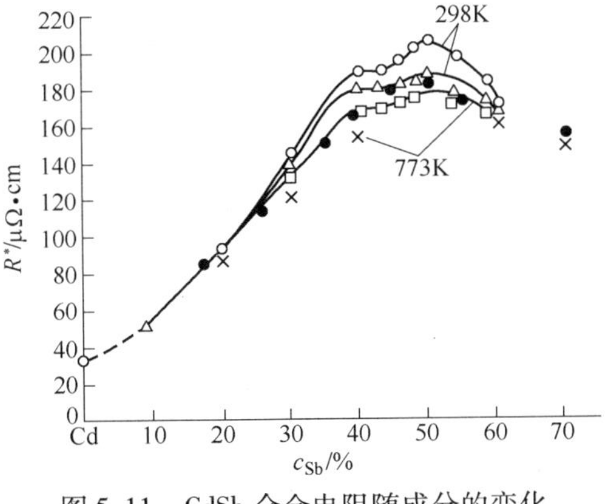

图 5.11 CdSb 合金电阻随成分的变化

（5）HgNa 和 MgBi 两合金是含化合物的例子，图 5.12 中 623K 下 HgNa 的曲线和 1173K 下 MgBi 的曲线都在化合物组成处出现电阻的突变。

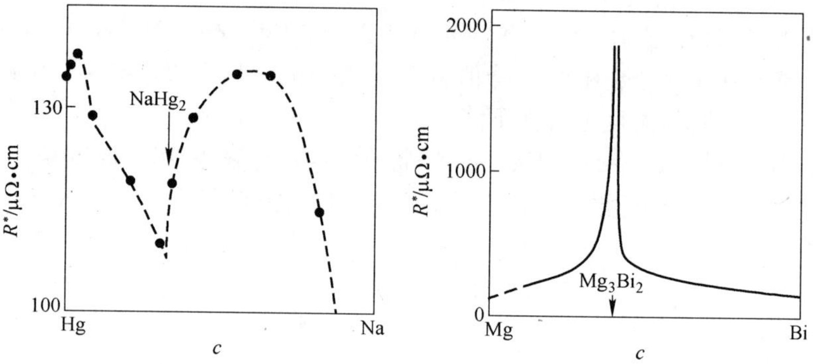

图 5.12　HgNa(623K)、MgBi(1173K) 电阻在化合物组成处的突变

Faber 在其专著中讨论了合金电导率随组成变化的内在规律。

5.3　热导率[4~6,9]

金属中热能的传导是通过电子和声子的迁移，或电子－电子、电子－声子、声子－声子乃至电子－微观缺陷、声子－微观缺陷间的碰撞实现的。

声子是能量为 $\hbar\omega_{pn}(\boldsymbol{q})$，动量为 $\hbar\boldsymbol{q}$ 的 Boson 子，其分布函数或 $\hbar\omega_{pn}(\boldsymbol{q})$ 能级上的平均布居数服从 Plank 定律。

$$n_{pn}(\boldsymbol{q}) = \frac{1}{\exp\beta\hbar\omega_{pn}(\boldsymbol{q}) - 1} \tag{5.3.1}$$

在温度梯度作用下声子的 Boltzmann 方程为：

$$v_s \cdot \frac{\partial n_{pn}}{\partial \boldsymbol{r}} = \nabla_q \omega_{pn}(\boldsymbol{q}) \cdot \frac{\partial n_{pn}}{\partial \boldsymbol{r}} = \left(\frac{\partial n_{pn}}{\partial t}\right)_{coll} \tag{5.3.2}$$

室温下，声子的其平均自由程比电子的小 4 ~5 个量级；能量比电子的小 2 个量级。

由于电子的速度比声子大得多，所以金属的热导率 Λ 主要取决于 Fermi 面附近传导电子的贡献。如表 5.1 所示，Na、K 中两者相差 3 个量级。

表 5.1　声子和电子对金属热导率的贡献

金属	T/K	Λ/J·(cm·s·K)$^{-1}$		
		实测值	声子的贡献（计算值）	电子的贡献（计算值）
Na	373	0.88	0.0009	0.96
K	338	0.55	0.0002	0.65

但是要注意在导电和导热中电子的行为并不完全相同。导电时 **k** 空间中电子云整体发生移动；而导热时没有如此的整体移动，只是温度不同的电子对流而已。

以立方结构的金属为例，借助 Boltzmann 方程可推出外电场和温度场共同作用下的热流密度：

$$j^{h} = \frac{1}{T}\left\{\tilde{k}_2 - \frac{\tilde{k}_1^2}{\tilde{k}_0}\right\}(-\nabla T) = -\Lambda \nabla T \tag{5.3.3a}$$

$$\tilde{k}_0 = \frac{\tau_e}{12\hbar\pi^3}\int \boldsymbol{v}_e(k)\,\mathrm{d}A_F = \frac{\sigma_e}{e^2} \tag{5.3.3b}$$

$$\tilde{k}_1 = \frac{\pi^2}{3\beta^2}\left[\frac{\partial \tilde{k}_0(E)}{\partial E}\right]_{E=\mu} \tag{5.3.3c}$$

$$\tilde{k}_2 = \frac{\pi^2}{3\beta^2}\tilde{k}_0(\mu) \tag{5.3.3d}$$

$\tilde{k}_0$ 等是输运系数。再进一步在导热和导电的弛豫时间相同的条件下又得到热导率：

$$\Lambda = \frac{1}{3}C_V v_F^2 \tau_e = \frac{\pi\rho_e \tau_e}{3\beta^2 T m_e} \tag{5.3.4}$$

弹性散射条件下仅电子波矢 **k** 的方向改变，有 Wiedeman/Franz 定律：

$$\underline{L} = \frac{\Lambda}{\sigma_e T} = 2.45\times10^{-8}\,\mathrm{W}\cdot\Omega/\mathrm{K}^2 \tag{5.3.5}$$

$\underline{L}$——Lorenz 常数，它是不同金属的共性。

但非弹性散射条件下电子能量可变而波矢 **k** 的方向基本不变，W/F 定律不成立。事实上，在温度为 $10 \sim n\times10^2$K 范围内，W/F 定律有偏差。高于该温度范围，σ_e 和 T 成反比而 Λ 不随 T 变。低于该温度范围，σ_e 不随 T 变但 Λ 正比于 T。

W/F 定律说明导热和导电间的关系。Cook/Fritsch 给出了更精确的结果：

$$\frac{1}{\Lambda} = \underset{\sim}{\lambda}_{ees} + \frac{R^*}{(\underline{L}_{te} - \underset{\sim}{\lambda}_{te}^2)}T \tag{5.3.6}$$

$\underset{\sim}{\lambda}_{ees}$表示电子间散射的影响，$\underline{L}_{te}$是热电功对 Lorenz 常数的修正。因而液 Na 在 371 ~ 1500K 间的热导率可用下式计算：

$$\Lambda = 124.67 - 0.11381T + 5.5226\times10^{-5}T^2 - 1.1842\times10^{-8}T^3 \tag{5.3.7}$$

5.4 液态合金中离子的电迁移及热致扩散[4~6,10~12]

导电过程中存在着电子-离子散射作用，此时电子的动量损失传给了被屏蔽的离子。电子流在离子 i 上的作用力是：

$$F_{\mathrm{i}}^{\mathrm{e}} = -\frac{\hbar k_{\mathrm{F}} A_{\mathrm{i,s}}^{\mathrm{e}} \boldsymbol{E}_{\mathrm{ext}}}{|e| R^{*}} \tag{5.4.1}$$

$\hbar k_{\mathrm{F}}$——单个电子的动量，$A_{\mathrm{i,s}}^{\mathrm{e}}$——离子 i 和电子间的有效散射截面。此力使不同离子周围的空穴以某种不同的相对速度迁移，乃至一种离子向阳极迁移而另一种离子则渡向阴极。长时间通大电流（DC）后，许多合金液中较轻的同位素都向阳极聚集。这就是 Haeffner 效应。二元合金液中的离子流：

$$\dot{j}_{\mathrm{a}} = -\dot{j}_{\mathrm{b}} = \frac{m_{\mathrm{a}} m_{\mathrm{b}} n_{\mathrm{a}} n_{\mathrm{b}}}{m_{\mathrm{a}} n_{\mathrm{a}} + m_{\mathrm{b}} n_{\mathrm{b}}} \left[\left(\frac{Z_{\mathrm{a}}}{\xi_{\mathrm{a}}} - \frac{Z_{\mathrm{b}}}{\xi_{\mathrm{b}}} \right) - \frac{\hbar k_{\mathrm{F}}}{|\mathrm{e}| \rho} \left(\frac{A_{\mathrm{a,s}}^{\mathrm{e}}}{\xi_{\mathrm{a}}} - \frac{A_{\mathrm{b,s}}^{\mathrm{e}}}{\xi_{\mathrm{b}}} \right) \right] |e| \boldsymbol{E}_{\mathrm{ext}} \tag{5.4.2}$$

可见，决定性因素是 $A_{\mathrm{i,s}}^{\mathrm{e}}$，$Z$ 和 ξ 的相对值。其中，两种离子的 $A_{\mathrm{i,s}}^{\mathrm{e}}$ 之相对差异和 R^{*} 的相对差异近似。

Stroud 用液态 Na - K 合金电阻率 ~ $S_{12}(\boldsymbol{k})$ 关系计算电迁移。

苍大强等测定了交流和直流电场作用下，Cu 液内 Al 活度系数的变化。他们假设电场会导致不同离子有不同迁移，从而改变它们的聚集状态。此类假设的问题在于缺乏熔态物理基础上的严格证明。因此，由这些假设出发做的推断就没有多大意义了。赵志龙等假设脉冲电场会改变金属凝固时形核的自由能。但众所周知，强脉冲电流的显著物理作用是引起沿电场方向的金属激流，或者说脉冲能量转化成为很强的电迁移。此类转化的能垒很小。

若合金中有恒定的温度梯度，沿梯度方向会出现静态的浓度梯度：

$$\frac{\nabla x_{\mathrm{a}}}{x_{\mathrm{a}} x_{\mathrm{b}}} = \frac{Q_{\mathrm{b}}^{\mathrm{h}} - Q_{\mathrm{a}}^{\mathrm{h}}}{x_{\mathrm{a}}} \left(\frac{\partial \mu_{\mathrm{a}}}{\partial x_{\mathrm{a}}} \right)^{-1} \frac{\nabla T}{T} \tag{5.4.3}$$

这就是离子的热致扩散现象或称 Soret 效应。在温度梯度作用下同位素分离是显现的，较轻的同位素倾向于往热端富集。按非平衡态热力学，热致扩散过程可以用“净迁移热” Q^{h} 以及离子的“热致扩散比” D^{h} 或 Soret 系数 s^{h} 描述。

$$D^{\mathrm{h}} \equiv (Q_{\mathrm{b}}^{\mathrm{h}} - Q_{\mathrm{a}}^{\mathrm{h}}) x_{\mathrm{b}} \left(\frac{\partial \mu_{\mathrm{a}}}{\partial x_{\mathrm{a}}} \right)^{-1} = T x_{\mathrm{b}} x_{\mathrm{a}} s^{\mathrm{h}} \tag{5.4.4}$$

Q^{h} 可能和离子的迁移活化能近似相等。实质上，此热致扩散过程的决定性因素仍然是电子 - 离子间的相互作用。

$$\boldsymbol{F}_{\mathrm{a}}^{\mathrm{h}} = -\sqrt{\frac{1}{2E_{\mathrm{F}}}} \Lambda A_{\mathrm{a,s}}^{\mathrm{e}} \left[1 + 2 \left(\frac{\mathrm{d} \ln A_{\mathrm{a,s}}^{\mathrm{e}}}{\mathrm{d} \ln E} \right)_{E_{\mathrm{F}}} \right] \nabla T \tag{5.4.5}$$

D^{h} 可改写成：

$$D^{\mathrm{h}} = (Q_{\mathrm{ei}}^{\mathrm{h}} + Q_{\mathrm{ii}}^{\mathrm{h}}) x_{\mathrm{b}} \left(\frac{\partial \mu_{\mathrm{a}}}{\partial x_{\mathrm{a}}} \right)^{-1} \tag{5.4.6}$$

表 5.2 是 Q^{h} 的若干研究结果。

表 5.2 Q^h 的若干研究结果

溶质/溶剂	T/K	迁移方向	Q^h/kcal · mol^{-1}①			
			实测	计算	Q^h_{ei}	Q^h_{ii}
Na/K	423 ~ 523	→热	-1.08	-1.82	-0.95	-0.87
K/Na	423 ~ 523	→热	<0	-0.19	-1.07	0.88
Na/Rb	373 ~ 473	→热	-4.57	-2.17	-0.91	-1.26
Rb/Na	373 ~ 473	→冷	1.07	-0.86	-2.07	1.21
Rb/K	323 ~ 423	→冷	1.28	0.51	-0.13	0.64
Ag/Au	1338 ~ 1438	→热	-1.23	-2.36	-0.5	-1.86
Au/Ag	1338 ~ 1438	→冷	1.69	1.29	-0.48	1.77

① 1 cal = 4.184 J。

当合金在较大的温度梯度下凝固时，离子的热致扩散现象对凝固组织会有什么作用？这是需要进一步研究的课题。

5.5 磁化率

5.5.1 电子的轨道磁矩[3,13,14]

宏观物质的磁性主要取决于其电子的磁矩，后者是原子核的磁矩的 1000 倍。而轨道电子和传导电子的作用又有所不同，首先要讨论电子的轨道磁矩。

轨道电子的运动状态或波函数用四个量子数 n、l、m_l 和 s（或 m_s）表示。主量子数 n 决定电子的能量和原子中核外电子的主壳层，每个主壳层最多可容纳的电子数为：

$$\sum_{l=0}^{n-1} 2(2l+1) = 2n^2 \quad n = 1,2,3,\cdots$$

轨道量子数 l 决定电子的轨道角动量 $\boldsymbol{P}_l$ 的量值：

$$P_l = \sqrt{l(l+1)}\,\hbar \qquad l = 0,1,2,\cdots,n-1 \tag{5.5.1}$$

和原子中核外电子的支壳层（s，p，d，f，…），每个支壳层最多可容纳 $2(2l+1)$ 个电子。

磁量子数 m_l 决定 P_l 的空间取向是量子化的，$m_l = 0$，± 1，± 2，…，$\pm l$；自旋量子数 s（或 m_s）决定电子自旋本征态（自旋本征角动量 $\boldsymbol{P}_s$ 和自旋本征磁矩 $\breve{\boldsymbol{\mu}}_s$）。

设电子在椭圆轨道上运动，其轨道磁矩的量值为：

$$\breve{\boldsymbol{\mu}}_l = \sqrt{l(l+1)}\,\breve{\boldsymbol{\mu}}_{\mathrm{B}}$$
$$\breve{\boldsymbol{\mu}}_{\mathrm{B}} = \frac{e\hbar}{2m_{\mathrm{e}}} \tag{5.5.2}$$

$\breve{\boldsymbol{\mu}}_{\mathrm{B}}$ 称作 Bohr 磁子。因为 e 是负的，所以它是个负值。电子轨道磁矩在空间任意方向 $\boldsymbol{r}$ 上的投影为：

$$(\breve{\boldsymbol{\mu}}_l)_{\boldsymbol{r}} = m_l \breve{\boldsymbol{\mu}}_{\mathrm{B}} \tag{5.5.3}$$

轨道角动量在空间任意方向上的投影为：

$$(\boldsymbol{P}_l)_{\boldsymbol{r}} = m_l \hbar \tag{5.5.4}$$

所以轨道磁矩和轨道角动量这两个矢量在空间的方向恰好相反。

由于电子的自旋只有两个方向上的差异，$s = 1/2$。本征角动量的量值为：

$$P_s = \sqrt{s(s+1)}\,\hbar \tag{5.5.5}$$

本征磁矩的量值为：

$$\breve{\mu}_s = 2\sqrt{s(s+1)}\,\breve{\mu}_{\mathrm{B}} \tag{5.5.6}$$

$\boldsymbol{P}_s$ 和 $\breve{\boldsymbol{\mu}}_s$ 在空间任意方向上 $\boldsymbol{r}$ 的投影为：

$$(\boldsymbol{P}_s)_{\boldsymbol{r}} = m_s \hbar$$
$$(\breve{\boldsymbol{\mu}}_s)_{\boldsymbol{r}} = 2m_s \breve{\boldsymbol{\mu}}_{\mathrm{B}} \tag{5.5.7}$$

所以本征磁矩和本征角动量这两个矢量在空间的方向也恰好相反。

磁矩和角动量之比称作旋磁比。

轨道旋磁比：

$$\gamma_l = \frac{\breve{\mu}_l}{P_l} = \frac{e}{2m_{\mathrm{e}}} \tag{5.5.8a}$$

自旋旋磁比：

$$\gamma_s = \frac{\breve{\mu}_s}{P_s} = \frac{e}{m_{\mathrm{e}}} \tag{5.5.8b}$$

5.5.2　原子的磁性[3,13,14]

多电子原子中的未满壳层电子在离子实势场内的 Hamiltonian 是：

$$\hat{H} = \sum_i \frac{1}{2m_{\mathrm{e}}}\boldsymbol{P}_i^2 + V(r_i) + \sum_{i<j} \frac{e^2}{4\pi\epsilon\epsilon_0 \boldsymbol{r}_{ij}} + \sum_i H_i^{(\mathrm{s/o})} \tag{5.5.9}$$

$\boldsymbol{P}_i$——单电子动量，$V(r_i)$——球对称势能，包括离子核对电子的作用及电子间的 Coulumb 作用，$\sum\limits_i H_i^{(\mathrm{s/o})}$——自旋 - 轨道耦合效应，这是原子核 - 电子相对运动所产生的磁场与电子自旋的相互作用。

$$H_i^{(\mathrm{s/o})} = R(r)(\boldsymbol{l}_i \cdot \boldsymbol{s}_i) \tag{5.5.10}$$

在单电子近似条件下当 Hamiltonian 为旋转不变时，可用一组 $|l_i s_i|$ 标识原子的电

子态，它是（$2l+1$）重简并的。

在原子序数较小的元素（包括3d、4f族）中，不同电子间的 $l-l$ 耦合和 $s-s$ 耦合较强而同一电子的 $l-s$ 耦合较弱，所以要用总的轨道角动量 $\boldsymbol{L}$ 和总的自旋角动量 $\boldsymbol{S}$ 标识原子的电子态，称作 $L-S$ 耦合。L 和 S 分别是总的轨道量子数及总的自旋量子数。其时原子的电子态为（$2l+1$）($2s+1$）重简并。

表5.3是电子的量子数、角动量和磁矩。

表5.3 电子的量子数、角动量和磁矩

量子数	角动量	磁矩
$L=\sum_i l_i$	$\lvert \boldsymbol{L} \rvert = \sqrt{L(L+1)}\,\hbar$	$\lvert \breve{\mu}_L \rvert = \sqrt{L(L+1)}\,\breve{\boldsymbol{\mu}}_B$
$S=\sum_i s_i$	$\lvert \boldsymbol{S} \rvert = \sqrt{S(S+1)}\,\hbar$	$\lvert \breve{\mu}_S \rvert = 2\sqrt{S(S+1)}\,\breve{\boldsymbol{\mu}}_B$

若原子序数大于82，此类重原子内同一电子的 $l-s$ 耦合较强，从而先形成单电子的总角动量，再结合成一支壳层的总角动量 $\boldsymbol{J}$，称作 $J-J$ 耦合。多电子原子的状态可用 J，M_J，L，S 标志，M_J 表征总角动量在空间分立的量子化（$2J+1$）个取向。无外场时不同取向都对应于同一能量。

$$\boldsymbol{J} = \boldsymbol{L} + \boldsymbol{S}$$

$$\lvert \boldsymbol{J} \rvert = \sqrt{J(J+1)}\,\hbar \tag{5.5.11}$$

$$\breve{\mu}_J = \breve{\mu}_L \cos(\boldsymbol{L},\boldsymbol{J}) + \breve{\mu}_S \cos(\boldsymbol{S},\boldsymbol{J})$$

此式说明：虽然 $\breve{\boldsymbol{\mu}}_L$ 与 $\boldsymbol{L}$ 成反平行，$\breve{\boldsymbol{\mu}}_S$ 与 $\boldsymbol{S}$ 成反平行，$\breve{\boldsymbol{\mu}}_J$ 与 $\boldsymbol{J}$ 方向相反但不同线。

由 $\boldsymbol{J}$、$\boldsymbol{L}$、$\boldsymbol{S}$ 三者间的几何关系又推出 Landé 因子或光谱分裂因子——g_J^{sp}，见表5.4。

$$g_J^{sp} = 1 + \frac{J(J+1) + S(S+1) - L(L+1)}{2J(J+1)} \tag{5.5.12}$$

表5.4 电子轨道运动和电子自旋对原子总磁矩的贡献

若原子总磁矩完全来自电子轨道运动的贡献	$J=L$	$S=0$	$g_J^{sp}=1$
若原子总磁矩完全来自电子自旋的贡献	$J=S$	$L=0$	$g_J^{sp}=2$

从而得到“有效 Bohr 磁矩”：

$$\breve{\boldsymbol{\mu}}_J = g_J^{sp}\sqrt{J(J+1)}\,\breve{\boldsymbol{\mu}}_B \tag{5.5.13}$$

5.5.3 磁场中的原子[3,13,14]

设外磁场置于 z 轴，为（0，0，B_0），其矢量势 $\boldsymbol{A} = \frac{1}{2}$（$-B_{0y}$，$B_{0x}$，0）。若不考虑自旋，在外磁场中原子的 Hamiltonian 是：

$$\hat{H} = \sum_i \frac{1}{2m}[\boldsymbol{P}_i + e\boldsymbol{A}(r_i)]^2 + V(r_1, r_2, \cdots)$$

$$= \sum_i \frac{1}{2m}\boldsymbol{P}_i^2 + V(r_1, r_2, \cdots) + \frac{eB_0}{2m}\boldsymbol{L}_z + \frac{e^2B_0^2}{8m}\sum_i (x_i^2 + y_i^2) \tag{5.5.14}$$

$$\boldsymbol{L}_z = \sum_i (x_i\boldsymbol{P}_{iy} - y_i\boldsymbol{P}_{ix})$$

$\boldsymbol{L}_z$——总轨道角动量的 z 分量。外磁场引入的微扰 Hamiltonian 是：

$$\tilde{d}\hat{H} = \frac{eB_0}{2m}\boldsymbol{L}_z + \frac{e^2B_0^2}{8m}\sum_i (x_i^2 + y_i^2) \tag{5.5.15}$$

相应的一阶微扰能量为：

$$\tilde{d}E = \langle L, \breve{\mu}_L \mid \Delta\hat{H} \mid L, \breve{\mu}_L \rangle = \frac{eB_0}{2m_e}\breve{\mu}_L\hbar + \frac{e^2B_0^2}{8m_e}\sum_i (x_i^2 + y_i^2) \tag{5.5.16}$$

$\breve{\mu}_L$ 和电子的磁量子数 m_l 对应，它决定了分子的总轨道角动量在空间的量子化取向。无磁场时不同取向的能量相同，在磁场下出现 Zeeman 分裂。

在磁场下多电子原子的磁矩向 z 轴投影为：

$$\breve{\mu}_z = -\frac{\partial(\Delta E)}{\partial B_z} = \breve{\mu}_{L,z} + \breve{\mu}_{\mathrm{ind},z}$$

$$\breve{\mu}_{L,z} = -\frac{e}{2m_e}\boldsymbol{L}_z \tag{5.5.17}$$

$$\breve{\mu}_{\mathrm{ind},z} = -\frac{e^2}{4m_e}\sum_i (x_i^2 + y_i^2)\boldsymbol{B}_{0,z}$$

$\breve{\boldsymbol{\mu}}_L$ 是原子固有的特性，与外场无关。并且它的方向和 $\boldsymbol{L}$ 相反，所以它越接近 $\boldsymbol{B}$ 则体系的能量越低。这种取向的趋势就是顺磁性的起源。实际上，在外磁场中，电子除了有自旋和轨道运动外还有附加的 Larmor 旋进运动。即轨道磁矩以一个确定的角速度边转边进。Larmor 旋进运动引入的诱发磁矩就是 $\breve{\mu}_{\mathrm{ind}}$，它与外场的方向相反，从而引起抗磁性。

若考虑自旋，外磁场引入的微扰 Hamiltonian 是：

$$\tilde{d}\hat{H} = \frac{eB_0}{2m_e}(\boldsymbol{L}_z + 2\boldsymbol{S}_z) + \frac{e^2B_0^2}{8m_e}\sum_i (x_i^2 + y_i^2) \tag{5.5.18}$$

$\boldsymbol{S}_z$——总自旋角动量的 z 分量。相应的一阶微扰能量和原子的固有磁矩为：

$$\tilde{d}E = \breve{\mu}_J g_J^{\mathrm{sp}} \breve{\mu}_{\mathrm{B}} B_0 \tag{5.5.19}$$

$$\breve{\mu}_{J,z} = -g_J^{\mathrm{sp}}\frac{e}{2m_e}\boldsymbol{J}_z \tag{5.5.20}$$

5.5.4　固体磁性概述[3,13,14]

在宏观磁学中，物质的磁性用磁感应强度 $\boldsymbol{B}$、磁化强度 $\boldsymbol{M}$（单位体积金属中所有微观磁矩之矢量和)、磁导率μ和磁化率χ来表征。它们都和外磁场的强度$\boldsymbol{H}$有关:

$$\boldsymbol{H} = \frac{\boldsymbol{B}}{\mu_0} - \boldsymbol{M} \tag{5.5.21a}$$

$$\boldsymbol{B} = \mu\boldsymbol{H} = \mu_r\mu_0\boldsymbol{H} = \mu_0(\boldsymbol{H} + \boldsymbol{M}) \tag{5.5.21b}$$

$$\mu_r = \frac{\mu}{\mu_0} = 1 + \chi \tag{5.5.21c}$$

$$\chi = \frac{\boldsymbol{M}}{\boldsymbol{H}} \tag{5.5.21d}$$

按离子实的磁性可把固体分为三类:抗磁性、顺磁性和铁磁性。后者包含亚铁磁性及反铁磁性。

感生的抗磁性是普遍性的。孤立的原子一般都有某种程度的磁矩,但组成分子或固体时若其离子实呈饱和的电子结构,因而失去固有磁矩,表现出来的只是 Larmor 旋进运动引起的抗磁性。金属单位体积中 Langevin 的抗磁磁化率公式:

$$\chi_{\text{diam}} = \frac{\breve{\mu}_{\text{ind}}}{H} = -\rho_e^{\text{orb}}\frac{\mu_0 e^2}{6m_e}\sum_i \overline{r_i^2} \tag{5.5.22}$$

ρ_e^{orb}——轨道电子的数密度。原子序数高的元素因为电子多其χ_{diam}较大。r——离子中心到轨道电子i的间距。

顺磁金属主要是 d 壳层不满的过渡元素、f 壳层不满的稀土元素以及 s 组元素。在常温下,其固有磁矩因热扰动而呈无规排列,在外磁场下它们以不同程度转向外场的方向而呈现顺磁性,以求体系能量的降低。顺磁金属中同时存在抗磁性,只是抗磁磁化率远弱于顺磁磁化率。顺磁体的磁化强度是全部固有磁矩沿外场方向的投影之和,磁化率是各种离子磁化率之和。若磁矩间的相互作用很弱,则 Langevin 给出了外场不太强条件下金属单位体积内的顺磁磁化率公式:

$$\chi_{\text{para}} = \frac{1}{3}\beta\rho_{\text{ion}}\mu_0\breve{\mu}_J^2 \tag{5.5.23}$$

ρ_{ion}——离子数密度。在10^{-6}T 的外场下,铁磁体如电工硅钢就接近磁饱和,但顺磁体的磁化强度仅是其饱和值的10^{-9}。需要外场很强(如10^3T)顺磁体的M和χ才可能趋于饱和。即便已达磁饱和也并不是所有原子的固有磁矩或称有效 Bohr 磁子($\breve{\mu}_J/\breve{\mu}_B$)全都和外场完全一致。饱和磁矩总是小于固有磁矩之和。各种顺磁体磁化率的不同取决于它们所具的有效 Bohr 磁子数不同以及这些磁子取向平行外场的程度。

在 Curie 温度以下，内壳层不满的铁磁体中有强度相当于10^7T 的分子场，其固有磁矩间有10^3T 的相互作用，即便无外磁场也能在某种大小的局域内自发地维持固有磁矩取向一致而造成磁畴，在外场下各磁畴的磁矩在某种程度上转向一致，并借助畴壁移动使磁化方向与外场相同的畴增大，反之则缩小；这就呈现出铁磁性。在 Curie 温度以上，热运动抵消分子场，铁磁体转为顺磁体。表 5.5 概括了物质磁性的区别。

表 5.5　物质磁性的区别

分　类	磁化率	磁　性　特　点
抗磁性金属 Bi, Zn, Ag, Mg, Li^+, Na^+, K^+, Rb^+	$\vert\chi\vert = 10^{-7} \sim 10^{-6}$	$\chi<0$，且温度系数→0，随原子序数增大
顺磁性金属 Sc, Ti, Ba, Cr, La, Ce, Pr, Nd, Sm	$\chi = 10^{-6} \sim 10^{-5}$	χ^{-1}一般来说为温度的线性函数
顺磁性金属 Li, Na, K, Rb	$\chi < 10^{-6} \sim 10^{-5}$	χ（源于导电电子，而非离子实）的温度系数→0
铁磁性金属 Fe, Co, Ni, Gd	$\chi = 10^{-1} \sim 10^{5}$	χ 和温度及磁化历史有关， $T > T_{Curie}$时铁磁性→顺磁性
反铁磁性物质 MnO, FeO, NiO, Cr_2O_3, CoO, MnS, MnF_2, $FeCl_2$	$\chi = 10^{-5} \sim 10^{-3}$	$\chi \sim T$ 曲线上在 T_{Neel}处有最大值， $T < T_{Neel}$时呈近邻磁矩反平行的磁有序结构 $T > T_{Neel}$时反铁磁性→顺磁性

铁磁体内的磁有序排列可用 Weiss 的分子场理论解释。实际上分子场是由电子间交换作用和电子自旋相对取向共同决定的。不同物质中出现该交换作用的机理并不完全一致，有不同的交换模式。很多模式以磁性物质中的原子或离子具有固定磁矩为前提。对磁性起作用的电子称为磁电子，如铁族元素中的 3d 电子，常定域于原子范围内，这就是局域电子模型。但 Fe、Co、Ni 的金属或合金中 3d 电子可在各原子的 d 轨道间转移，从而使电子在原子中的能级变为一个窄能带，这就是 Stoner 的巡游电子模型。

5.5.5　载流子的磁效应[3,13,14]

离子实呈饱和电子结构的金属中，载流子（导电电子）兼有 Pauli 自旋顺磁性和 Landé 抗磁性。

在金属中导电电子是高度简并的，无外场时由于 Fermi 面的限制，两种自旋的能量和电子数相等。在外场下它们成平行或反平行的取向，取向能分别为$-\breve{\mu}_B \boldsymbol{B}$和$\breve{\mu}_B \boldsymbol{B}$，部分反平行自旋的能量“超过”Fermi 面而转化为平行取向。这种取向变化仅发生在 Fermi 面近傍。因为外场使平行取向的自旋数更多，所以出现 Pauli 自旋顺磁性。该磁性基本上与温度无关。

$$\chi_{\text{Pauli}} = \frac{\breve{\mu}_B^2}{2\pi^2\hbar^3}\sqrt{8m_e^3E_F} = \frac{3m_e\breve{\mu}_B^2}{2\pi^3\hbar^3}\sqrt[3]{\frac{\pi^2\rho_e^{\text{cond}}}{9}} \tag{5.5.24}$$

ρ_e^{cond}——导电电子的数密度。图 5.13 是外场导致 Pauli 自旋顺磁性的解释。

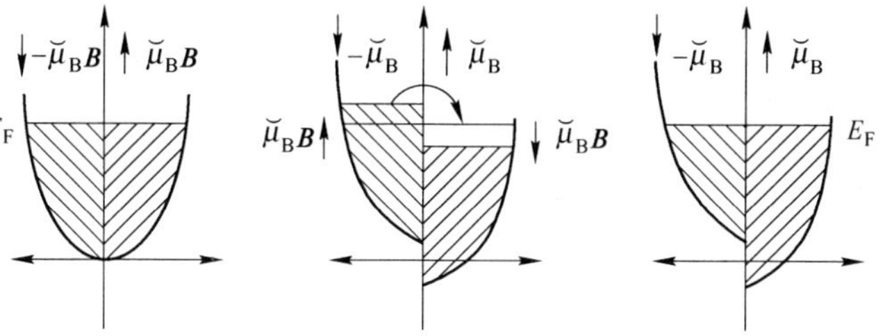

图 5.13　外场作用下 Pauli 自旋顺磁性的成因

如前述，外场作用下载流子呈螺旋运动。所以在垂直外场的 xy 平面上，出现前述的 Landau 能级，磁化率不再为零。由此导出的载流子抗磁率公式如下：

$$\chi_{\text{Landau}} = -\frac{m_e\breve{\mu}_B^2}{2\pi^3\hbar^3}\sqrt[3]{\frac{\pi^2\rho_e^{\text{cond}}}{9}} = -\frac{1}{3}\chi_{\text{Pauli}} \tag{5.5.25}$$

总磁化率为：

$$\chi_\Sigma = \chi_{\text{Landau}} + \chi_{\text{Pauli}} + \chi_{\text{para}} + \chi_{\text{diam}} \tag{5.5.26}$$

其中，$\chi_{\text{Landau}} < 0$，$\chi_{\text{diam}} < 0$；$\chi_{\text{Pauli}} \ll \chi_{\text{para}}$，见图 5.14。

Na^+ 是抗磁性物质，Na 却具有饱和的内壳层，其 $\chi_{\text{para}} = 0$，但因 χ_{Pauli} 而使其 $\chi_\Sigma > 0$。

以上的传导电子磁化率都是按 NFE 讨论的。具有复杂 Fermi 面结构的金属如 Bi、Sb、Zn、Sn 等其磁化率会出现反常。另外，在熔点上下 Bi、Sb、Ge、Ga 的磁化率会有很大变化，尽管大多数金属的行为相反。

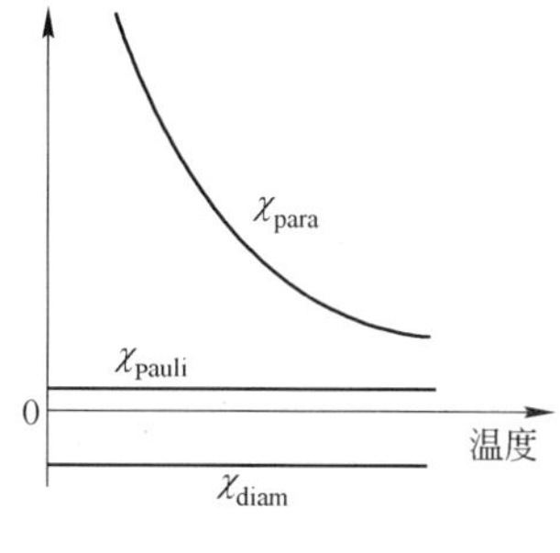

图 5.14　χ_{para}、χ_{Pauli}、χ_{diam} 的比较

5.5.6　电子－电子相互作用等对磁化率的影响[3~5,13~17]

在电子－电子相互作用下传导电子的磁化率不同于上述的 χ_{para} 和 χ_{Landau}。令它们变为 $\chi_{\text{Pauli}}^{e-e}$ 和 $\chi_{\text{Landau}}^{e-e}$，Faber 认为，$\chi_{\text{Pauli}}^{e-e} > \chi_{\text{Pauli}}$ 起因于传导电子间的交换作用，因为这种效应会使反平行自旋转向平行自旋的能量更多。$\chi_{\text{Landau}}^{e-e} > \chi_{\text{Landau}}$ 是由于某些低能态传导电子向轨道电子过渡。在 Rb、Cs、Al 等金属中交换作用所致的顺

磁磁化率增量和抗磁磁化率增量几乎抵消。

March 引用 Stoner 模型讨论液态碱金属中电子间交换相关效应对其顺磁性的影响。在 Stoner 模型中增强了的广义磁化率是

$$\chi_{\text{Pauli}}^{\text{e-e}}(q,\omega) = \frac{\chi_{\text{Pauli}}(q,\omega)}{1 - V_{\text{xc}}(q)\chi_{\text{Pauli}}(q,\omega)} \tag{5.5.27}$$

$V_{\text{xc}}(q)$ 表示交换相关势均值；q、ω 是金属中微观起伏的波长和频率；$\chi_{\text{Pauli}}(q,\omega)$ 表示电子间无相互作用时 χ_{Pauli} 随 q 和 ω 频率变化的规律。静态磁化率是广义磁化率的实数部分：

$$\text{Re}\,\chi_{\text{Pauli}}^{\text{e-e}} = \frac{\chi_{\text{Pauli}}}{1 - V_{\text{xc}}(0)\chi_{\text{Pauli}}} = \frac{\chi_{\text{Pauli}}}{1 - \alpha_{\text{st}}} \tag{5.5.28}$$

α_{st}——Stoner 参数。在低频下，广义磁化率的虚数部分被增强为：

$$\begin{aligned} \text{Im}\,\chi_{\text{Pauli}}^{\text{e-e}}(q,\omega) &= \frac{\text{Im}\,\chi_{\text{Pauli}}(q,\omega)}{[1 - \alpha_{\text{st}} f_{\text{st}}(q)]^2} \\ f_{\text{st}}(q) &= \frac{V_{\text{xc}}(q)\,\text{Re}\,\chi_{\text{Pauli}}(q,0)}{V_{\text{xc}}(0)\chi_{\text{Pauli}}} \end{aligned} \tag{5.5.29}$$

$\text{Im}\,\chi_{\text{Pauli}}(q,\omega)$ 表示电子间无相互作用时广义磁化率的虚数部分随 q 和 ω 的变化。

$$\text{Im}\,\chi_{\text{Pauli}}(q,\omega_{\text{ir}}) = \frac{8\pi^3}{q\gamma_{\text{e}}^2\hbar}\chi_{\text{Pauli}}^2\frac{\hbar\omega_{\text{ir}}}{2l_{\text{TF}}^2} \tag{5.5.30}$$

ω_{ir}——核共振频率。

在接近气 - 液临界点时，金属液密度显著下降，Brinkman/Rice 模型指出，关联效应会导致磁化率的进一步增强。实验证明，如是条件下 Cs 和 Rb 的磁化率仍服从 Curie 定律。

Shimaji 认为 Stoner 模型可说明液态过渡金属中的 $\chi_{\text{Pauli}}^{\text{de-de}}$：

$$\chi_{\text{Pauli}}^{\text{de-de}} = \frac{2\breve{\mu}_{\text{B}}^2\chi_{\text{Pauli}}^{\text{d}}}{2\breve{\mu}_{\text{B}}^2 - V_{\text{xc}}^{\text{de}}\chi_{\text{Pauli}}^{\text{d}}} \tag{5.5.31}$$

此式中只考虑自旋相反的电子在未充满的 3d 壳层中的行为。

事实上，用 Stoner 模型可以说明固态过渡金属具有铁磁性的原因——自发磁化是怎样生成的。该模型指出：固态过渡金属中 3d 和 4s 电子就是可在晶体内自由巡游的电子，构成一个混合能带。这些电子的自旋磁矩决定了固态过渡金属的磁性。它们的态密度函数按自旋方向分为两部分。电子间的相互作用相当于一个内磁场，自旋方向与该内磁场相同的电子所对应的最低能量小于异同的电子之最低能量。两者的差异造就能带的劈裂。该能带中两部分电子的态密度不同，能带中它们所含的空穴不能抵消。虽说相差的空穴数并非整值，但相当于自旋未平衡，从而形成自发磁化。为什么 Fe 的原子磁矩是 $2.21\breve{\mu}_{\text{B}}$，Co 的是 $1.70\breve{\mu}_{\text{B}}$，Ni

的是 $0.60\breve{\mu}_B$？以 Ni 为例，每个 Ni 原子所有的空穴数就是 0.62。γ – Fe 和 α – Fe 磁性的不同也可作类似的解释。

电子 – 电子相互作用等常用电子的有效质量概括，有效质量与真实质量之比就是该电子的巡游自由度，所以在电子 – 电子等相互作用下 χ_{para} 和 χ_{Landau} 的变化也可用电子的有效质量作为影响因子。特别是在电子的有效质量远小于真实质量的金属中常出现反常抗磁率。

除基于 NFE 的研究之外，Johnson 用间隙电子模型讨论了周期表中 Ⅰ ~ Ⅴ 族金属磁化率的计算。

5.5.7 Knight 位移[4,5,18~23]

金属的 Knight 位移（*ks*）是金属 NMR 谱图的横坐标。一般来说，该横坐标称为化学位移（*cs*），是电子自旋磁矩与核磁矩相互作用导致的共振频率。常常采用 δ 标给出它的量值。

$$cs = \frac{\omega_{samp} - \omega_{stand}}{\omega_{rf}} \tag{5.5.32}$$

ω_{rf} 是导致共振的谱仪射频频率，ω_{stand} 是标准试样（如 TMS）的共振频率。除过渡金属外，

$$ks = \frac{\omega_{metal} - \omega_{stand}}{\omega_{rf}} = \frac{8\pi}{3}\underline{V}_{mol}\tilde{P}_{en}(\chi_{Pauli}^{e-e})_{\underline{V}} \tag{5.5.33}$$

$\underline{V}_{mol}$——金属的摩尔体积，$\tilde{P}_{en}$——Fermi 面上传导电子的波函数在离子核处出现峰值的概率。$\underline{V}_{mol}\tilde{P}_{en}$——电子接触密度因子，反映外场中传导电子的自旋取向在离子核处引起一个追加的有效场。$(\chi_{Pauli}^{e-e})_{\underline{V}}$——单位体积金属的 χ_{Pauli}，$\underline{V}_{mol}(\chi_{Pauli}^{e-e})_{\underline{V}}$——每摩尔金属的 χ_{Pauli}。*ks* 的信息不仅提供了 χ_{Pauli}^{e-e} 的信息；而且能用来讨论金属密度变化时电子云结构的改变。另一方面，*ks* 还和核的弛豫现象有关。

$$\left[\frac{1}{t_1^*}\right]_{Korr} = \frac{4\pi}{\beta\hbar}\left(\frac{\gamma_{ion}}{\gamma_e}\right)^2 (ks)^2 \tag{5.5.34}$$

此式称为 Korringa 关系，γ_{ion} 和 γ_e 分别是离子和电子的旋磁比，t_1^* 是自旋 – 晶格弛豫时间常数或纵向时间常数。Korringa 弛豫速率比定义为：

$$R_K = \frac{\gamma_e^2\hbar\int q^2\ \mathrm{Im}\,\chi_{Pauli}^{e-e}(q,\omega_{ir})\,dq}{8\pi^3\omega_{ir}\mathrm{Re}\,\chi_{Pauli}^{e-e}} \tag{5.5.35}$$

此比值是磁性特征变化的一个指标。自旋 – 晶格弛豫是真正的能量弛豫过程，自旋 – 自旋弛豫只反映进动过程中电子自旋相对相位的变化。后者相应于横向时间常数 t_2^*。

液态合金中的 Knight 位移对了解它们的磁性变化特征是有价值的。In – Ga、In – Tl、Pb – Sn 和 Bi – Sb 合金中两组元化合价相等，图 5.15 是其相对 Knight 位

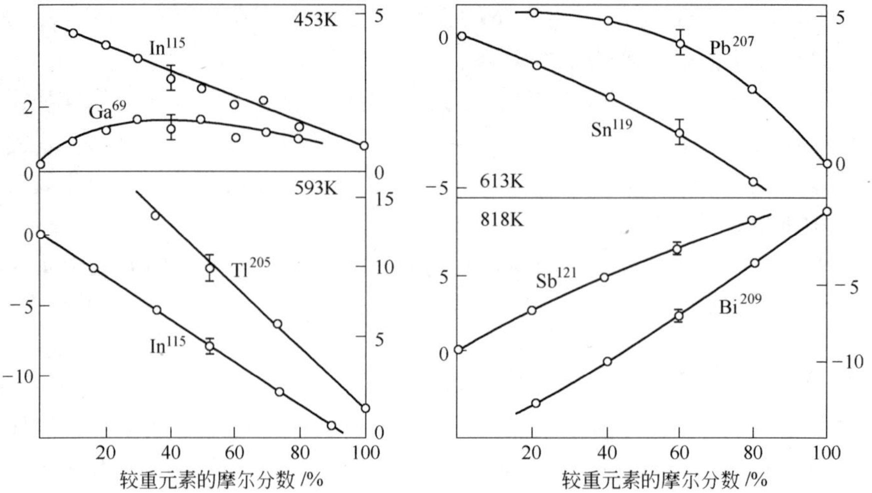

图 5.15　In－Ga、In－Tl、Pb－Sn 和 Bi－Sb 合金中的相对 Knight 位移

移$[(ks)_{in-alloy}-(ks)_{pure}]/(ks)_{pure}$。在 In－Bi（579K）和 In－Hg（293K）合金液中组元的化合价不同，它们的行为（图 5.16）和图 5.15 显著不同：在 In－Bi 合金的高 Bi 区呈两种互不溶液相，其一是纯 In；在高 In 区也呈两种互不溶液相，其一是纯 Bi。In－Hg 合金液的规律尚待解释。

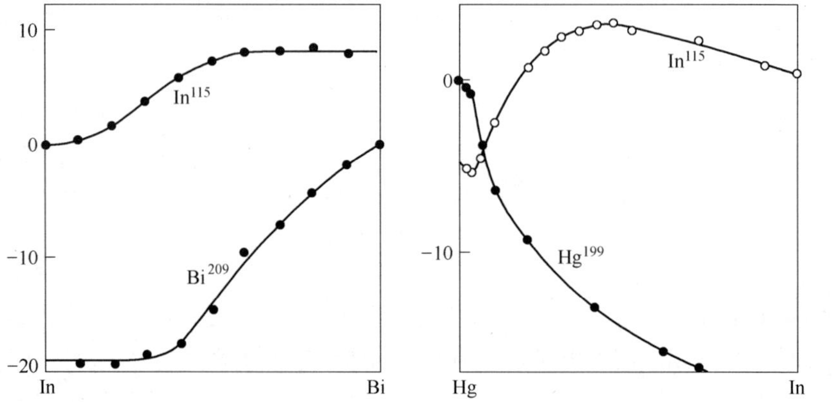

图 5.16　In－Bi（579K）和 In－Hg（293K）合金中的相对 Knight 位移

In_2Te_3 和 Ga_2Te_3 都是化合物，其熔融前后（ks）% 及弛豫速率 $1/t_2^*$（10^{-5}/s）的变化见图 5.17。熔化后（ks）% 的上升是由于化合物的逐步分解。

Ag－Sn 一类合金中磁化率随组成的变化出现最低点，此点也意味着化合物的形成。

液态合金的 Knight 位移和合金的静态结构因子有关。Dupree/Sholl 指出，

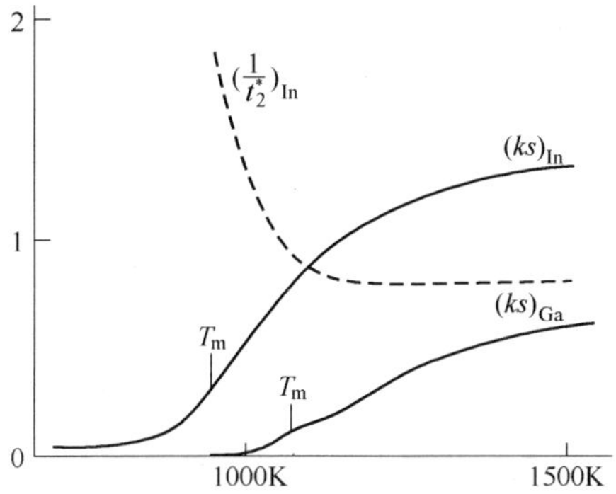

图 5.17 In_2Te_3 和 Ga_2Te_3 熔融前后 $(ks)\%$ 及弛豫速率 $1/t_2^*$ （$10^{-5}/s$）的变化

传导电子磁化率随组成的变化曲线可由偏结构因子的信息计算得到。Vora，Baria，Halder，Ritter/Gardner，Jena/Taggart/Rao 等的论文都推出了归一化的计算公式：

$$\frac{\Delta(ks)}{(ks)_0}=-\frac{3Z}{4E_F k_F^2}\int_0^{\infty}S(q)\underset{\sim}{\epsilon}(q)\left(\frac{q}{2k_F}\right)\ln\left|\frac{q+2k_F}{q-2k_F}\right|\mathrm{d}\left(\frac{q}{2k_F}\right)$$
$$\underset{\sim}{\epsilon}(q)=-\frac{4\pi Ze^2}{\underline{V}_{mole}q^2\varepsilon(q)}\cos(qr^*) \tag{5.5.36}$$

r^*——空核心（EMC）赝势中的参数，该赝势中包括了不同类型的局域电子相关效应。$(ks)_0$ 相应于纯金属，$\Delta(ks)$——合金中该组元的 ks 和 $(ks)_0$ 之差；$\underset{\sim}{\epsilon}(q)$——屏蔽因子。

式（5.5.36）也可用于纯金属，此时 $(ks)_0$ 表示某一标态下纯金属的 ks，$\Delta(ks)$ 表示所研究状态和该标态下 ks 之差。

合金的 Knight 位移和导电率都是电子行为的某种表观形态，所以两者之间的关系是有重要意义的。图 5.18 表明 823K 下 LiCd 合金在组成近 1∶1 的区域内 Knight 位移和电阻率都出现转折。该区域内的合金熔融时有 13% 的体积收缩，温度愈高收缩愈大。

5.5.8 3d 过渡金属和合金的磁性[4,5]

晶体中的杂质或缺陷都可引入不配对的电子，其自旋会提供附加的顺磁性。抗磁溶质中顺磁杂质的作用，或顺磁溶质中铁磁杂质的作用更为显著。

含 Cr、Mn、Fe、Co 的 Cu 液中表现出磁性，合金的磁化率服从 Currie - Weiss 定律：

$$\chi_{imp}=\frac{c_{imp}n_e^{iso}\beta\breve{\mu}_{eff}^2}{3\left(1-\frac{T_{Cur}}{T}\right)} \tag{5.5.37}$$

n_e^{iso}——每个溶质原子中孤电子的数量，$\breve{\mu}_{eff}$——有效磁矩，T_{Cur}——Curie 温度，c_{imp}——溶质浓度。合金熔融时χ_{imp}^{-1}有下降5%的小突变。1373K 下，Cu 合金的 ks 与 3d 元素的浓度成线性关系，但若 [$_{wt}$Mn]% >5% 则^{63}Cu 的 ks 会改变符号。

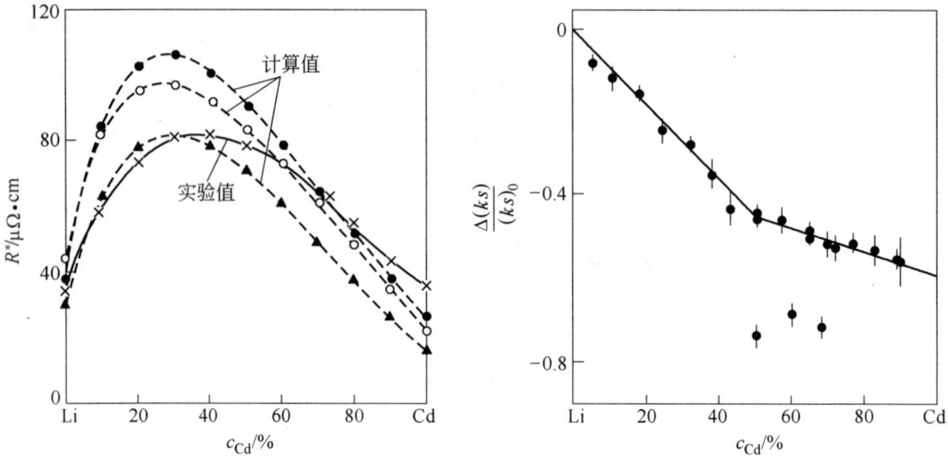

图 5.18 823K 下 LiCd 合金在组成接近 1∶1 处 Knight 位移和电阻率的转折

将 Cr、Mn 溶于 1233K 的 Al 液（含 <30% 的 Cu、Ga、Ge、Ag、Si）时，合金的磁化率是有规律的。但 Cr、Mn 溶于 Al－Zn 合金的磁化率不合此规律。随着温度上升，合金 Al 液内溶质处局域磁矩逐渐变大，这可能就是其磁化率相应增加的原因。

Cu－Cr、Cu－Fe、Cu－Co、Cu－Mn、Zn－Mn、Ga－Mn、Sn－Mn、Bi－Mn、Sb－Cr、Au－Co 等液态合金中，即便电子的状态都是非局域的，溶质原子处会有局域磁矩，它们能按外场取向。

纯 Fe 中呈 bcc 的 δFe 其态密度具有很大的峰值，熔融时磁化率的明显下降是由于局域对称性下降所致 Fermi 面上电子数减少的结果。但 fcc 相中的没有此类的峰。NiCo、NiFe 合金熔化前呈 fcc，熔融时磁化率下降不多。含 Ni 为 75% 的 NiMn、NiCr 合金，含 25% ～50% Ni 的 FeNi 和 FeMn、FeCo 以及 Co_3Mn、Co_3Cr 合金熔化前也呈 fcc，熔融时磁化率是上升的。

和纯 Fe 行为类似的还有 Fe_3Cr 及 Fe_3V。尽管纯金属中 Co 液的磁化率最大，Fe 液的次之而 Ni 液的更低，在含 Cr 的合金系列液中，Fe_3Cr 的磁化率最大，Co_3Cr 的次之而 Ni_3Cr 的最小。

Mn 在其 β 相、γ 相、δ 相及液相中磁化率都不随温度变化，只在相变时出现突变。熔融过程中 Mn 磁化率的增加是由于体积膨胀致使 Fermi 面处电子密度的减少。Mn 在熔态 Bi、In、Sn、Sb 中都显示磁性作用。

含 Fe、Co、Ni 的固态 Sn 和 Zn 合金都是非磁性的，熔融后磁化率的温度常数很大：含 Fe 合金的 $d\chi/dT<0$，含 Co 和 Ni 合金的 $d\chi/dT>0$，液态 CoSn 合金中磁化率与温度成线性关系，但固态下和温度无关。

Friedel 关于合金中溶质周围能带状态的观点可解释合金液的行为。他认为：在立方对称的条件下，d 带分裂成 d(x^2-y^2,x^2-z^2)+d(xy,yz,xz)。d-d 的交换关联作用导致 d^{10} 被分裂成自旋相反的两个 d^5 状态。附加的磁化率是：

$$\chi_{\mathrm{imp}}=\frac{20\breve{\mu}_{\mathrm{B}}^{2}\chi_{\mathrm{Pauli}}^{\mathrm{d}}}{10\breve{\mu}_{\mathrm{B}}^{2}-(E_{\rightleftharpoons}+4\underline{E})\chi_{\mathrm{Pauli}}^{\mathrm{d}}} \tag{5.5.38}$$

$E_{\rightleftharpoons}$——同一原子中自旋相反的两电子间的平均相互作用，$\underline{E}$——自旋准直所得的能量。

一般来说，合金的磁矩和平均价电子数有关。这是因为溶质会改变溶剂的电子能带特点。

5.5.9 讨论：强静磁场在冶金与材料制备中的应用

本节不讨论电磁场作用下金属液流动所致的影响，因为不同的外场可造就类似的流动行为，且金属液的流动行为可用动态结构因子分析。

5.5.9.1 磁导向作用——引导取向结构[13,14,24]

过渡金属单晶是各向异性的，即各晶向在不同的外场强度下趋于磁饱和。图 5.19 和表 5.6 是 Fe、Ni、Co 单晶的各向异性之差异。

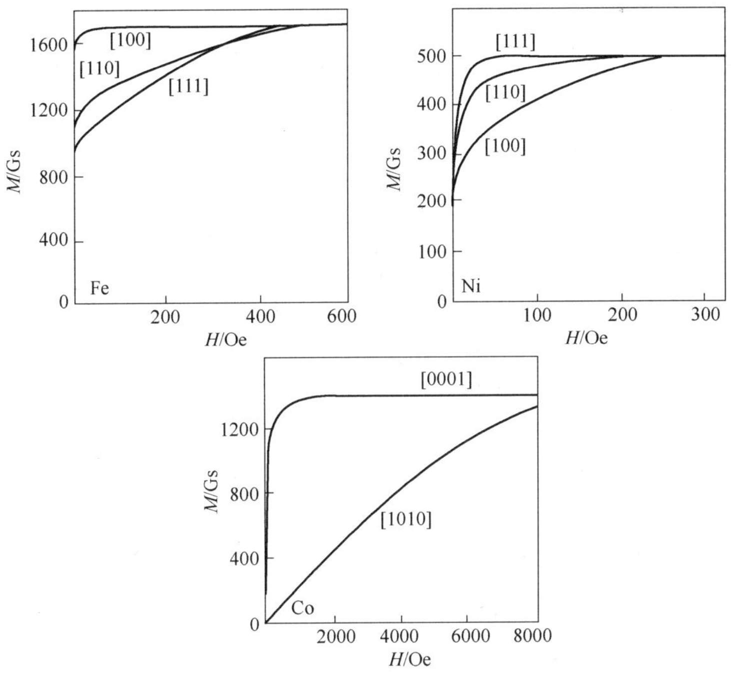

图 5.19 Fe、Ni、Co 单晶的各向异性之差异

表 5.6　Fe、Ni、Co 单晶的各向异性之差异

金　属	Fe	Ni	Co
晶　型	bcc	fcc	hcp
最快生长晶向族	〈100〉	〈100〉	$\langle 10\bar{1}0\rangle$
最易磁化晶向族	〈100〉	〈111〉	〈0001〉

图 5.19 表明：外场为某一临界值时各向的磁性差异最大！过强的外场反降低不同晶轴的磁性差异。

铁磁单晶的各向异性还可用磁晶各向异性常数表示，它们是按晶体的宏观对称性导出来的。在 bcc 和 fcc 磁晶中取［100］、［010］、［001］为坐标轴，得：

$$F_k = k_0^{het} + k_1^{het}(\alpha_1^2\alpha_2^2 + \alpha_2^2\alpha_3^2 + \alpha_3^2\alpha_1^2) + k_2^{het}(\alpha_1^2\alpha_2^2\alpha_3^2) + \cdots \quad (5.5.39)$$

F_k——磁晶各向异性自由能，k_0^{het} 等——磁晶各向异性常数，α——磁化矢量的方向余弦。在 hcp 磁晶中取［0001］为坐标轴，得：

$$F_k = k_0^{het} + k_1^{het}\sin^2\theta + k_2^{het}\sin^4\theta + k_{32}^{het}\sin^6\theta + k_{31}^{het}\sin^6\theta\cos6\vartheta + \cdots \quad (5.5.40)$$

θ、ϑ 为磁化矢量与［0001］轴之间的方向角。Fe 的易磁化轴是［100］，所以 $k_{1,Fe}^{het} > 0$。Ni 的易磁化轴是［111］，所以 $k_{1,Ni}^{het} < 0$。Co 的易磁化轴是［0001］，所以 $k_{1,Co}^{het} > 0$。k_1^{het} 之值表示磁各向异性的强弱。

$H_{mk} = \dfrac{\partial F_k}{\partial\theta}$表征无外场时抑制磁化强度偏离易磁化轴上的能力。要注意的是：从不同方向偏离时的 H_{mk}不是同一值。

铁磁单晶各向异性的起因已有了相当深入的研究。一般来说，可用单离子各向异性理论说明。由于晶体结构为非球形对称，磁性离子在其配位离子的非球形对称电场（晶体场）作用下，因此磁性离子内未满壳层中电子的位形仅在某种取向的晶轴上有最低的能量，即单个磁性离子的能量是各向异性的。通过 $L-S$ 耦合而引起晶体宏观自由能的各向异性。

铁磁单晶最易磁化晶向垂直于原子密度最大的晶面，这可能是由于该晶面上饱和磁矩最多，磁化后它们趋于平行外场而呈现最大的磁矩。

强静磁场对铁磁晶体的导向作用不容置疑。顺磁晶体的磁各向异性未见报道，是否能按垂直于原子密度最大的晶面来推断？但在强静磁场中其晶向趋于平行外场的能力要比铁磁晶体的弱得多。因为任一晶向上的磁化功是 $\mu_0 H_{mk}^2\chi$，而两者的磁化率相差 $10^4 \sim 10^{11}$ 量级。如果外场非常强，从而顺磁晶体能接近其饱和磁化度，则其取向效果可能显著一些。这是它和铁磁晶体不同的另一要点。

问题在于抗磁晶体（包括 Cd - Zn，Bi - Cd 等抗磁合金），它们是无法磁化的物质，因为其中有效 Bohr 磁子数为零，各晶粒的 $\breve{\mu}_{ind}$是反外场取向的。如果和原子密度最大的晶面相垂直的晶轴平行外场，则其 $\Sigma\breve{\mu}_{ind}$应最大，而 Asai 所讨论的 Zn 和 Bi-5%$_{mass}$Sn 合金（白 Sn 是顺磁性的，灰 Sn 是抗磁性的）属 hcp 晶型，无论是铁磁、顺磁或抗磁，它只有一根易磁化轴，称为单轴晶体。其各向异性属于单轴各向异性范畴。磁场热处理和机械加工等都会促进单轴各向异性。

Asai 讨论了强磁场下的电沉积制备薄膜过程，实际上这是感生各向异性的示例。在强磁场和热处理条件下拉伸碳纤维所造成的是应力各向异性。在强磁场下的真空沉积过程中气化的 Zn 微粒和凝固过程中析出的 Bi-5%$_{mass}$Sn 合金初晶一一散布于空间内，行动相当自由。若 $k_1^{het}\beta\underline{V}_{atom}\approx 1$ 则垂直于原子密度最大的晶面的晶轴将较明显地趋于外场方向。如此机理中的核心问题是临界粒度和临界温度。

Al-35%$_{mass}$Cu 合金既含有顺磁元素，又含有抗磁元素，这类合金的磁化率由顺磁元素决定。Al-10%$_{mass}$Ni，Al-Si-Fe 含有铁磁元素，因此其磁化率可能高于一般顺磁元素的磁化率。Bi-Mn 尤有其特点。Bi 是强抗磁体，Mn 是强顺磁体，该合金内 Mn 原子处局域磁矩的作用也不容忽视。要注意 293K 下，Bi-Mn 的$H_{mk}=40000$，而 Fe 的 $H_{mk}=490$。Bi-Mn 的 $k_1^{het}=910$，3%Si-Fe 的 $k_1^{het}=350$，7%Si-Fe 的 $k_1^{het}=18$，40%Ni-Fe 的 $k_1^{het}=0.5$，80%Ni-Fe 的 $k_1^{het}=-0.35$。

5.5.9.2 磁致相变点的变化[25,26]

有两种相变：通常由于温度、压力变化导致的相变为一级相变；而在 Curie 点上，铁由铁磁性到顺磁性的相变是二级相变。一级相变的特征是：在其相变点上自由能的一级微商出现突变。如：

$$\left(\frac{\partial G}{\partial T}\right)_{\underline{V}}=-S \tag{5.5.41a}$$

$$\left(\frac{\partial G}{\partial p}\right)_{T}=\underline{V} \tag{5.5.41b}$$

$$\left(\frac{\partial G}{\partial H}\right)_{T,p}=-M \tag{5.5.41c}$$

二级相变的特征是：在其相变点上自由能的二级微商出现突变。如：

$$\begin{aligned}\frac{\partial^2 G}{\partial T^2}&=-\frac{\partial S}{\partial T}\\ \frac{\partial^2 G}{\partial p^2}&=\frac{\partial \underline{V}}{\partial p}\\ \frac{\partial^2 G}{\partial T\partial p}&=\frac{\partial \underline{V}}{\partial T}\end{aligned} \tag{5.5.42}$$

因此，在二级相变过程中比热和膨胀系数都有突变。

以下要讨论的是强外场对一级相变的相变点会有什么作用。相应的自由能变化为：

$$\int_A^B (\mathrm{d}G_{Fe}^{a} - \mathrm{d}G_{Fe}^{f}) = \Delta G_{H=0,T=T_1} - \int_0^{H_1} \Delta\chi_{T=T_1} H \mathrm{d}H = 0$$

$$\Delta G = ({}^0G_{Fe}^{a} - {}^0G_{Fe}^{f}) \tag{5.5.43}$$

$$\Delta\chi = (\chi^a - \chi^f)$$

设体系压力无变化且母相的磁化率低于生成相，如图 5.20 所示，无外场时相变点在 A 处，$H = H_1$ 时相变点在 B 处。

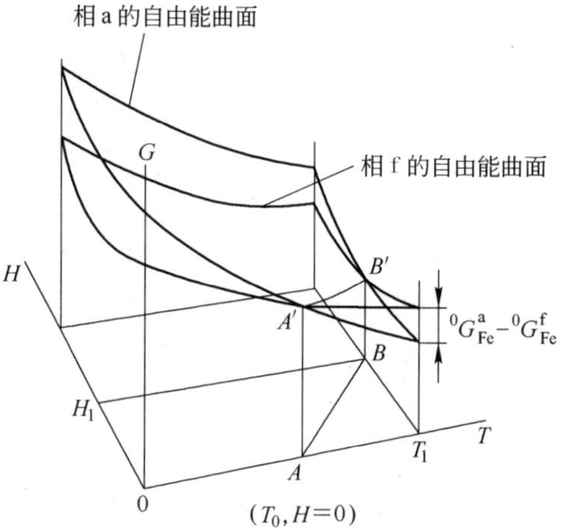

图 5.20　强外场对一级相变相变点的作用

式（5.5.43）表明，在如此条件下，一级相变点会升高，新相在较大的过冷度下形核。要充分注意的概念是：

（1）此式中的 χ 必定是摩尔磁化率；

（2）磁场的作用只取决于两相都在 T_1（如对应 H_1 的一级相变点）下的磁化率差异。

按 Ohtsuka 的论文，10T 的外场可使纯铁中的铁素体转变温度提高 9K，0.8C－Fe 的珠光体转变温度提高 15K，18Ni 钢中的马氏体转变温度提高 20K，3.6Ni－1.5Cr－0.5C－Fe 的贝氏体转变温度提高 40K。

相反，若母相的磁化率高于生成相，则一级相变点会下降。例如，δ→γ 相变。但反过来说，若在磁场下将合金温度调至该相变点，再撤去磁场则合金立即进入处于深度不平衡状态下而瞬间整体变为新相。

现在还难以可靠地说明相变点改变的幅度，因为缺少系统的磁化率数据。特别要充分注意合金磁化率随其组成变化规律的复杂性。另一方面，一些学者认为在场强有很大变化时磁化强度的改变可能是非线性的，不清楚沿用通常强度磁场下的磁化率数据会引起多大的误差。特别是强场下母相和生成相磁化率之差的变化有更现实的意义。还应该考虑能否用另一种外场和强磁场耦合，例如借助密度的变化来改变某相的磁化率。

从理论上和实测上研究强场下母相和生成相的磁化率是一大命题。借助能带计算，预测强磁场下固态和熔态金属中能带特点及布居状况，或许是了解其磁性变化可能性的途径。

5.5.9.3 梯度磁场所致的力作用[27,28]

Beaugnon/Tournier 领先报道了抗磁物质在梯度磁场中的悬浮现象。众所周知，任何物质中的电子始终处于运动状态。因此，在非均匀磁场内物质所含的任何磁矩都会受到该场的作用力（一种体积力）：

$$\boldsymbol{F}_x = \boldsymbol{M} \cdot \nabla \boldsymbol{B}_x \tag{5.5.44}$$

实际上，现在利用超导体线圈构成的强磁场内磁力线总带有某种程度的曲率。所以不同磁化率的物相就会因所受的力在方向或量度上的差异而分离。Beaugnon/Tournier 和 Asai 等所用的试验设备更是在其轴向磁场有很大梯度，所以效果尤其显著。铁磁性和顺磁性物质领受的力与磁场梯度减小的方向相同，抗磁性物质则领受反向的力作用。抗磁物质能否悬浮起来取决于试样中的 $\Sigma\breve{\mu}_{\text{ind}}$ 和外场的相互作用与试样所受重力的平衡。该 $\Sigma\breve{\mu}_{\text{ind}}$ 本身是该试样所在位置外场强度的函数。设外场中心与试样的距离为 r，外场作用因子为 r^{-n}，$n>2$。

用此种装置已能成功地在各种软物质中使磁性不同物相分离。这不仅可能发展成一种材料制备的新方法，而且在资源综合利用方面很有应用远景。

参 考 文 献

[1] 房晓勇，刘竞业，杨会静．固体物理学［M］．哈尔滨：哈尔滨工业大学出版社，2004.

[2] 阎守胜．固体物理基础［M］．北京：北京大学出版社，2000.

[3] 黄昆，韩汝琦．固体物理学［M］．北京：高等教育出版社，1988.

[4] March N H. Liquid Metals：Concepts and Theory［M］. NY：Cambridge Univ. Press，1990.

[5] Shimaji M. Liquid Metals：An Introduction to the Physics and Chemistry of Metals in the Liquid State［M］. NY：Academic Press，1977.

[6] Faber T E. Introduction of the Theory of Liquid Metals［M］. Cambridge，1972.

[7] Bhatia A B，Thornton D E. Structural aspects of the electrical resistivity of binary alloys［J］. Phys. Rev. B.，1970，2（8）：3004～3012.

[8] Wang S，Lai S K. Structure and electrical resistivities of liquid binary alloys［J］. J. Phys. F：Metal Phys，1980，10：2717～2737.

[9] Cook J G, Fritsch G. Thermal conductivity in the liquid phase, Chapter 7.2 of Handbook of Thermodynamic and Transport properties of Alkali Metals [M]. ed. Ohse R W, Boston: International Union of and Applied Chemistry, Lackwell Science Publications, 1985.
[10] Stroud D, Calculation of the average driving force for electromigration in liquid metal alloys [J]. Phys. Rev., 1976, 13 (10): 4221 ~ 4226.
[11] 郭发军，苍大强，宗燕兵，李玲珍，崔衡．深过冷液态金属中的均匀形核 [J]．河北理工学院学报，2005，5 (2)：18 ~ 21，48.
[12] 赵志龙，刘兵，张蓉，刘林．电场作用下金属凝固行为研究 [J]．材料导报，2001，15 (9)：23 ~ 25.
[13] 姜寿亭，李卫．凝聚态磁性物理 [M]．北京：科学出版社，2003.
[14] 戴道生，钱昆明．铁磁学（上），凝聚态物理学丛书 [M]．北京：科学出版社，1998.
[15] Jhonsen O. An interstitial electron model for the structure of metals and alloys I: description of model for metallic bonding [J]. Bulletin of the Chem. Soc. of Japan, 1972, 45: 1599 ~ 1606.
[16] Jhonsen O. An interstitial electron model for the structure of metals and alloys Ⅱ: electron structure of metals of groups Ⅰ ~ Ⅴ metals [J]. Bulletin of the Chem. Soc. of Japan, 1972, 45: 1607 ~ 1612.
[17] Johnsen O. An interstitial electron model for the structure of metals and alloys Ⅲ: interpretation and correlation of properties of groups Ⅰ ~ Ⅴ metals [J]. Bulletin of the Chem. Soc. of Japan, 1973, 46: 1919 ~ 1923.
[18] Dupree R, Sholl C A. Theory of the magnetic susceptibility of liquid metal alloys: noble metal – tin systems [J]. Z. Physik, 1975, B20: 275 ~ 279.
[19] Vora A M. Knight shift and susceptibility of liquid non transition and transition metals: a pseudopotential approach [J]. Chinese J. Phys., 2008, 46 (4): 430 ~ 441.
[20] Baria J A. Knight shift and susceptibility of liquid non transition and transition metals [J]. Chinese J. Phys., 2003, 41 (5): 528 ~ 534.
[21] Halder N C. Interference function approach to Knight shift in liquid metals [J]. J. Chem. Phys., 1970, 52 (10): 5450 ~ 5457.
[22] Ritter A L, Gardner J A. Pseudopotential calculation of Knight shift temperature and volume dependence in liquid and solid sodium [J]. Phys. Rev., 1971, B3 (1): 46 ~ 49.
[23] Jena P, Taggart G B, Rao B K. Theory of fractional Knight shift in liquid binary alloys [J]. Phys. Rev., 1984, B30 (12): 6826 ~ 6833.
[24] Asai S, Sassa K S, Tahashi M. Crystal orintation of non – magnitic materials by imposition of a high magnetic field [J]. Sci. & Techn. of Advanced Materials, 2003, 4: 455 ~ 460.
[25] Choi J – K, Ohtsuka H, Xu Y, Choo W Y. Effects of a strong magnetic field on the phase stability of plain carbon steels [J]. Scripta Mater., 2000, 43: 221 ~ 226.
[26] Ohtsuka H. Effects of a high magnetic field on bainitic transformation in Fe – based alloys [J]. Materials Sci. & Eng., 2006, A438 ~ 440: 136 ~ 139.
[27] Beaugnon E, Tournier R. Levitation of organic materials [J]. Nature, 1991, 349: 470.
[28] Waki N, Sassa K, Asai S. Magnetic separation of inclusions in molten metal using a high magnetic field [J]. Tetsu – to – Hagane, 2000, 86 (6): 1 ~ 7.

6 金属凝固时自发形核的实验研究和模拟结果

6.1 晶核萌发的四个尺度

凝固过程的研究者都很关心所谓金属凝固时的遗传性问题，其核心是液态的局域结构在熔点上下有什么区别，它们和金属的初始凝固组织是什么关系？因此，必须从固相晶核的形成说起。

仿照团簇物理学，可以把晶核萌发过程分为四个尺度：离子、小簇、核胚、晶核。解析金属凝固过程首先要澄清这四个尺度之间从微观域到介观域的关联。但绝对不能直接套用团簇物理学中有关金属团簇的研究结果，原因之一是团簇物理学中的团簇都是在气相沉积等非平衡条件下生成的原子或分子聚集体，而除深过冷之外，金属凝固过程中的晶核是在很接近平衡或相当接近平衡的条件下生成的；原因之二是晶核萌发时高温金属液是母相，这和团簇物理学中团簇析出时的母相有原则区别。

团簇物理学的成功首先是因为有实验可以验证某些团簇。要充分理解金属凝固过程，就要有实时测定晶核萌发过程的方法。在一个确定的条件下，离子、小簇、核胚、晶核四个尺度都应有它们的统计公布。但就一个局域中的小簇来说，它的行为是随机的，可能继续长大也可能向离子退化。此种统计性转化规律人们必须了解。只有依靠实测，构筑正确而清晰的物理图像，才能进一步通过建模推出集成的知识。问题是晶核萌发过程的实时测试难度甚大。

2005 年 Iqbal 等在“Acta Materialia”上发表的研究结果使我们看到一些希望。他们用 Synchrotron – XRD（波长 0.0177nm，ϕ200 ~ 300μm 的 X 光束）实时观察 Al 凝固过程中晶核的萌发和长大[1]。Al 置于 ϕ5mm × 10mm 的玻璃质石墨旋转坩埚内，在真空下加热熔化。其试验装置如图 6.1 所示。

图 6.2 是测试结果之一例。图 6.2a 是液态特征，两个粗环相应于 $S(q)$ 曲线上首峰和次峰峰位。图 6.2b 中的粗亮点表示凝固过程中处于 fcc 散射角方位的晶核，这些粗亮点的数量和该晶核数成正比，而亮度和该晶核的体积成正比。图 6.3c 是凝固后的特征。

Iqbal 等的方法对多小的尺度是有效的？这个问题首先有待 2D – X 射线影像检测 – 增强器分辨力的提高，或再用 TEM 进一步分析其所得信息。

Kelton 等用 Synchrotron – XRD（125keV，0.0099nm，$0 \leqslant q \leqslant 9$）研究了直径

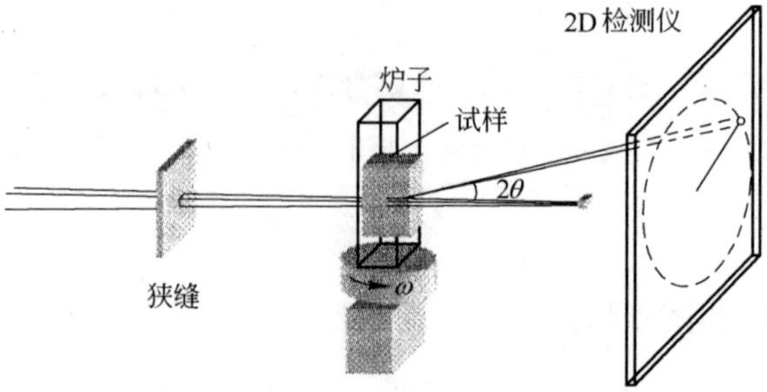

图 6.1　用 Synchrotron - XRD 实时观察 Al 凝固过程中晶核萌发和长大的试验装置

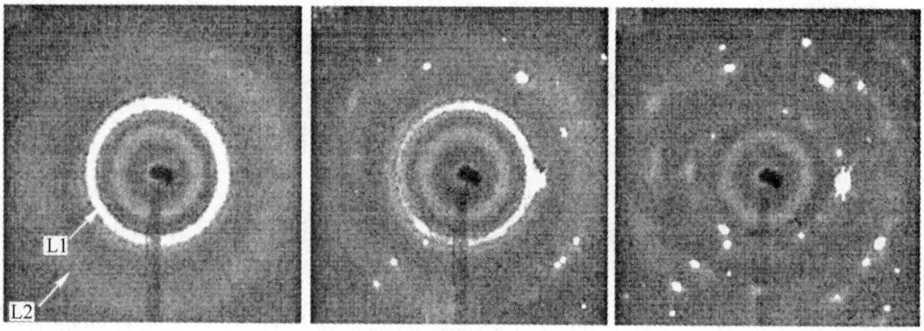

图 6.2　用 Synchrotron - XRD 实时观察 Al 凝固过程中晶核萌发和长大的试验结果一例

2.5mm 的 TiZrNi 球粒[2]。该试样在静电悬浮状态下用 CO_2 激光熔化。衍射结果用 MAR3450 Image Plate 记录，以显示深过冷的亚稳液态和固相核的结构变化。问题是试样太小，凝固潜热又只靠辐射释放，结晶开始后试样的温度很难稳定。

应用快速扫描碎片量热计（fast scanning chip calorimeter）和 EBSD/OIM（electron back scattered diffraction/orientation imaging microscopy）技术的组合有希望成为另一条值得探索的途径[3~6]。翟启杰/高玉来等和德国 Rostock 大学的研究者合作用快速扫描碎片量热计测定了合金 nm ~ μm 级单一微滴凝固时的过冷度，成功地分离了冷速和粒子尺度对过冷度的作用。用类似的方法测定纯金属 Al、Au、Sn 时其结果的分散度在 10^{-1}K 的水平上。利用快速扫描碎片量热计，使试样（纯金属单一微滴）在形核速率达到最大的温度下（见传统形核理论）快速凝固，则可望将其中刚形成的初生晶核保留下来。冷下来的试样用离子减薄方法处理后，再用 EBSD/OIM 检测晶粒度。最小的晶粒尺寸可望接近相应过冷度下临界晶核的真实大小。

6.2 浅过冷时的自发形核

6.2.1 浅过冷时小簇－核胚－晶核的转化过程[7~10]

Kelton 等研究 $Ti_{39.5}Zr_{39.5}Ni_{21}$ 合金，由 INS 和 Synchrotron－XRD 所得的结构因子 $S(q)$ 曲线上次峰高 q 侧出现一肩突。Schenk 等在研究 Ni、Fe、Zr 熔体时也发现结构因子 $S(q)$ 曲线上次峰高 q 侧的肩突。因为 $S(q)$ 曲线的次峰为第二配位圈，所以该肩突是近程结构的变化。这两组研究者都认为所显现的是 icosa 簇（i 相）。Kelton 等的研究中合金先被过热 150K 以上，Schenk 等在研究中，Ni 和 Zr 也都被过热 150K 以上。因此，在这些熔态试样中残余固相微粒可以忽略，测试结果可靠地反映了熔态的结构。他们的研究说明越近熔点，熔体内呈 i 相结构的微区越多。i 相实际上是晶核萌发过程中的过渡性小簇，因此熔体内的“中程序”对形核没有所谓的遗传作用。

可以设想，在沸点 T_v 和熔点 T_m 之间有一个相应于小簇（cluster）形成的临界温度 T_{cl}。在稍低于 T_v 的温度下，熔体结构的特点是相互作用很弱的离子加上数量可观的空穴。在稍高于 T_{cl} 的温度下，熔体内在某些瞬间某些微区中的离子其配位数偏离了熔态特征，下一瞬间又可能回复成熔态特征。这些微区很小，一维尺度通常不超过次近邻间距。在稍低于 T_{cl} 的温度下，试样整体仍为单一的熔态，但结构有别于熔体的小簇能形成了。此刻小簇中的离子不全都落在“边界层”内。例如一个 icosa 簇，其中心离子是它的内部结构。这就是说，上述条件下熔体内个别的离子在某一瞬间其势场已具备固态特征。随着温度趋于 T_m 小簇的数量、尺度和寿命都逐渐增加，且不同金属有不同的分布规律。小簇的出现及其分布都在不断的起伏之中，它们是纯金属熔体内局域离子密度起伏和能量起伏的结果。

当 $T = T_m$ 时，小簇的最大尺度低于相应的临界晶核尺寸。这种尺度上的差距对金属在浅过冷下形核孕育期的长短有所影响。

$T < T_m$ 后，熔体开始处在过冷状态下，受相变自由能的驱动，部分小簇生长成核胚（embryo）。Fishman 指出，从过冷一开始，经过时间 t_c，在 $r < r_c$ 的区域内核胚有了稳定的尺寸分布，从而出现一个固液共存的局面。$t_c = (\Delta r_{ran})^2/D_{eff}$，称作 Zel'dovich 时间，$\Delta r_{ran}$ 表示晶核在临界能垒峰顶近傍一次随机行走的距离，D_{eff} 是有效扩散系数。$0 < t < t_c$ 这一段时间是过渡期，$t > t_c$ 后跨越形核能垒 ΔG_c 的核流是稳定的。临界晶核一旦生成就迅速长大而离开体系。这就是稳定形核状态。图 6.3 中的右侧的曲线表示临界晶核尺度随过冷增加而减小的规律，左侧曲线在 $t > t_c$ 后变为直线示意地说明形核速率（dn_c/dt）守恒。

按传统形核理论（见第 7 章），Mondal 等认为形核速率可用下式表示为：

$$\frac{dn_c}{dt} = n^{cr}\omega_{ion}\exp[-\beta(\Delta G_c + \Delta G_{sl})] \tag{6.2.1}$$

n^{cr}——体系每单位容积中晶核所含离子数，ω_{ion}——离子振荡频率，ΔG_c 是传统形核理论定义的生成临界晶核所需之能耗，ΔG_{sl}——离子穿过固液（$s-l$）界面聚合于核胚上的活化能，主要取决于有效黏度 η_{eff}：

$$\Delta G_{sl} = \frac{1}{\beta}\ln(3\beta\omega a_0^3\eta_{eff}) \tag{6.2.2}$$

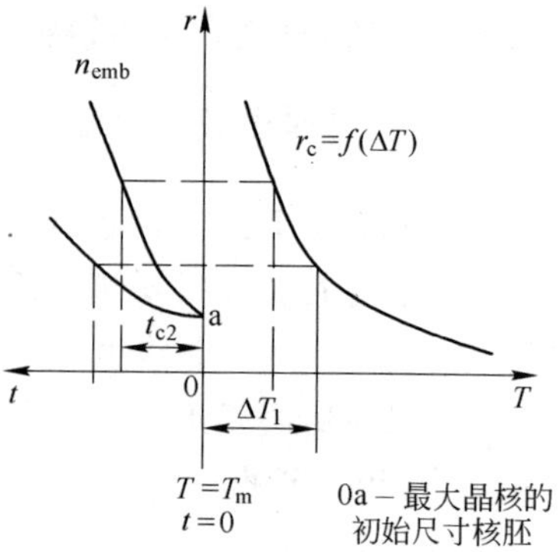

图 6.3　传统形核理论

$Pd_{40}Cu_{30}Ni_{10}P_{20}$ 合金中 ΔG_{sl} 随温度的变化如图 6.4 所示。

由于温度下降时 ΔG_c 减小而 ΔG_{sl} 变大，所以形核速率随过冷度的增加呈现图 6.5 所示的曲线。此图表明有一个最大形核速率，其相应的过冷度是 ΔT_{cr}。

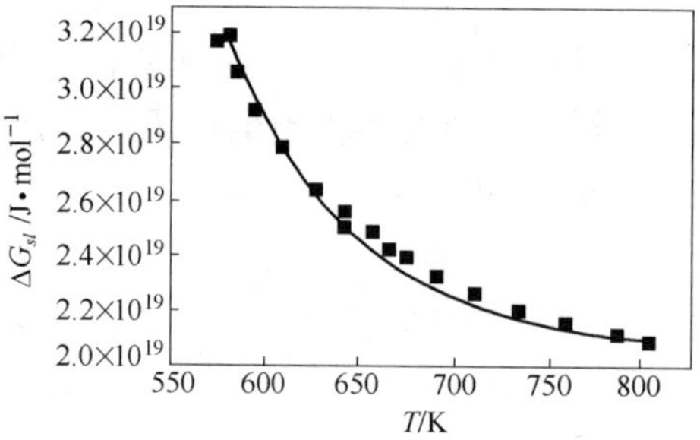

图 6.4　$Pd_{40}Cu_{30}Ni_{10}P_{20}$ 合金中 ΔG_{sl} 随温度的变化

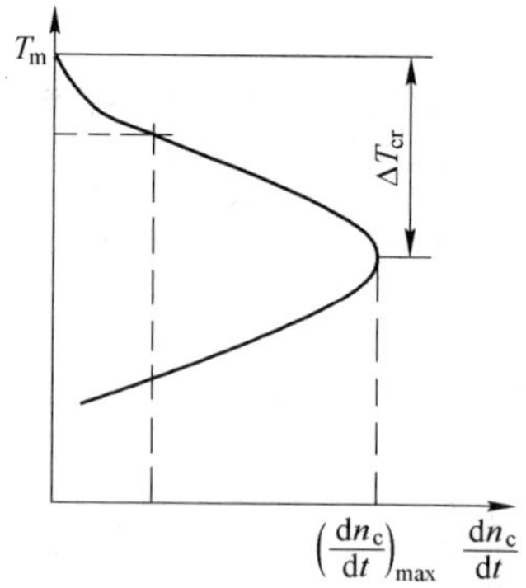

图 6.5　出现最大形核速率时的过冷度 ΔT_{cr}

Mondal 等给出的 $\Delta T_{cr}/T_m$ 示于表 6.1。

表 6.1　若干金属中出现最大形核速率时的相对过冷度

金　属	Perepezko（实验值）	Mondal
Bi	0.41	0.33
Pb	0.26	0.34
Sn	0.37	0.33
In	0.26	0.35
Ga	0.50	0.33

续表 6.1

金 属	Perepezko（实验值）	Mondal
Hg	0.38	0.33
Te	0.32	0.36

因此，浅过冷的条件是 $\Delta T < \Delta T_{cr}$。

6.2.2 若干模拟研究结果[11,12]

由于熔体中小簇、核胚、晶核的实测技术尚不够成熟，所以近年来在形核问题的研究中 MD 等方法的应用成为信息的重要来源。这必然要涉及局域中的离子构型在熔点上下的差异。因此，不能不讨论用什么方法去辨识局域中的离子构型。本章附录 A6.1 介绍了常用的辨识方法。

ten Wolde 等用 MD 和 MC 模拟研究了 L－J 势体系在 $0.2T_m$ 过冷度下的自发形核问题。该体系含 10648 个粒子。图 6.6 是其模拟结果。

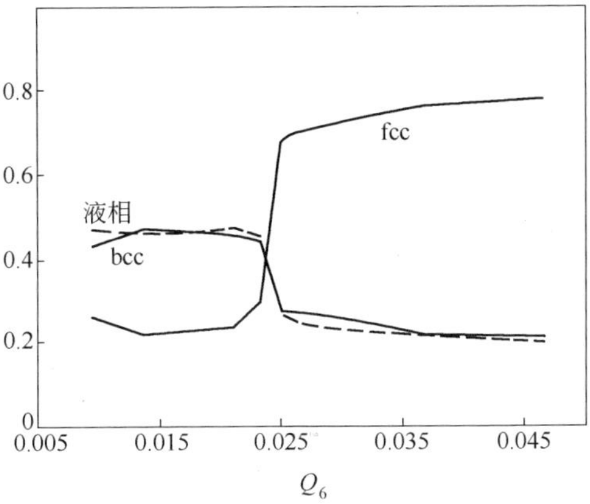

图 6.6 ten Wolde 等的模拟结果——形核过程的写照

在 BOP 方法的讨论（见本章附录 A6.1.3）中已说明：各向同性液态的二次旋转不变量 Q_6 几为零。当有核胚出现后，体系的 Q_6 就会增大。所以图 6.6 是形核过程的写照。曲线的突变相应于临界晶核的生成。该图表明：核胚主要呈 bcc 结构。另一方面，借助局域信息 $\breve{Q}_6$，ten Wolde 等发现晶核的芯部是 fcc 型的，而$s-l$ 界面呈渐变趋势。并且，边界层中 bcc 增多。ten Wolde 等所得的临界晶核约含 30 个粒子。

Moroni/ten Wolde 等又做了 $0.25T_m$ 过冷度下自发形核问题的研究。他们发现核胚可通过不同的途径组成晶核，所以临界晶核有不同的致密度。较小的临界晶核是密集的，主要是 fcc 型结构。而较大的是松散的，呈 fcc – bcc 混合型结构，其边界层也可能更厚。

6.3　由浅过冷到深过冷的变化[13~18]

若 $\Delta T > \Delta T_{cr}$则为深过冷，见图 6.7。

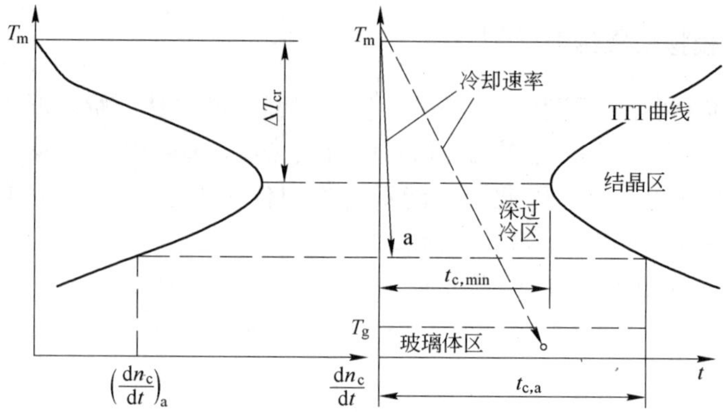

图 6.7　深过冷示意图

图 6.7 中的 TTT（time – temperature – transformation）曲线表示恒过冷度下的形核规律。各种物质的玻璃体形成温度 T_g 差异很大。聚合物中其最大值约在 TTT 曲线鼻端高度上，而最低者则是非晶形成温度。通常，大块非晶金属（BMG，bulk metallic glass）的玻璃体形成温度高于 $0.56T_m$。Busch 给出了 $Zr_{41.2}Ti_{13.8}Cu_{12.5}Ni_{10.0}Be_{22.5}$合金中用不同方法实测和计算的 TTT 曲线，如图 6.8 所示。图 6.8 说明，该合金可在很慢的冷速（ >1K/s）下形成非晶结构。

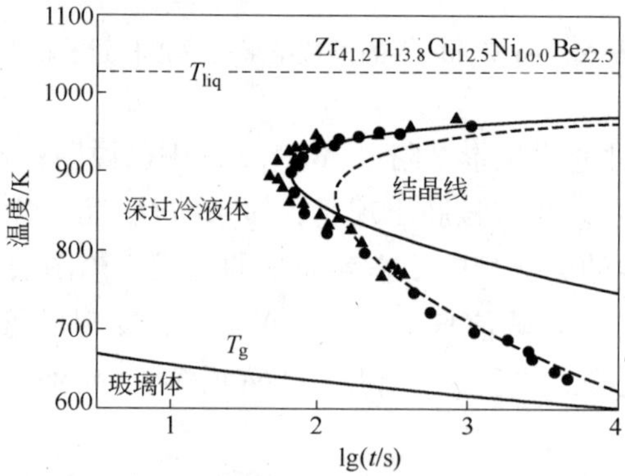

图 6.8　$Zr_{41.2}Ti_{13.8}Cu_{12.5}Ni_{10.0}Be_{22.5}$合金中用不同方法实测和计算的 TTT 曲线

Trudu 等在跨越浅过冷－深过冷的范围内完成了液 Ar（L－J 势体系，6912 个粒子）的 MD 模拟研究。他们发现，晶核的形态随过冷度的增大而由致密的椭球变为松散的多形态聚集物，如图 6.9 所示。这和 ten Wolde－Moroni 等的结果相似。

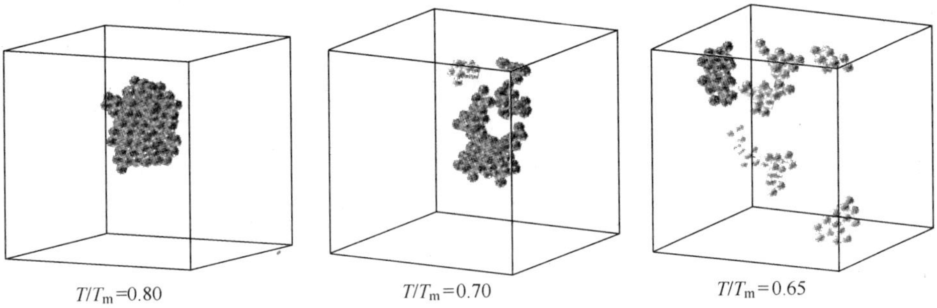

图 6.9 随过冷度的增大晶核由致密的椭球变为松散的多形态聚集物

刘让苏/郑采星等完成了 50000 个粒子的 Al 凝固过程之 MD 模拟。他们用 PCA 方法（见本章附录 A6.1.1.6）识别局域结构的变化。图 6.10 是过冷至 300K 时聚合的 16 个 icosa，各个 icosa 簇的中心用黑色标出，核胚外围还有空穴相伴。

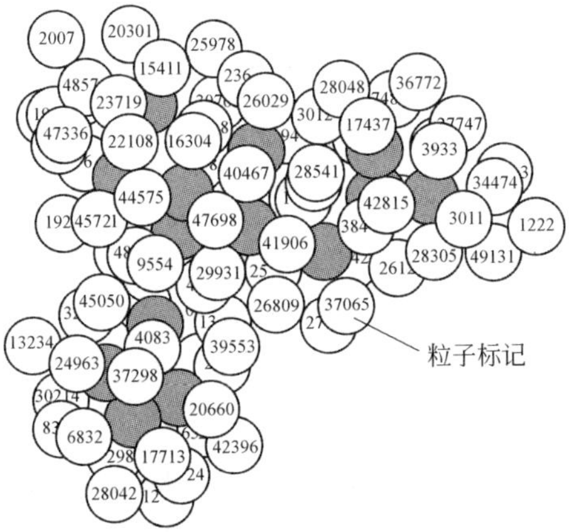

图 6.10 聚合的 16 个 icosa 簇

Liu 等用 MD 模拟研究了在 1800K 下稳定的 Ni_6Cu_4 合金（4000 个粒子）深过冷至 700K 后的恒温弛豫过程。

图 6.11 中最大核胚的尺度用它所含的离子数表示。图 6.11 说明，由小簇到

核胚是个结构重组的过程。Liu 等用 PA 方法（见本章附录 A6.1.1）辨识最大核胚，发现它们主要是 fcc 以及部分的 hcp。模拟指出，弛豫中期（$t=90$ps）最大的核胚也是不稳定的。$t=110$ps 时（将近孕育期末了），最大的核胚中只有 70.4% 能稳定地留在胚内。核胚的长大主要是依靠相互合并实现的。模拟还发现，最大核胚的数量增大速率和过冷度成直线关系，如图 6.12 所示。

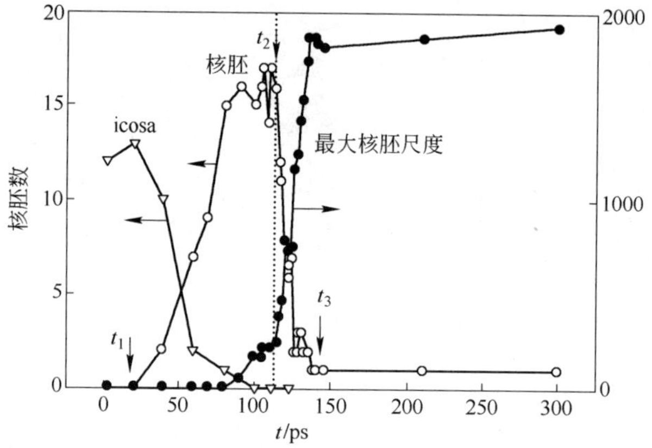

图 6.11　Ni_6Cu_4 合金（4000 个粒子）深过冷后的恒温弛豫过程

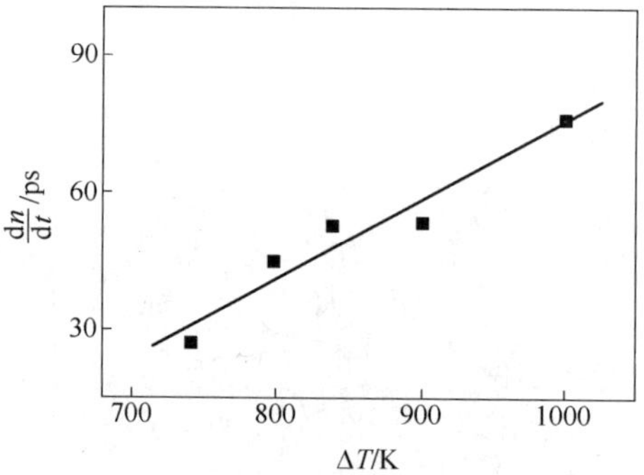

图 6.12　最大核胚的数量增大速率和过冷度成直线关系

Tanemura 等用 MD 模拟研究了软势体系（108 或 500 个粒子）深过冷后的弛豫过程。体系状态在弛豫过程中的变化以 t 时刻的可压缩率 χ_t 表征，如图 6.13 所示。图中 f 点是冷凝温度（相应的归一化密度 $\hat{\rho}=1.15$），m 点是熔化温度（$\hat{\rho}=1.19$）。A1、A2、B2、B1、B3、B0 表示在不同过冷度下的弛豫过程的起点。该过程沿图中的虚线

$$\chi_t = (\chi_{t=t_0}+5)\left(\frac{\hat{\rho}_t}{\hat{\rho}_{t=t_0}}\right)^4 - 5 \qquad (6.3.1)$$

进行，直到和固态线相交。$\widehat{\rho}_t(\propto T_t^{-1/4})$ 是 t 时刻的归一化离子密度。图 6.14 中的 B0 表示稳态形核过程，因为归一化的 $\widehat{\chi}_t$ 值及核胚尺度（所含离子数）都在相当长的一段时间内保持稳定。B1 所反映的弛豫过程和 Liu 等的图是类似的。

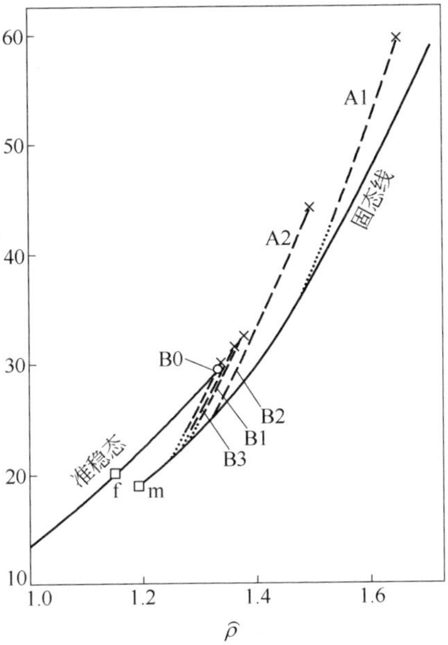

图 6.13　软势体系（108 或 500 个粒子）深过冷后的弛豫过程

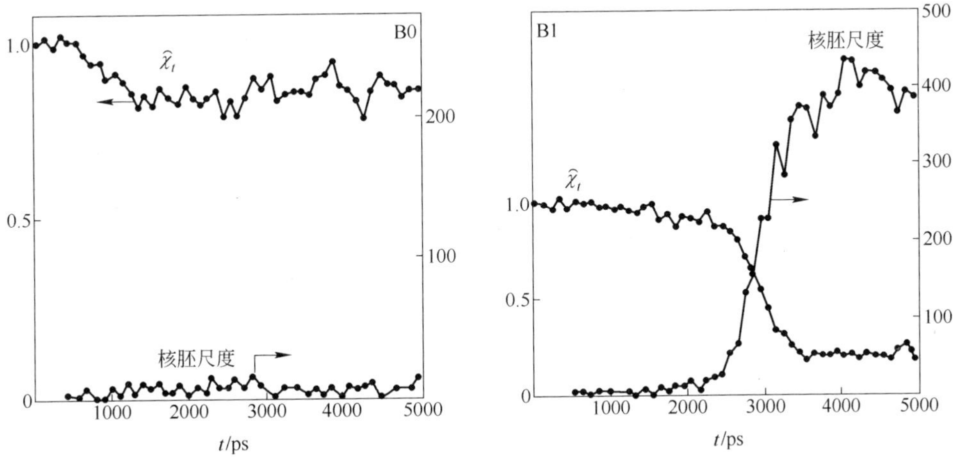

图 6.14　软势体系 B0、B1 深过冷后的弛豫过程

图 6.15 中 A2 呈现一个归一化的 $\widehat{\chi}_t$ 值降至零的过程。A1 过冷更大，但没有达到淬透的程度，弛豫过程中途停滞于成一准稳态。

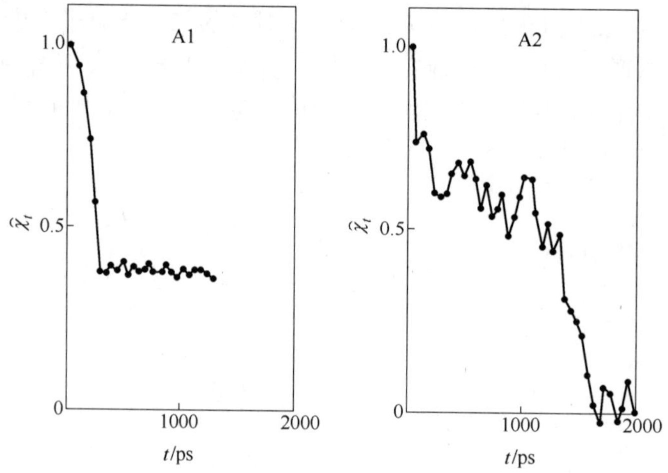

图 6. 15　软势体系 A1、A2 深过冷后的弛豫过程

A2 过程中结构的变化用 VP 方法（见本章附录 A6. 1. 2）辨识，如图6. 16 所示。图 6. 16 显示，icosa 先出现后核胚由 fcc 再转为 bcc。

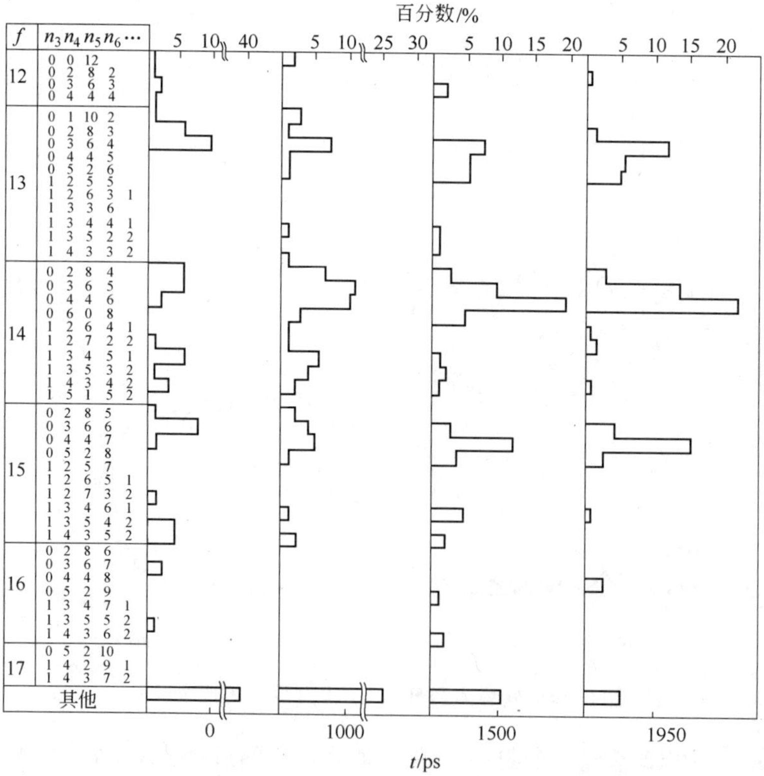

图 6. 16　A2 过程中结构的变化（用 VP 方法辨识）

Swope 等的模拟研究含 10^6 个 L－J 势制约的粒子。该体系在无因次温度为 1.2 的条件下稳定后，迅速降温至 0.45。

图 6.17 说明，在 100τ之后核胚的数量和尺寸都几乎不再改变，这也就是传统理论中所谓的准稳态。该模拟用 VP 法识别核胚，图 6.18 表明它们主要是 fcc 和 hcp。

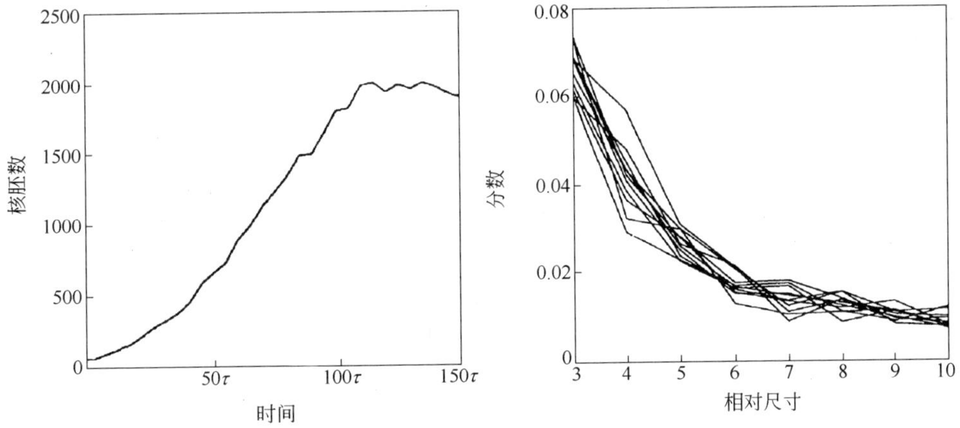

图 6.17　传统理论中准稳态的出现

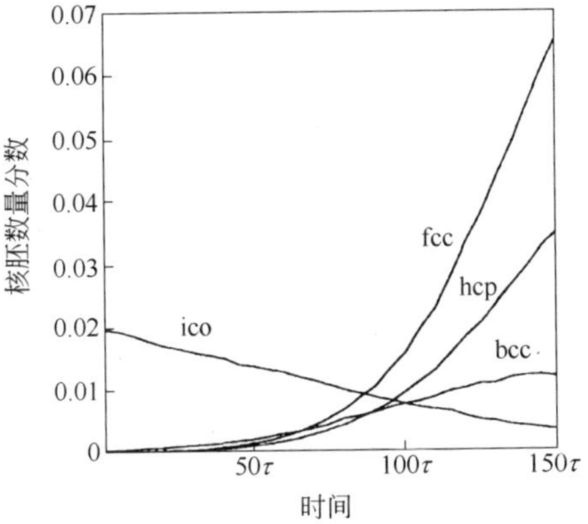

图 6.18　核胚主要是 fcc 和 hcp

该研究还发现传统形核理论中的稳定状态出现之前，个别的核胚可能已含有约 20 个离子，即达到临界晶核的尺度。

6.4　由形核到相分离[19～22]

首先讨论含有互不溶两液相区的二元系。该区的恒温混合自由能 ΔG_{mix} 曲线呈现如图 6. 19 所示的形式。图中，两相点和相分离点的区别由表 6. 2 示出。

表 6. 2　两相点和相分离点的区别

两相点（binodal point）	相分离点（spinodal point）
b 和 b' 两点，在该点上 $\frac{\partial \Delta G_{mix}}{\partial x}=0$	s 和 s' 两点，在该点上 $\frac{\partial^2 \Delta G_{mix}}{\partial x^2}=0$

将不同温度下的 b 和 b' 点连成线，其所围的区域就是图 6. 20 中的两相（亚稳）区。将不同温度下的 s 和 s' 点连成线，其所围的区域就是图 6. 20 中的相分离（失稳）区。

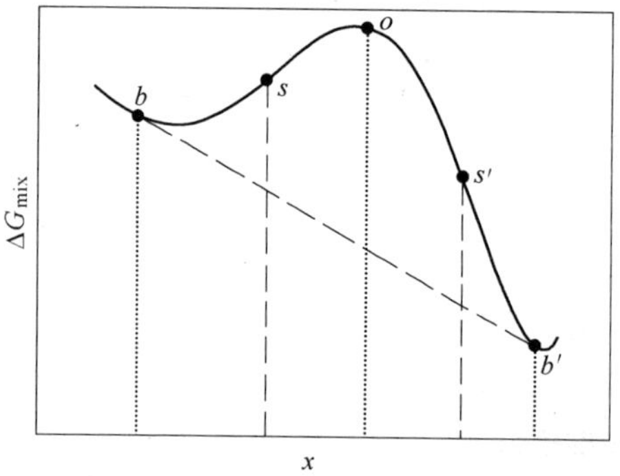

图 6. 19　二元系中互不溶两液相区的恒温混合自由能 ΔG_{mix} 曲线

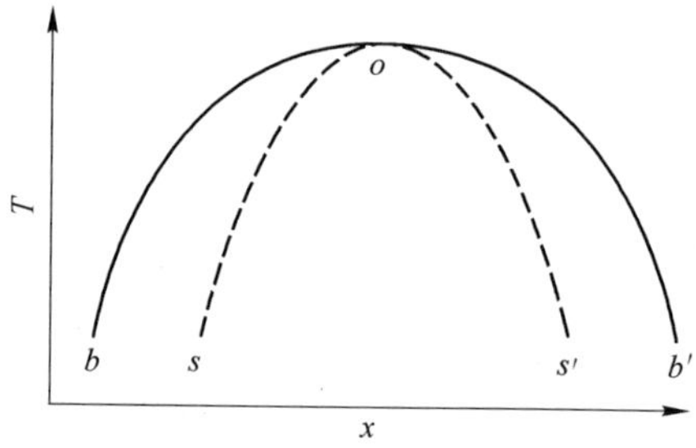

图 6. 20　两相（亚稳）区和相分离（失稳）区

两个相区中新相形成的机理完全不同。在亚稳区中两相共存，新相通过形核萌发，但在非稳区中由于微弱的成分起伏都会导致体系自由能的降低从而具有平均组成的合金立即分解成两个共存新相。必须注意，在固相线之下也会有两相区和相分离区，后者中两个新生成相首先是指结构上有差异，图 6. 21 所示的 Fe－Ni 系就是一例。

Lu 等实施了 Fe－Ni 合金（2000 个粒子）高速冷却（1×10^{12}K/s）条件下的 MD 模拟研究。由图 6. 22 可见，Fe＝0. 8%～50% 的合金中临界晶核主要为 fcc，其次是 hcp；它们都来自 icosa。Fe＝60% 的合金中临界晶核主要为 fcc，hcp 减少了。它们并不是直接来自 icosa，后者首先转变为 bcc。

Fe＝80% 的合金高速冷却时的行为可用图 6. 23 说明。根据上述的 Fe－Ni 系相图，$t=1.58$ns 后合金应已进入非稳区。因此，图 6. 23 中的Ⅱ区表明同时分离出 bcc 和 fcc 两相，并且此区中 bcc 的密度与Ⅰ区内的有差异。图 6. 23 中的Ⅲ区主要的相是 fcc，似乎这说明 $t=1.67$ns 后合金温度已降至 673K 之下的 γ 相区内。

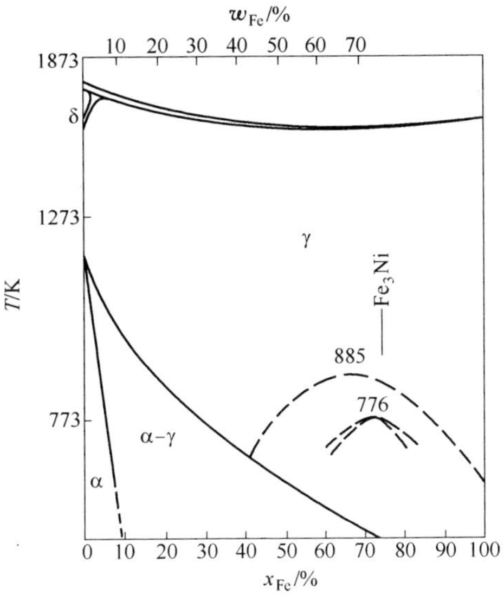

图 6.21 Fe - Ni 系固相线之下的两相区和相分离区

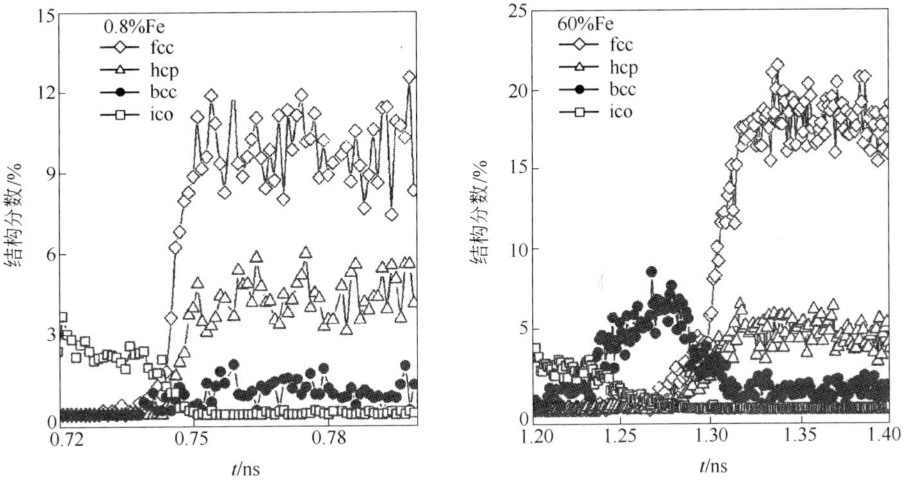

图 6.22 Fe - Ni 合金（2000 个粒子）高速冷却条件下的 MD 模拟结果

Lu 等还指出，Fe - Cu 和 Co - Cu 合金也有类似的规律。

Mendez - Villuendas 等进行了 Au 纳米微滴深过冷时形核问题的 MC/MD 研究，局域中构型的变化用 BOP 方法（本章附录 A6.1.3）分辨。他们使用 Landau - Gibbs 自由能(L - G 式)描述形核过程。通用的 L - G 式如下：

$$\Delta G(\breve{q}) = -\frac{1}{\beta}\ln[\tilde{P}(\breve{q})] \tag{6.4.1}$$

$\breve{q}$ 是序参量，用以表示形核的进程，如可以令 $\breve{q}=\breve{Q}_l$（$\breve{Q}_6=\breve{Q}_{l=6}$）。当体系达成稳态形核时，核胚按其尺度（所含离子数）分布的概率正是 $\tilde{P}(\breve{q})$，因此 $\Delta G(\breve{q})$ 曲线的峰值也正是传统理论中的形核能垒 ΔG_c。

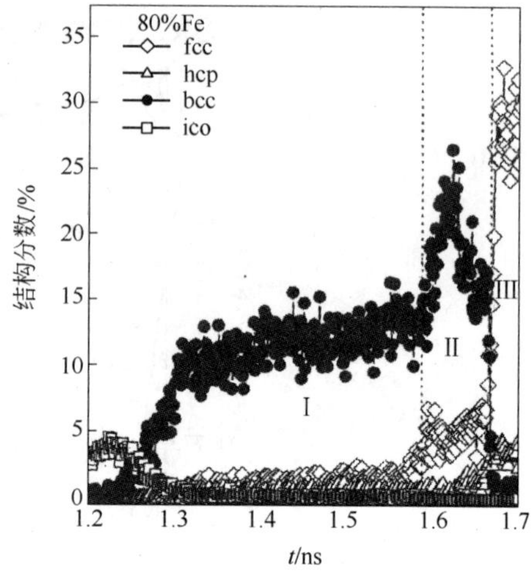

图 6.23 Fe = 80% 的合金高速冷却时的行为

和 Swope 等的模拟体系相比，该微滴是非常小的体系。若形核速率不大，一旦有一个核胚长成临界晶核，该微滴就可能凝成单晶。Mendez – Villuendas 等定义该微滴中至少出现一个大核胚所需的功是：

$$\Delta G(n_{\max}) = -\frac{1}{\beta}\ln \tilde{P}(n_{\max}) \quad (6.4.2)$$

$n_{\max}$——最大核胚所含的离子数，$n_{\max}=0$ 表示液滴为熔态，$n_{\max}=n_{\Sigma}$ 表示液滴已完全凝固，n_{Σ} 是液滴中的离子总数。

$\tilde{P}(n_{\max})$——取决于配分函数 $\mathbb{Z}$ 的概率。

$$\tilde{P}(n_{\max}) = \frac{\mathbb{Z}(n_{\max})}{\sum_{n_{\max}=0}^{n_{\max}=n_{\Sigma}} \mathbb{Z}(n_{\max})} \quad (6.4.3)$$

图 6.24 中，由 750K（$\Delta T=0.44T_m$）到 670K（$\Delta T=0.50T_m$）的曲线有一个最高点之外还有一个最低点。此最低点反映微观起伏会导致“大核胚”出现。最高点与最低点间 $\Delta G(n_{\max})$ 之差 $\Delta G^*(n_{\max})$ 也是大核胚达成临界晶核所需的能垒。

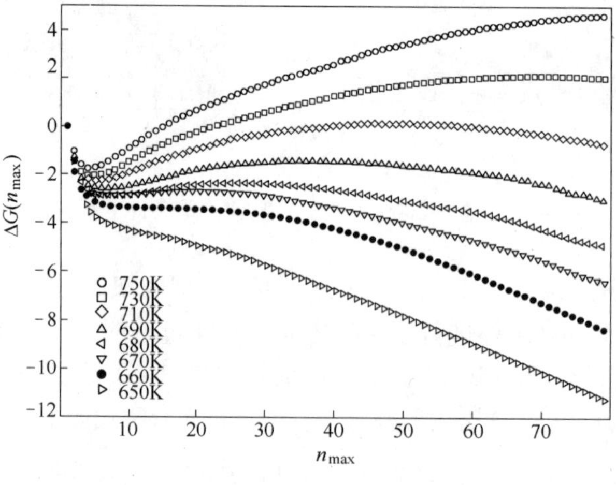

图 6.24 $\Delta G(n_{\max})$ 曲线

如图 6.24 所示，低于 660K($\Delta T = 0.51T_m$) 的曲线呈现单调下降的特点。而图 6.25 表明，在 660K 时 $\Delta G^*(n_{max}) = 0$，这两个结果正是体系进入失稳区的标志。

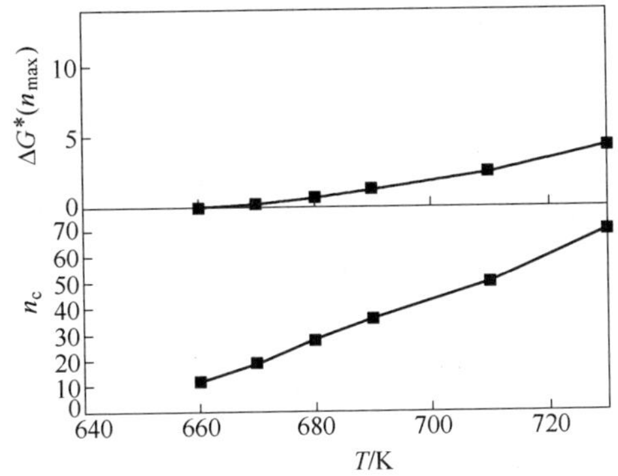

图 6.25 660K 时模拟体系进入失稳区的标志

Wang 等进行了 L－J 势液体（4000 个粒子）在深冷时形核问题的模拟研究。他们也使用了 $\Delta G(n_{max})$ 的 L－G 式，当 $\Delta T = 0.54T_m$ 时 $\Delta G(n_{max}) \to 0$。此外，以下两个发现是有意义的：

（1）他们模拟了临界晶核沿半径的密度变化。如图 6.26 所示，$\Delta T = 0.35T_m$ 时临界晶核的芯部是致密的，而靠近边界处 $\rho(r)$ 降低；随着 ΔT 增加则致密的芯区减小，但界面还存在；$\Delta T = 0.52T_m$ 时临界晶核已无芯部与边界之分。

（2）他们模拟了临界晶核的形状。图 6.27 中的 l_{max} 是临界晶核最长径的尺度，l_{min} 是最短径的尺度。显然，浅过冷时临界晶核是球状的；深过冷时变为椭球状。

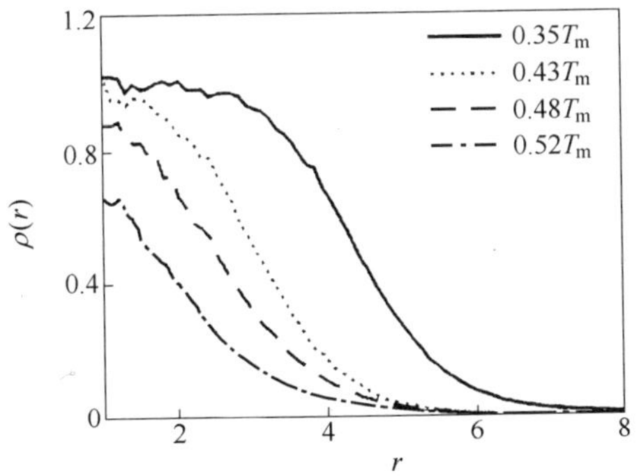

图 6.26 临界晶核沿半径的密度变化

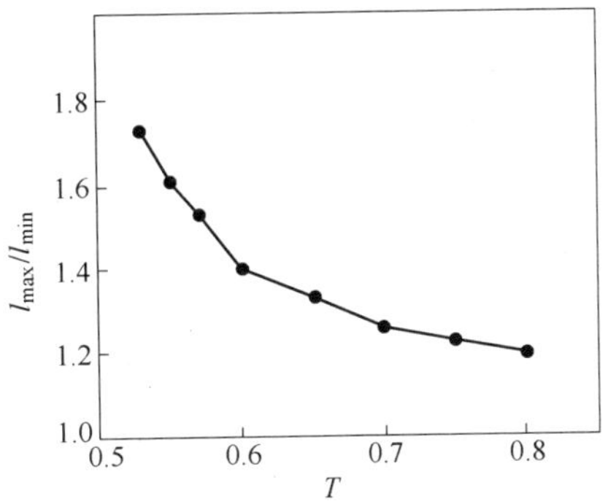

图 6.27 进入深过冷时临界晶核由球状变为椭球状

Klein 及其合作者在非稳区对深过冷下自发形核的影响方面作出了很重要的贡献。他们指出 L–J 势液体中有一个虚拟的“赝失稳区”导致深过冷下自发形核机理偏离传统形核理论。由 Yang 等的研究来看，L–J 势液体中 TTT 曲线的鼻端可能在 $\Delta T=(0.66\sim0.69)T_m$ 的水平上。他们认为当 $\Delta T\to0.74T_m$ 时体系已近于“赝失稳区”，因为其时的归一化自扩散系数→0。实际上，该过冷度下 L–J 势液体已玻璃化。

附录 6.1　局域中离子构型的辨识

结构因子 $S(q)$ 和径向分布函数 RDF，或偶相关函数 $g(r)$ 可用来描述大块金属中的离子构型。实际上，来自 XDR 或 INS 测定的 $S(q)$ 和 $g(r)$ 也仅反映离子沿衍射方向的分布。若把它们看作是三维分布的平均，则忽略了离子偶取向不同的影响，所以用它们来判断微观尺度区域中的离子构型则显得过于粗糙了。稍许夸张地说，在一个瞬间某一局域内的离子到了下一瞬间可能已不在该局域中了，而原在其周边的离子却可能已进入其中。一句话，离子始终处于振荡状态，其位置瞬息万变。局域中的离子构型与三维平均的构型是不同的概念，用源于 $g(r)$ 的配位数作为准绳来辨认局域中的离子构型常会带来误解。

近年来，已有三种方法（PA、VP、BOP）被很多研究者用于分析 MD 等给出的金属块中或金属内某离子簇中离子构型样本。这里是它们的简略介绍。

A6.1.1　PA——离子偶分析（pair analysis）法[19,23~26]

A6.1.1.1　PA 法的步骤

大体上 PA 法包含如下几个步骤：

（1）首先在一个快照中选定一对离子 a 和 b，考查它们是否为最近邻。若是则该离子偶用数字 1 表示，反之则用 2 表示。$x_1=1$ 或 2。

（2）寻找 a 和 b 周围的 x_2 个离子，它们既是 a 的最近邻同时又是 b 的最近邻。

（3）探索这 x_2 个离子之间有多少对离子为最近邻，记为 x_3。

（4）x_1、x_2、x_3 可能完全相同，例如图 A6.1 中的 4 个离子（其中两离子互为最近邻）都是某一离子偶的最近邻，但这 4 个离子之间是不是最近邻可有不同的情况。图 A6.1 中两离子之间

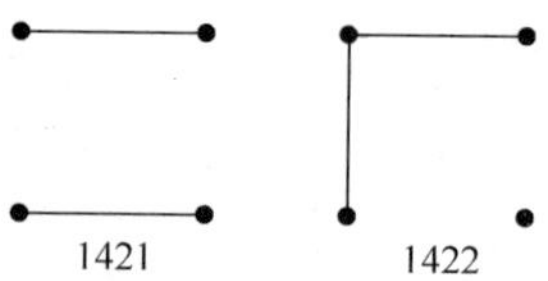

图 A6.1　PA 法中 1421 和 1422 的区别

的连线表示它们互为最近邻。所以，要用 $x_4=1$ 或 2 表示两者的区别。

（5）以上是 PA 的第一轮操作，其成果记作（1421）等。然后再选另一对离子进行上述的操作，找出它的（$x_1\ x_2\ x_3\ x_4$）。如此重复操作，直到分析完 MD 快照中全部离子对。

（6）最后是离子构型的频度分析。

A6.1.1.2 fcc 晶体中的 PA 分析结果

Liu 等指出，fcc 晶体中的离子构型主要是 1421，边秀房认为 1421 是 fcc 特征性的离子构型。Honeycutt 等报道 fcc 理想晶体中的离子构型是 2211、2101、1421 和 2441，且它们的丰度之比为 4 : 2 : 2 : 1。

fcc 晶胞（边长为 l）中离子间的最短间距是 $\sqrt{0.5}l$。设考察的离子偶为 mn，1421 构型如图 A6.2 所示。图中，mf = mp = mb = mk = nb = np = nk = nf = mn = $\sqrt{0.5}l$，kf = pb = $\sqrt{0.5}l$，kp = bf = l。n – kfbp 是以 n 为顶点的一个四棱锥，m – kfbp 是以 m 为顶点的一个四棱锥。m 和 n 两离子共享的最近邻离子是 k、f、p、b 四个离子。

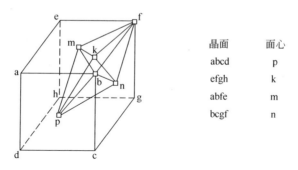

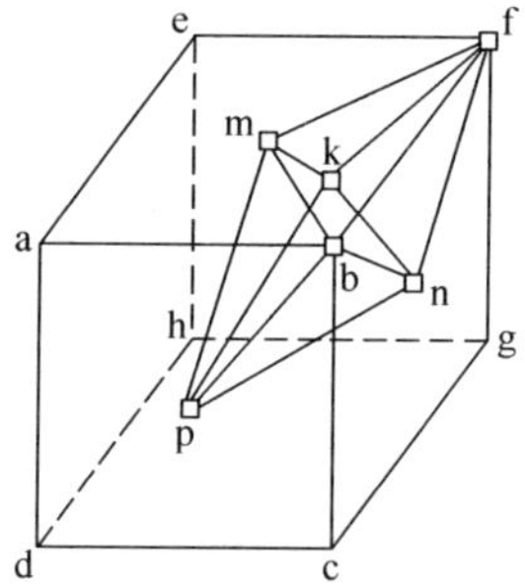

晶面	面心
abcd	p
efgh	k
abfe	m
bcgf	n

图 A6.2 fcc 晶胞中的 1421 构型

图 A6.3 是 2441 离子构型的特点。

m 和 n 两离子共享的最近邻离子是 k、c、p、b 四个离子。mn = l，bk = kc = cp = pb = $\sqrt{0.5}l$，mk = mb = mp = mc = nk = nc = np = nb = $\sqrt{0.5}l$，n – kbpc 是以 n 为顶点的一个四棱锥，m – kbpc 是以 m 为顶点的一个四棱锥。

2211 离子构型见图 A6.4。图中 cp = $\sqrt{0.5}l$，mn = l。m 和 n 两离子共享的最近邻离子是 c、p 两个离子。

离子构型 2101 示于图 A6.5。图中，nc = cm = $\sqrt{0.5}l$，mn = l。

A6.1.1.3 bcc 晶体中的 PA 分析结果

Liu 和边秀房都认为 1441 及 1661 是 bcc 晶体中主要的构型。考虑到由于起

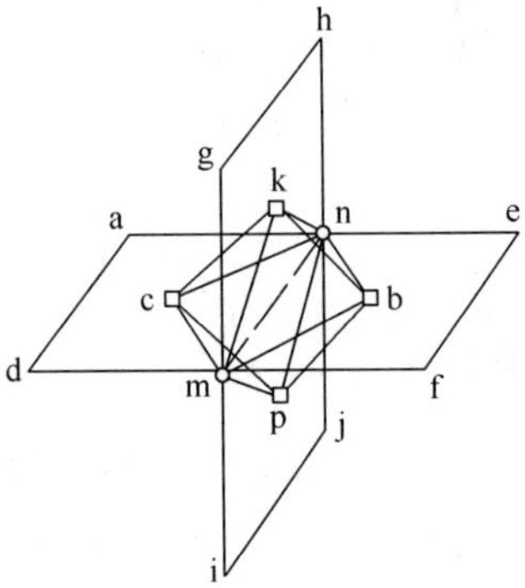

晶面	面心
anmd	c
efmn	b
mnhg	k
ijnm	p

图 A6.3　fcc 晶胞中的 2441 构型

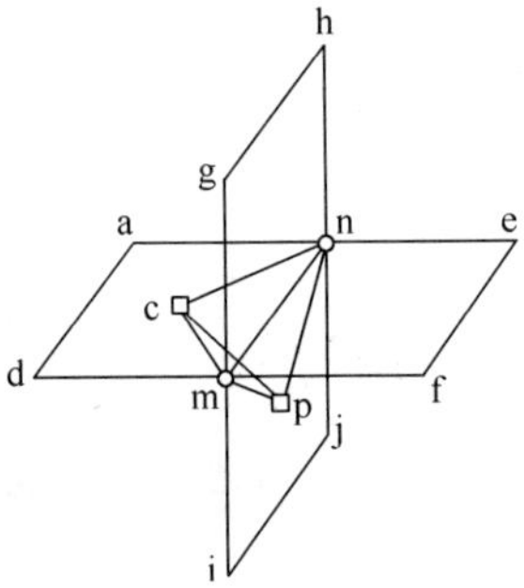

晶面	面心
anmd	c
ijnm	p

图 A6.4　fcc 晶胞中的 2211 构型

伏使离子在空间的位置不能精确认定，不易分辨 $\sqrt{0.75}l$ 和 l，bcc 晶胞离子间的间距按其边长 l 计。bcc 晶体中离子构型 1441 如图 A6.6 所示，图中 ab = bc = cd = da = mn = l。

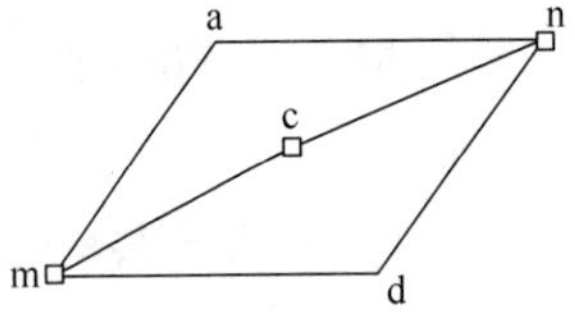

晶面	面心
andm	c

图 A6.5　fcc 晶胞中的 2101 构型

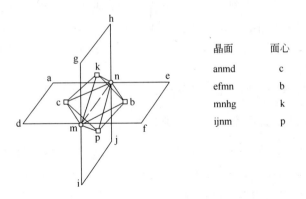

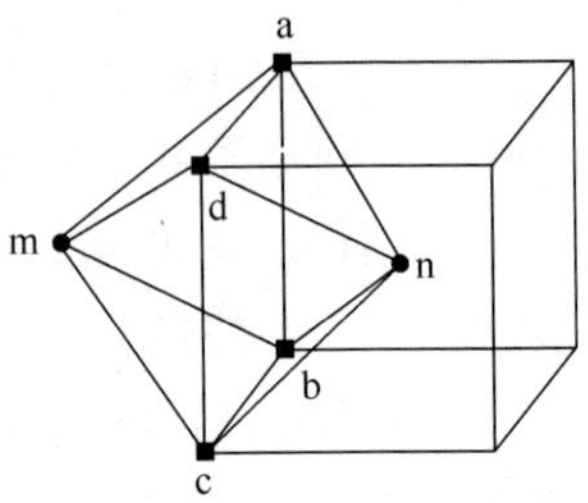

图 A6.6　bcc 晶胞中的 1441 构型

1661 构型看来是由于热振荡的结果：a、b、c、d 之外的另两个离子在某瞬间也成为离子 m 和 n 的最近邻，并且它们和 a、b、c、d 构成一个六边形。

A6.1.1.4　hcp 晶体和 i 相等非晶中的 PA 分析结果

Honeycutt 等发现理想 hcp 晶体中的离子构型是 2211、2101、1421、2441、1422 和 2331，它们丰度之比为 9∶9∶3∶3∶3∶1。边秀房认为 hcp 晶体中的特征性离子构型是 1422 和 1421。

icosahedron 簇（icosa 相或 i 相）中的离子构型更接近于液态。含 13 个离子的 20 面 i 相单元如图 A6.7 所示。

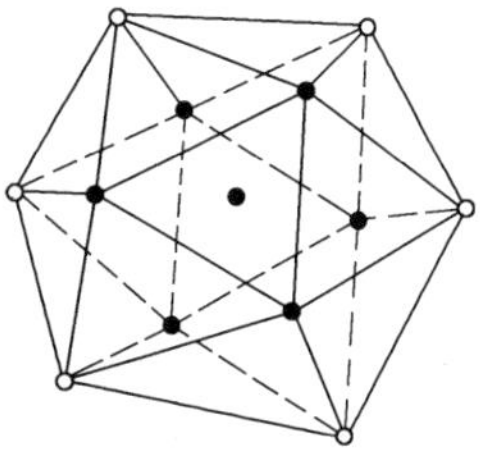

图 A6.7　bcc 晶胞中的 icosa 相或 i 相

Honeycutt 等在其样本中指认的特征性离子构型是 2331 和 1551，而 1421、1422 及 2441 不出现。在多层 i 相离子簇中的离子构型会变。例如，含 55 个离子的 i 相中 2331 和 1551 不多，但存在着 1422、2441 及 1422。

Liu 等报道在液相和非晶体中有 1551、1431、1541 出现。

A6.1.1.5　若干离子构型的相对丰度

Honeycutt 等所给出的若干离子构型的相对丰度如表 A6.1 所示。

表 A6.1　若干离子构型的相对丰度

离子偶	块体中		离子簇中	液　态	
	fcc	hcp	13 - icosa	平衡态	过冷态
2211	2.00	1.50	0	1.05	0.99
2101	1.00	1.50	0.14	1.61	1.59
1421	1.00	0.50	0	0.02	0.03
2441	0.50	0.50	0	0.05	0.10
1422	0	0.50	0	0.05	0.07
2331	0	0.17	0.71	0.70	0.81
1551	0	0	0.29	0.17	0.26
1541	0	0	0	0.16	0.22
1321	0	0	?	0.05	0.02
2321	0	0	0	0.14	0.09
1311	0	0	0	0.03	0.02

A6.1.1.6　以 PA 为基础的离子簇标识法（PCA）

PCA 的一例是用四个数码（b_1，b_2，b_3，b_4）标识以 i 相为基础的离子簇。

Qi/Wang 建议，b_1 定义为该离子簇中心离子第一配位圈中的离子数，b_2、b_3、b_4 分别表示配位离子中有几个与中心离子分别构成离子偶1441、1551、1661。按照 PCA，含 13 个离子的 i 相单元可标为（12，0，12，0），该簇的中心离子也可标为（12，0，12，0）。刘让苏等指出，稳定的簇除了（12，0，12，0）外，还有（13，1，10，2）、（13，3，6，4）、（12，2，8，2）、（14，2，8，4）、（14，1，10，3）等。

A6.1.2 VP（Voronoi polyhedron）法[18,19,27~35]

先从二维（2d－）VP 说起。如图 A6.8 所示，将样本中互为近邻的三个粒子用直线相连，则整个平面被分为许多三角形构成的网。每个三角形都是一个 Delaunay 单形，它们连成的网常称作 Delaunay 网。图 A6.8a 上的每一条虚线都是一个 Delaunay 单形某一条边中点上的法线。理论上，三条虚线必然交于一点。于是，该平面被这些虚线分成许多不同形状的 Voronoi 多边形。这些 Voronoi 多边形的总体如图 A6.8b 所示，常称为 Voronoi 花纹或网络。图 A6.8c 表明，Voronoi 多边形每一条边上某一点到两侧的粒子是等距的。

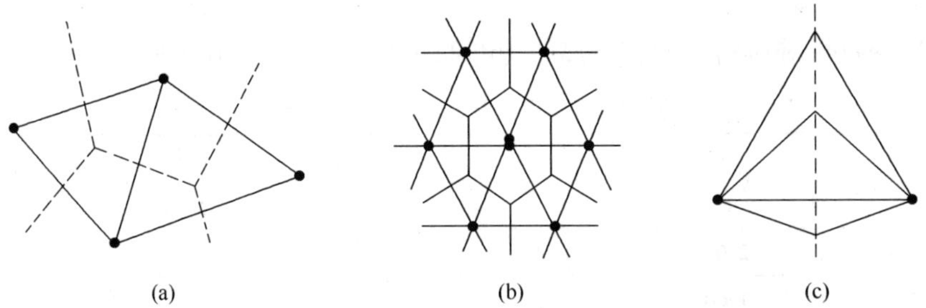

图 A6.8 2d－VP 网络和 2d－DS 网

图 A6.9 是粒子构型的 2d 样本之一例，图中示出了所考察的粒子、它的最近邻配位和次近邻配位以及周期性边界条件。每个粒子各处于一个 VP 之内。某个 VP 有 x 条边说明其内含的粒子有 x 个最近邻。必须注意，此 x 值不一定和 RDF 或 $g(r)$ 吻合。在 3d 情况下它平均为 14，液态样本中可能高达 20。

在构筑 VP 时，要注意分辨最近邻粒子中的区别。如图 A6.10，1～4 四个粒子是 A 的直接最近邻。粒子 5 和 6 是非直接最近邻，因为 A－5 和A－6 两线的中点不在包纳 A 的多边形边界上，但通过两线中点的垂线仍是该多边形的一条边界。直接最近邻与非直接最近邻合在一起又称为几何上的最近邻。粒子 7 不是几何上的最近邻，因为通过 A－7 线中点的垂线与包纳 A 的多边形不相交。必须注意，粒子 7 有时会比某个几何上的最近邻更接近 A。粒子 8 称作变质的最近邻，因为 A－8 线的中点恰好是包纳 A 的多边形之一角。另外，若 Voronoi 网络

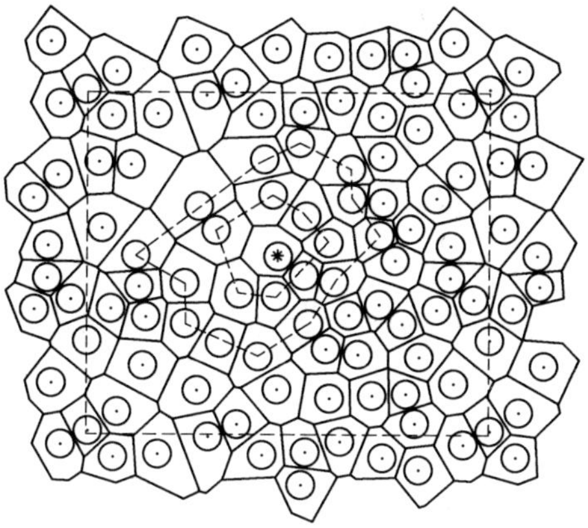

图 A6.9 2d－粒子构型样本的 VP 划分

中属于不同多边形的四条边恰好汇聚于一个角上，此网络也是变质的。

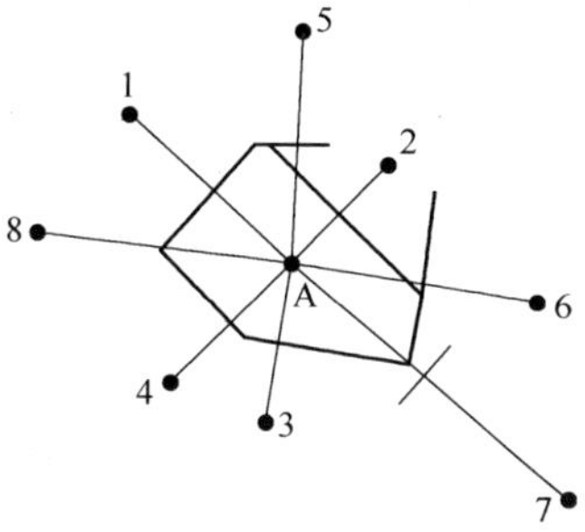

图 A6.10 几种不同的最近邻粒子

再转而讨论 3d－VP。3d－DS（Delaunay 单体）是大小不等的四边形，其要素是每个单体的顶角、棱边和外接圆中心。在一个三维样本中每四个互为最近邻的粒子用直线连接之即成一个DS。为了便于找到四个互为最近邻的粒子簇，Montoro 等建议先用网格（如 20×20×20 或 80×80×80）将样本分成块，每块含一个粒子。Okabe 等指出，3d－VP 是各种不同形状或尺度的多面体，其要素为每个多面体的角、边和面。每个面都和某条 DS 棱边垂直相交于后者的中点，每个 DS 的外接圆中心就是 VP 几个面相交所致的角，而相应 DS 的角就在每个 VP 的中心。按此原则就可以编程将一个三维样本分割为若干个互不重叠的 VP，或者说在一个三维样本中建成 VP 网络而不再有多余的空间。VP 网站提供这一类运行程序。另外，Etzion 等介绍了近似的 VP 网络构筑方法可供参考。

和 2d－VP 中的问题相似，由于粒子位置的随机偏移三维样本中的 DS 和 VP 都可能带有畸变。这一问题的妥善处理是有关 3d－VP 方法成败的关键。至今研究者们已提出了很多措施。举例如下，为了减少畸变 Tanemura 等在其研究中用每 50 个时间步长取一个离子构型平均的方法来减弱热振荡的影响；Swope 等的方法是使样本处于能量最低状态。

若不能充分排除该热振荡，则可能发现某些 VP 含有相当小的面或相当短的边。Montoro 等认为这类问题实际上反映了最近邻的确定是否正确，他们报道了调整最近邻的方法。Brostow 则建议除去小于 0.2 平均面积的面和短于 0.5 平均长度的边，方法是将涉及的离子沿任一方向稍许移动一下，如不超过最近邻间距的 0.25。Yu 等又进一步修改了 Brostow 的方法。

当一个 VP 网络建成后，就要判断该样本中或某个局域内的离子构型呈什么特征。第一步是确认每个 Voronoi 多面体的特征。一个 Voronoi 多面体的特征常用（x_3 x_4 x_5 x_6…）表示，x_3 等都是一些整数，其意是指该多面体含 x_3 个三角形面，x_4 个四边形面，x_5 个五边形面和 x_6 个六角形面。如果某个 Voronoi 多面体有 x 个面说明其内含的粒子有 x 个最近邻。如果离子 i 和 j 为最近邻，容纳 i 的 Voronoi 多面体有一个面将它们分开，若此面有 y 条边则说明 i 和 j 共享的最近邻有 y 个。

理想 bcc 晶体中的 VP 是（0406），如图 A6.11 所示。图中，该晶胞角上的 8 个离子正落在多面体 8 个六角形面中心法线上，而左右上下四个相邻晶胞中心的离子正位于多面体 4 个四边形面中心法线上。理想 fcc 晶体中的 VP 是（0，12，0，0），如图 A6.12 所示。（0，12，0，0）多面体的中心有一离子，它也正是晶面 abcd 上的中心离子。为能清晰地显示 H 点，图中已稍许把该多面体从晶胞内移出去一些。

（0，12，0，0）多面体是不稳定的。Tanemura 等发现若多面体的三个面相交而成一个角，则该角是稳定的。（0，12，0，0）多面体共有 14 个角，其中 8 个是稳定的，H 角就是另外 6 个的代表，它们是四个面相交所成的。在热振荡的作用下（0，12，0，0）多面体会分解成（0446）、（0447）、（0334）、（0335）等多面体。

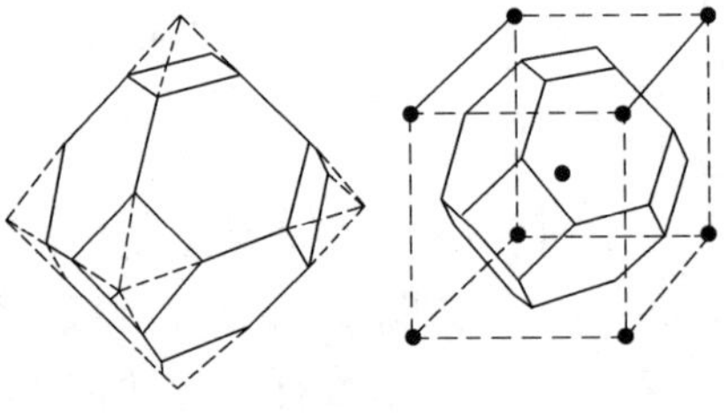

图 A6.11　理想 bcc 晶体中的 VP——(0406)

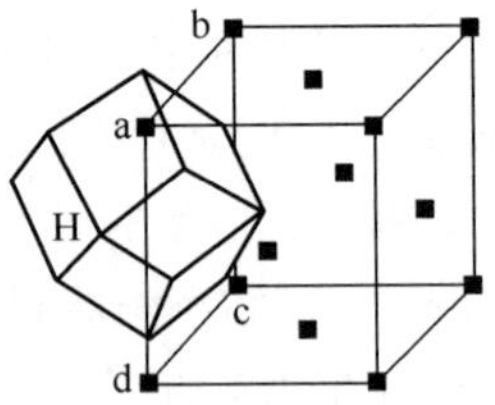

图 A6.12　理想 fcc 晶体中的 VP——(0，12，0，0)

图 A6.13 中可见的是（0446）多面体所含的 5 个五边形面、2 个六角形面和 1 个四边形面。还有 3 个四边形面和 4 个六角形面看不见。a－b 和 b－c 是其中 2 个六角形面的边，d－el 和 e－f 是其中 1 个四边形面的两条边，g－h 和 h－j 是其中另 1 个四边形面的两条边。第三个四边形面在图背面的中央，被 4 个六角形面包围。

理想 i 相晶胞内的 VP 是（0，0，12，0），它共有 12 个五边形面、20 个由 3 个五边形面相交所致的角。图 A6.14 中 a、b、c 三个离子分别处于浅灰色五角形截面中点的法线上。沿各自的法线将三个截面向内推入，图中三个截面之间的三角形缩成一点时，该浅灰色五角形面就是理想 i 相 VP 中 12 个面之三。

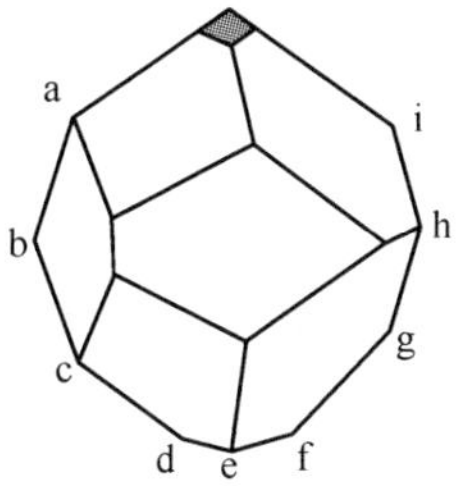

图 A6.13　(0，12，0，0）多面体分解而成的（0446）多面体

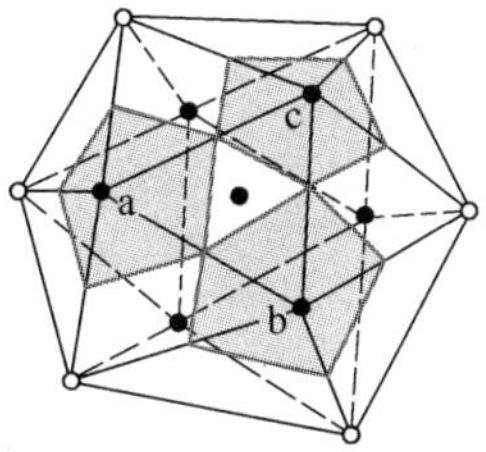

图 A6.14　理想 i 相晶胞内的 VP——(0，0，12，0)

除了按照（$x_3\ x_4\ x_5\ x_6\cdots$）来判断多面体的类型外，还有其他方法，如 Brow-stow 按 DS 进行辨认。

第二步是统计该样本中或某个局域内各类多面体的百分数。Tanemura 等给出的图 A6.15 是一例。

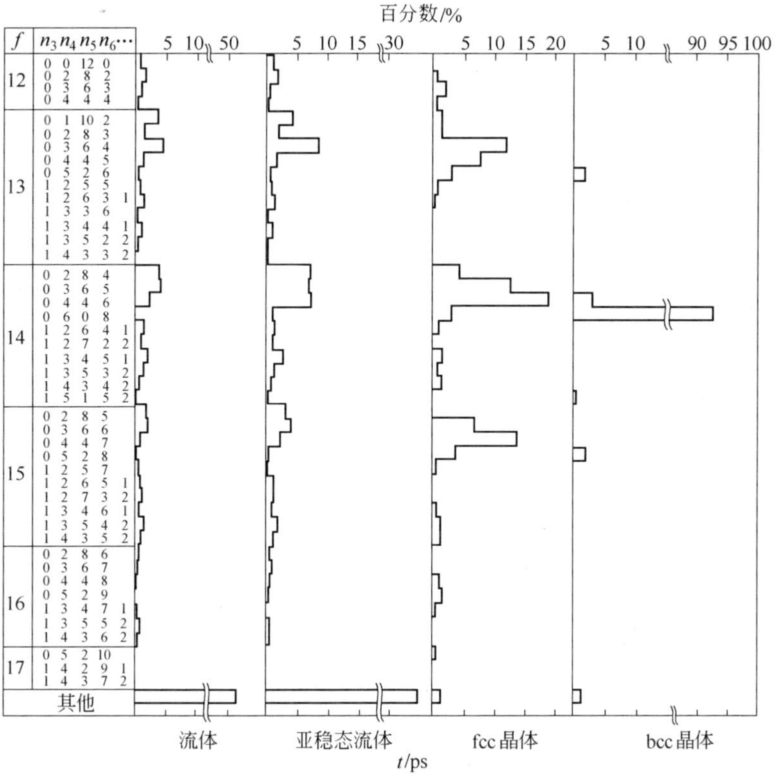

图 A6.15　样本中或某个局域内各类多面体的统计

可见，若（0608）- VP 的相对量达 90% 的量级则该样本中或某个局域内的离子构型可确认为 bcc。如果最主要的是（0446）- VP，而（0447）、（0364）、（0365）次之，则该样本中或某个局域内的离子构型可确认为 fcc。Collins 认为，在液态或过冷态的样本或局域内会出现许许多多不同类型的多面体，包括 i 相的特征性（0，0，12，0）- VP，但这些多面体的百分数都很小。按 van Duijneveldt 等的看法，用 VP 法可能难以确认 i 相。

VP 法可用以分析某一离子的第一或第 N 配位圈之内的构型，从而说明该离子的短程有序度和长程有序度。

A6.1.3　BOP（Bond Orientation Order Parameter）法[36~43]

粒子 A 的最近邻（例如所有距粒子 A 不足 $1.2r_1$ 的粒子）在其第一配位球面（$r=r_1$，也就是 RDF 首峰的峰位）上的分布可用 VP 描述。各个最近邻在三维空间中的取向也可用球面调和函数 $Y_l^m[\theta(\boldsymbol{r})\phi(\boldsymbol{r})]$ 描述，此 m 不是指数而是上标。$\boldsymbol{r}$ 是由粒子 A 到其某一最近邻的矢量。由粒子 A 到 $\boldsymbol{r}$ 中点的连线与空间直角坐标系水平面构成角 $\theta(\boldsymbol{r})$，该连线在水平面上的投影与 x 轴构成角 $\phi(\boldsymbol{r})$。$\theta\in[0,\pi],\phi\in[0,2\pi]$。$Y_l^m[\theta(\boldsymbol{r})\phi(\boldsymbol{r})]$在球面上是有零点的，并且连成零点线。这些零点线的分布就用上标或下标 l 和 m（整数，且 $l>0$，$|m|\leqslant l$）表征。如图 A6.16 所示，球面被 $l-|m|$ 条平行纬度的零点线等分，又被 $|m|$ 条平行经度的零点线等分。

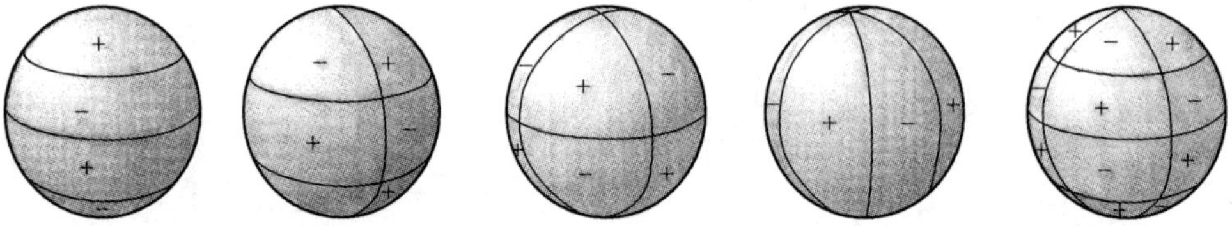

图 A6.16　$Y_l^m[\theta(\boldsymbol{r})\phi(\boldsymbol{r})]$在球面上的零点线

$Y_l^m[\theta(\boldsymbol{r})\phi(\boldsymbol{r})]$有系于 Laplace 方程的解 $f(r,\theta,\phi)=r^l\Theta(\theta)\Phi(\phi)$。此场合下的 Laplace 方程可写作：

$$\frac{\Phi(\phi)}{\sin\theta}\frac{\mathrm{d}}{\mathrm{d}\theta}\left(\sin\theta\frac{\mathrm{d}\Theta}{\mathrm{d}\theta}\right)+\frac{\Theta(\theta)}{\sin^2\theta}\frac{\mathrm{d}^2\Phi}{\mathrm{d}\phi^2}+l(l+1)\Theta(\theta)\Phi(\phi)=0 \quad (A6.1.1)$$

从而得到：

$$\Phi=\mathbb{C}_1\exp(-\mathrm{i}m\phi)+\mathbb{C}_2\exp(\mathrm{i}m\phi) \qquad (\mathbb{C}_1,\mathbb{C}_2\text{ 为常数})$$

$$\Theta=P_l^m(\cos\theta)$$

$$Y_l^m[\theta(\boldsymbol{r})\phi(\boldsymbol{r})] = \sqrt{\frac{2l+1}{4\pi}\frac{(l-m)!}{(l+m)!}}P_l^m(\cos\theta)\exp(\mathrm{i}m\phi) \qquad (A6.1.2)$$

$P_l^m(\cos\theta)$ 是相关的 Legendre 函数。$P_l(\cos\theta)$ 表示 Legendre 多项式：

$$P_l(\cos\theta) = \frac{1}{2^l \cdot l!}\frac{\mathrm{d}^l}{\mathrm{d}\cos^l\theta}[(\cos^2\theta - 1)^l] \qquad (A6.1.3)$$

其数据可用 Numerical Recipes 等推出的专门程序计算。若 $m>0$，则：

$$\begin{aligned} P_l^m(\cos\theta) &= (-1)^m \sin^m\theta \frac{\mathrm{d}^m}{\mathrm{d}\cos^m\theta}P_l(\cos\theta) \\ P_l^{-m}(\cos\theta) &= (-1)^m \frac{(l-m)!}{(l+m)!}P_l^m(\cos\theta) \end{aligned} \qquad (A6.1.4)$$

Steinhardt 等定义的键取向序（bond orientation order）$Q_{lm}(\boldsymbol{r})$ 为：

$$Q_{lm}(\boldsymbol{r}) \equiv Y_{lm}[\theta(\boldsymbol{r})\phi(\boldsymbol{r})] \qquad (A6.1.5)$$

它应理解为最近邻粒子的取向分布或者说按立体角的分布规律。此 $Y_{lm}[\theta(\boldsymbol{r})\phi(\boldsymbol{r})]$是 $Y_l^m[\theta(\boldsymbol{r})\phi(\boldsymbol{r})]$在实数域中的形式。

$$\begin{aligned} Y_{lm} &= Y_l^0 & m &= 0 \\ Y_{lm} &= \frac{1}{\sqrt{2}}[Y_l^m + (-1)^m Y_l^{-m}] & m &> 0 \\ Y_{lm} &= \frac{1}{\mathrm{i}\sqrt{2}}[Y_l^{-m} - (-1)^m Y_l^m] & m &< 0 \end{aligned} \qquad (A6.1.6)$$

实际上，$Y_l^m[\theta(\boldsymbol{r})\phi(\boldsymbol{r})]$有表可查。例如 $l=0$、4 和 6 时的 $Y_l^m(\theta,\phi)$为：

$$Y_0^0(\theta,\phi) = \frac{1}{2}\sqrt{\frac{1}{\pi}}$$

$$Y_4^{-4}(\theta,\phi) = \frac{3}{16}\sqrt{\frac{35}{2\pi}}\exp(-4\mathrm{i}\phi)\sin^4\theta$$

$$Y_4^{-3}(\theta,\phi) = \frac{3}{8}\sqrt{\frac{35}{\pi}}\exp(-3\mathrm{i}\phi)\sin^3\theta\cos\theta$$

$$Y_4^{-2}(\theta,\phi) = \frac{3}{8}\sqrt{\frac{5}{2\pi}}\exp(-2\mathrm{i}\phi)\sin^2\theta(7\cos^2\theta - 1)$$

$$Y_4^{-1}(\theta,\phi) = \frac{3}{8}\sqrt{\frac{5}{\pi}}\exp(-\mathrm{i}\phi)\sin\theta(7\cos^3\theta - 3\cos\theta)$$

$$Y_4^0(\theta,\phi) = \frac{3}{16}\sqrt{\frac{1}{\pi}}(35\cos^4\theta - 30\cos^2\theta + 3)$$

$$Y_4^1(\theta,\phi) = \frac{-3}{8}\sqrt{\frac{5}{\pi}}\exp(\mathrm{i}\phi)\sin\theta(7\cos^3\theta - 3\cos\theta)$$

$$Y_4^2(\theta,\phi) = \frac{3}{8}\sqrt{\frac{5}{2\pi}}\exp(2i\phi)\sin^2\theta(7\cos^2\theta - 1)$$

$$Y_4^3(\theta,\phi) = \frac{-3}{8}\sqrt{\frac{35}{\pi}}\exp(3i\phi)\sin^3\theta\cos\theta$$

$$Y_4^4(\theta,\phi) = \frac{3}{16}\sqrt{\frac{35}{2\pi}}\exp(4i\phi)\sin^4\theta$$

$$Y_6^{-6}(\theta,\phi) = \frac{1}{64}\sqrt{\frac{3003}{\pi}}\exp(-6i\phi)\sin^6\theta$$

$$Y_6^{-5}(\theta,\phi) = \frac{3}{32}\sqrt{\frac{1001}{\pi}}\exp(-5i\phi)\sin^5\theta\cos\theta$$

$$Y_6^{-4}(\theta,\phi) = \frac{3}{32}\sqrt{\frac{91}{2\pi}}\exp(-4i\phi)\sin^4\theta(11\cos^2\theta - 1)$$

$$Y_6^{-3}(\theta,\phi) = \frac{1}{32}\sqrt{\frac{1365}{\pi}}\exp(-3i\phi)\sin^3\theta(11\cos^3\theta - 3\cos\theta)$$

$$Y_6^{-2}(\theta,\phi) = \frac{1}{64}\sqrt{\frac{1365}{\pi}}\exp(-2i\phi)\sin^2\theta(33\cos^4\theta - 18\cos^2\theta + 1)$$

$$Y_6^{-1}(\theta,\phi) = \frac{1}{16}\sqrt{\frac{273}{2\pi}}\exp(-i\phi)\sin\theta(33\cos^5\theta - 30\cos^3\theta + 5\cos\theta)$$

$$Y_6^{0}(\theta,\phi) = \frac{1}{32}\sqrt{\frac{13}{\pi}}(231\cos^6\theta - 315\cos^4\theta + 105\cos^2\theta - 5)$$

$$Y_6^{1}(\theta,\phi) = \frac{-1}{16}\sqrt{\frac{273}{2\pi}}\exp(i\phi)\sin\theta(33\cos^5\theta - 30\cos^3\theta + 5\cos\theta)$$

$$Y_6^{2}(\theta,\phi) = \frac{1}{64}\sqrt{\frac{1365}{\pi}}\exp(2i\phi)\sin^2\theta(33\cos^4\theta - 18\cos^2\theta + 1)$$

$$Y_6^{3}(\theta,\phi) = \frac{-1}{32}\sqrt{\frac{1365}{\pi}}\exp(3i\phi)\sin^3\theta(11\cos^3\theta - 3\cos\theta)$$

$$Y_6^{4}(\theta,\phi) = \frac{3}{32}\sqrt{\frac{91}{2\pi}}\exp(4i\phi)\sin^4\theta(11\cos^2\theta - 1)$$

$$Y_6^{5}(\theta,\phi) = \frac{-3}{32}\sqrt{\frac{1001}{\pi}}\exp(5i\phi)\sin^5\theta\cos\theta$$

$$Y_6^{6}(\theta,\phi) = \frac{1}{64}\sqrt{\frac{3003}{\pi}}\exp(6i\phi)\sin^6\theta$$

若粒子 a 共有 i 个最近邻，Steinhardt 等令其取向分布的平均为：

$$\langle Q_{lm}(\boldsymbol{r})\rangle = \frac{1}{i}\sum_{1}^{i} Y_{lm}[\theta(\boldsymbol{r})\phi(\boldsymbol{r})] \tag{A6.1.7}$$

并且只考察 l 为偶数的 $Y_{lm}[\theta(\boldsymbol{r})\phi(\boldsymbol{r})]$。$\langle Q_{lm}(\boldsymbol{r})\rangle$ 也可用于判断粒子 a 的中程有序度和长程有序度。根据 Chen 等建议的 Q_{lm} 相关函数随距离的变化可采用判据：

$$q_l(r_{an}) = \frac{1}{2l+1}\frac{\langle Q_{lm}(r_{an})Q_{lm}(r_{a1})\rangle}{\langle Q_{00}(r_{an})Q_{00}(r_{a1})\rangle} \tag{A6.1.8}$$

r_{an} 可按第 n 配位圈的半径取值，例如，$r_{a2}=1.5r_2$。r_2 是 RDF 次峰的峰位。当 $q_l(r_{an})$ 随 n 增大时说明有序区的延伸。

Steinhardt 等又定义取向分布参数为：

$$Q_l \equiv \sqrt{\frac{4\pi}{2l+1}\sum_{m=-l}^{l}|\langle Q_{lm}(\boldsymbol{r})\rangle|^2} \qquad m=-l,-l+1,\cdots,0,\cdots,l \tag{A6.1.9}$$

它是二次旋转不变量。

Steinhardt 等指出，各向同性液体的 $\langle Q_{l>0,m}(\boldsymbol{r})\rangle$ 全都为零。fcc、hcp、bcc 和 sc（简单立方）的 $\langle Q_{lm}(\boldsymbol{r})\rangle$，除 $\langle Q_{00}(\boldsymbol{r})\rangle$ 之外，只有 $l=4$、6、8、10 时才不为零。而 i 相只有 $\langle Q_{6m}(\boldsymbol{r})\rangle$ 和 $\langle Q_{10,m}(\boldsymbol{r})\rangle$ 不为零。图 A6.17 是算出的 Q_l 值。

图 A6.17 的计算中 icosa、fcc、hcp 的最近邻按 12 计，bcc 的按 14 计，sc 的按 6 计。一个离子构型未知的样本可先按所含距粒子 a 不足 $1.2r_1$ 的全部粒子计算其 Q_4 等值，再和上图比较就可做出判断。

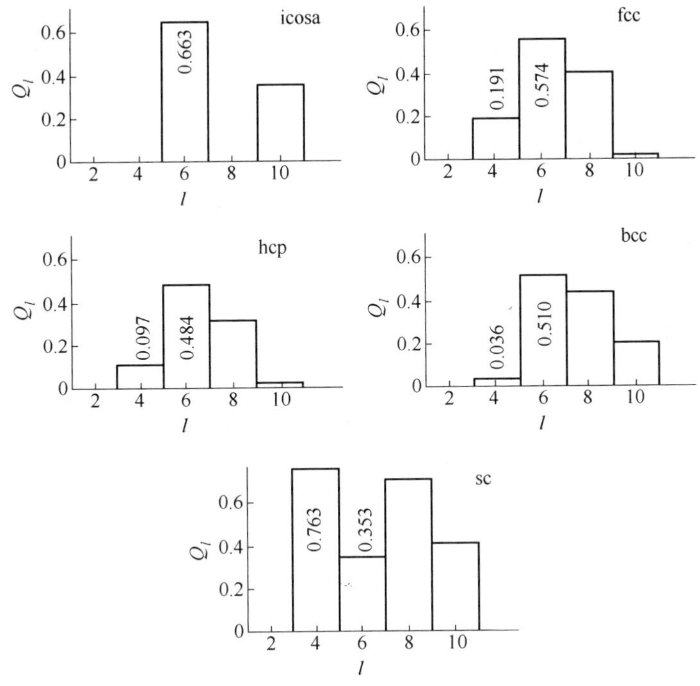

图 A6.17　icosa、fcc、hcp、bcc 和 sc 的 Q_l 值

若用 BOP 法标识局域中的构型，记为 $\breve{Q}_l$。$\breve{Q}_l \neq Q_l$。如局域中液体并非各向同性的，所以液体的 $\breve{Q}_6$ 峰值约在 0.4 处，见图 A6.18 所示 ten Wolde 等的研究结果。Jiang 等模拟 Pt（23328 个原子）所得的液体峰值也反映了该液态的非各向同性特征。

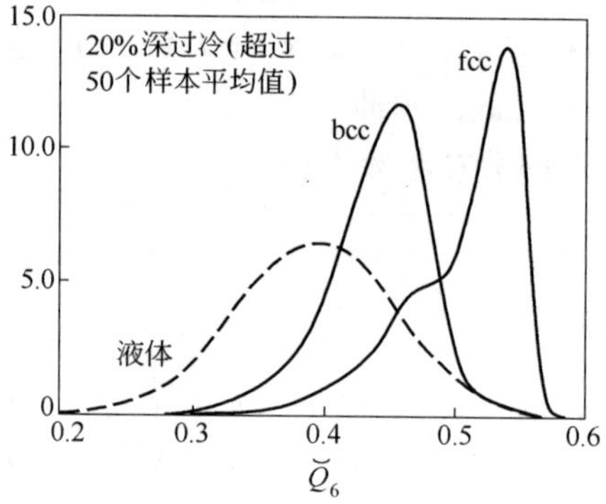

图 A6.18　局域中的液体并非各向同性

二次旋转不变量用于局域时可校核粒子 a 和 b 是否最近邻。ten Wolde 等以及 Wang 等定义的判据是 $\mathrm{Re}q_6 > 0.5$。

$$q_6 = \sum_{m=-6}^{6} \frac{\breve{Q}_{6m}(\mathrm{a})}{\left(\sum_{m=-6}^{6} |\breve{Q}_{6m}(\mathrm{a})|^2\right)^{1/2}} \frac{(-1)^m \breve{Q}_{6,-m}(\mathrm{b})}{\left(\sum_{m=-6}^{6} |\breve{Q}_{6,-m}(\mathrm{b})|^2\right)^{1/2}}$$

$$\breve{Q}_{6m}(\boldsymbol{\kappa}) = \frac{1}{i(\boldsymbol{\kappa})} \sum_{j=1}^{i(\boldsymbol{\kappa})} Y_{6m}(\boldsymbol{r}_{\kappa j}) \qquad \boldsymbol{\kappa} = \mathrm{a,b} \tag{A6.1.10}$$

除了二次旋转不变量之外，Steinhardt 等还应用了三次旋转不变量 W_l，Terrones 等更讨论了四次旋转不变量。

$$W_l = \sum_{\substack{m_1, m_2, m_3 \\ m_1+m_2+m_3=0}} \begin{pmatrix} l & l & l \\ m_1 & m_2 & m_3 \end{pmatrix} \langle Q_{lm_1} \rangle \langle Q_{lm_2} \rangle \langle Q_{lm_3} \rangle \tag{A6.1.11}$$

$\begin{pmatrix} l & l & l \\ m_1 & m_2 & m_3 \end{pmatrix}$是某个数值，称为 Wigner 3$j$ 符号。将 l 和 m 的四个数代入 Anthony Stone 的 RRF 程序就能得到该符号之值。

现在的问题是 m_1，m_2，m_3 三个值该怎么取。Steinhardt 等指出，fcc、bcc 相中只有 Y_{40}、Y_{44}、$Y_{4,-4}$不等于零，i 相中只有 Y_{60}、Y_{65}、$Y_{6,-5}$不等于零。可能这是由于 fcc、bcc 相中有四重对称轴，i 相中有五重对称轴。所以，fcc、bcc 相中取 $m_1=0$，$m_2=4$，$m_3=-4$。i 相中取 $m_1=0$，$m_2=5$，$m_3=-5$。

再进一步，定义归一化的三次旋转不变量 $\widehat{W}_l$：

$$\widehat{W}_l = \frac{W_l}{\left[\sum_{m=-l}^{l} |\langle Q_{lm}\rangle|^2\right]^{3/2}} \tag{A6.1.12}$$

Q_l 的值会随最近邻的定义不同而变。为了解决这个问题 Terrones 等引用了 Spencer 的标准程序，该程序可给出样本中粒子间的距离。归一化的三次旋转不变量 $\widehat{W}_l$ 的优点在于最近邻的取法对它没有太明显的影响。表 A6.2 是算出的 $\widehat{W}_l$ 值。

表 A6.2 $\widehat{W}_l$ 值

结 构	$\widehat{W}_4$	$\widehat{W}_6$	$\widehat{W}_8$	$\widehat{W}_{10}$
icosa		−0.170		−0.093
fcc	−0.159	−0.013	0.058	−0.090
hcp	0.134	−0.012	0.051	−0.079
bcc	0.159	0.013	−0.058	−0.090

Nose 等引入 VP 方法，用 Q_6^{V} 代替 Steinhardt 等的 Q_6 以求更恰当地抑制最近邻变化的影响。首先，按 VP 方法确定某粒子 a 的最近邻，算出样本或局域中所有 Voronoi 多面体内各离子的 Q_6。然后，用包含该离子的多面体面积总和除之以得归一化值。Q_6^{V} 就是归一化后的均值。也可用这种方法，以 $\widehat{W}_6^{\mathrm{V}}$ 取代 $\widehat{W}_6$。

若研究的是 Si 等有序的液体，需要另一种 BOP 法，见 Beaucage 等的论文。

附录 6.2 Wigner 3*j* symbol[44]

Wigner 3*j* 符号的计算公式如下：

$$\begin{pmatrix} l_1 & l_2 & l_3 \\ m_1 & m_2 & m_3 \end{pmatrix} = (-1)^{l_1-l_2-m_3}\sqrt{\Delta l_1 l_2 l_3}\,\underset{\smile}{H}\sum_{\underset{\smile}{t}}\frac{(-1)^{\underset{\smile}{t}}}{\underset{\smile}{g}}$$

$$\sqrt{\Delta l_1 l_2 l_3} = \sqrt{\frac{(l_1+l_2-l_3)!(l_2+l_3-l_1)!(l_3+l_1-l_2)!}{(l_1+l_2+l_3+1)!}}$$

$$\underset{\smile}{H} = \sqrt{(l_1+m_1)!(l_1-m_1)!(l_2+m_2)!(l_2-m_2)!(l_3+m_3)!(l_3-m_3)!}$$

$$\underset{\smile}{g} = \underset{\smile}{t}!x_a!x_b!x_c!x_d!x_e!$$

$$x_a = (l_3 - l_1 + \underset{\smile}{t} + m_1)$$

$$x_b = (l_3 - l_2 + \underset{\smile}{t} - m_2)$$

$$x_c = (l_1 + l_2 - l_3 - \underset{\smile}{t})$$

$$x_d = (l_1 - \underset{\smile}{t} - m_1)$$

$$x_e=(l_2-\underset{\smile}{t}+m_2)$$

$\underset{\smile}{t}$ 该取哪些值？有两个约定：

（1）x_a、x_b、x_c、x_d、x_e 全都大于或等于零；

（2）若（$l_1\pm m_1$）、（$l_2\pm m_2$）、（$l_3\pm m_3$）、（$l_1+l_2-l_3$）、（$l_2+l_3-l_1$）、（$l_3+l_1-l_2$）这九个数中最小的数是 $\underset{\smile}{s}$，则 $\underset{\smile}{t}$ 只能取（$\underset{\smile}{s}+1$）个值。

按上述公式计算$\begin{pmatrix}6&6&6\\0&4&-4\end{pmatrix}$和$\begin{pmatrix}6&6&6\\0&5&-5\end{pmatrix}$，得：

$$\begin{pmatrix}6&6&6\\0&4&-4\end{pmatrix}=(-1)^4\sqrt{\frac{6!6!6!}{19!}}\sqrt{6!6!10!2!2!10!}\,\breve{w}_4$$

$$\breve{w}_4=\sum_{\underset{\smile}{t}}\frac{(-1)^{\underset{\smile}{t}}}{\underset{\smile}{t}!\underset{\smile}{t}!(\underset{\smile}{t}-4)!(6-\underset{\smile}{t})!(6-\underset{\smile}{t})!(10-\underset{\smile}{t})!}\qquad \underset{\smile}{t}=4,5,6$$

$$\begin{pmatrix}6&6&6\\0&5&-5\end{pmatrix}=(-1)^4\sqrt{\frac{6!6!6!}{19!}}\sqrt{6!6!11!1!1!11!}\,\breve{w}_5$$

$$\breve{w}_5=\sum_{\underset{\smile}{t}}\frac{(-1)^{\underset{\smile}{t}}}{\underset{\smile}{t}!\underset{\smile}{t}!(\underset{\smile}{t}-5)!(6-\underset{\smile}{t})!(6-\underset{\smile}{t})!(11-\underset{\smile}{t})!}\qquad \underset{\smile}{t}=5,6$$

参 考 文 献

[1] Iqbal N, van Dijk N H, Offerman S E, Moret M P, Katgerman L, Kearley G J. Real - time observation of grain nucleation and growth during solidification of aluminum alloy [J]. Acta Materialia, 2005, 53: 2875 ~ 2880.

[2] Kelton F, Lee G W, Gangopadhyay A K, Hyers R W, Rathz T J, Rogers J R, Robinson M B, Robinson D S, From X - ray scattering studies on electrostatically levitated metallic liquid: Demonstrated influence of local icosahedral order on the nucleation barrier [J]. Phys. Rev. Lett. , 2003, 90 (19): 195504.

[3] Gao Y L, Zhuravlev E, Zou C D, Yang B, Zhai Q J, Schick C. Calorimetric mearurements of undercooling in single micron sized SnAgCu particles in a wide range of cooling rates [J]. Thermochem. Acta, 2009, 482: 1 ~ 7.

[4] Allen L H, Ramanath G, Lai S L, Ma Z, Lee S, Allman D D J, Fuchs K P. 1000000℃/s thin film electrical heater: In-situ resistivity measurements of Al and Ti/Si thin films during ultra rapid thermal annealing [J]. Appl. Phys. Lett. , 1991, 64 (4): 417 ~ 419.

[5] Efremov M Y, Olson E A, Zhang M, Schiettekatte F, Zhang Z H, Allen L H. Ultrasensitive, fast, thin film differential scanning calorimeter [J]. Rev. Sci. Instruments, 2004, 75: 179 ~ 191.

[6] 黄宏胜，林丽娟. FE - SE/CL/EBSD 分析技术简介 [J]. 工业材料，1992，201：99 ~ 108 (http: //www. materialsnet. com. tw)

[7] Kelton F, Lee G W, Gangopadhyay A K, Hyers R W, Rathz T J, Rogers J R, Robinson M B, Robinson D S. Local icosahedral ordering in undercooled metallic liquids and the nucleation barrier: Comformation of a half century old hypothesis, Washington Univ.

[8] Schenk T, Moritz D H, Simonet V, Bellissent R, Herlach D M. Icosahedral short range order in deeply undercooled metallic melts [J]. Phys. Rev. Lett., 2002, 89: 075507.

[9] Fishman I M. Steady state and transient nucleation of a new phase in a first order transition [J]. Sov. Phys. Usp. 1988, 31 (6): 561 ~ 576.

[10] Mondal K, Murty B S. Prediction of maximum homogeneous nucleation temperature for crystallization of metallic glasses [J]. J. Non. Cryst. Solids, 2006, 352: 5257 ~ 5264.

[11] ten Wolde P R, Ruiz – Montero M J, Frenkel D. Simulation of homogeneous crystal nucleation close to coexistence [J]. Faraday Discuss, 1996, 104: 93 ~ 110.

[12] Moroni D, ten Wolde P R, Bolhuis P G. Interplay between structure and size in critical nucleus [J]. Phys. Rev. Lett., 2005, 94: 235703.

[13] Busch R. The thermodynamical properties of bulk metallic glass forming liquids [J]. JOM, 2000, (7): 30 ~ 42.

[14] Trudu F, Donadio D, Parrinello M. Freezing of a Lennard Jones fluid: from nucleation to spinodal regime [J]. The Am. Phys. Soc., 2006: 103701.

[15] Zheng C X, Liu R S, Dong K J, Peng P, Liu H R, Xu Z Y, Lu X Y. Simulation study on the formation and transition properties of cluster structure in liquid metals during rapid cooling [J]. Sci. in China, 2002, A45 (2): 233 ~ 240.

[16] Liu J, Zhao J Z, Hu Z Q. Kinetic details of the nucleation in supercooled liquid metals [J]. Applied Phys. Lett., 2006, 89: 031903.

[17] Tanemura M, Hawatari Y, Matasuda H, Ogawa T, Ogita N, Ueda A. Geometrical analysis of crystalliozation of the soft core model [C]. Progress of Theoretical Phys., 1977, 58 (4): 1079 ~ 1095.

[18] Swope W, Anderson H C. 10^6 – particle molecular dynamics study of homogeneous nucleation of crystals in a supercooled atomic liquid [J]. Phys. Rev., 1990, B41 (10): 7042 ~ 7054.

[19] Lu Y J, Chen M, Yang H, Yu D Q. Nucleation of Fe – Ni alloy near the spinodal, Acta Materialia 2008, 56: 4022 ~ 4027.

[20] Mendez – Villuendas E, Saika – Voivod I, Bowles R K. Alimit of stability in supercooled liquid clusters [J]. J. Chem. Phys., 2007, 127: 154703.

[21] Wang H, Gould H, Klain W. Homogeneous and heterogeneous nucleation of Lennard – Jones liquid [J]. Phys. Rev., 2007, E76: 031604.

[22] Yang J X, Gould H, Klain W. Molecular dynamics investigation of deeply quenched liquids [J]. Phys. Rev. Lett., 1988, 60 (25): 2665 ~ 2668.

[23] 边秀房，王伟民，李辉，马家骥．金属熔体结构 [M]．上海：上海交通大学出版社，2003.

[24] Honeycutt J D, Andersen H C. Molecular dynamic study of melting and freezing of small Lennard –

Jones cluster [J]. J. Phys. Chem., 1987, 91: 4950 ~ 4963.

[25] Qi D W, Wang S. Icosahedral order and defects metallic liquid glasses [J]. Phys. Rev., 1991, B44: 884 ~ 887.

[26] 郑采星，刘让苏，董科军，卢小勇，彭平，刘海蓉，徐仲榆，谢泉. 非晶态金属 Al 中微团簇多面体结构及其演变规律的模拟研究 [J]，原子与分子物理学报，2002，19 (1): 59 ~ 64.

[27] Gil Montoro J C, Abascal J L F. The Voronoi polyhedra as tools for structure determination in simple disordered systems [J]. J. Phys. Chem. 1993, 97: 4211 ~ 4215.

[28] Okabe A, Boots B, Sugihara K, Chiu S N. Spatial Tessellations: Concept and Application of the Voronoi Diagrams, 2nd ed [M]. John Wiley & Sons, 2000.

[29] http://www.voronoi.com/

[30] Etzion M, Rappaport A. Computing Voronoi skeletons of a 3D polyhedron by space subdivision [J]. Computational Geometry, 2002, 21: 87 ~ 120.

[31] Brostow W. Voronoi polyhedra and Delaunay simplexes in the structural analysis of molecular dynamics simulated materials [J]. Phys. Rev., 1998, B57: 13448 ~ 13458.

[32] Brostow W, Dussault J P, Fox B L. Construction of Voronoi polyhedra [J]. J. Comp. Phys, 1978, 29: 81 ~ 92.

[33] Yu D Q, Chen M, Han X J. Structure analysis methods for crystalline solids and supercooled liquids [J]. Phys. Rev., 2003, E72: 051202.

[34] Collins R. Melting and statistical geometry of simple liquids. in Phase Transitions and Critical Phenomena, Vol. 2 [M]. ed. by Domb C, Green M S, NY: Academic, 1972.

[35] van Duijneveldt J S, Frenkel D. Computer simulation study of free energy barriers in crystal nucleation [J]. J. Chem. Phys., 1992, 96 (6): 4655 ~ 4668.

[36] Spherical harmonics——Wikipedia, the free encyclopedia.

[37] Associated Legendre function——Wikipedia, the free encyclopedia.

[38] Table of spherical harmonics——Wikipedia, the free encyclopedia.

[39] Steinhardt P J, Nelson D R, Ronchetti M. Bond orientational order in liquids and glasses [J]. Phys. Rev., 1983, B28: 784 ~ 805.

[40] Chen K Y, Li Q C. Local structure and bond orientation order of liquid metal Pb [J]. Chinese Phys. Lett., 1993, 10 (6): 365 ~ 368.

[41] Jiang M, Oikawa K, Liew C C, Ikeshoji T. Molecular dynamics simulation of nucleation process from supercooled liquid Pt with EAM potentials [J]. Mater. Trans., 2001, 42 (11): 2299 ~ 2306.

[42] Terrones H, Mackay A L. The characterisation of coordination polyhedra by invariants [J]. J. Mathe. Chem., 1994, 15: 157 ~ 181.

[43] Nose S, Yonezawa F. Isothermal - isobaric computer simulation of melting and crystallization of a Lennard - Jones system [J]. J. Chem. Phys., 1986, 84 (3): 1803 ~ 1814.

[44] Anthony Stone's Wigner coefficient calculator, Wigner 3 - j calculator.

7 金属凝固过程中自发形核的理论

7.1 浅过冷条件下的自发形核问题

7.1.1 传统形核理论的要点

浅过冷条件下自发形核的现象可用传统形核理论描述。该理论有两个要点：其一，形核作为一级相变必须有足够的驱动力才能发生。其二，新相的产生一定伴随着新的界面能，需要补偿。它们随温度的变化如图 7.1 所示。所以，这种一级相变的自由能变化可写作：

$$\Delta G = \frac{4}{3}\pi r^3 (G_l - G_s)_{\underline{V}=1} + 4\pi r^2 \sigma_{ls} \qquad (7.1.1)$$

$(G_l - G_s)_{\underline{V}=1}$表示单位体积中两相自由能之差，它是过冷度 $\Delta T = T_m - T$ 的函数。由$\frac{d}{dr}\Delta G = 0$ 得知：

$$r_c = 2\frac{\sigma_{ls}}{(G_l - G_s)_{\underline{V}=1}} \qquad (7.1.2)$$

这就是临界核心半径。

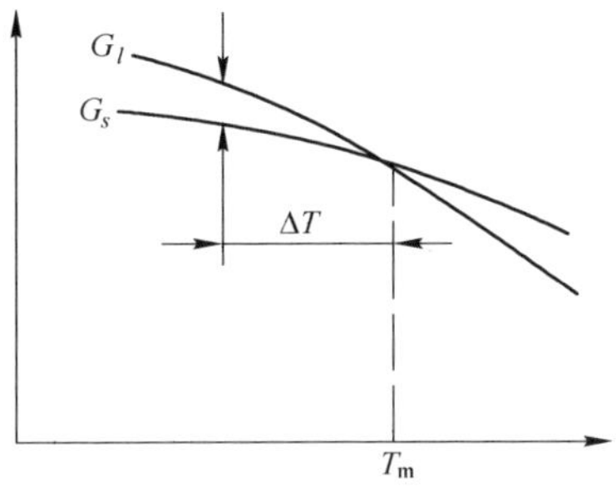

图 7.1 $(G_l - G_s)_{\underline{V}=1}$随温度的变化

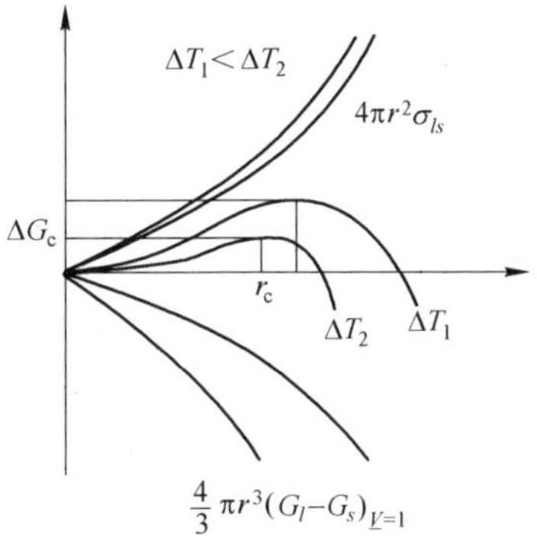

图 7.2 r_c 和 ΔG_c 随过冷度的变化

起补偿新生相界界面能作用的形核功，或形核能垒为：

$$\Delta G_c = \frac{16}{3}\pi \frac{\sigma_{ls}^3}{(G_l - G_s)^2_{\underline{V}=1}} = \frac{8}{3}\pi\sigma_{ls}r_c^2 \tag{7.1.3}$$

图 7.2 显示：当 ΔT 增大时，r_c 和 ΔG_c 都减小。

7.1.2　Vinet 等的工作[1,2]

Vinet 等引用浅过冷时 $(G_s - G_l)_{\underline{V}=1}$ 的近似式为：

$$(G_s - G_l)^2_{\underline{V}=1} = \widehat{T}^2(1 - \widehat{T}) \frac{(T_m\Delta S_m)^2}{\underline{V}^2_{\mathrm{mol}\,T_m}}$$

$$\widehat{T} = \frac{T_m - T}{T_m} \tag{7.1.4}$$

无因次的液 - 固界面张力定义为：

$$\widehat{\sigma}_{ls} = \frac{(N_A\underline{V}^2_{\mathrm{mol}})^{1/3}}{T_m\Delta S_m}\sigma_{ls} = \frac{(N_A\underline{V}^2_{\mathrm{mol}})^{1/3}}{L_m}\sigma_{ls} \tag{7.1.5}$$

$\widehat{\sigma}_{ls}$是过冷度的函数，因为温度降低则 $\underline{V}^2_{\mathrm{mol}}$减小。

上述传统形核理论中的 r_c 和$\frac{\widehat{\sigma}_{ls}}{\widehat{T}}$的关系是：

$$r_c = 2l_{\Delta T}\frac{\widehat{\sigma}_{ls}}{\widehat{T}}\left[\frac{(\underline{V}_{\mathrm{mol}})_{T_m}}{N_A}\right]^{1/3} \tag{7.1.6}$$

$l_{\Delta T}$是特征长度，表征过冷度变化的影响。

图 7.3 给出了 3d、4d、5d 金属的临界晶核尺度。相应的过冷度见表 7.1。图 7.4 是相应的无因次液 - 固界面张力及特征长度。

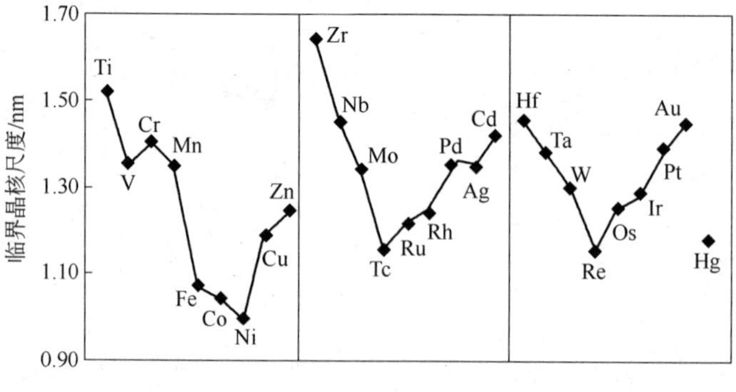

图 7.3　3d、4d、5d 金属的临界晶核尺度

表 7.1　相应于图 7.3 的过冷度

Ti	hcp	0.17	Zr	hcp	0.17	Hf	hcp	0.18
V	bcc	0.15	Nb	bcc	0.16	Ta	bcc	0.19
Cr	bcc	0.13	Mo	bcc	0.18	W	bcc	0.16
Mn	A12	0.19	Tc	hcp	0.24	Re	hcp	0.25
Fe	bcc	0.29	Ru	hcp	0.20	Os	hcp	0.20
Co	hcp	0.26	Rh	fcc	0.20	Ir	fcc	0.19
Ni	fcc	0.26	Pd	fcc	0.17	Pt	fcc	0.16
Cu	fcc	0.19	Ag	fcc	0.20	Au	fcc	0.16
Zn	hcp	0.19	Cd	hcp	0.18	Hg	A10	0.38

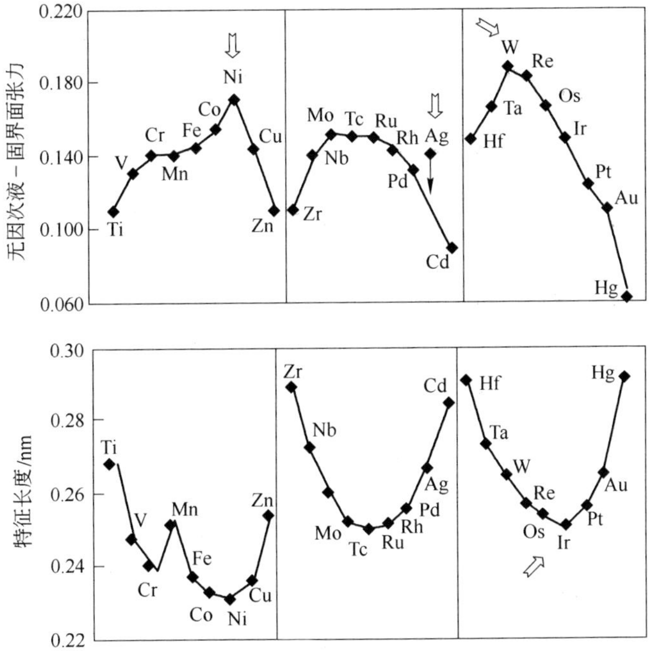

图 7.4　相应的无因次液－固界面张力及特征长度

Mondal 等介绍了 $(G_s - G_l)_{\underline{V}=1}$ 的多种模型，并且和 Vinet 等所得界面张力做了比较。

7.2　凝固过程自发形核的场论

场论是一种能包容浅过冷和深过冷凝固中自发形核的理论。自 Langer[3] 以来已有众多的学者致力于在统计物理基础上推进这一理论。虽说它还未充分成熟，但对人们认识深过冷凝固中的自发形核已有重要贡献。本节仅意在介绍有关的概念和主要结果。相应的数值解和 MD、MC 模拟等不在本书范围内。

7.2.1　Ising 模型/平均场理论/Landau 自由能[4~8]

众所周知，宏观物理量分为广延量和强度量两类，它们往往是成对的。每一对的乘积（如 $p\underline{V}$、TS、MH）都具有能量的量纲，所以成共轭关系。体系发生相变就是因为相应的强度量变动。

相变广泛可见，即便都属于一级相变也是多种多样的。它们属于不同领域，但却都可用 Ising 模型描述，说明它们有共性。

Ising 模型是统计力学中的一个数学模型，用以模拟各种由“偶”之间的相互作用所导致的多体集约效应。铁磁体的 Ising 模型定义每个格点上只有一个自旋 s_i，无外磁场时其取向或上或下。设两个互为最近邻的自旋（偶）间的相互作用为 J_{ij}^*，则铁磁体的 Hamiltonian 是：

$$\hat{H} = E_{0*} - \sum_{i,j} J_{ij}^* s_i s_j \tag{7.2.1}$$

自旋取向的互换不致改变铁磁体的能量，所以 Ising 模型是完全对称的。但在外磁场 H 中：

$$\hat{H} = E_{0*} - \frac{1}{2}\sum_{\langle ij\rangle} J_{ij}^* s_i s_j - \sum_i H s_i \tag{7.2.2}$$

因此该对称性破缺了。按 Ising 模型，纯金属凝固过程的 Hamiltonian 是：

$$\hat{H} = E_0 - \frac{1}{2}\sum_{\langle ij\rangle} J_{ij}\rho_i\rho_j - \sum_i \mu_{\text{eff}}\rho_i \tag{7.2.3}$$

J_{ij}也是偶之间的相互作用，μ_{eff}是有效化学位或过饱和度。在 Ising 模型中 H 与 μ_{eff}是同义的符号。二元合金中：

$$\begin{aligned}
\hat{H} &= E_0 - \frac{1}{2}\sum_{\langle ij\rangle} J_{ij}c_i c_j - \sum_i \mu_{\text{eff}}c_i \\
E_0 &= \frac{n\breve{Z}}{4}(\varepsilon_{\text{aa}} + \varepsilon_{\text{bb}} + \varepsilon_{\text{ab}}) \\
J_{ij} &= -\frac{1}{4}(\varepsilon_{\text{aa}} + \varepsilon_{\text{bb}} - \varepsilon_{\text{ab}}) \\
\mu_{\text{eff}} &= \mu + \frac{\breve{Z}}{2}(\varepsilon_{\text{bb}} - \varepsilon_{\text{aa}})
\end{aligned} \tag{7.2.4}$$

$\breve{Z}$ 表示配位数，ε 表示两原子间的相互作用能。

上述的 s_i、ρ_i（或 $\Delta\rho_i$）、c_i（或 Δc_i）全都是序参量 $\breve{q}$ 的一种。事实上，各种广延量都可当作序参量。许多相变都可概括为由无序到有序的变化，或低序到高序的变化。序参量正是有序变化的表达方法，局域内有序度的变化用 $\breve{q}(r)$ 表示。

图 7.5 表明纯金属凝固时密度的突变，这是一级相变中序参量突变的一例。图中，T_c 是临界温度；下标 os 表示亚稳的过热态，ul 表示亚稳的过冷态。序参量的应用明确地把一个体系变成为一个"场"。形核问题首先着眼于局域内有序度的变化，这就是序参量的重要意义。

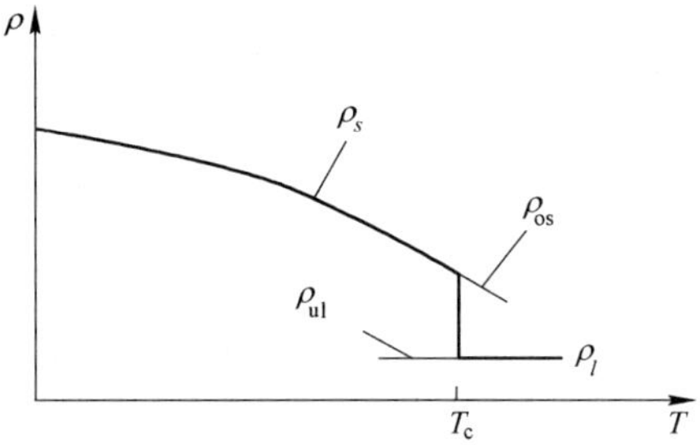

图 7.5 纯金属凝固时密度的突变

Ising 模型定义的 Hamiltonian 只考虑了两个最近邻之间的相互作用，也就是"力"仅在短距离内有效。如果每个自旋和该体系中所有其他的自旋都有相互作用，或者说"力"是长程有效的，那就进入平均场理论（MFT，mean field theory）的框架。还有一个等价的说法：高维（$d>4$）空间中的 Ising 模型属于平均场的问题。当一个自旋与大量其他的自旋有相互作用时，它所受到的作用可用一个平均（值）场来表征，后者是 $s_\uparrow$ 的均值和 $s_\downarrow$ 均值之差。也就是说在该场合下，序参量只有不大的起伏。所以，平均（值）场等同于一种有效相互作用，MFT 把一个多体问题简化为单体问题。如果考虑起伏的作用，这就是场论的课题。在场论中，Hamiltonian 可按序参量的起伏展开成一个幂级数，MFT 就是场论中的零级展开。

按 Ising 模型如果将每一个自旋都翻转一次，即令 $s_\uparrow \rightleftharpoons s_\downarrow$ 时 Hamiltonian 不变。所以 Landau 在临界点近傍将自由能展成一个泛函，或一个只有序参量 $\breve{q}$ 偶次项的幂级数：

$$F = F[\breve{q}(\boldsymbol{r})] = \mathbb{C}_2\breve{q}^2 + \mathbb{C}_4\breve{q}^4 + H\breve{q} \tag{7.2.5}$$

$\mathbb{C}_2$ 等是系数。Landau 自由能允许将起伏引入上式中，在四维以上的空间内它是精确的。

有起伏时，铁磁体内各点的自旋之间关联越强，则相关函数$\langle s(\boldsymbol{r})s(0)\rangle$或：

$$s_*(\boldsymbol{r}) = \langle s(\boldsymbol{r})s(0)\rangle - \langle s(\boldsymbol{r})\rangle\langle s(0)\rangle \tag{7.2.6}$$

越大。在三维空间：

$$s_*(\boldsymbol{r}) \propto \frac{1}{r}\exp\left(-\frac{r}{\breve{\zeta}}\right) \tag{7.2.7}$$

$\breve{\zeta}$ 称作相关长度。

事实上,常常在 Landau 自由能式中还要引入粗晶粒化的概念。所谓粗晶粒化就是 $\breve{q}(\boldsymbol{r})$不再属于一个格点,而是一个粗晶粒的平均性质：

$$\breve{q}(\boldsymbol{r}) = l_{cg}^{-d}\sum_{i\in l_{cg}} s_i \tag{7.2.8}$$

$\boldsymbol{r}$ 是该粗晶粒中心的位置。在 d 维空间内该粗晶粒(含 n 个自旋)的边长为：

$$l_{cg} = n^{1/d} a_0 \tag{7.2.9}$$

引入粗晶粒化是为了将体系转换成连续介质,因此要求:

$$l_c \gg l_{cg} \gg a_0 \tag{7.2.10}$$

l_c 是临界晶核尺度。

7.2.2 亚稳态的场论[9~20]

亚稳态从临界晶核出现(新相萌发)和逐渐长大直到母相消失为止。临界晶核源于体系内有限幅度的局域起伏,所以亚稳态处于局域自由能最小,它并非热力学平衡。

7.2.2.1 临界晶核的平衡性质

设一个体系处于临界温度以下,其中的 Ising 自旋全为 $s_\uparrow$。当外场 H 突然变为弱的负值时,该体系就进入浅过饱和,亚稳态也就开始了。此时体系的背景是 $s_\uparrow$,其中分散着由 $s_\downarrow$ 组成的小起伏(小簇),它们之间相距甚远以致相互作用可忽略。尺度为 l^* 的小簇其数量(整个体积内的均值)是:

$$n_{l^*} = \mathbb{C}\exp(-\beta\varepsilon_{l^*}) \tag{7.2.11}$$

$\mathbb{C}$ 表示归一化系数, ε_{l^*} 表示该小簇的生成自由能:

$$\varepsilon_{l^*} = 2Hl^* + \sigma[l^*]^{(d-1)/d} \tag{7.2.12}$$

$2Hl^*$ 是体积项,$\sigma[l^*]^{(d-1)/d}$ 是表面项。图 7.6 说明外场 H 变化时 ε_{l^*} 的变化规律。

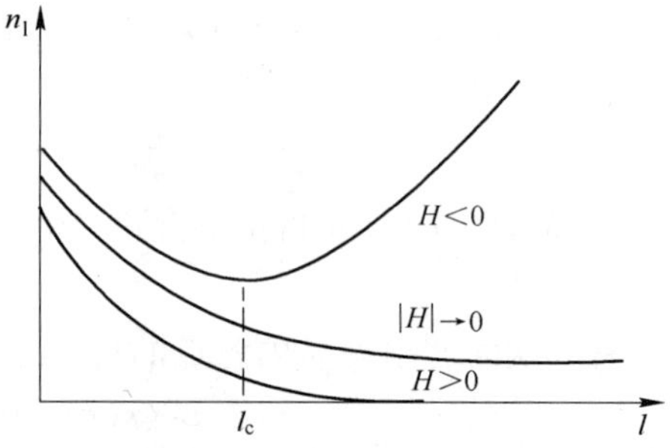

图 7.6　外场 H 变化时 ε_{l^*} 的变化规律

临界晶核生成的条件是 $l^* = l_c$,其生成能耗是 $\Delta\varepsilon_c$:

$$l_c = \left[\frac{\sigma(d-1)}{2d|H|}\right]^d \tag{7.2.13}$$

$$\Delta\varepsilon_c = \frac{\sigma^d(d-1)^{d-1}}{(2|H|)^{d-1}d^d} \tag{7.2.14}$$

亚稳态的寿命为:

$$\tau_{meta} \propto \exp(\beta \cdot \Delta\varepsilon_c) \tag{7.2.15}$$

7.2.2.2 场论中浅过饱和条件下的稳定形核速率

n_{l^*} 随时间的变化取决于尺度为 l^* 的小簇生长为 l^*+1 小簇的速率和尺度为 l^*+1 的小簇衰变为 l^* 小簇的速率之差。该变化可用 Fokker/Planck 方程说明:

$$\frac{\partial n_{l^*}(t)}{\partial t} = \underset{\sim}{I}_{l^*} n_{l^*}(t) - \{\underset{\sim}{I}_{l^*}\exp[-\beta(\varepsilon_{l^*} - \varepsilon_{l^*+1})]\} n_{l^*+1}(t)$$

$$= \frac{\partial}{\partial l^*}\left\{ \underset{\sim}{I}_{l^*}\left[\frac{\partial n_{l^*}(t)}{\partial l^*} + \beta n_{l^*}(t)\frac{\partial \varepsilon}{\partial l^*} \right] \right\} \tag{7.2.16}$$

$\underset{\sim}{I}_{l^*}(\propto [l^*]^{(d-1)/d})$表示小簇尺度由 l^* 连续长大的速率常数。第6章在讨论传统形核理论时曾提及 Becker－Döring 的稳态形核（steady state nucleation）速率的概念，在场论中，浅过饱和下该速率是：

$$I_{ssn} = \underset{\sim}{I}_{l^*}\left[\frac{\partial n_{l^*}(t)}{\partial l^*} + \beta n_{l^*}(t)\frac{\partial \varepsilon}{\partial l^*} \right]$$

$$= I_{ssn,0}\exp\left[\frac{\beta\sigma^d (d-1)^{d-1}}{(2|H|)^{d-1} d^d} \right] \tag{7.2.17a}$$

$$I_{ssn,0} = \mathbb{C} l_c^{(d-1)/d} \sqrt{\beta \left| \frac{(2|H|)^{d+1} d^{d-1}}{2\sigma^d (d-1)^{d-1}} \right|} \tag{7.2.17b}$$

7.2.2.3 亚稳态的表观自由能

引入粗晶粒化后亚稳态的表观自由能是 Ginzburg/Landau 推出的。它由各粗晶粒和外场的相互作用、各粗晶粒间的相互作用以及亚稳态的熵三项组成。即：

$$\begin{aligned} F[\breve{q}(x)] &= -H\int \breve{q}(x)\mathrm{d}x + \frac{1}{2}\iint V_{xy}^{ab}\mathrm{d}x\mathrm{d}y + \frac{1}{2\beta}\int S(x)\mathrm{d}x \\ V_{xy}^{ab} &= V_{ab}(|x-y|)\breve{q}(x)\breve{q}(y) \\ S &= 1+\breve{q}(x)\ln[1+\breve{q}(x)] + 1 - \breve{q}(x)\ln[1-\breve{q}(x)] \end{aligned} \tag{7.2.18}$$

假设 $\breve{q}(x)$ 变化缓慢，且各粗晶粒彼此离开不远时它们之间的相互作用 $V_{ab}(|x-y|)$ 大体相同。则 G/L 的表观自由能可写作：

$$\begin{aligned} F[\breve{q}(x)] &= \int\left\{ \frac{V_*^2}{2\beta_c}[\nabla\breve{q}(x)]^2 + \frac{\tilde{T}}{2}\breve{q}^2(x) + \frac{1}{12}\breve{q}^4(x) - H\breve{q}(x) \right\}\mathrm{d}x \\ V_*^2 &= \beta_c\int x^2 V_{ab}(x)\mathrm{d}x \\ \tilde{T} &= \frac{1}{\beta} - \frac{1}{\beta_c} = \frac{1}{\beta}\left(\frac{T-T_c}{T}\right) \end{aligned} \tag{7.2.19}$$

β_c 是 $T=T_c$ 时的 β。在平均场近似下 $\nabla\breve{q}(x)=0$：

$$f(\breve{q}) = \frac{F[\breve{q}]}{\underline{V}} = \frac{\tilde{T}}{2}\breve{q}^2 + \frac{1}{12}\breve{q}^4 - H\breve{q} \tag{7.2.20}$$

$\tilde{T}>0(T>T_c)$，$H=0$ 时 $f(\breve{q})$ 曲线有一个最小点。

在 $H=0$ 条件下，若 $T\to T_c$ 则 $f(\breve{q})\to\breve{q}^4/12$，这就是临界点的自由能。如果 $T<T_c(\tilde{T}<0)$ 而 $H=0$，$f(\breve{q})$ 曲线有一个峰、两个深浅不同的谷。峰顶表征非

稳态，较浅的谷相应于亚稳态，而较深的谷相应于平衡态。单位体积内 *G/L* 表观自由能曲线随过冷度的变化如图 7.7 所示。

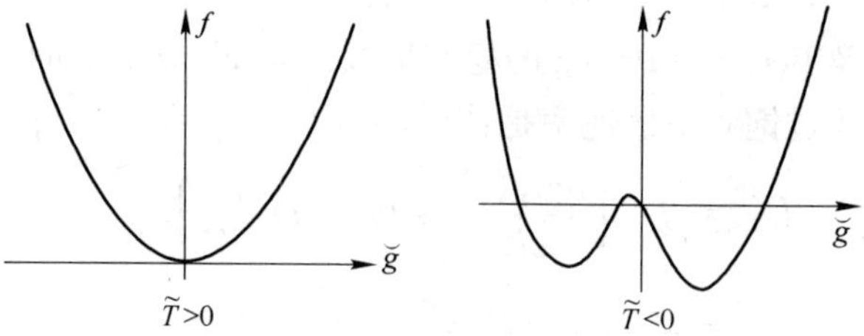

图 7.7　$H=0$ 条件下，单位体积内 *G/L* 表观自由能曲线随过冷度的变化

7.2.2.4　Ising 模型中自由能随外场的变化

Ising 模型中的单位体积自由能可写成：

$$f(H) = \sum_{l^*=1}^{\infty} \exp[-\beta(2Hl^* + \sigma[l^*]^{(d-1)/d})] \tag{7.2.21}$$

此式在 $H=0$ 处有一个奇异点，所以只能采取逼近的方法进行研究。这就是将 $f(H)$ 作为一个复数处理。令：

$$l^* = \frac{\sigma^3 \breve{\mu}^3}{8H^3} \tag{7.2.22a}$$

则：

$$f(H) = \frac{3\sigma^3}{8H^3}\int_0^{\infty} \breve{\mu}^2 \exp\left[-\frac{\beta\sigma^3}{4H^2}(\breve{\mu}^3 + \breve{\mu}^2)\right] \mathrm{d}\breve{\mu} \tag{7.2.22b}$$

在 $H \to -H(=He^{i\pi})$ 区内此式是有效的，$\breve{\mu}=0$ 和 $\breve{\mu}=-2/3$ 时有实数解。因此，在三维条件下：

$$f(H) = f_{meta}(H) \pm i\Delta(H)$$

$$f_{meta}(H) = \frac{3\sigma^3}{8H^3}\int_0^{-2/3} \breve{\mu}^2 \exp\left[-\frac{\beta\sigma^3}{4H^2}(\breve{\mu}^3 + \breve{\mu}^2)\right] \mathrm{d}\breve{u} \tag{7.2.23}$$

$$i\Delta(H) = f(He^{i\pi}) - f(He^{-i\pi}) = -\frac{1}{2} \cdot \frac{i\sigma^{3/2}\sqrt{\pi}}{3\sqrt{\beta}H^2} \exp\left(-\frac{\beta\sigma^3}{27H^2}\right)$$

$f_{meta}(H)$ 是亚稳态的自由能；而 $i\Delta(H)$ 与形核速率成正比，特别是式中的指数完全和 Becker - Döring 理论，式（7.2.17）一致。

7.2.2.5　场论中临界晶核的剖面

A　剖面上的序参量

若：$\phi = \frac{\breve{q}}{\sqrt{\beta_c}}$、$r = \frac{x}{V_*}$、$\beta_1 = \frac{1}{2}\beta_c \tilde{T}$、$\beta_2 = \frac{1}{12}\beta_c^2$。则 Ginzburg/Landau/Wilson (GLW) 认为：

$$F[\phi(r)] = \int[-\nabla^2\phi(r) + 2\beta_1\phi(r) + 4\beta_2\phi^3(r) - H\sqrt{\beta_c}]\mathrm{d}r \qquad (7.2.24)$$

$H\sqrt{\beta_c}=0$ 且 $\beta_1<0$ 时，临界晶核的剖面上序参量 $\phi_c(r)$ 是下式的解：

$$\begin{aligned}&-\frac{\mathrm{d}^2\phi(r)}{\mathrm{d}r^2} - 2|\beta_1|\phi(r) + 4\beta_2\phi^3(r) = 0\\&\left.\frac{\mathrm{d}\phi(r)}{\mathrm{d}r}\right|_{r=0} = 0\\&\lim_{r\to\infty}\phi(r) \to \phi_{ms}(r)\end{aligned} \qquad (7.2.25)$$

上式中 $r=|\boldsymbol{r}|$，即体系为球对称；$\phi_{ms}(r)$ 是亚稳态的序参量。

$$\begin{aligned}&\phi_c(r) = \pm\sqrt{\frac{|\beta_1|}{2\beta_2}}\mathrm{th}[\sqrt{|\beta_1|}(r-r_0)]\\&\phi_{ms}(r) \sim \sqrt{\frac{|\beta_1|}{2\beta_2}} + \frac{H}{4|\beta_1|}\\&\phi_{st}(r) \sim -\sqrt{\frac{|\beta_1|}{2\beta_2}} + \frac{H}{4|\beta_1|}\end{aligned} \qquad (7.2.26)$$

$\phi_{st}(r)$ 是临界晶核的芯部序参量。由于：

$$-F(\phi_{st}) + F(\phi_{ms}) = \int\left[\beta_2(\phi_{ms}^4 - \phi_{st}^4) + \frac{H\sqrt{\beta_c}}{2}(\phi_{ms} - \phi_{st})\right]\mathrm{d}r \qquad (7.2.27\mathrm{a})$$

所以：

$$\Delta F_{\text{bulk}} = 2H\sqrt{\frac{|\beta_1|}{2\beta_2}} \qquad (7.2.27\mathrm{b})$$

另一方面：

$$\Delta F_{\text{surf}} \sim \frac{|\beta_1|^2}{4\beta_2}\int_0^\infty\{1 - \mathrm{th}^4[\sqrt{|\beta_1|}(r-r_0)]\}\,\mathrm{d}r \sim \frac{2}{3\beta_2}|\beta_1|^{3/2} \qquad (7.2.28)$$

因此，临界晶核生成时的能耗为：

$$\Delta E_{cr} = -2|H|\sqrt{\frac{|\beta_1|}{2\beta_2}}\frac{4\pi r_{\text{surf}}^3}{3} + \frac{2}{3\beta_2}|\beta_1|^{3/2}4\pi r_{\text{surf}}^2 \qquad (7.2.29)$$

由 $\left.\frac{\partial\Delta E_{cr}}{\partial r_{\text{surf}}}\right|_{r_{\text{surf}}=r_c}=0$ 得临界晶核的尺度：

$$r_c = \frac{\sqrt{8}|\beta_1|}{3\sqrt{\beta_2}|H|} \qquad (7.2.30)$$

B　核的表层

核周围的序参量可写作:

$$\phi(\boldsymbol{r}) = \phi_c(r) + \tilde{d}_\delta(\boldsymbol{r}) \tag{7.2.31}$$

$\tilde{d}_\delta(\boldsymbol{r})$ 表示序参量的微扰。因此:

$$F(\phi) = F(\breve{\phi}) + \iint\left[-\frac{1}{2}\nabla^2\tilde{d}_\delta - |\beta_1|\tilde{d}_\delta + 6\beta_2\breve{\phi}^2\tilde{d}_\delta\right]\tilde{d}_\delta \mathrm{d}r \tag{7.2.32}$$

此式中的积分经对角化而成:

$$-\frac{1}{2}\nabla^2\tilde{d}_{\delta_j} - |\beta_1|\tilde{d}_{\delta_j} + 6\beta_2\breve{\phi}^2\tilde{d}_{\delta_j} = \omega_j^0\tilde{d}_{\delta_j} \tag{7.2.33}$$

ω_j^0 是本征值。再将该核置于球极坐标系中:

$$\begin{aligned} \tilde{d}_\delta(r) &= \sum_j \mathbb{C}_{k,l,m}\tilde{d}_{\delta_j}(r) \\ \tilde{d}_{\delta_j}(r) &= \tilde{d}_{\delta_{k,l}}(r)Y_{l,m}(\boldsymbol{\Theta},\boldsymbol{\Phi}) \end{aligned} \tag{7.2.34}$$

$Y_{l,m}(\boldsymbol{\Theta},\boldsymbol{\Phi})$ 已在第6章说明，$\mathbb{C}_{k,l,m}$是一个取决于边界条件的系数。则又有:

$$\left[-\frac{1}{2}\frac{\mathrm{d}^2}{\mathrm{d}r^2} - \frac{1}{r}\frac{\mathrm{d}}{\mathrm{d}r} + \frac{l(l+1)}{2r^2} - |\beta_1| + 6\beta_2\breve{\phi}^2\right]\tilde{d}_{\delta_{k,l}}(r) = \omega_{k,l}^0\tilde{d}_{\delta_{k,l}}(r) \tag{7.2.35}$$

这是一个Schrödinger型的方程，$\tilde{d}_{\delta_{k,l}}(r)$ 是本征函数，$\omega_{k,l}^0$是本征值。由此方程可绘出图7.8。

可见在核的表面序参量有突变，表层的厚度为 $\sqrt{1/\beta_1}$。本征函数 $\tilde{d}_{\delta_{0,0}}(r)$ 相应于核的尺度，大于零的本征值 $\omega_{0,l\geq2}^0$ 指示核球形的畸变程度，$\omega_{1,l}^0$反映核表层厚度随方向的变化。$\mathbb{C}_{0,0,0}$的变化与形核速率有关。

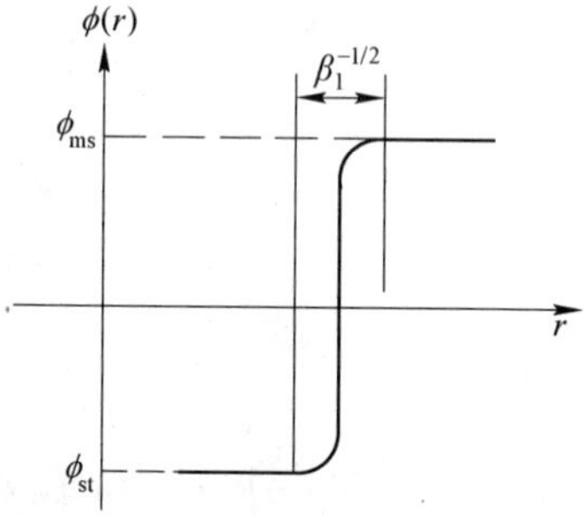

图7.8　在核的表面序参量有突变

7.2.2.6　由亚稳线趋近失稳线时的形核——失稳形核

由GLW的研究结果可知，当 $\beta_1<0$ 时，若 $0<H^*<H_{sp}^*$，则图7.9中 $f(\phi)$ 较浅的谷标志亚稳态。$H^*=H\sqrt{\beta_c}$，H_{sp}^*表示失稳态出现时的过饱和度。若 $H^*\to H_{sp}^*$，即由亚稳态到失稳态时 $f(\phi)$ 该谷越来越浅；$H^*=H_{sp}^*$时，该谷消失。

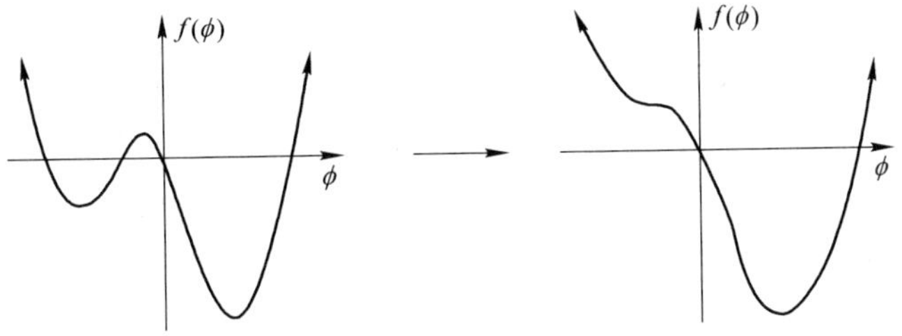

图 7.9 $f(\phi)$ 曲线

由：

$$\left.\frac{\partial^2 f(\phi)}{\partial \phi^2}\right|_{\phi=\phi_{sp}} = 12\beta_2\phi_{sp}^2 - 2|\beta_1| = 0 \tag{7.2.36a}$$

得失稳线的序参量：

$$\phi_{sp} = \sqrt{\frac{|\beta_1|}{6\beta_2}} \tag{7.2.36b}$$

由：

$$\left.\frac{\partial f(\phi)}{\partial \phi}\right|_{\phi=\phi_{sp}} = 4\beta_2\phi_{sp}^3 - 2|\beta_1|\phi_{sp} - H_{sp}^* = 0 \tag{7.2.37a}$$

得失稳线相应的过饱和度：

$$H_{sp}^* = -\frac{4}{3}|\beta_1|\phi_{sp} = -\frac{4}{3}\sqrt{\frac{|\beta_1|^3}{6\beta_2}} \tag{7.2.37b}$$

令 $\boldsymbol{\Phi} = \phi - \phi_{sp}$，它表示相对于失稳线的一个小位移；因此在失稳线近傍临界晶核的序参量决定于 $\Delta F[\boldsymbol{\Phi}(\boldsymbol{r})] = 0$：

$$-\nabla^2\boldsymbol{\Phi} - \frac{4}{3}\sqrt{\frac{|\beta_1|^3}{6\beta_2}}\frac{H_{sp}^* - H^*}{H_{sp}^*} + 12\beta_2\sqrt{\frac{|\beta_1|^3}{6\beta_2}}\boldsymbol{\Phi}^2 = 0 \tag{7.2.38a}$$

在一维情况下的解为：

$$\boldsymbol{\Phi}(x) = \frac{1}{3}\sqrt{\frac{|\beta_1|}{\beta_2}\left(\frac{H_{sp}^* - H^*}{H_{sp}^*}\right)}\left[1 - \mathrm{ch}^{-2}\left(\sqrt[4]{\frac{2|\beta_1|^2}{3}}\frac{x}{\zeta}\right)\right] \tag{7.2.38b}$$

是临界晶核的表面位置。它和：

$$\sqrt{\Delta H^*} = \sqrt{\frac{H_{sp}^* - H^*}{H_{sp}^*}} \tag{7.2.38c}$$

成正比，所以当 $H^* \to H_{sp}^*$ 时临界晶核 - 残余液相界面层不再有序参量的突变，而是如图 7.10 所示呈渐变的特征。图中，下标 us 指非稳态，ms 指亚稳态。可见，趋近失稳线时形核能耗逐渐降低。

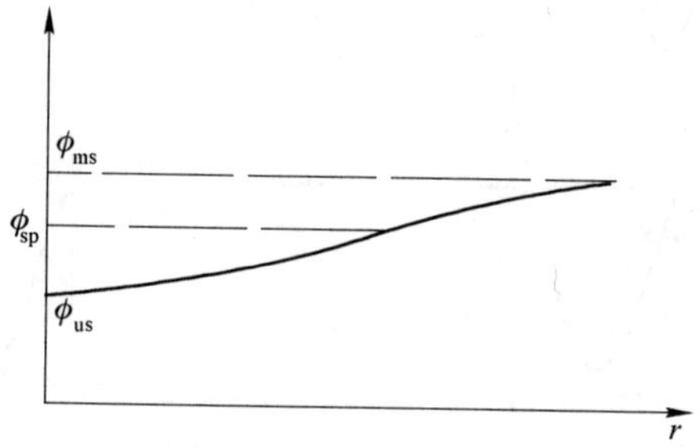

图 7.10　$H^* \to H^*_{sp}$时临界晶核－残余液相界面层不再有序参量的突变

由于 $\Phi \sim \sqrt{\Delta H^*}$，因此从泛函 $\Delta F(\Phi)$ 的积分可得单位体积中的自由能：

$$\Delta f(|\beta_1|, H^*) = \sqrt{H^{*3}} \tag{7.2.39}$$

三维体系中，对应于相关长度的起伏需要能耗：

$$\Delta f(|\beta_1|, H^*)\breve{\zeta}^3 = V_*^3 H^{*3/4} \tag{7.2.40}$$

因而失稳形核的速率 $I_{\to sp}$ 相应是：

$$I_{\to sp} \propto (\Delta H)^{19/8}\exp(-\tilde{\Phi}\beta V_*^3 H^{*3/4})$$

$$\tilde{\Phi} = \int_0^1 \left[\frac{1}{2}\nabla^2\Phi + 4\frac{|\beta_1|}{\sqrt{6\beta_2}}\Phi^2 + \sqrt{\frac{8\beta_2|\beta_1|}{3}\Phi^3}\right] \mathrm{d}\left(\frac{V_*}{\breve{\zeta}}\boldsymbol{r}\right) \tag{7.2.41}$$

显然，越近失稳线 $I_{\to sp}$ 越小。

在此必须说明，深过冷时 bb' 线和 ss' 线之间有一过渡区，见图 7.11。亚稳区止于过渡区，在该区内还是传统的形核机理。过渡区与失稳线（ss' 线）之间是失稳形核区。过渡区的位置取决于“偶”之间相互作用的范围。越是长程的相互作用，过渡区越靠近失稳线。

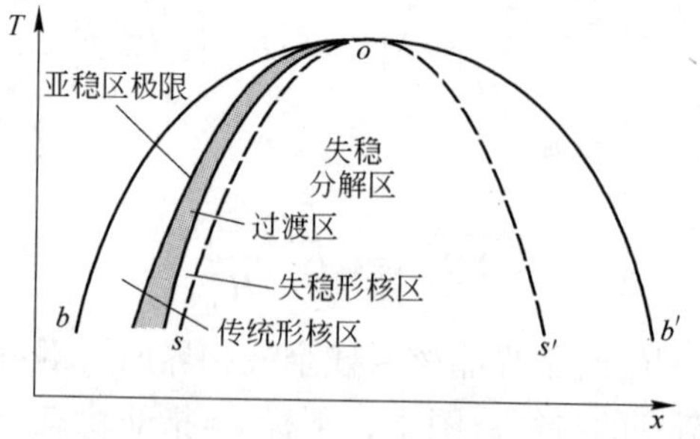

图 7.11　亚稳形核区、失稳形核区、失稳分解区

7.2.3 失稳区及其近傍的动态结构因子

失稳区的动力学从讨论粗晶粒序参量的导数开始。第一步先不考虑它的起伏，此时又有两种深淬路线，若序参量的空间积分能随时间而变则出现连续有序化；反之则出现失稳分解。它们可用以 G/L 理念为基础的 Hohenberg/Halperin 模型描述。

连续有序化可用 H/H 模型 A 描述：

$$\frac{\partial \breve{q}(x,t)}{\partial t} = -m_* \frac{\partial F(x,t)}{\partial \breve{q}(x,t)} = -m_*\left[-\frac{V_*^2}{\beta_c}\nabla^2\breve{q}(x,t) + \tilde{T}\breve{q}(x,t) + \frac{1}{3}\breve{q}^3(x,t) - H\right] \quad (7.2.42)$$

失稳分解和失稳形核是完全不同的过程：

$$\left.\frac{\partial^2 f(\breve{q})}{\partial \breve{q}^2}\right|_{\substack{\breve{q}=0\\ \tilde{T}<0}} = 0$$

用 H/H 模型 B 可进行分析：

$$\frac{\partial \breve{q}(x,t)}{\partial t} = m_* \nabla^2\left[-\frac{V_*^2}{\beta_c}\nabla^2\breve{q}(x,t) + \tilde{T}\breve{q}(x,t) + \frac{1}{3}\breve{q}^3(x,t) - H\right] \quad (7.2.43)$$

连续有序化和失稳分解都有别于浅过饱和时的形核过程，它们由幅度无限的非局域内微结构之起伏引发，在合金中则由成分的非局域起伏引发。

图 7.12 示出的只是刚析出晶体的显微形貌，并且仅在固相率高于某一阈值的条件下才呈无规网状结构，反之也会出现群岛形结构。而传统形核过程源于局域内的密度起伏，初期呈群岛形结构，见图 7.13。

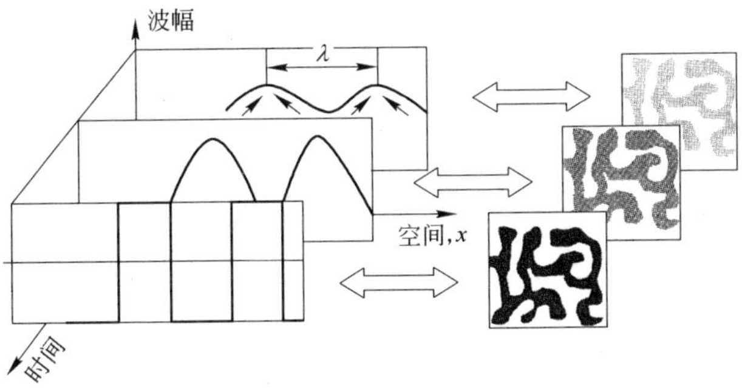

图 7.12 失稳分解过程及刚析出晶体的显微形貌

如果粗晶粒间有长程的相互作用，在 $H=0$ 的前提下突然深过冷时考虑了起伏 $\tilde{d}(x,t)$ 的连续有序化过程可用下式描述：

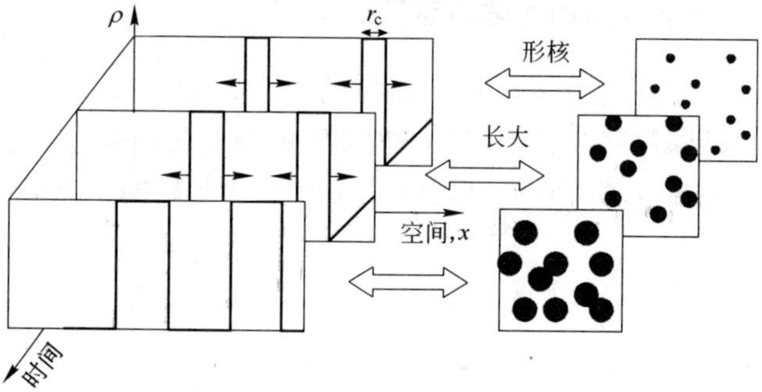

图 7.13　传统形核过程及初期晶体的呈群岛形结构

$$\frac{\partial \breve{q}(x,t)}{\partial t} = -m_*\left\{-\frac{V^{*2}}{\beta_c}\nabla^2\breve{q}(x,t) - |\tilde{T}|\breve{q}(x,t)\right\} + \tilde{d}(x,t) \tag{7.2.44}$$

经 FT 得：

$$\breve{q}(\boldsymbol{q},t) = \tilde{\rho}(\boldsymbol{q})\exp\left[m_*\left(-\frac{V^{*2}}{\beta_c}q^2 - |\tilde{T}|\right)t\right] + \int_0^t \tilde{d}(\boldsymbol{q},t')G(t-t')\mathrm{d}t' \tag{7.2.45}$$

$\tilde{\rho}(\boldsymbol{q})$ 见式（7.2.47）。$G(t-t')$ 是 Green 函数：

$$G(t-t') = \exp\left[-(t-t')m_*\left(-\frac{V^{*2}}{\beta_c}q^2 - |\tilde{T}|\right)\right] \tag{7.2.46}$$

动态结构因子：

$$\begin{aligned} S(\boldsymbol{q},t) &= \frac{1}{\underline{V}}\langle\breve{q}(\boldsymbol{q},t)\breve{q}(-\boldsymbol{q},t)\rangle \\ &= S(\boldsymbol{q})\exp[2m_*\Xi(\boldsymbol{q})t] + \frac{1}{2m_*\Xi(\boldsymbol{q})}\{\exp[2m_*\Xi(\boldsymbol{q})t] - 1\} \\ \Xi(\boldsymbol{q}) &= -\frac{V_*^2}{\beta_c}q^2 + |\tilde{T}| \\ S(\boldsymbol{q}) &= \frac{1}{\underline{V}}\langle\tilde{\rho}(\boldsymbol{q})\tilde{\rho}(-\boldsymbol{q})\rangle \end{aligned} \tag{7.2.47}$$

$S(\boldsymbol{q})$ 是深淬刚开始时的静态结构因子。$\Xi(\boldsymbol{q})$ 或者说 $|\tilde{T}|$ 决定了 $S(\boldsymbol{q},\ t)$ 随时间的变化。$|\tilde{T}|\to 0$ 意味着向 spinodal 线逼近，$S(\boldsymbol{q},\ t)$ 的变化减慢。另一方面，

$$|\tilde{T}|^{-1} \sim \tau_{ct} \tag{7.2.48}$$

τ_{ct} 是 $S(\boldsymbol{q},\ t)$ 变化的特征时间。在 spinodal 线近傍：

$$\tau_{ct} \propto \zeta^{>2} \tag{7.2.49}$$

而 MFT 的结果是 $\tau_{ct} = \zeta^2$。

如果粗晶粒间有长程的相互作用，考虑了起伏 $\tilde{d}(x, t)$ 的失稳分解过程可用下式描述：

$$\frac{\partial \breve{q}(x,t)}{\partial t} = m_* \nabla^2 \left[-\frac{V_*^2}{\beta_c} \nabla^2 \breve{q}(x,t) - |\tilde{T}| \breve{q}(x,t) + \frac{1}{3}\breve{q}^3(x,t) \right] + \tilde{d}(x,t) \tag{7.2.50}$$

动态结构因子：

$$S(\boldsymbol{q},t) = S(\boldsymbol{q})\exp[2m_* \Psi(\boldsymbol{q})t] + \frac{1}{2m_* \Psi(\boldsymbol{q})}\{\exp[2m_* \Psi(\boldsymbol{q})t] - 1\}$$

$$\Psi(q) = -q^2\left[\frac{V_*^2}{\beta_c}\breve{q}^2 - |\tilde{T}| + \breve{q}^2(x,t=0)\right] \tag{7.2.51}$$

$\breve{q}(x, t=0)$ 表示深淬开始之际的序参量。

Vega/Gomez 报道了失稳线近傍结构因子曲线和显微组织随时间的变化。

7.3 自发形核的密度泛函理论[21~24]

自发形核的密度泛函理论（DFT）是 Oxtoby 等提出的。在密度为 $\rho(\boldsymbol{r})$ 的 LJ 势体系中定义自由能泛函为：

$$F[\rho(\boldsymbol{r})] = \int f[\rho(\boldsymbol{r})]\mathrm{d}\boldsymbol{r} + \iint \varphi_{att} |\boldsymbol{r} - \boldsymbol{r}'| \rho(\boldsymbol{r})\rho(\boldsymbol{r}')\mathrm{d}\boldsymbol{r}\mathrm{d}\boldsymbol{r}' \tag{7.3.1}$$

其中，按微扰理论引入平稳变化的球对称相互吸引势 φ_{att}，它可表为液相静态结构因子的函数。由此自由能泛函对密度求最小值而得一个非线性的 $\rho(\boldsymbol{r})$ 积分方程，从后者的解：

$$\rho(\boldsymbol{r}) = \rho_{av}(\boldsymbol{r}) + \rho_s \sum_{i=1}^{\infty} \breve{q}_i^{str}(\boldsymbol{r})\exp(\mathrm{i}\boldsymbol{q}_i \cdot \boldsymbol{r}) \tag{7.3.2a}$$

可得临界晶核的形成能耗及其剖面。该式中 $\boldsymbol{q}_i$ 是倒格矢。$\breve{q}_i^{str}(\boldsymbol{r})$ 是结构序参量，在液相内它为零，在理想晶体中为 1。在晶核及界面区中：

$$\ln\breve{q}_i^{str}(\boldsymbol{r}) = (q_i/q_1)^2 \ln\breve{q}_1^{str}(\boldsymbol{r}) \tag{7.3.2b}$$

结构序参量还可反映临界晶核生成过程中晶格类型的变化。例如由 bcc 至 fcc 的变化。另一序参量 $\rho_{av}(\boldsymbol{r})$ 是平均密度，它由 ρ_l 变为 ρ_s。ρ_l、ρ_s 分别是母相、新相的密度。

当临界晶核生长时：

$$\frac{\partial F}{\partial \rho_{av}(r)} = 0 \tag{7.3.3}$$

如果密度梯度不大则可用（$\nabla\rho$）^{2} 取代微扰，此时的自由能泛函：

$$F[\rho(\boldsymbol{r})] = \int f[\rho(\boldsymbol{r})]\mathrm{d}\boldsymbol{r} + \frac{1}{2}\int\varphi[\nabla\rho_i(\boldsymbol{r})]^2\mathrm{d}\boldsymbol{r} \tag{7.3.4}$$

这也就是 van der Walls 式，式中 φ 是偶之间的相互作用势。

式（7.3.1）、式（7.3.2）和式（7.3.4）表明，DFT 完全是微观范畴内的描述。而传统理论完全是宏观范畴内的描述。

DFT 所得的临界晶核尺度及生成能耗与传统理论的预测结果有明显的区别。以 Na 为例，Harrowell/Oxtoby 计算了这种差异，如图 7.14 所示。

Bagdassarian/Oxtoby 采用半经验 DFT 进行计算，结果和图 7.14 吻合。

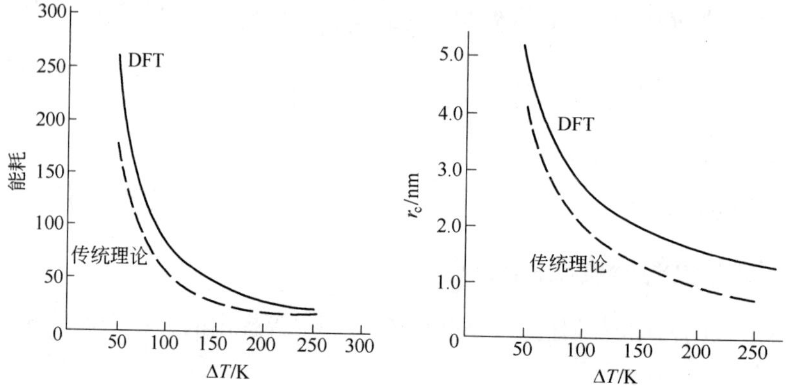

图 7.14　DFT 所得临界晶核尺度及生成能耗与传统理论预测结果的区别之一例

Gunton 认为 DFT 不支持“赝 spinodal”的观点。

参 考 文 献

[1] Vinet B, Magnusson L, Fredriksson H, Desre P L J. Correlations between surface and interface energies with respect to crystal nucleation [J]. J. Colloid and interface Sci., 2002, 255: 363 ~ 374.

[2] Mondal K, Murty B S. Prediction of maximum homogeneous nucleation temperature for crystallization of metallic glasses [J]. J. Non. Cryst. Solids, 2006, 352: 5257 ~ 5264.

[3] Langer J S. Theory of the condensation point [J]. Annals of Physics, 1967, 41: 108 ~ 157.

[4] Ising model, Wikipedia. the free encyclopedia.

[5] Mean field theory, Wikipedia. the free encyclopedia.

[6] Landau theory, Wikipedia. the free encyclopedia.

[7] Groth E J. Landau theory of phase transition [J]. Physics, 2002, 25: 1 ~ 10.

[8] Olmsted P D. Lectures on Landau theory of phase transitions. Dept. of Phys. & Astronomy, Univ. of Leeds, 2002.

[9] Monnette L. Spinodal nucleation[J]. Intern. J. of Modern Phys., 1994, B8 (11/12): 1417 ~ 1527.

[10] Gunton J D. Droz M. Introduction to the theory of metastable and unstable states [J]. Lecture Notes in Phys. Springer – Verlag, 1983: 183.

[11] Gunton J D. Homogeneous nucleation [J]. J. of Statistical Physics, 1999, 95 (5/6): 903 ~ 923.

[12] Binder K. 相变的统计理论，见：材料的相变（中译本）[M]. 北京：科学出版社，1998：132 ~ 193.

[13] Binder K. 失稳分解，见：材料的相变（中译本）[M]. 北京：科学出版社，1998：362 ~ 427.

[14] Wagner R, Kampmann R. 均匀第二相沉淀，见：材料的相变（中译本）[M]. 北京：科学出版社，1998：194 ~ 272.

[15] Heermann D W, Klain W. Nucleation and growth of nonclassical droplets [J]. Phys. Rev. Lett., 1983, 50 (14): 1062 ~ 1065.

[16] Unger C, Klain W. Nucleation theory near the classical spinodal [J]. Phys. Rev., 1984, B29 (5): 2698 ~ 2708.

[17] Klain W, Leyvraz F. Crystalline nucleation in deeply quenched liquid [J]. Phys. Rev. Lett., 1986, 57 (22): 2845 ~ 2848.

[18] Klain W, Gould H, Tobochnik J, Alexander F J, Anghel M, Johbson G. Cluster and fluctuation at mean field critical points and spinodals [J]. Phys. Rev. Lett., 2000, 85(6): 1270 ~ 1273.

[19] Villuendas E M, Voivod I S, Bowles R K. A limit of stability in supercooled liquid cluster [J]. J. Chem. Phys., 2007, 127: 154703.

[20] Vega D A, Gomez L R. Spinodal assisted nucleation during symmetry breaking phase transitions [J]. Phys. Rev., 2009, 79: 051607.

[21] Oxtony D W. Homogeneous nucleation: theory and experiment [J]. J. Phys: Condens. Matter., 1992, 4: 7627 ~ 7650.

[22] Shen C, Oxtony D W. Nucleation of Lennard – Jones fluids: A density functional approach [J]. J. Chem. Phys., 1996, 105: 6517 ~ 6524.

[23] Bagdassarian C K, Oxtony D W. Crystal nucleation and growth from the undercooled liquid: An on classical piecewise parabolic free energy model [J]. J. Chem. Phys., 1994, 100 (3): 2139 ~ 2148.

[24] Harrowell P, Oxtoby D W. A molecular theory of crystal nucleation from the melt [J]. J. Chem. Phys., 1984, 80 (4): 1639 ~ 1646.

8　金属凝固态显微形貌的描述

这里，凝固态指的是液相刚消失时的组织，不包含随后冷却过程中固态相变的结果。此凝固态自然是临界晶核生成后继续长大所致，这一过程现在常用基于渐变界面理念的相/场理论（PFT）描述。本章介绍用相/场理论模拟凝固态（例如树枝晶）显微形貌的方法。

8.1　渐变界面的概念[1,2]

众所周知，液/固两相在其分界面（dividing face）上处于热力学平衡。这种液相原子自由能等同固相原子自由能的界面只能是极薄的一层，在其两侧又必然会有液相边界层和固相边界层。由于固相有序度大得多，液相边界层要厚于固相边界层。在第 4 章中已介绍了 Harvard 大学研究液态金属和气相接触时的界面结构，气液两相接触时的液相边界层则应厚于液固两相接触时的液相边界层。不妨认为液固两相接触时的固相边界层是单原子厚，而液相边界层的跨度可能有若干个原子间距。后者之中至少会有若干个离散的小簇或原子，其势场和固相的很类似。

液/固界面层内原子局域数密度的变化呈一阻尼波。如图 8.1 所示，δ_{sl}表示该界面层的厚度；波宽的差异反映原子局域密度的不同，而波幅正是随位置和时间改变有序度。

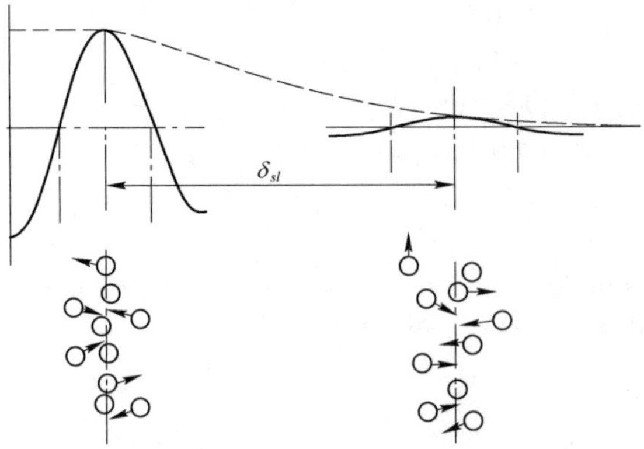

图 8.1　液/固界面层内原子局域数密度呈阻尼波式的变化

在液/固界面层内，自由能、焓 h 和熵 S 也有其分布规律。Ewing 设液/固界面层的无因次厚度为 $\hat{\delta}_{sl}$，厚度方向上的密度分布相当于径向分布函数，为：

$$\hat{g}(\hat{\delta}_{sl}) = \frac{\rho(\hat{\delta}_{sl})}{\rho(0)} \tag{8.1.1}$$

则熵 S 沿该层厚度的分布规律，如图 8.2 所示，是：

$$S \propto \hat{S} = \int_0^1 \hat{g}(\hat{\delta}_{sl}) \ln \hat{g}(\hat{\delta}_{sl}) \mathrm{d}\hat{\delta}_{sl} \tag{8.1.2}$$

式（8.1.2）中的积分限表示液相或固相。类似的又可写出：

$$h \propto \hat{h} = \int_0^1 \hat{g}(\hat{\delta}_{sl}) \mathrm{d}\hat{\delta}_{sl} \tag{8.1.3}$$

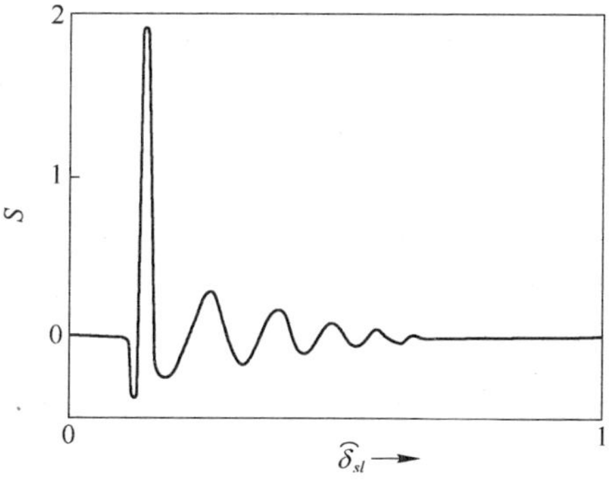

图 8.2 熵 S 沿液/固界面层厚度的分布规律

如上述，凝固态是临界晶核生成后继续长大所致。即，要模拟凝固态显微形貌就要考虑到液/固界面的移动。恒温条件下纯金属凝固时液/固分界面（dividing face）的移动速度 v_{sl} 为焓的重新分布所控制：

$$\begin{aligned} &\frac{\partial}{\partial t}\left(\frac{h_s}{L_m}\right) = a \nabla^2 \left(\frac{h_s}{L_m}\right) \\ &\frac{\partial}{\partial t}\left(\frac{h_l}{L_m}\right) = a \nabla^2 \left(\frac{h_l}{L_m}\right) \\ &v_{sl}(h_l - h_s) = -a \frac{\partial}{\partial Z}(h_l - h_s) \\ &\mu_l = \mu_s = \mu_{eq} - \frac{L_m}{h_{le} - h_{se}}\left(\frac{L_m}{T_m}\mathbb{C}_k v_{sl} + \sigma \breve{C}_{sl}\right) \end{aligned} \tag{8.1.4}$$

Z 是分界面的法线，$\mathbb{C}_k$ 是该面的动力学系数，$\breve{C}_{sl}$表示其曲率，下标 eq 用以指明平衡状态。由此方程组进行模拟十分费时，因为每个步长都要计算一次极薄分界面在焓重新分后的精确位置。如果是合金，则还必须考虑组元成分重新分布的影响。

PFT 引入渐变界面的概念，把界面区看作由液固两相混合所成，模型中的热力学性质和动力学性质全都按混合比例确定，从而简化了模拟过程。一句话，在 PFT 中界面厚度是一个人为选择的参数。当该界面厚度趋零时，PFT 应给出渐近于直接用式（8.1.4）进行模拟的结果。

8.2　相/场理论要点[3~11]

按相/场理论，液相中的序参量或有序度 $\breve{q}_l$ 平均为零而固相中 $\breve{q}_s=1$。在液/固界面区中它随位置和时间改变，记作 $\breve{q}(x,t)$。

单组元体系的自由能泛函可写成：

$$F[\breve{q},T]=\iint_{\underline{V}}\left[f(\breve{q},T)+\frac{(\mathbb{C}_f^{\breve{q}})^2}{2}|\nabla\breve{q}|^2\right]\mathrm{d}\underline{V} \tag{8.2.1}$$

$\mathbb{C}_f^{\breve{q}}$ 是个系数，表征序参量梯度对自由能的影响。以 f_l 及 f_s 表示液相和固相的自由能，具有两个低谷的单位体积自由能 $f(\breve{q},T)$ 是：

$$\begin{aligned}f(\breve{q},T)&=\frac{\Delta\varepsilon_{sl}T}{4}\breve{q}^2(1-\breve{q}^2)+[1-f_{l\to s}^*(\breve{q})]f_s+f_{l\to s}^*(\breve{q})f_l\\ f_{l\to s}^*(\breve{q})&=\breve{q}^3(10-15\breve{q}+6\breve{q}^2)\end{aligned} \tag{8.2.2a}$$

$f_{l\to s}^*(\breve{q})$ 是固相率，$f_{l\to s}^*(0)=0$，$f_{l\to s}^*(1)=1$。$\Delta\varepsilon_{sl}$指示液固两相间的能垒，又有：

$$f(\breve{q},T)=\frac{\Delta\varepsilon_{sl}}{4}\breve{q}^2\left\{\breve{q}^2-\left[2+\frac{4}{3}\Omega(T)\right]\breve{q}+[1+2\Omega(T)]\right\} \tag{8.2.2b}$$

在摩尔体积不变的前提下：

$$\Omega(T)=\frac{6}{\Delta\varepsilon_{sl}}L_{\mathrm{m}}\left(\frac{T-T_{\mathrm{m}}}{T_{\mathrm{m}}}\right) \tag{8.2.2c}$$

并且要求 $-\frac{1}{2}<\Omega(T)<\frac{1}{2}$。

由 $\mathrm{d}F(\breve{q},T)/\mathrm{d}\breve{q}=0$ 可得序参量跨越：

$$\breve{q}(x)=\frac{1}{2}\left[1-\mathrm{th}\left(\frac{x}{2\delta_{sl}}\right)\right] \tag{8.2.3}$$

表层厚度 δ_{sl}时它在一维上的变化如图 8.3 所示。

因而：

$$\delta_{sl}=\sqrt{\frac{2(\mathbb{C}_f^{\breve{q}})^2}{\Delta\varepsilon_{sl}}} \tag{8.2.4a}$$

$$\sigma=\sqrt{\frac{\Delta\varepsilon_{sl}(\mathbb{C}_f^{\breve{q}})^2}{72}} \tag{8.2.4b}$$

$\mathbb{C}_f^{\breve{q}}$ 和 $\Delta\varepsilon_{sl}$就由界面张力和表层厚度定值，而界面张力正是表层内自由能的积分。下文中的式(8.3.3)可能是选择该表层厚度的一个依据。

另一方面，界面层中序参量随时间的变化是：

$$\frac{\partial\breve{q}}{\partial t} = \mathbb{C}_T^{v_{sl}}\frac{\partial}{\partial\breve{q}}F(\breve{q},T) + \tilde{d}_{\breve{q}} \qquad (8.2.5a)$$

$\tilde{d}_{\breve{q}}$ 是一随机的微扰；$\mathbb{C}_T^{v_{sl}}$ 是取决于温度以及界面的移动速度的一个系数：

$$\mathbb{C}_T^{v_{sl}} = \frac{1}{\sqrt{2\Delta\varepsilon_{sl}\mathbb{C}_f^{\breve{q}}\Omega\ (T)}}v > 0 \qquad (8.2.5b)$$

若过冷液相的自由能为 $F_l(T)$，则形核能耗为：

$$\Delta F_c = F(\breve{q},T) - F_l(T) \qquad (8.2.6)$$

Granasy 等给出了 Cu－Ni 合金 PFT 三维模拟，图 8.4 是其和传统形核理论预测及试验结果的比较。

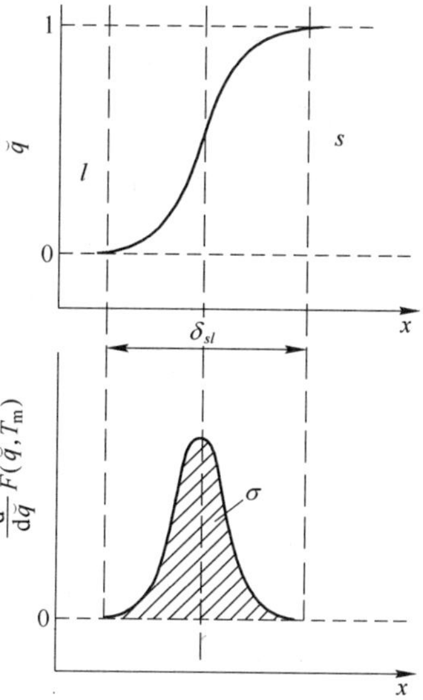

图 8.3　自由能微分和序参量跨越表层厚度的变化

图 8.5 示明，在二元合金中，除有序度之外，浓度 c_b 是另一个序参量。所以自由能泛函为：

$$F[\breve{q},c_b,T] = \iint_V\left[f(\breve{q},c_b,T) + \frac{(\mathbb{C}_f^{\breve{q}})^2}{2}|\nabla\breve{q}|^2\right]d\underline{V}$$
$$f(\breve{q},c_b,T) = \sum_{i=a,b}c_if_i(\breve{q},T) + \frac{N_A}{\beta}T^2\sum_{i=a,b}c_i\ln c_i \qquad (8.2.7)$$

$f_i(\breve{q},T)$ 为纯组元的自由能。

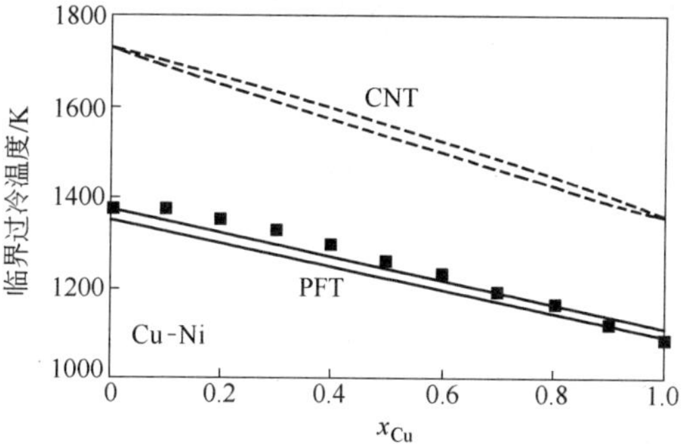

图 8.4　PFT 三维模拟和传统形核理论预测及试验结果的比较

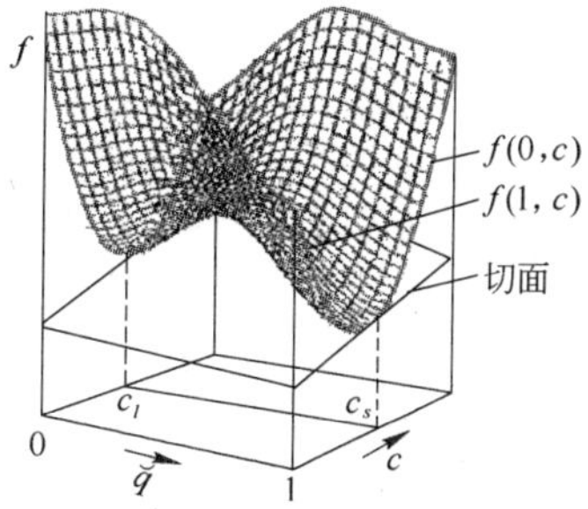

图 8.5　二元合金中除有序度之外浓度 c_b 是另一个序参量

为了计算恒温下序参量跨越表层时的一维变化要求：

$$
\begin{aligned}
\frac{\partial}{\partial \breve{q}} F[\breve{q}, c_b, T] &= 0 \\
\frac{\partial}{\partial c_b} f(\breve{q}, c_b, T) &= \text{const}
\end{aligned}
\tag{8.2.8}
$$

恒过冷度下，表层一侧 $\breve{q}=0$ 而 $c_b = c_{b,l}$；另一侧 $\breve{q}=1$ 而 $c_b = c_{b,s}$。$c_{b,l}$和 $c_{b,s}$是该过冷度下选分结晶所致的液固两相组成。

由扩散方程又得组成随时间的变化：

$$
\frac{\partial c_b}{\partial t} = \nabla \cdot \mathbb{C}_{T,c_b}^{v_{sl}} c_a c_b \nabla \frac{\partial}{\partial c_b} f(\breve{q}, c_b, T) + \tilde{d}_c \tag{8.2.9}
$$

$\tilde{d}_c$是一随机的微扰；$\mathbb{C}_{T,c_b}^{v_{sl}} > 0$，它是取决于扩散系数和有序度的一个系数。采用 PFT/GL 模型可得更精确的结果。

在树枝晶形貌的模拟中要考虑到界面层中随机微扰的作用，并且式（8.2.1）所含的参数 $\mathbb{C}_f^{\breve{q}}$ 必须随晶面取向角变化，而该角又是序参量的函数。

图 8.6 是 1574K 下 Cu－Ni 合金 PFT 二维模拟的结果。该图中 $\tilde{p}_k$ 是 Kolmogorov 概率指数，$\hat{f}^*_{l\to s}$是归一化的固相率，有：

$$
\hat{f}^*_{l\to s} = 1 - \exp\left[-\left(\frac{t}{t_0}\right)^{\tilde{p}_k}\right]
$$

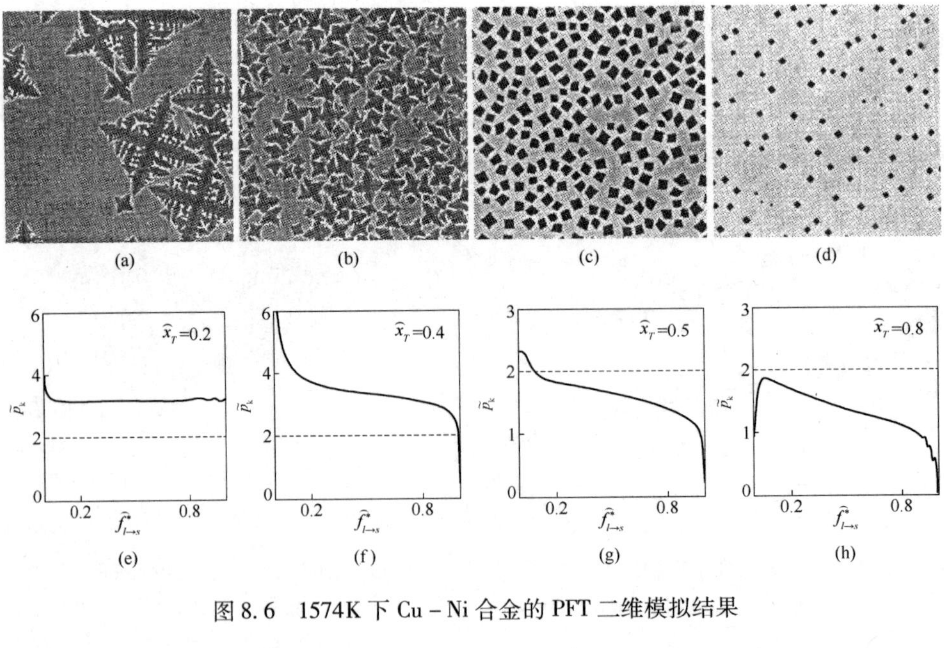

图 8.6　1574K 下 Cu－Ni 合金的 PFT 二维模拟结果

而合金的归一化组成是：

$$\widehat{x}_T = \frac{c - c_l^T}{c_s^T - c_l^T}$$

c 表示合金组成，c_s^T 和 c_l^T 是 1574K 恒温线和固相线及液相线相交点的组成。

8.3 渐变界面模型[12~16]

渐变界面模型的基点是假设晶核芯部、液固界面可用两相的宏观性质描述，并且界面厚度与过冷度、晶核尺度无关。若晶核是球形的，其 Gibbs 自由能密度剖面是：

$$\begin{aligned}\Delta G &= \int_0^\infty 4\pi r^2[\Delta h(r,T) - T\Delta S(r,T)]\mathrm{d}r \\ \Delta h(r,T) &= \rho(r,T)[h(r,T) - h_l(T)] \\ \Delta S(r,T) &= \rho(r,T)[S(r,T) - S_l(T)]\end{aligned} \tag{8.3.1}$$

$h(r, T)$ 和 $S(r, T)$ 是焓和熵在界面层及其近傍的分布。恒温下，不妨近似地认为 $h(r)$ 相应于式（8.1.3）中的 $\widehat{g}(\widehat{\delta}_{sl})$，$S(r)$ 相应于式（8.1.2）中的 $\widehat{g}(\widehat{\delta}_{sl})\ln\widehat{g}(\widehat{\delta}_{sl})$。它们的精确值要利用 DFT 计算。上式又可转换为：

$$\Delta G = \frac{4\pi}{3}[R_\mathrm{h}^3\Delta h(0,T) - R_\mathrm{S}^3 T\Delta S(0,T)] \tag{8.3.2}$$

液固界面层厚度是：

$$\delta_{sl} = R_\mathrm{S} - R_\mathrm{h} = \frac{\underline{V}_{\mathrm{s,mol}}\sigma_{l,T=T_\mathrm{m}}}{L_\mathrm{m}} \tag{8.3.3}$$

由式（8.3.1）求最大值，得临界晶核的尺度和生成能耗：

$$\begin{aligned}r_\mathrm{c} &= R_\mathrm{S} = \frac{\delta(1 + \sqrt{1 - \widehat{G}_0})}{\widehat{G}_0} \\ \Delta G_\mathrm{c} &= \frac{4\pi}{3}\delta^3[\Delta h(r=0) - T\Delta S(r=0)]\left[\frac{2(1+\sqrt{1-\widehat{G}_0})}{\widehat{G}_0^3} - \frac{(3+2\sqrt{1-\widehat{G}_0})}{\widehat{G}_0^2} + \frac{1}{\widehat{G}_0}\right] \\ \widehat{G}_0 &= \frac{\Delta h(r=0) - T\Delta S(r=0)}{\Delta h(r=0)}\end{aligned} \tag{8.3.4a}$$

上式中（$r=0$）表示晶核芯部位置，或者说 $r\to 0$ 反映了局域中的起伏。

$$\Delta h(r=0) = -\frac{1}{\underline{V}_{\mathrm{mol}}^{\mathrm{nu}}}\left[L_\mathrm{m} + \int_{T_\mathrm{m}}^{T} C_p^l - C_p^s\mathrm{d}T\right]C_p$$

$$\Delta S(r=0) = -\frac{1}{\underline{V}_{\text{mol}}^{\text{nu}}}\left[\frac{L_{\text{m}}}{T_{\text{m}}} + \int_{T_{\text{m}}}^{T} \frac{C_p^l - C_p^s}{T}\text{d}T\right] \quad (8.3.4\text{b})$$

$\underline{V}_{\text{mol}}^{\text{nu}}$是晶核的摩尔体积，$C_p^l - C_p^s$ 是液固两相热容差。

渐变界面模型还给出了界面张力随过冷度的变化：

$$\frac{\sigma}{\sigma_{\text{m}}} = \frac{\widehat{G}_0 \Delta h(r=0)}{1.6\Delta h_{\text{m}}} \sqrt[3]{\frac{2(1+\sqrt{1-\widehat{G}_0})}{\widehat{G}_0^3} - \frac{(3+2\sqrt{1-\widehat{G}_0})}{\widehat{G}_0^2} + \frac{1}{\widehat{G}_0}} \quad (8.3.5)$$

当温度降至某个低于 T_{g} 的温度时界面张力趋于零。

渐变界面模型的形核速率可用下式计算：

$$I = I_0 \exp(-\beta \cdot \Delta G_{\text{c}})$$

$$I_0 = n_{sl}^2 \cdot \frac{3}{\beta T} r_{\text{c}}^2 \cdot \frac{6D}{l_{\text{jd}}} \sqrt{\frac{\beta}{2\pi} \left| \frac{\text{d}^2}{\text{d}r^2} \Delta G_{\text{c}} \right|_{r=r_{\text{c}}}} \quad (8.3.6)$$

n_{sl}是界面区中的原子数，l_{jd}表示原子的跳跃距离。

参 考 文 献

[1] Ewing R H. The free energy of the crystal melt interface from the radial distribution function [J]. J. Crystal Growth, 1971, 11: 221 ~ 224.

[2] Warren J A, Boettinger W J. Prediction of dendritic growth and microsegregation patterns in a binary alloy using the phase field method [J]. Acta Metall. Mater., 1995, 43 (2): 689 ~ 703.

[3] Boettinger W J, Warren J A. The phase field method: Simulation of alloy dendritic solidification during recalescence [J]. Metall. Mater. Transactions, 1996, 27A: 657 ~ 669.

[4] Granasy L, Borzsonyi T, Pusztai T. Phase field theory of nucleation and growth in binary alloy. grana@ szfki. huTm.

[5] Pusztai T, Tegze G, Toth G I, Kornyei L, Bansel G, Fan Z, Granasy L. Phase field approach to polycrystalline solidification including heterogeneous and homogeneous nucleation. Laszlo. Granasy@ brunel. ac. uk.

[6] Granasy L, Pusztai T, Pusztai T. Modeling polycrystalline solidification using phase field theory [J]. J. Phys.: Condens. Mater., 2004, 16: R1205 ~ R1235.

[7] Karma A. Phase field modeling, In: 7.2 of Handbook of Materials Modeling [M]. ed. S Yip, Springer: 2005.

[8] Kim S G, Kim W T. Phase field modeling of solidification, In: 7.3 of Handbook of Materials Modeling [M]. ed. S Yip, Springer, 2005.

[9] Emmerich H. Phase field modelling for metals and colloids and nucleation therein—an overview [J]. J. Phys.: Condens. Mater., 2009, 21: 464103.

[10] Shih C L, Lee M H, Lan C W. A simple approach toward quantitative phase field simulation

for dilute alloy solidification [J]. J. Crystal Growth, 2005, 283: 515 ~ 524.

[11] Singer – Loginova I, Singer H M. The phase field technique for modeling multiphase materials [J]. Rep. Prog. Phys., 2008, 71: 106501.

[12] Granasy L. Diffuse interface approach to vapour condensation [J]. Europys. Lett., 1993, 24 (2): 121 ~ 126.

[13] Granasy L. Diffuse interface analysis of ice nucleation in undercooled water [J]. J. Chem. Phys., 1995, 99: 14182 ~ 14187.

[14] Granasy L. Diffuse interface model of volume nucleation in glasses [J]. Thermochemica Acta, 1996, 280/281: 83 ~ 100.

[15] Granasy L, Igloi F. Comparison of experiments and modern theories of crystal nucleation [J]. J. Chem. Phys., 2003, 107 (9): 3634 ~ 3644.

[16] Granasy L, Pusztai T. Diffuse interface analysis of crystal nucleation in hard sphere liquid [J]. J. Chem. Phys., 2002, 117: 10121 ~ 10124.

9 应用光散射研究熔融金属动力学的若干问题

9.1 常规的激光 Brillouin 谱

9.1.1 概论[1,2]

第 3 章已讨论了不同尺度下的流体动力学。毫无疑问，介观以下局域内动力学问题的实验研究手段主要是 INS 和 XRD。但当 q 和 ω 减小而进入扩展的流体动力学区时，它们的测试精度就开始下降，越接近流体动力学极限该精度越差。事实上，在 1 ~ 100MHz 范围内超声波技术有高精度，而研究介观大小的局域则要依靠光散射，例如激光 Brillouin 谱（LBS 或 BLS）在 5 ~ 20GHz 范围内是精确的。

Brillouin 谱是入射激光的光子被试样中声子散射的结果。众所周知，元胞总是处于不停的振荡之中，它们之间的相对位移呈现为平面波。在量子声学中称其为声子，因为它们相当于具有量子化动量和能量的粒子。声子引起试样折射率的正弦式起伏变化，并以当地声速：

$$\boldsymbol{v}_{\mathrm{s}} = \frac{\omega_{\mathrm{pn}}}{\boldsymbol{q}_{\mathrm{pn}}} \tag{9.1.1}$$

在试样体内传播。ω_{pn}、$\boldsymbol{q}_{\mathrm{pn}}$ 分别为声子的频率和波矢。

折射率的空间起伏形成一种移动的光栅，其光学常数（栅间距）为：

$$d_{\mathrm{r}} = \frac{2\pi}{|\boldsymbol{q}_{\mathrm{pn}}|} \tag{9.1.2}$$

入射光束（ω_{ic}、$\boldsymbol{q}_{\mathrm{ic}}$）受该移动中的光栅作用（称为光弹性效应）而导致非弹性的散射（ω_{sc}、$\boldsymbol{q}_{\mathrm{sc}}$）。入射光束、散射光束和声子之间有确定的关系，如图 9.1 所示。

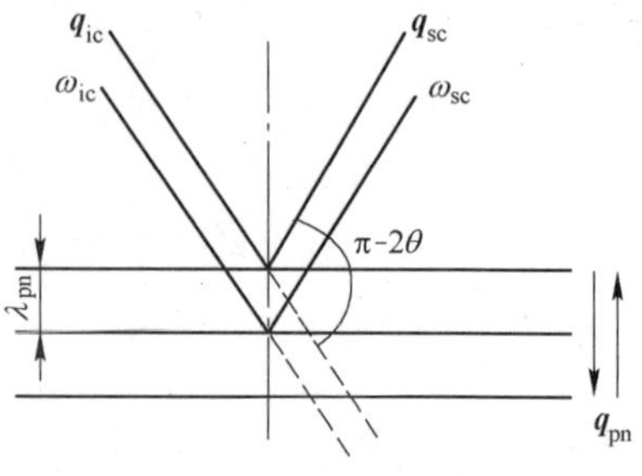

图 9.1 入射光束、散射光束和声子之间的关系

根据图 9.1，可写出 Bragg 关系和 Doppler 频移：

$$2\lambda_{\mathrm{pn}}\sin\theta = \lambda_{\mathrm{ic}}^{\mathrm{sp}} = \frac{\lambda_{\mathrm{ic}}}{n_{\mathrm{r}}}$$

$$\boldsymbol{v}_{\mathrm{s}} = \frac{\lambda_{\mathrm{ic}}}{2n_{\mathrm{r}}\sin\theta}\omega_{\mathrm{pn}} = \frac{\lambda_{\mathrm{ic}}}{2n_{\mathrm{r}}\sin\theta}(\omega_{\mathrm{ic}} - \omega_{\mathrm{sc}}) \tag{9.1.3}$$

$\lambda_{\mathrm{ic}}^{\mathrm{sp}}$ 是试样内入射光的波长，λ_{ic} 表示入射光在

真空中的波长。又有：

$$
\begin{aligned}
|\boldsymbol{q}_{\text{ic}}| &\approx |\boldsymbol{q}_{\text{sc}}| \\
|\boldsymbol{q}_{\text{pn}}| &= 2|\boldsymbol{q}_{\text{sc}}|\sin\theta
\end{aligned}
\tag{9.1.4}
$$

Brillouin 散射有两个峰。若入射的光子在散射中失去一些能量，Stokes 峰就出现了。反之，光子得到一些能量则形成 anti－Stokes 峰。Stokes 峰与 anti－Stokes 峰的区别见表 9.1。

表 9.1 Stokes 峰与 anti－Stokes 峰的区别

Stokes 峰	anti－Stokes 峰
$\omega_{\text{ic}} > \omega_{\text{sc}}^{\text{st}}$	$\omega_{\text{ic}} < \omega_{\text{sc}}^{\text{ast}}$
$\boldsymbol{q}_{\text{ic}} - \boldsymbol{q}_{\text{pn}} = \boldsymbol{q}_{\text{sc}}^{\text{st}}$	$\boldsymbol{q}_{\text{ic}} + \boldsymbol{q}_{\text{pn}} = \boldsymbol{q}_{\text{sc}}^{\text{ast}}$

导致 Brillouin 散射的声子是自发的。它们来自试样内始终保持着的热起伏，或者说各局域温度的不均匀性。除自发的声子（或称之为热声子）之外，磁振子（自旋波）也能引起 Brillouin 散射。

9.1.2 谱仪[2~4]

通常，$\omega_{\text{pn}} = 10^{-6}\omega_{\text{sc}}$。这就是说，激光 Brillouin 散射谱仪的分辨率必须在 10^{-6}以上。因此，当今很多 LBS 谱仪（图 9.2）都包含了 Sandercock 开发成功的串接型多通道 Fabry－Perot 干涉器。

串接型 F/P 干涉器由两块严格平行的高平整度平面镜组成。其一是固定的，依靠压电扫描可改变两镜面的间距 $l_{\parallel}$。这两个镜面起调谐滤波的作用，即只有 λ_{sc}正比于 $2l_{\parallel}$ 的散射光才能顺利从其间透过。$l_{\parallel}$ 每改变（$\lambda_{\text{sc}}/2$）时，易透过散射光的频率变动一个 $\Delta\omega_{\text{F/P}}$。若散射光束和镜面垂直，则：

$$
\Delta\omega_{\text{F/P}} = \frac{2}{\lambda_{\text{sc}}}\Delta l_{\parallel} = \frac{\delta_{lt}}{2n_{\text{r}}l_{\parallel}}
\tag{9.1.5}
$$

它也就是所谓的自由光谱区 FSR。δ_{lt}表示透过镜间的散射光最大光强与最小光强之比，称为对比度：

$$
\begin{aligned}
\delta_{lt} &= 4\left(\frac{\breve{F}}{\pi}\right)^2 \\
\breve{F} &= \frac{\Delta\omega_{\text{F/P}}}{(\text{FWHM})_{\text{Rayl}}}
\end{aligned}
\tag{9.1.6}
$$

$(\text{FWHM})_{\text{Rayl}}$是 Rayleigh 峰的半高宽，$\breve{F}$ 称为精度。

单道 F/P 干涉器的 $\breve{F} < 100$。串接型 F/P 干涉器（TFP）的通道数越多，则对比度和精度越好，但透过干涉器的光通量越低。

如果要求更高的分辨率，共焦型（球形）Fabry - Perot（CFP 或 SFP）干涉器是该选的仪器。图 9.3 中，SAS 为信息采集系统，A 为偏振滤波器，PM 为光电倍增管。

SFP 中取代相互平行的两平面镜的是两块相对的凹面镜，其间距与它们的共同曲率半径相差无几。这种干涉器一般无需求助于多通，就可在维持高光通量的

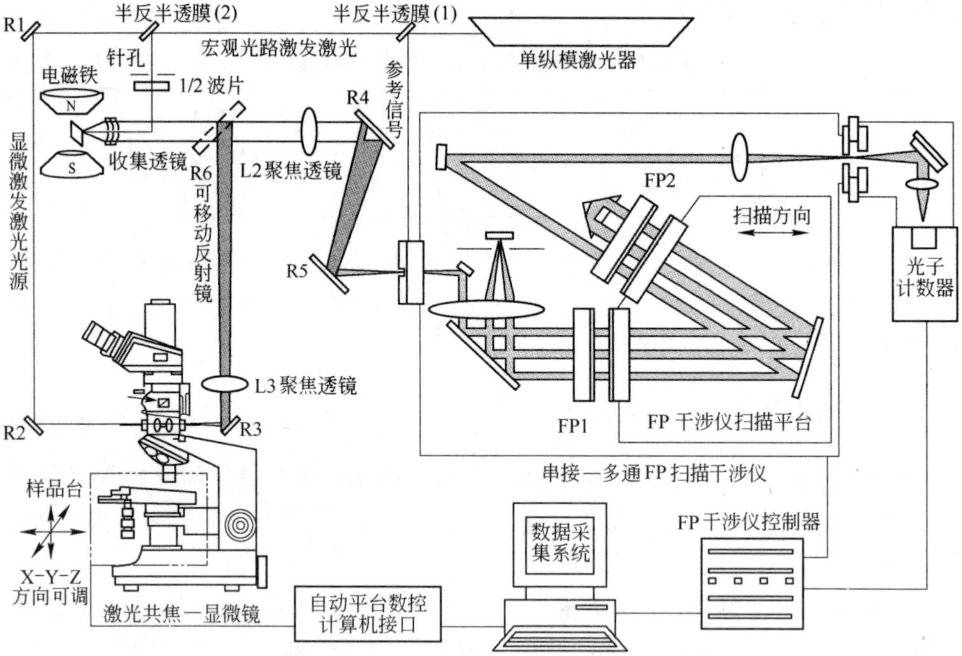

图 9.2　串接型激光 Brillouin 散射仪结构示意图

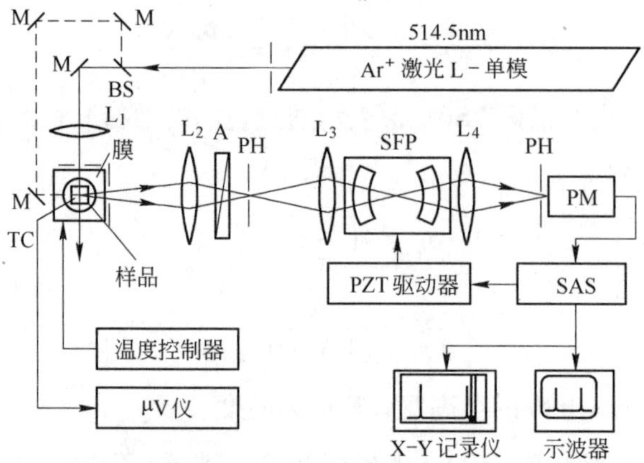

图 9.3　共焦型激光 Brillouin 散射仪结构示意图

同时提供 1MHz 的高分辨率，对比度和 TFP 的类似。若试验要求测定很窄的 Brillouin 峰宽则应采用 TFP + CFP 的方案，其分辨率和对比度都很高。

除了采用 F/P 干涉器的 LBS 谱仪之外，还有用紫外激光的谱仪（UBS）和光外差谱仪（optical beating BS，OBBS）。光散射领域中还包含动态散射技术及其延伸，它们在冶金过程中也有重要的应用价值，后文将做一些说明。

9.1.3 表面谱测定[4~16]

透明试样中散射区在其体内，所得的是体谱（bulk spectrum）。可见光在金属中的透入深度为 $|\boldsymbol{q}_{pn}|^{-1}$cm，约 15nm，散射区域限于表层，所以除了磁振子的作用之外只讨论表面谱 surface Brillouin spectrum（SBS）。此时 $\boldsymbol{q}_{pn}$ 大体平行于试样表面，但是实际上，在表层中波矢不再是确定的而呈某一分布，它们以及折射率 n_r 等都要按复数处理。声子在三维上都有分量，若所测的谱属于 xy 面，那么只是指向 z 轴的分量很小。因此，SBS 有很多模式。

当声子在 xy 面上迁移时出现表面声波（SAW），Rayleigh 模式是 SAW 所致的准弹性光散射（谱图中紧靠在 Rayleigh 峰的两侧之尖峰，见 Yoshihara 的论文）；表层内混合而成的声子引发 Lamb 模式；而在玻璃/金属液界面上迁移的声子是 Stoneley 模式的起因。固态或液态试样的 xy 面上总会出现动态的微微凸起，而导致皱褶－涟漪模式。在金属液的 SBS 中此模式起重要作用。

因散射体积小 SBS 的谱线强度更低，但金属块 SBS 已有若干研究结果。图 9.4 是 Ni 基超合金 CMSX－4 单晶在室温下和 873K 下的 SBS。Comins 等在测谱前将该试样的表面抛光至 50nm。他们指出：该单晶的 SBS 主要由 Rayleigh 模式和 Lamb 模式组成，并且 Lamb 模式中含有试样体内声子的影响。实测的谱线与按表面 Green 函数法计算的结果吻合得很好。

Dil 等用斜照明方式（图 9.5）研究了在 BK7 质（n_r = 1.52）半球体覆盖下 Hg 的室温 SBS。他们指出，图 9.6 中的尖峰是 BK7/液 Hg 界面上的 Stoneley 模式，其峰位随入射角及散射角而变。该峰的长尾上有一个小峰，它是邻接界面的液 Hg 体内声子导致的。Dil 等以及 Albuquerque 曾分别讨论了上述实验条件下 Brillouin 散射的理论问题。后者考虑了 BK7/液 Hg 界面上涟漪模式的重要作用，从而区分了该尖峰和小峰成因的差异。他认为，该尖峰是 Brillouin 散射的主要特征。

Rowell 等用 TFS（total field solution）方法计算 BS 谱，其谱线强度的计算结果与 Dil/Brody 实测的液 Ga 谱以及 Sandercock 实测的 Al 谱吻合得很好，见图 9.7 和图 9.8。

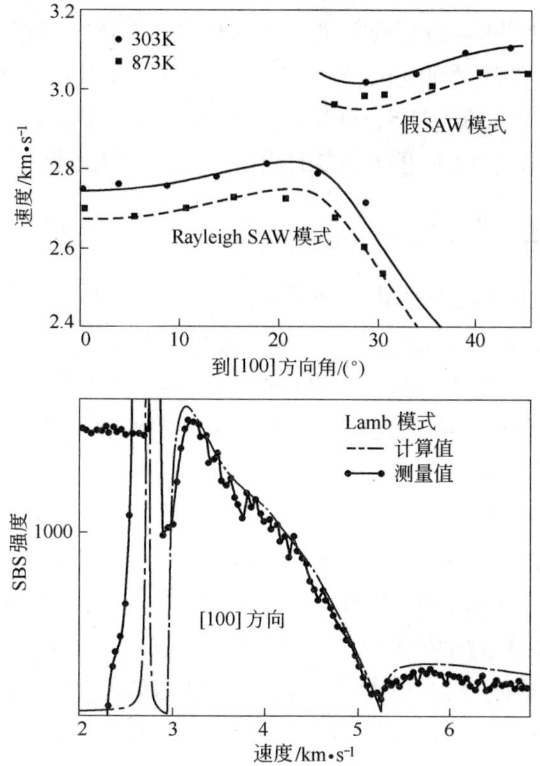

图 9.4　Ni 基超合金 CMSX－4 单晶在室温下和 873K 下的 SBS

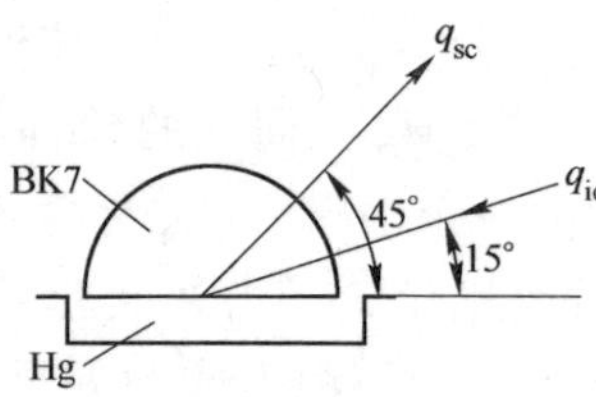

图 9.5　室温 SBS 测试时的斜照明方式

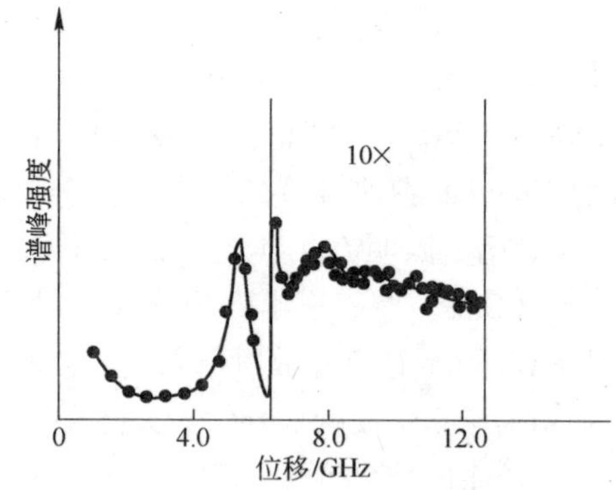

图 9.6　BK7/液 Hg 界面上的 SBS

如上述金属的 $\boldsymbol{q}_{pn}$ 大体平行于试样表面，所以 Stokes 以及 anti－Stokes 散射的波矢由图 9.9 示出。则两峰的峰位应是：

$$\omega_B = \omega_{ic} - \omega_{sc} = \boldsymbol{q}_{pn}\boldsymbol{v}_s = \pm 2\boldsymbol{q}_{ic}\boldsymbol{v}_s\sin\theta \tag{9.1.7}$$

由此可见，当入射角 $\theta=90°$时 BS 峰距 Rayleigh 峰最远，并且表面声子最强。这就是所谓的背散射方式：入射线与散射线的夹角近于 180°，上述 Dil 的实验用的即是如此原则。实际上，表面散射时的波矢分布更复杂，关键的问题在于：当入射线在 xz 平面内时散射线有 y 轴分量（图 9.10）。

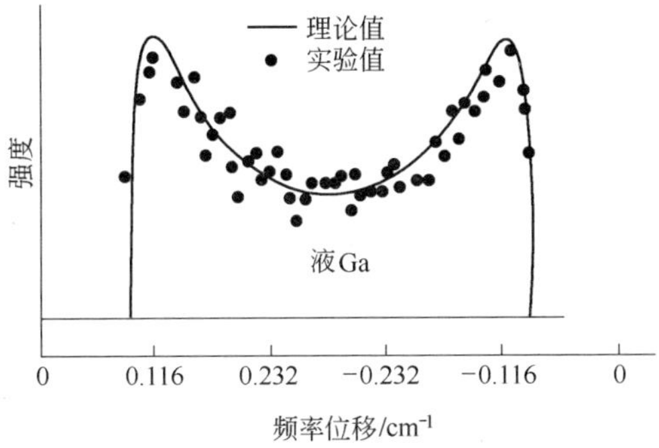

图 9.7 Rowell 等计算 BS 谱与 Dil/Brody 实测的液 Ga 谱

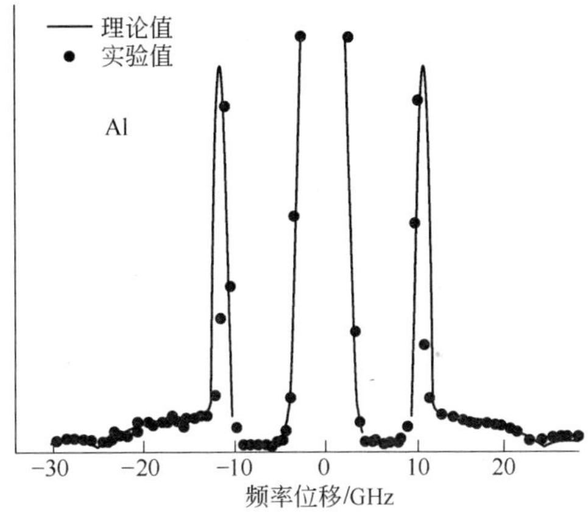

图 9.8 Rowell 等计算 BS 谱与 Sandercock 实测的 Al 谱

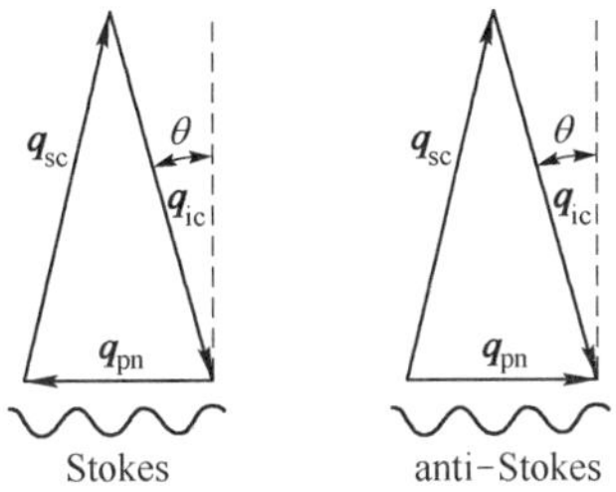

图 9.9 Stokes 以及 anti－Stokes 散射的波矢

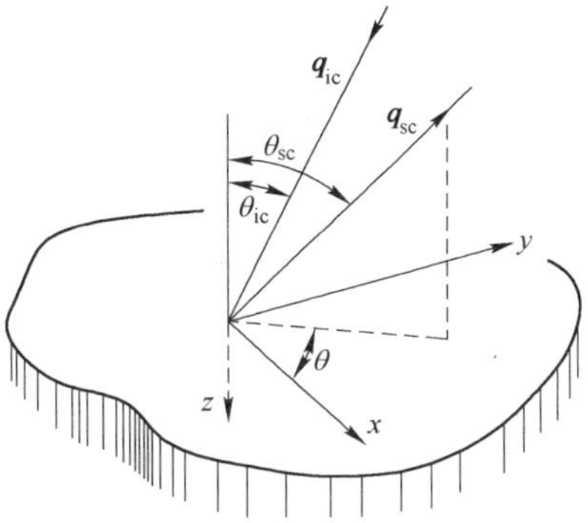

图 9.10 若入射线在 xz 平面内，散射线有 y 轴分量

Stoddart 等就 SBS 的测定精度问题做了有意义的分析。首先他们讨论了散射线 y 轴分量引起的误差。$\boldsymbol{q}_{pn}$在 x 轴和 y 轴上的投影分别为：

$$\begin{aligned} \boldsymbol{q}_x &= \boldsymbol{q}_{ic}\sin\theta_{ic} + \boldsymbol{q}_{sc}\sin\theta_{sc}\cos\vartheta \\ \boldsymbol{q}_y &= \boldsymbol{q}_{sc}\sin\theta_{sc}\sin\vartheta \end{aligned} \tag{9.1.8}$$

因而：

$$\boldsymbol{q}_{\mathrm{pn}} = \boldsymbol{q}_{\mathrm{ic}}\sqrt{\sin^2\theta_{\mathrm{ic}} + 2\sin\theta_{\mathrm{ic}}\sin\theta_{\mathrm{sc}}\cos\vartheta + \sin^2\theta_{\mathrm{sc}}} \tag{9.1.9a}$$

假设 $\vartheta = 0°$且 $\theta_{\mathrm{ic}} = \theta_{\mathrm{sc}}$，则散射线无 y 轴分量的极限条件下：

$$\boldsymbol{q}^x_{\mathrm{pn}} = 2\boldsymbol{q}_{\mathrm{ic}}\sin\theta_{\mathrm{ic}} \tag{9.1.9b}$$

此式和式（9.1.4）完全一致。散射线有 y 轴分量的实际条件下 $\vartheta_- < \vartheta < \vartheta_+$，因此要考虑的是 $\boldsymbol{q}_{\mathrm{pn}}$在单位立体角内的均值〈$\boldsymbol{q}_{\mathrm{pn}}$〉相对于 $\boldsymbol{q}^x_{\mathrm{pn}}$的变化：

$$\frac{\langle \boldsymbol{q}_{\mathrm{pn}}\rangle - \boldsymbol{q}^x_{\mathrm{pn}}}{\boldsymbol{q}^x_{\mathrm{pn}}}$$

这个变化自然也使 SBS 的测试峰位有了误差。Stoddart 等在其研究中发现，入射角的大小和采集散射光的透镜/光圈对〈$\boldsymbol{q}_{\mathrm{pn}}$〉相对于 $\boldsymbol{q}^x_{\mathrm{pn}}$的变化有重要影响。图 9.11 中的 f/5.5 等表示透镜/光圈的指标，5.5 是该光学元器件的焦距和有效孔径之比。显然，图 9.11 说明用 f/5.5 的透镜/光圈时〈$\boldsymbol{q}_{\mathrm{pn}}$〉相对于 $\boldsymbol{q}^x_{\mathrm{pn}}$的变化较小。

其次，在透镜/光圈的中心和两侧散射角是有变化的：

$$\theta_{\mathrm{ic}} - \Delta\theta \leqslant \theta_{\mathrm{sc}} \leqslant \theta_{\mathrm{ic}} + \Delta\theta \tag{9.1.10}$$

所以散射截面有所变化。

图 9.12 中的 p 表示光的偏振在 xz 平面内。短的点划线说明：在入射角给定条件下单位立体角内的微分散射截面会随着散射角的增大而降低。这是引起峰位测定误差的另一个因素。由图 9.12 来看，就所研究的试样 Si 来说最佳的入射角是 $\theta_{\mathrm{ic}} = 60°$，实际上不少 SBS 测试中都采用 $\theta_{\mathrm{ic}} \approx 60° \sim 70°$。

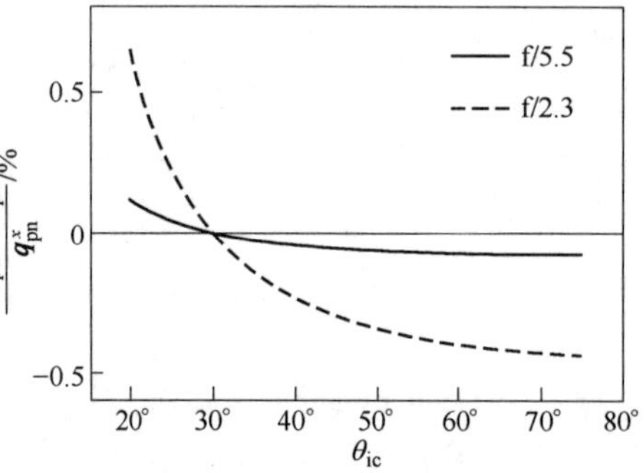

图 9.11　用 f/5.5 的透镜/光圈时〈$\boldsymbol{q}_{\mathrm{pn}}$〉相对于 $\boldsymbol{q}^x_{\mathrm{pn}}$的变化较小

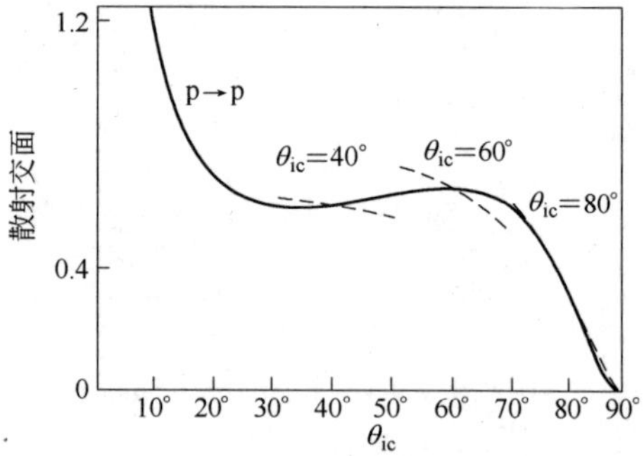

图 9.12　不少 SBS 测试中都采用 $\theta_{\mathrm{ic}} \approx 60° \sim 70°$的原因

影响 SBS 测试精度的因素还有：

（1）试样表面的清洁度。Stoddart 等认为入射光的波长较短时，它在金属中的透入深度较小，表面清洁度的影响更大。熔融金属的 SBS 测试中试样必须置于超高真空下（$p_{O_2} < 10^{-11}$ Torr，1Torr = 133.3224 Pa）。Penfold 和 Dil 都建议用 Ar 溅射清除氧化膜。

（2）除整套谱仪的防振之外，熔融金属的试样必须是很薄的一层，最多不超过 2mm。Penfold 建议小于 0.3mm。

（3）在测试点附近试样表面曲率半径必须足够大，所以熔融金属的试样盒应有足够的尺度。

Stoddart 等的试样 Si 最高被加热至 1073K。他们认为：HT－SBS 的成功是由于多通 TFP 干涉器可有效地抑制高温下的黑体辐射，而且温度升高时散射截面会线性地增大。Sinogeikin 等在其 HT－LBS 研究（谱仪配有多通 TFP 干涉器）中将多种氧化物试样加热到 1800～2500K。他们也指出谱峰强度随温度呈线性增加，但发现温度越高谱图质量越差，因为氧化物的热辐射仍然按温度的 4 次方上升，尽管它远低于金属的热辐射。他们认为，采用波长更短（如 488nm）的激光有望将温度限提高数百 K。作者认为，引入 TFP + CFP 组合干涉器可能是重要的举措。

9.1.4 动态光散射（DLS）[17～25]

常规 LBS 谱图中有三个峰，中央是光弹性散射所致的 Rayleigh 峰，其两侧是非弹性的光散射——Stokes/anti-Stokes 峰。表面谱中的 Rayleigh 模式反映 SAW 所致的是光准弹性散射。DLS（dynamic laser scattering）也是光的准弹性散射，源于试样表面上的毛细波。后者又是类 Brown 运动造成的，但它不是声子，有人称之为“ripplons”。

类 Brown 运动使 t 时刻自由表面上任一点 r 在法向上有一起伏：

$$\tilde{d}(r,t) = \sum_q [\tilde{d}_q \exp(\mathrm{i}\omega_{cap} t)] \exp(\mathrm{i}\boldsymbol{q}_{cap} r)$$

$$\langle \tilde{d}^2 \rangle = \sum_q \frac{1}{\beta(\sigma \boldsymbol{q}^2 + \rho g)} = \frac{1}{2\pi\beta\sigma} \ln \frac{l_{cap}}{l_a} \tag{9.1.11}$$

$$l_{cap} = \frac{\sigma}{\rho g}$$

$\boldsymbol{q}_{cap}$、ω_{cap} 是毛细波的波矢和频率；l_a 表示原子尺度（如 0.2nm），l_{cap} 是毛细长度（约 2mm）。如果 $\sigma \approx 50$mN/m，则 $\langle \tilde{d}^2 \rangle^{1/2} = 0.5$nm，所以法向起伏很小。

令激光在金属表面上镜面反射线以 θ 角射出，毛细波所致散射波矢的投影限于镜面反射线投影的两侧 $\pm\Delta\theta$ 的范围内。因此：

$$\boldsymbol{q}_{cap} = \boldsymbol{q}_{sc} - \boldsymbol{q}_{rl}$$

$$|\boldsymbol{q}_{cap}| = \sum_{\delta\theta} \left[\frac{4\pi}{\lambda_{rl}} \sin\left(\frac{\Delta\theta}{2}\right) \cos\theta\right] \tag{9.1.12}$$

下标 rl 表示镜面反射线。毛细波的色散关系称为 Lamb – Levich 方程：

$$\left(\omega_{cap}+2\frac{\eta_s}{\rho}q_{cap}^2\right)^2+gq_{cap}+\frac{\sigma}{\rho}q_{cap}^3=4\left(\frac{\eta_s}{\rho}q_{cap}\right)^2\sqrt{1+\frac{\rho\omega_{cap}}{\eta_s}q_{cap}^2}$$
$$\omega_{cap}=\omega_0+\mathrm{i}\Gamma \tag{9.1.13}$$

g 是重力加速度。金属表面上 L – L 方程的解如下：

$$\omega_0=\sqrt{\frac{\sigma}{\rho}q_{cap}^3}$$
$$\Gamma=\frac{\eta_s}{\rho}q_{cap}^2=\frac{1}{2}\tau(q_{cap}) \tag{9.1.14}$$

$\tau(q_{cap})$ 是给定 q_{cap} 值条件下该散射峰强的衰减时间。令 $\Delta\omega=\omega_{sc}-\omega_0$，毛细波引发的散射峰能谱 $P(\omega)$ 示意如图 9.13。

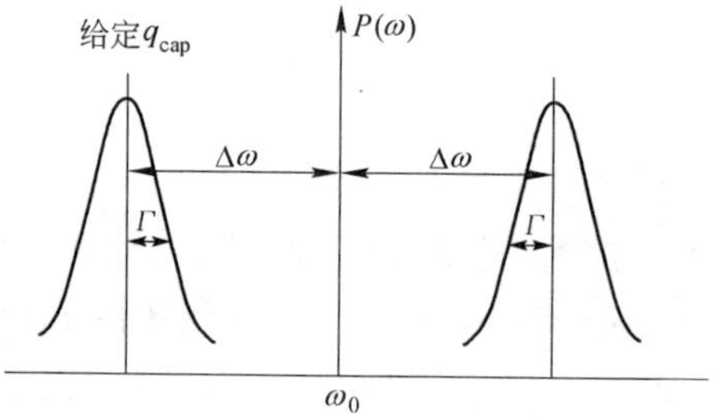

图 9.13　毛细波引发的散射峰能谱 $P(\omega)$

DLS 测定还可给出散射线强度随时间衰减的信息。通常这种信息用相关函数的形式表示：

$$g^{(2)}(t)=\langle\breve{I}(t)\breve{I}(0)\rangle=\langle\breve{I}\rangle^2(1+\mathbb{C}\,|g^{(1)}(t)|^2)$$
$$g^{(1)}(q,t)=\exp(-\Gamma t) \tag{9.1.15}$$

图 9.14 是该相关函数随温度不同的变化，引自 Comez 等的论文。

由此散射线强度相关函数可推得多种动力学参数和传输系数的相关函数。此种测试又命名为 PCS（photon correlation spectroscope）。Pavlatou 等和 Comez 等都采用了 LBS/PCS 组合进行研究。这种组合易于实施，且能在更迫近流体力学极限的长波范围得到可靠的谱线。

图 9.15 是 DLS/PCS 装置（采用超外差光路检测）的概况，见 Langevin、Cummins、Earnshaw 等的论著。这些论著还说明了测试误差的影响因素，后者对 LBS 实验也是有效的。另外，Brene/Pecora 的著作也值得一读。

Bird 等和 Kolevzon 等分别用 DLS/PCS 研究了液 Hg 和液 Ga。后者的峰位取

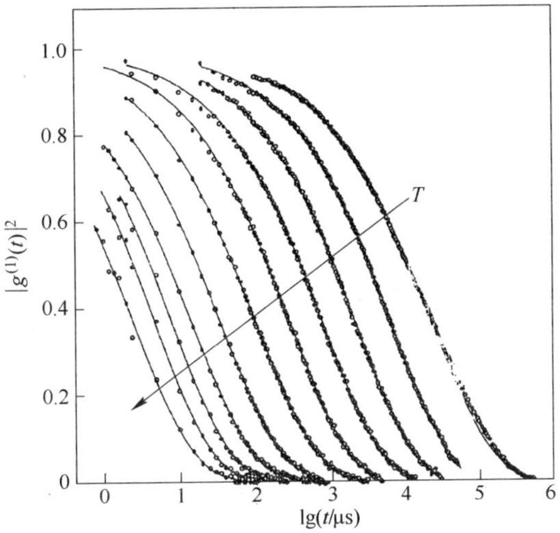

图 9.14 不同温度下 DLS 散射线强度相关函数随时间的衰减

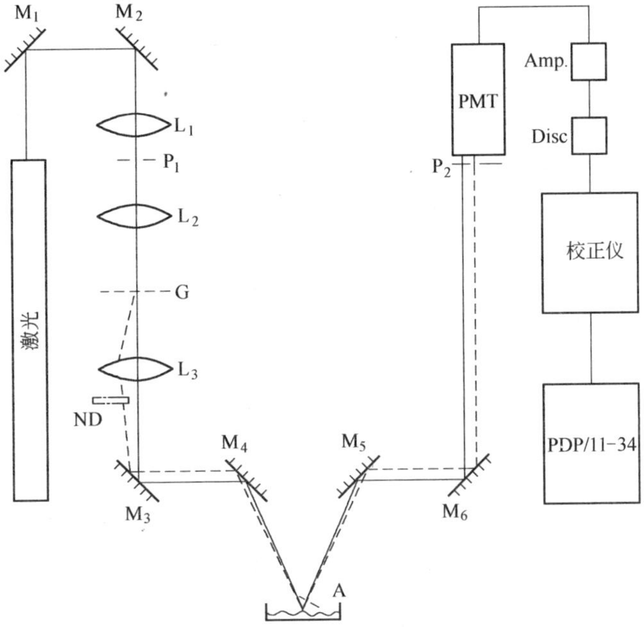

图 9.15 DLS/PCS 装置（采用超外差光路检测）的概况

P—小孔；A—光阑；G—光栅；ND—中心密度滤波器

决于 q_{cap} 值。Kolevzon 等报道：$q_{cap}=302\sim320\text{cm}^{-1}$ 时 Ga(31℃) 的峰位略高于 10kHz，638cm^{-1} 时该峰移至近 30kHz。图 9.16 是 Ga 的峰位和衰减随波矢的变

化，图中的线是理论预测结果。

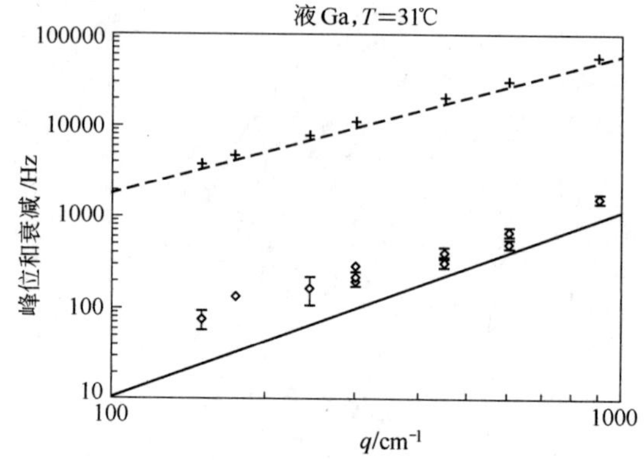

图 9.16　Ga 的 DLS/PCS 峰位和衰减随波矢的变化

9.1.5　磁振子所致的 BS 谱[1,2]

图 9.17 是铁块在外磁场（H）作用下由磁振子引发的 BS 谱。图 9.17 不但给出了表面磁振子所致的尖峰，而且块体内磁振子引起的宽峰（较弱的是 Stokes 峰，较强的是 anti－Stokes 峰）也同时显现。由此可见，用这种谱研究金属熔体内和表面上传输系数在外场作用下的变化规律是应十分重视的课题。

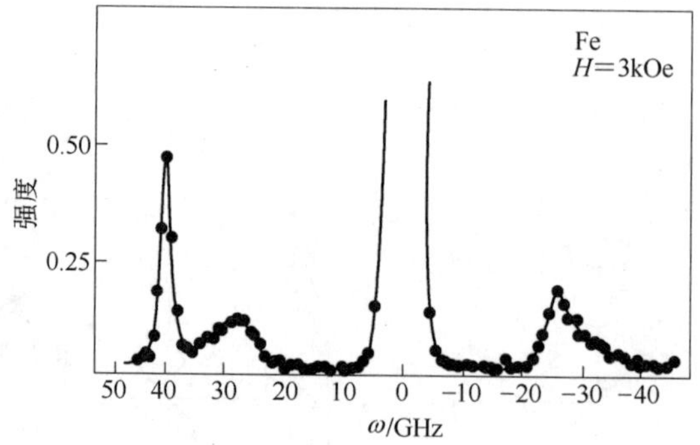

图 9.17　外磁场（H）作用下由铁块内磁振子引发的 BS 谱

9.2　受激的 LBS（S－LBS）

通常在 BS 领域中，SBS 既表示受激（stimulated）的 LBS，又用作表面（surface）LBS 的符号。为避免混淆，作者用 S－LBS 表示受激的 LBS。

Srivastava 指出：若入射激光束的频率 ω_{ic} 高于试样的等离子频率 ω_p 并且其

功率超过某一阈值时，就会出现受激的激光 Brillouin 散射（S－LBS）现象。计算显示，如果 $\omega_{ic} \to \omega_p$，则该阈值会变得很小[26]。

9.2.1 SBG[27~29]

利用 S－LBS 现象得到的一种谱称为受激 Brillouin 增益（gain）谱，简写为 SBG。这类实验使用两束激光，其波矢和频率分别为（ω_1，$\boldsymbol{q}_1$）、（ω_2，$\boldsymbol{q}_2$）。光束 1 是强激光起激励作用，光束 2 是低噪声的弱激光作探测之用。它们之一频率可调。两者的偏振相互垂直，反向入射而在试样中的某一长度上重叠（通常它们的夹角接近 180°）。调节 $|\omega_1 - \omega_2|$ 使之等于试样的 Brillouin 散射频率 ω_B 则出现共振，此时声子的波长 $\boldsymbol{q}_{pn} = \boldsymbol{q}_1 - \boldsymbol{q}_2$。于是，光束 1 和光束 2 之间就发生能量传递，光束 2 的强度增益随频率的变化即是 SBG。

SBG 谱仪中不含干涉器，其结构配置（见 Grubbs 等的论文）如图 9.18 所示。

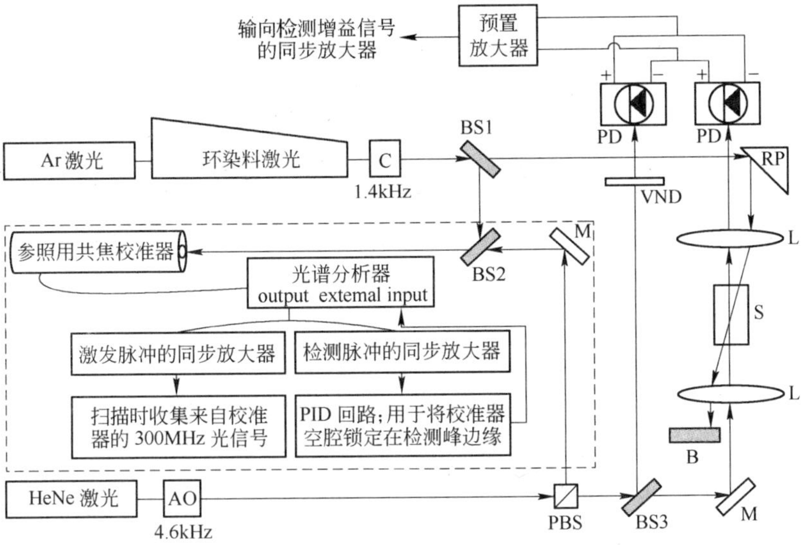

图 9.18　SBG 谱仪结构配置

BS1—BK7 光学玻璃片；BS2，BS3—50/50 分束器；PBS—偏振分束器；M—镜；L—透镜；PD—光学二极管；S—试样；B—光束终端；VND—可变的中性密度滤片；RP—镀有反射膜的直角棱镜；C—斩波器；AO—声光调制解调器

图 9.19 是常规 BS 和 Raman 谱与 SBG 和 SRG 的比较，引自 Denariez 等的论文。下标 r 及 v 分别表示结构基元旋转和振动所致的峰。

按照 Grubbs 等的意见，SBG 的特点可归纳如下：

（1）Rayleigh 峰被抑制，BS 峰很强；

（2）激光束的线宽越狭窄，则频率（横坐标）的分辨率越高；

（3）激光束的频率可调范围决定了横坐标的跨度；

（4）声子的波长完全取决于两激光束的夹角 ϑ_{si}：

$$|\boldsymbol{q}_{pn}| = \frac{4\pi n_r}{\lambda_{ic}}\sin\vartheta_{si} \tag{9.2.1}$$

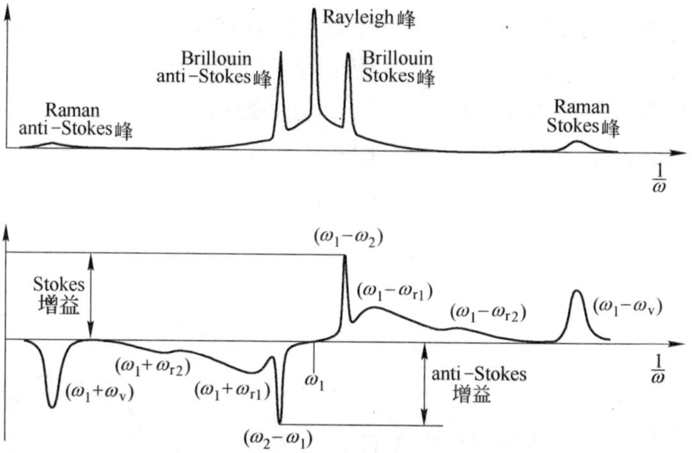

图 9.19　常规 BS 和 Raman 谱与 SBG 和 SRG 的比较

常规 BS 测试中透镜/光圈所致的误差不再存在。因此，SBG 的信噪比很大，峰位和半高宽都有甚高的精度。

如上所述，SBG 是散射强度随频率而变的谱图，这正是它又被称为频率域上的 S－LBS 之原因。综合各家的数据，SBD 横坐标的跨度可由 4MHz 伸展到 27GHz。因此，研究 SBG 峰位和半高宽随温度的变化可得到有意义的信息。Miller 等用此种方法分析了过冷液体的动力学，揭示了缓慢弛豫的过程。但 SBG 测试时常要求两激光束在试样中的重叠长度达到 6mm 左右，所以一般用于研究透明物体。作者认为，探讨将 SBG 用于金属的可行性值得一试，例如令两束激光在玻璃/金属界面上重叠。

9.2.2　ISBS 和 ISTS[30～42]

ISBS 和 ISTS 的开发是 Nelson 团队的研究成果。ISBS 表示脉冲激励（impulsive stimulated）的 BS。可用图 9.20 简略地说明 ISBS 的原理。

常规 BS 所成的谱是试样中非相干声子通过光弹性效应引起的光散射，ISBS 用两束偏振相同的 ps 级脉冲激光交叉射入试样并聚焦于一点。因所设频率的激

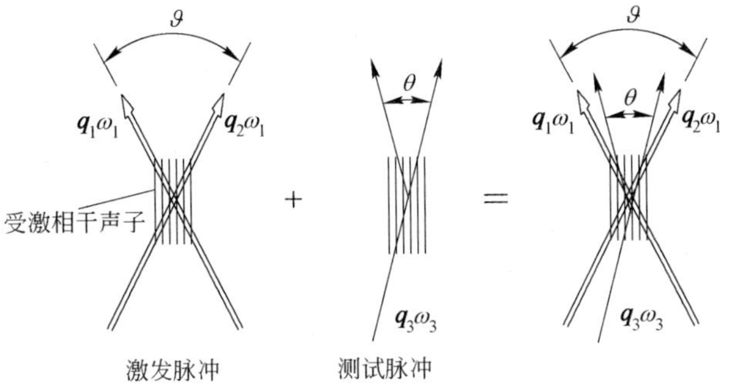

图 9.20　ISBS 的原理

光脉冲能完全透过试样，生成的相干声子通过光弹效应导致散射，其强度很大且不受试样温度影响。

$$\begin{aligned} \boldsymbol{q}_{pn} &= \boldsymbol{q}_1 - \boldsymbol{q}_2 = 2\boldsymbol{q}_1\sin(\vartheta/2) \\ \boldsymbol{\lambda}_{pn} &= \frac{\boldsymbol{\lambda}_1}{2\sin(\vartheta/2)} \end{aligned} \tag{9.2.2}$$

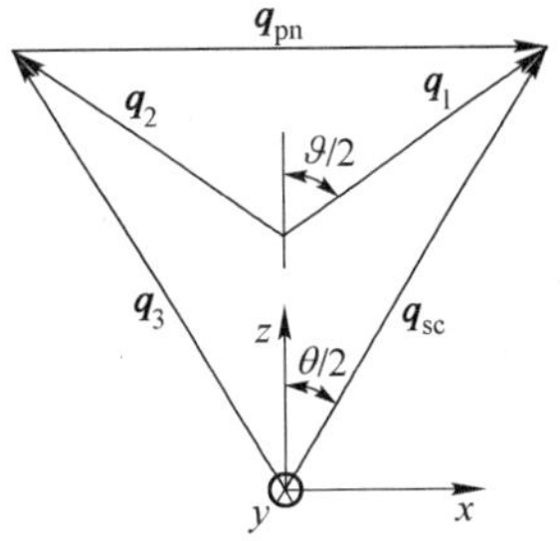

图 9.21　ISBS 波矢间的关系

λ_{pn}是激励所致移动光栅的栅间距。根据散射效率的计算得知，在每一个栅间距内有两个光弹效应所致的散射波峰。

ISBS 再用第三束激光（通常偏振相同）沿上述两脉冲构成的平面射至两脉冲的聚焦点，在角 θ 处得到散射谱，如图 9.21 所示。

$$\begin{aligned} \boldsymbol{q}_{pn} &= \boldsymbol{q}_{sc} - \boldsymbol{q}_3 \\ \sin\theta &= \frac{\boldsymbol{\lambda}_3}{2n_r\boldsymbol{\lambda}_{pn}} \end{aligned} \tag{9.2.3}$$

如果所设频率的两束激发脉冲完全不能透过试样而因局域的脉冲加热导致移动的光栅，通过热弹效应引起散射，如此所得的就是 ISTS（impulsive stimulated thermal scattering）谱。散射效率的计算表明：在每一个栅间距内只有一个热弹效应引起的散射波峰。

起探测作用的第三束激光可以有不同的类型。若使用延迟时间可变的激光脉冲，时间域较狭但能以更高的分辨率记录散射光中快变信息随该时间的变化。若采用单模连续激光，令散射光首先通过光电探测器再输至示波器，这样散射光中非快变信息在长时间内的变化都可记录下来。所以，ISBS 和 ISTS 一般是展现于时间域上的谱，或者说谱图的横坐标是时间。另一方面，在采用单模连续激光的条件下，如果散射光由 CFP 干涉器处理后输至光电探测器，振荡的信息再经均化就可得到展现于频率域上的谱。

图 9. 22 是 Nelson 等的一个试验结果，激发脉冲的波长为 532nm。图 9. 22(a) 是来自乙烯醇的信号，图 9. 22(b) 和图 9. 22(c) 分别对应于浓度不等(5×10^{-6}mol/L 和5×10^{-5}mol/L)的孔雀绿在乙烯醇中的溶液。

该试验条件下 $\lambda_{pn}=2.47\mu m$，声子移过 2. 47μm 距离所需的时间 $\tau_{pn}=2.13ns$。由此可得：乙烯醇中声子的速度 $v_{pn}=1.16\times10^5 cm/s$，声子的角频率为：

$$\omega_{pn}=2\pi\frac{v_{pn}}{\tau_{pn}}=2.95\times10^9/s \quad (9.2.4)$$

由图 9. 22(a) 可见，在每个 2. 13ns 期间都有两个峰。事实上，532nm 的激发脉冲可以穿过乙烯醇。所以，对乙烯醇来说是光弹(photoelastic) 效应起的作用。而孔雀绿能吸收 532nm 的激发脉冲，因此用孔雀绿溶于乙烯醇的浓溶液做的试验是光热 (photothermal) 效应起的作用。图 9. 22(c) 也显示每个 2. 13ns 期间只有 1 个峰。图 9. 22(b) 则说明两种效应共存。

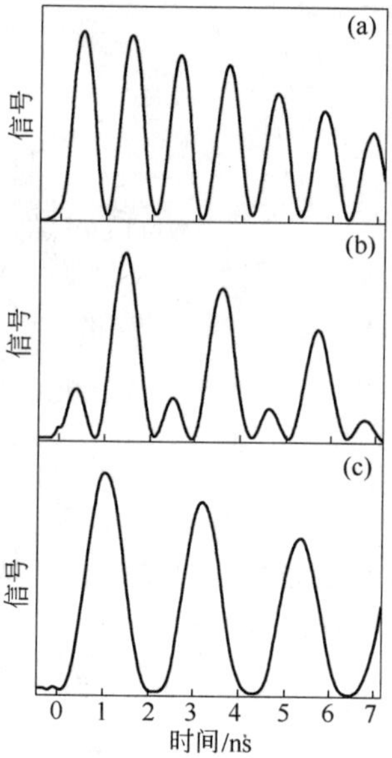

图 9. 22　乙烯醇及不等浓度孔雀绿/乙烯醇溶液的 ISTS 谱

Kinoshita 等的一个试验用 1062nm 的脉冲作为入射激光束，用乙烯醇和 CCl_4 为试样。图 9. 23 是所得的时间域谱线。

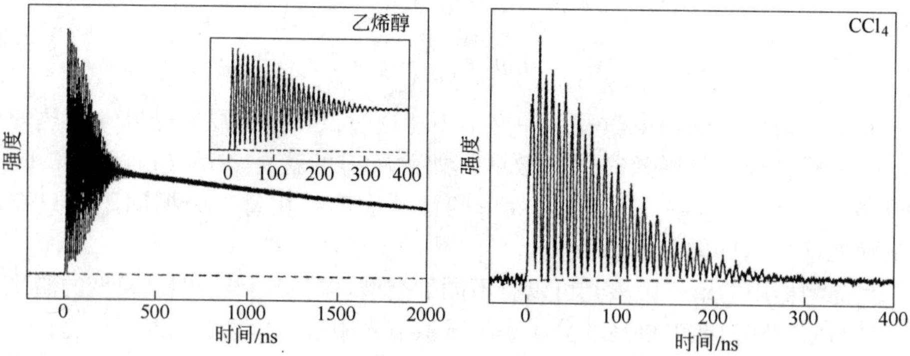

图 9. 23　乙烯醇和 CCl_4 的时间域谱线

1062nm 的脉冲可透过 CCl_4，所以是光弹效应的结果。但该脉冲不能顺利穿过乙烯醇，用延迟时间可变的激光脉冲探测的是光弹效应引发的快速振荡，而衰减时间达 4μs 的是用连续激光探测而得的光热效应结果。Kinoshita 等测得的频率域谱线如图 9.24 所示。

事实上，时间域谱线经 FT 运算也能得到频率域谱线，见 Zaug 等的论文。

Maznev 等和 Glorieux 等在试验中还采用如图 9.25 所示的超外差光路进行探测。图中的参考光束和探测光束严格同线但有相位差，并且其强度远远大于后者。如此，则两光束相干所致的信息和参考光束强度的方根成正比，线性和相位稳定性也更好。

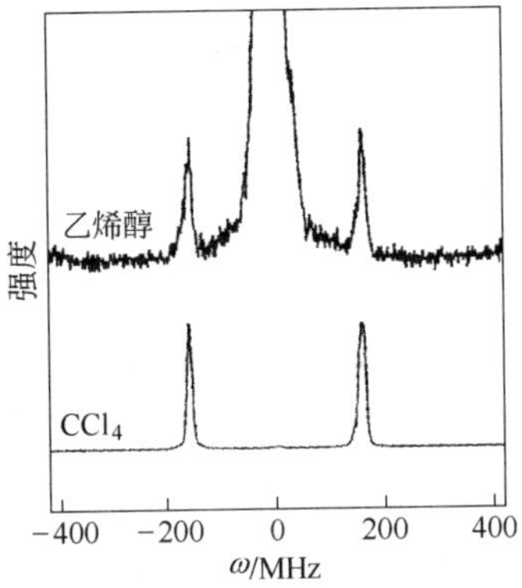

图 9.24 乙烯醇的慢衰减 ISTS 频率域谱线

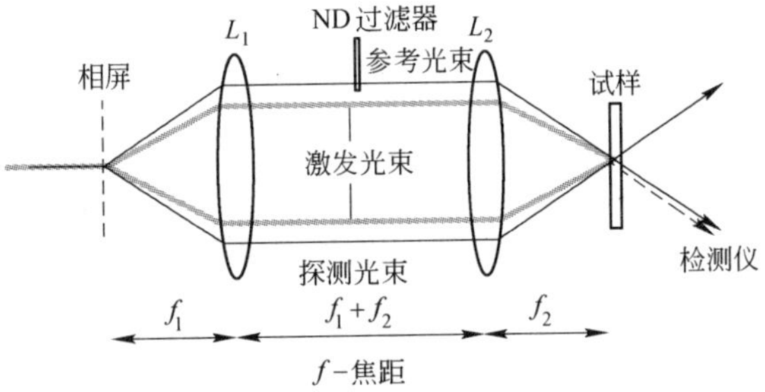

图 9.25 超外差光路

ISBS/ISTS 试验的特点在于：

（1）信噪比大，试样表面不平整度没有明显影响；

（2）两激励脉冲的夹角不确定度小于 ±1%，又可在很大的范围（如 0.89°～88.9°）内变动，所以散射光波长稳定，可变幅度也很大（如 68.8～0.76μm）；

（3）可在更低的频率下测得信息，Robinson 等指出，频率覆盖范围 3MHz～30GHz。

就金属而言双脉冲激励的结果只能有光热效应，所以都是 ISTS 试验。Zhao 等用此法测定了 Al、Ni、Ge 单晶的表面谱（如 RAW）。Maznev 等用超外差光路研究了单晶 Si 的表面谱。Crowhurst 等和 Zaug 等分别报道了置于 DAC（diamond anvil cell）中的 Fe、Ge、Ta 在给定温度/压力下的界面（导压介质/金属）谱，得到 Stonely 波的信息。根据这类测试结果可以得到许多动力学信息，例如 Zaug 等指出：由相应于光热效应所致弛豫之衰减时间可算出热扩散系数；还可以研究过冷液态中的弛豫过程。

9.3　冶金传输研究中应用光散射及相关测试方法的可行性讨论

冶金传输现象是冶金过程中的一个基本环节。冶金传输现象属于广义的传质、传热、动量传输范畴，服从完全相同的数理公式。研究冶金传输现象的难处在于冶金过程中，特别是高温冶金过程中，初始条件和边界条件的精确测试十分棘手。作者多次指出，迄今冶金反应工程学并没有成为一个独立的分支，其原因就在其研究中常引用的许多参数并非就地实时测得的结果。

利用光散射可以就地实时测定冶金传输现象中的初始条件和边界条件。它们比许多读者都熟知用于常温水模拟中的激光 Doppler 测速仪（LDA）等有明显的优势，以下是若干事例。

9.3.1　可望用于选矿等资源综合利用工程研究的测试方法

Herring 等指出，激光所致荧光、相干 Raman 谱、Raman 增益谱等都能用以测定 1atm（约 0.1MPa）以下流动气体（如 N_2）的局域速度；流动气体（如 N_2 和 Ar）的气压更高时，他们用 SBG 得到局域密度、速度、温度和热扩散率的信息[43]。这类方法对流化床过程的研究应该说大有裨益。

Antar 用相干光散射法研究一个自由空气束中的流动，通过实测的 Rayleigh 和 Brillouin 谱成功地获取了 10～200μm 尺度紊流的信息[44]。层流的研究可用非相干光散射。

Schutz/Staude 设计了一套光散射装置，用以研究渠道中水的紊流。由逐点所测的速度梯度相关函数，得到紊流能耗散、旋度等数据[45]。

现在各种 LBS 所测都是某点的信息，而 Scarcelli 等研制成功的共焦 Brillouin 显微镜能由点测信息绘成 3D 图像[46]。正如超声由点测到成像的发展一样，光散射成像技术也会得到广泛的应用。

9.3.2　用于高温冶金传输研究的测试方法[47～51]

众所周知，激光－超声（LUS）已经成为一种可靠的测试技术。不容置疑，这是和受激光散射相关的技术，因为在 SBG 和 ISBS 中的受激声子正是激光导致的超声。另外，Shan 等和 Monchalin 等都报道了用 CFP（SFP）干涉器提高激光－超声检测信噪比的研究。

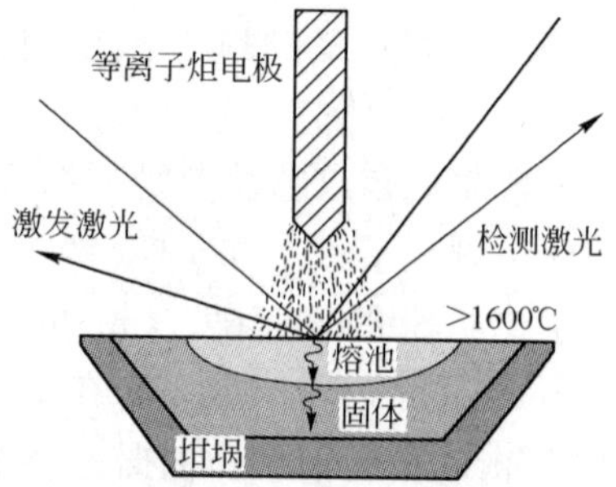

图 9.26　钛等离子弧重熔过程中用激光－超声测定液固边界

图 9.26 是 Walter 等在钛等离子弧重熔过程中用一激光强脉冲激发大功率超声，

依靠该超声测定液固边界，测得的信息用另一连续激光采取，然后再用 CFP 分辨。注意一下 Leiderer 等为了解声子衰减而用两束激光脉冲（一强一弱）进行的受激 Brillouin 散射研究。显然，两者的差异只在于用弱激光提取不同的信息，这显然是建立组合型仪器的前提。

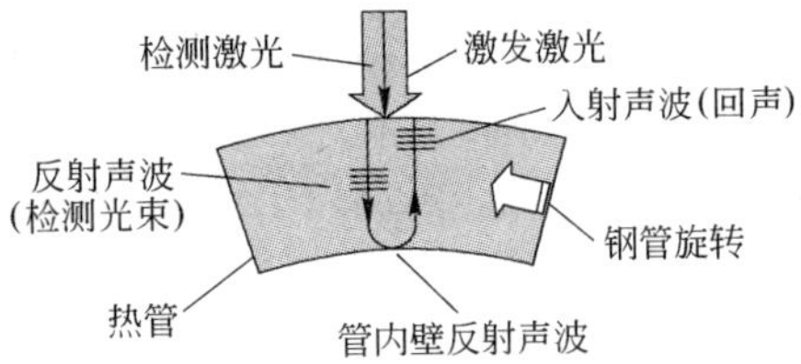

图 9.27 LUS 用于钢管热轧的一例

LUS 在钢板、钢管的热轧过程中也已得到成功的应用。图 9.27 是用于钢管热轧的一例。

作者认为将这类方法用于检测结晶器内或二冷区段内连铸坯中的液固边界线和液相侧超声流速变化将决定钢连铸过程数学模拟的精确性。

按 Scruby 等的工作来看，用 LUS 还可望就地实时地给出显微组织的图像。

参 考 文 献

[1] 程光煦．拉曼、布里渊散射［M］．北京：科学出版社，2007.

[2] Sandercock J R. Trends in Brillouin scattering: studies of opaque materials, supported films, and central modes［J］. Light Scattering in Solids Ⅲ, 1979: 173～206.

[3] Sanada M, Yagi T. High resolution Brillouin scattering observation of ferroelastic soft phonon, using spherical Fabry－Perot interferometer and computer controlled spectra accumulation, Physica B., 1999, 263～264: 584～587.

[4] Yoshihara A. Construction of a Vernier tandem 3＋3 pass Brillouin spectrometer and its application yo surface acoustic wave study in metallic multilayer films［J］. Jpn. J. Appl. Phys., 1994, 33: 3100～3109.

[5] Comins J D, Every A G, Stoddart P R, Zhang X, Drowhurst J C, Hearne G R. Surface Brillouin scattering of opaque solids and thin supported films［J］. Ultrasonics, 2000, 38: 450～458.

[6] Dil J G, van Hijningen N C J A, van Dorst F, Aarts R M. Tandem multipass Fabry－Perot interferometer for Brillouin scattering［J］. Applied Optics, 1981, 20: 1374～1381.

[7] Dil J G, van Hijningen N C J A. Brillouin scattering near a rigid interface［J］. Phys. Rev., 1980, B22: 5924～5935.

[8] Dil J G. Brillouin scattering in condensed matter［J］. Rep. Prog. Phys., 1982, 45: 295～334.

[9] Albuquerque E L. Surface ripple Brillouin scattering from a glass－metallic liquid interface［J］. Phys. Stat. Sil., 1983,（b）118: 223～227.

[10] Albuquerque E L, Almeida N S, Oliveros M C. Theory of light scattering by acoustic modes on liquids interface［J］. Z. Phys. B－Condensed Matter., 1985, 59: 311～315.

[11] Rowell N L, Stegeman G I. Theory of Brillouin scattering from opaque media［J］. Phys. Rev., 1959, B18: 2598～2615.

[12] Sandercock J R. Light scattering from surface acoustic phonons in metals and samiconductors

[J]. Solid State Communications, 1978, 26: 547 ~ 551.
[13] Stoddart P R, Crowhurst J C, Every A G, Comins J D. Measurement Precision in surface Brillouin scattering [J]. Opt. Soc. Am., 1998, 15: 2481 ~ 2489.
[14] Stoddart P R, Comins J D, Every A G. Brillouin scattering measurement of surface acoustic wave velocities in silicon at high temperatures [J]. Phys. Rev., 2000, B51: 17574 ~ 17578.
[15] Penfold J. The structure of the surface of pure liquids [J]. Rep. Prog. Phys., 2001, 64: 777 ~ 814.
[16] Sinogeikin S V, Lakshtanov D L, Nicholas J D, Jackson J M, Bass J D. High temperature elasticity measurements on oxides by Brillouin spectroscopy with resistive and IR laser heating [J]. J. Euro. Ceramic Soc., 2005, 25: 1313 ~ 1324.
[17] Dynamic light scattering, Wilipedia, the free encyclopedia.
[18] Pavlatou E A, Rizos A K, Papatheodorou G N, Fytas G. Dynamic light scattering study of $KNO_3 - Ca(NO_3)_2$ mixtures [J]. J. Chem. Phys., 1991, 94: 224 ~ 232.
[19] Comez L, Fioretto D, Palmieri L, Verdini L. Light scattering study of a supercooled epoxy resin [J]. Phys. Rev., 1999, E60: 3086 ~ 3096.
[20] Langivin D. Light scattering by liquid surfaces and complementary techniques [J]. Surfactant Sci. series 41, Marcel Dekker Inc., 1992.
[21] Earnshaw J C, McGivern R C. Photon correlation spectroscopy of thermal fluctuations of liquid surface [J]. J. Phys. D: Appl. Phys., 1987, 20: 82 ~ 92.
[22] Cummins H G. Photon Correlation and Light Beating Spectroscopy [M]. NY, 1974.
[23] Berne B J, Pecora R. Dynamic Light Scattering [M]. John Wiley & Sons Inc., 1976.
[24] Bird M, Hills G. Physicochemical Hydrodynamics Vol. 2., ed. Spalding D B, 1977: 609 ~ 625.
[25] Kolevzon V, Gerbeth G. Light scattering spectroscopy of a liquid gallium surface [J]. J. Phys. D: Apll. Phys., 1996, 29: 2071 ~ 2081.
[26] Srivastava S. High frequency Brillouin scattering on metals and gaseous plasmas, Pramapa [J]. 1974, 2: 107 ~ 115.
[27] Grubbs W T, MacPhail R A. High resolution stimulated Brillouin gain spectrometer [J]. Rev. SCI. Instrum., 1994, 65: 34 ~ 41.
[28] Denariez N, Bret G. Investigation of Rayleigh wings and Brillouin stimulated scattering in liquids [J]. Phys. Rev., 1968, 171: 160 ~ 171.
[29] Miller R S, MacPhail R A. Ultraslow nonequilibrium dynamics in supercooled glycerol by stimulated Brillouin gain spectroscopy [J]. J. Chem. Phys., 1997, 106: 3393 ~ 3401.
[30] Nelson K A, Dwayne Miller R J, Lutz D R, Fayer M D. Optical generation of tunable ultrasonic waves [J]. J. Appl. Phys., 1982, 53: 1144 ~ 1149.
[31] Nelson K A, Fayer M D. Laser introduced phonon: A probe of intermolecular interactions in molecular solids [J]. J. Chem. Phys., 1980, 72: 5202 ~ 5218.

[32] Yan Y X, Nelson K A. Impulsive stimulated light scattering. 1. General theory [J]. J. Chem. Phys., 1987, 87: 6240~6256.

[33] Nelson K A, Lutz D R, Fayer M D. Laser induced phonon spectroscopy. Optical generation of ultrasonic waves and investigation of electronic exited state interactions in solid [J]. Phys. Rev., 1981, B24: 3261~3275.

[34] Maznev A A, Nelson K A. Optical heterodyne detection of laser induced gratings [J]. Optics Lett., 1998, 23: 1319~1321.

[35] Maznev A A, Akthakul A, Nelson K A. Surface acoustic modes in thin films on anisotropic substrates [J]. J. Appl. Phys., 1999, 86: 2818~2824.

[36] Glorioux C, Nelson K A, Hinze G, Fayer M D. Thermal, structural, and orientational relaxation of supercooled salol studied by polarization dependent impulsive stimulated scattering [J]. J. Chem. Phys., 2002, 116: 3384~3395.

[37] Yan Y X, Cheng L T, Nelson K A. The temperature dependent of relaxation times in glycerol: Time domain light scattering study of acoustic and Mountain mode behavior in the 20MHz - 3GHz frequency range [J]. J. Chem. Phys., 1988, 88: 6477~6486.

[38] Robinson M M, Tan Y Y, Jr. Gamble E B, Williams L R, Meth J S, Nelson K A. Picosecond impulsive stimulated Brillouin scattering: Optical exitation of coherent transverse acoustic waves and application to time domain investigation of structural phase transition [J]. Chem. Phys. Lett., 1984, 112: 491~496.

[39] Kinoshita S, Shimada Y, Tsururmaki W, Yamaguchi M, Yai T. New high resolution Phonon spectroscopy using impulsive stimulated Brillouin scattering [J]. Rev. Sci. Instrum., 1993, 64: 3384~3393.

[40] Zaug J M, Abramson E H, Brown J M, Stutsky L J, Arasne - Ruddle C M, Hansen D W. A study of the elasticity of Ta at high temperature and pressure [R]. Lawrence Livermore National Lab., USA.

[41] Zhao L, Baer B J, Yamagushi M, Than H T, Yarmoff J. Impulsive stimulated scattering of surface acoustic waves on meal and semiconductor crystal surfaces [J]. J. Chem. Phys., 2001, 114: 4989~4997.

[42] Crowhurst J C, Abramson E H, Stutsky L J, Brown J M, Zaug J M, Harrell M D. Surface acoustic waves in the diamond anvil cell: an application of impulsive stimulated light scattering [J]. Phys. Rev., 2001, B64: 100103.

[43] Herring G C, Moosmuller H, Lee S A, She C Y. Flow velocity measurements with stimulated Rayleigh - Brillouin gain spectroscopy [J]. Optics Lett., 1983, 8: 602~604.

[44] Antar G. Visible light scattering to measure small scale turbulence [J]. Rev. of Sci. Instruments, 2000, 71: 113~117.

[45] Schutz R, Staude W. Detemination of the velocity gradient correlations in a turbulent channel flow by laser light scattering [J]. J. Phys. D: Appl. Phys., 1998, 31: 3066~3081.

[46] Scarcelli G, Yun S H. Confocal Brillouin microscopy for three dimensional mechnical imaging

[J] . Nat. Photonics, 2007, 2: 39 ~ 43.

[47] Shan Q, Jawad S M, Dewhurst R J. An automatic stabilization system for a confocal Faby/Perot interferometer used in the detection of laser generated ultrasound [J] . Ultrasonics, 1993, 31: 105 ~ 115.

[48] Monchalin J P, Heon R. Laser ultrasonic generation and optical detection with a confocal Febry/Perot interferometer [J] . Materials Evaluation, 1986, 44: 1231 ~ 1237.

[49] Walter J B, Telschow K L, Haun R E. Laser acoustic molten metal depth seeing in Titanium [C] . Proceedings of the 38th Annual Conf. on Metallurgists, 29th Hydrometallurgical Meeting, Advanced Sensors for Metals Processing, 1999.

[50] Leiderer P, Berberich P, Hunklinger S. Rev. Sci. Instrum. , 1973, 44: 1610 ~ 1612.

[51] Scruby C B, Smith R L, Moss B C. Microstructural monitoring by laser ultrasonic attenuation and forward scattering [J] . NDT Intern. , 1986, 19: 307 ~ 313.

冶金工业出版社部分图书推荐

书　名	定价(元)
材料物理基础	42.00
金属材料学（第2版）	52.00
金属材料学	36.00
金属材料工程概论	26.00
金属学（第2版）	44.90
金属学原理	56.00
金属凝固原理及技术	32.00
金属学与热处理	39.00
钢铁冶金及材料制备新技术	28.00
物理功能复合材料及其性能	68.00
金属陶瓷的制备与应用	42.00
陶瓷－金属复合材料（第2版）	69.00
高纯金属材料	69.00
复合材料	32.00
功能材料学概论	89.00
烧结金属多孔材料	65.00
材料的晶体结构原理	26.00
材料微观结构的电子显微学分析	110.00
材料织构分析原理与检测技术	36.00
微米－纳米材料微观结构表征	150.00
纳米材料的制备及应用	33.00
金属固态相变教程（第2版）	30.00
稀土金属材料	140.00
金属基纳米复合材料脉冲电沉积制备技术	36.00
材料的激光制备与处理技术	25.00
激光材料	50.00
金属表面处理与防护技术	36.00
冶金物理化学	39.00
物理化学（第3版）	35.00
冶金传输原理	49.00
材料传输工程基础	42.00
材料热工基础	40.00
材料现代测试技术	45.00

双峰检